JN153393

COMPLETE GUIDE TO HERBS & SPICES

ハーブ&スパイス大事典

［日本語版監修］
日本メディカルハーブ協会

ナンシー・J・ハジェスキー 著

COMPLETE GUIDE TO HERBS & SPICES
ハーブ&スパイス
大事典
［日本語版監修］
日本メディカルハーブ協会
ナンシー・J・ハジェスキー 著
NATIONAL GEOGRAPHIC

C O N T E N T S

PART 2 スパイス

読者の皆さまへ —— 必ずお読みください

本書は、ハーブやスパイスについての理解を深め、食や健康のためにハーブやスパイス、あるいはハーブやスパイスを原料にしたサプリメント等を使用する際、知っておきたい情報を紹介することを目的としています。掲載している情報は、研究の進展等により今後変わる可能性があります。本書には、薬用ハーブも登場しますが、本書は医療用マニュアルではなく、筆者および出版者が個々の読者に対して医学的、専門的な助言を行うことを意図したものでもありません。また、本書に掲載されている情報は、医学的な有資格者の助言に代わるものではないことを、あらかじめご承知ください。体質や症状は各人で異なるため、それぞれの症状に対してハーブやスパイス、サプリメント等を使用する場合には、資格を持った医療専門家の診断を受け、その監督下で行うようにしてください。[注]

また、本書に出てくる植物の図や外見の特徴の説明は、一般的な情報です。野生の植物を識別したり、収集したりする際に、参照されることを意図したものではありません。

いかなるハーブやスパイスも、過剰摂取は危険を伴います。十分ご注意ください。本書の使用により、直接的あるいは間接的にいかなる損失や事故、損害が生じても、筆者および出版者は一切責任を負うものではありません。

[注]本書は欧米で認められたハーブ療法に基づいて薬用ハーブ等を解説したもので、紹介するハーブの中には、日本では2016年5月現在、医薬品以外での利用が認められていないものがあります。該当するハーブについては注記で明示しました。

ハーブ、スパイス、シーズニング

時代を超えて愛される、体に良い植物由来の風味や香り

はるか昔、狩猟採集生活を営んでいた初期の人類は、日々の暮らしの中でさまざまな困難に直面しながらも、時間を見つけては、生活で役に立つ植物を探し、自分たちが食べるものの味を調えることなどに使っていた。先史時代の穴居からハーブの種子が発見され、人類は既に50万年前にはハーブを活用していたことがわかっている。料理に欠かせない材料として、あるいは信仰の対象として、またある時は儀式が執り行われる場所を清め、芳香を漂わせる手段として、人類はハーブやスパイスを用いてきた。心身の不調を癒やす薬に、活力を増す強壮剤に、心を穏やかにする香油に、と幅広く活用してきたのだ。

ハーブもスパイスも、ともに私たちの食べ物に風味と香り、色、質感、さらには栄養を加えてくれる。また、いずれも食用、薬用、香用のほか、化粧品としても用いられる。とはいえ、両者には異なる点もいくつかある。

ハーブの大半が茎や葉など植物の緑色の部分を使うのに対して、スパイスは木の種子、花、果実、樹皮、根、球根、根茎を使うものが多い。また、ハーブは生のものと乾燥させたものの両方が使われるが、スパイスはたいてい乾燥させたものだ。

地理的な違いもある、大部分のハーブは温帯に生育するので庭でも栽培できる。しかし、スパイスが採れる植物は熱帯産が多いため、植物によっては温室で栽培しなくてはならない。そして、多くはハーブよりも高価だ。

シーズニングはどうだろうか？ シーズニングの定義はやや曖昧だ。料理に関する総合大事典として名高い『ラルース料理大事典』では、「調味をする(seasoning)」ことと「風味を加える(flavoring)」ことは別と定義されている。ハーブとスパイスは、ほかの材料と調和して料理を作り上げるが、マスタードやガーリック、オニオン、ホースラディッシュといったシーズニングはほかの食材にひけをとらない存在感がある。シーズニングの中でも塩や砂糖、ピクルスなどは「コンディメント(condiment)」と呼ばれるが、この言葉は料理が皿に盛られた後に、食べる人自身が料理に加えるものを指すようになった。

ディオスコリデスの有名な『薬物誌』のアラビア語の彩飾写本(13世紀)。「霊薬(エリキサ)を調合する医師」が描かれている。『薬物誌』は、古代ギリシャの医師でローマで活動したディオスコリデスが紀元50–70年に書いたものだ。

ハーブ

ハーブは、温帯で生育する寒さにも強い多年生の植物が多く、柔らかな茎を持つ。一般的な野菜や果物に比べて風味や香りが強いので、用いるときは少量に控えるほうが無難だ。

紀元前4世紀ごろには、既に古代ギリシャや古代

ローマで、多くの植物が、その名とともに記録されるようになった。古代ギリシャの哲学者で植物学の祖とされるテオフラストスは500種の植物を記し、古代ローマの博物学者、大プリニウスはさらに1000種の植物について書き残した。1世紀になると、ローマの医師ディオスコリデスが著書『薬物誌』の中で、600種のメディカルハーブを紹介している。中国でも3500年前に、365種の薬草をはじめとする植物が記録されている。

ハーブ（herb）という言葉は古フランス語の「*erbe*」に由来し、13世紀に英語に登場する。最初は「木性の茎を持たない植物」と「薬用および食用の価値を持つ植物」を指した。16世紀になると、頭に「h」がつくようになったものの、実際に「h」が発音されるようになったのは19世紀以降だ（米国では今でも「アーブ」と発音する人が多い）。

助産師と療法家

中世のヨーロッパには、真の医療と呼べるものはほとんどなかった。古代ギリシャ以来、医師たちは、人間には「フモール」と呼ばれる四つの体液（黒胆汁、黄胆汁、血液、粘液）があり、そのバランスが崩れることで病気になると信じていたからだ。そして病気の治療といえば、きまって血液を外へと排出する「瀉血」だった。当時の治療は治癒率が高いとは言えないものだった（病気ではないが、出産で命を落とす女性も多かった）。

一方で、たいていの村には自然療法の療法家がいて、ハーブを用いて治療をしていた。彼らの知識は、世代から世代へと受け継がれ、その多くは今でもハーブ療法として活用されている。

当時、薬として用いられたハーブの中には、ジギタリスやベラドンナといった、強い毒性が既にわかっていて、慎重に使用量を処方された植物も含まれていた（もちろん安全と言われるハーブであっても、大量摂取は健康を害する可能性があることには注意しなくてはならない）。それでも今日、ジギタリス（*Digitalis purpurea*）の成分が分析され、化学合成されて心拍数の調節に使われたり、ベラドンナ（*Atropa belladonna*）の成分が徐脈（心拍数が異常に減少する症状）に対する医薬に用いられたりしていることを考えると、やはり先人たちには、役に立つハーブを「見る目」があったのだろう。

食用、薬用、香用――どの目的であっても、太古の昔からハーブは人類の歴史の一部とも言える存在だ。

三通りの使われ方

ハーブはその用途で大きく三つに分類される。一つは料理を引き立てる食用のハーブ、次に疾患の治療や予防に役立つメディカルハーブ、そして庭園や屋内に心地よい芳香を放つアロマティックハーブだ。同じハーブが複数の分類に属することも多い。料理に使われるハーブがすばらしい香りを持っていたり、メディカルハーブが最初は食材だったりということもある。

1960年代以降は、テレビの料理番組や高名なシェフたちの影響で、家庭でも新しい料理が食卓を彩るようになった。この「キッチン革命」とも呼ぶべき現象の成果の一つが、ハーブに対する認識の変化だ。それまで食用ハーブと聞いて人々が思い浮かべたのは、乾燥させたバジルやパセリだった。しかし、この「革命」で、スーパーマーケットに新鮮で風味豊かな生のハーブが並び始め、シラントロやディルといった、それまでなじみのなかったハーブも知られるようになった。今では、ハーブやアジア食材の専門店に行けば、珍しいハーブも

ジギタリスの花

「スパイスバザール」としても知られるトルコ・イスタンブールにあるスパイスの市場「エジプシャンバザール」。イスタンブールは、かつてのコンスタンティノープルで、ベネチアなどとともに、スパイス貿易の戦略的拠点だった。こうした都市は、スパイス貿易で得られた富で大いに栄えた。

手に入る。インドカレーやパッタイ(タイ風焼きそば)、ケサディヤ(二つ折りにしたトルティヤに詰め物をして焼いたり揚げたりした料理)、ケイジャン・ジャンバラヤ(野菜や香辛料を使った炊き込みご飯)、フランス風ブイヤーベース作りにも挑戦できる。こうした料理の決め手となるのがハーブなのだ。

20世紀終わり近くになると、メディカルハーブを用いた伝統療法を取り入れた自然療法が注目され始める。こうした療法は、かつては医師や研究者から「家庭の手当て」と一蹴されたものだった。しかし、長い間、薬用に使われてきたハーブに、フラボノイドなどの強力な抗酸化物質が含まれていることが科学的に証明されると、人々の見方が変わった。今ではハーブは、健康維持だけでなく、がんや糖尿病、高血圧、心臓疾患などに作用する可能性も期待されている。

そして21世紀になって、バランスのとれた環境で暮らしたいと願う人が増える。アロマティックハーブは精油、ディフューザー、インセンス(香(こう))、ポプリといった形で暮らしの中で大きな役割を果たし、現代的なライフスタイルに欠かせないものとなった。精油を使った吸入やマッサージなどを通じて、心身の状態を改善するアロマテラピー(アロマセラピーともいう)も人気となった。さらに精神的な充足を求める人々の間では、瞑想の助け、儀式を清める手段としてのアロマティックハーブが注目されている(アジアやアメリカ先住民たちの儀式から強い影響を受けたのだろう)。

スパイス

スパイスは長い動乱の歴史を持つ。そこには文明に向かって突き進んでいく人類の旅路、貿易の拡大、帝国の隆盛、辺境地域での安定した社会の成長など、さまざまな要素が絡んでいる。西洋の商人たちが、近東や極東の珍しい香辛料を求めたことで、アジア南部を横断する「スパイスロード」とも呼ぶべき道が開かれた。ルート上の多くの地域で、商業都市が誕生し繁栄した。コロンブスを筆頭に、スパイスが溢れる「インディアス」を目指した探検

ジンジャーとシナモンは、甘くて体を温めてくれるスイートスパイス。塩、ペッパー、ガーリックとともに人気がある。

家たちは、新たな航路を探して、西へと船を進めた。その結果、それまで見たこともない新しいスパイスを発見したのだった。

古代メソポタミアのギルガメシュ叙事詩、ヒンドゥー教の聖典バガヴァッド・ギーター、そして旧約聖書にもスパイスが登場する。考古学者は約6000年前の陶器の破片に付着したガーリックマスタード（アブラナ科の植物）を見つけた。また、紀元前3000年頃のエジプトの墓で発見されたスパイスは、保存効果があり遺体に防腐処理を施すのに理想的なものだった。

医学的に見ても、スパイスには、私たちを疾患から守り、治癒力を強める植物栄養素（ファイトニュートリエント）があることがわかっている。

今、何より嬉しいのは、インターネットによって、かつては手に入りにくかった新鮮なスパイスが、簡単に探し出せ、入手できるようになったことだ。

スイートスパイス

20世紀の家庭料理で、スイートスパイスは伝統的な祝祭料理の「おなじみの味」の象徴だった。イタリアでクリスマスに焼くクッキーに使われるアニス、十二夜に乾杯するワッセル酒のナツメグとシナモン、イースターのハムに載せるクローブ、スウェーデンの聖ルシア祭のパンに入れるカルダモン、感謝祭のパンプキンパイに美味しそうな香りをもたらすジンジャーとオールスパイス、バースデーケーキのバニラとチョコレート……。そして、今では、テレビ番組のシェフたちが披露する最新のグルメデザート――パンナコッタやジェラート、クレームブリュレ、サンデシュ、マカロン、パブロバ（メレンゲ菓子）作りに挑戦する家庭も珍しくない。スイートスパイスは、今後もますます注目されるだろう。

セイボリースパイス

新石器時代、現在のスイスにあたる地域で狩猟採集生活を営んでいた人々は、食べ物を煮込む鍋の中にキャラウェイの種子を入れた。セイボリースパイスは、時代を超えて今なお愛用されている。現代の料理家がとりわけ信頼を寄せるセイボリースパイスが、パプリカ、ブラックペッパー、サフランだ。

遠く離れた地で昔から作られてきた地元料理の秘密が明かされ、今や世界中のあちらこちらでセイボリースパイスが普通に使われるようになっている。米国で暮らす人々が、ターメリックやクミンの東洋的な味わいを日常的に愉しむ日が来るなどと、30年前には想像すらできなかったことだろう。

シーズニング

スパイスとハーブは、広義にはシーズニングの一部だ。もっとも、料理の専門家たちは、調理後に風味づけを目的に加えるものに限定してシーズニングと呼ぶことが多い（一部のシーズニングは、調理の過程でも用いられる）。近年、塩や砂糖は、それぞれ高血圧、糖尿病や肥満と結びつけられることが多い。そうかと思えば、ガーリックやジンジャーは健康を増進するシーズニングとして注目されている。

シーズニングを料理に振りかけたりソースに混ぜたりする際は、健康を考えて選ぶようにしたい。砂糖や塩に代わるものもある。代替品ではなく、どうしても砂糖や塩そのものを使わなくてはならないときは、量は控え目にしたい。正しい知識と情報を頭に入れたら、「さあ、めしあがれ（ボナペティ）！」

米国、シアトルの市場で、ガーリックやハーブとともに紐で吊り下げられた色鮮やかなカイエンヌ（*Capsicum annuum*）。最新の研究によれば、ネギ、ガーリック、タマネギなどのネギ属と、トウガラシ属の植物の多くが、健康増進に役立つことが明らかになっている。

本書の使い方

About This Book

本書では113種のハーブ、スパイス、シーズニングを、ハーブのパートとスパイスのパートの2部に分け、6章構成（伝統的な料理用ハーブ、メディカルハーブ、アロマティックハーブ、スイートスパイス、セイボリースパイス、シーズニング）で取り上げる。各章の冒頭では、それぞれの植物の紹介に入る前に概要を説明する。

各ハーブ、スパイス、シーズニングは、1種類を見開き（2ページ）で取り上げていく。左ページにタイトルとして、その植物の一般的な呼び名を挙げ、すぐ下に学名を掲載する。続く本文では、その植物の使い方（食用、薬用、香用）や、産業用途など、利用法の概略を説明する。さらに植物の外観や生息地、商用栽培されている地域も紹介している。歴史も簡単に振り返るので、その植物の起源や、かつてはどのように利用されていたのか、また各地の文化とどのような関わりを持ってきたのか、そして数世紀を経るうちに、利用法がどう変わっていったのかがわかるだろう。また、一般名やラテン語名の語源も説明する。

»本文の見出し

いずれの植物も、本文では、ほぼ共通の見出しを掲げて情報を紹介していく。

料理での使い方：料理での活用法、貯蔵方法に加えて、購入するときの注意点などを取り上げる。その植物を使った代表的な料理にどんなものがあるか、世界各地の料理人たちがどのように利用しているかも説明する。

作用／適応：古代から現在にいたるまで、多様な文化において、その植物が疾患の予防および治療にどのように使われてきたかを解説する。植物によっては、メディカルハーブとしての伝統的な用法を踏まえた科学的な研究にも触れ、医学への新たな応用など最新の研究成果も紹介する。

芳香の特徴：芳香を持つハーブやスパイスについて、心のバランスを整えるために家庭で使う方法と、アロマテラピー（精油を使って心身をリラックスさせ、回復力を高める療法。アロマセラピーともいう）における現在の利用法を説明する。

歴史と民間伝承：その植物にまつわる民間の伝説や伝承、昔使われていた珍しい用法、興味深いエピソードなどを取り上げる。

栄養成分：第1章「伝統的な料理用ハーブ」にだけ設けられた項目で、そのハーブに含まれる、健康に有益なビタミンやミネラルを列挙する。他の章でも、植物に応じて必要な情報は本文中で紹介する。

»補足情報

各植物をテーマにした見開きの中では、下記の六つの中から一つか二つ特記の囲みを設けて、多様な観点から本文の情報を補足する。

手軽にハーブを／手軽にスパイスを：ハーブ、スパイスを使った料理や飲み物のレシピのほか、調理の際のコツやヒントなどを紹介する。

栽培のヒント：コンパニオンプランツ（一緒に栽培すると相性が良い植物）の情報や害虫を遠ざける方法など、ハーブやスパイスを栽培するうえで実際に役立つ知識を掲載する。

健康のために：その植物がどのように健康に役立つのかを解説するとともに、その植物を使って家庭で簡単に実践できる利用法を紹介する。

作ってみよう：ハーブやスパイスを使って、贈り物やクラフト、美容液などの基礎化粧品を、手作りする方法を紹介する。

ハーブのあれこれ／スパイスのあれこれ：その植物が幅広い文化にどのような影響を与えたのか、逆に歴史的な出来事からどんな影響を受けたのかを見ていく。

ここにも注目：その植物にまつわる珍しい事実や不

思議な言い伝え、昔の意外な使い方などを紹介する。

»コラム

各章では、それぞれの植物の紹介に交えて、見開きのコラムを用意した。

料理、ガーデニング、薬や健康食品、香水や化粧品など、多様なテーマを掲げて詳細に掘り下げていく。

»ガーデニングで楽しめる植物の一覧と栽培の手引き

巻末（p296-303）の一覧には、ハーブ、スパイス、シーズニングとして本書で取り上げた植物の中から、ガーデニングに向くものを掲載した。写真と学名（ラテン語）、栽培法や収穫法を紹介している。

»使い方を示すアイコン

本書では多様な植物を章に分けて紹介しているが、いずれの植物も用途が一つとは限らない。料理用ハーブがメディカルハーブとして使われることも多く、スイートスパイスがアロマティックハーブとして利用されることもある。そのため、各植物を紹介する見開き左ページの左上に五つのアイコン（調理用具が交差しているマーク、乳鉢と乳棒のマーク、香水スプレーのマーク、ミツバチのマーク、植物のマーク）を載せ、その植物の特徴が一目でわかるようにした。上から三つのアイコンは、それぞれ使用法（食用、薬用、香用）を示し、その植物が該当する場合、アイコンは白抜きになっている。四つ目のアイコンは、その植物がミツバチを引き寄せる力を持つことを意味する。ミツバチが訪れる花々を育てたいと願う、多くの園芸愛好家にとって役立つ情報となるだろう。五つ目のアイコンが白抜きなら、巻末の植物一覧に、その植物の栽培の手引きが掲載されている。

食用（調理用具が交差しているマーク）

薬用（乳鉢と乳棒のマーク）

香用（香水スプレーのマーク）

ミツバチを引き寄せる（ミツバチのマーク）

巻末の植物一覧に掲載（植物のマーク）

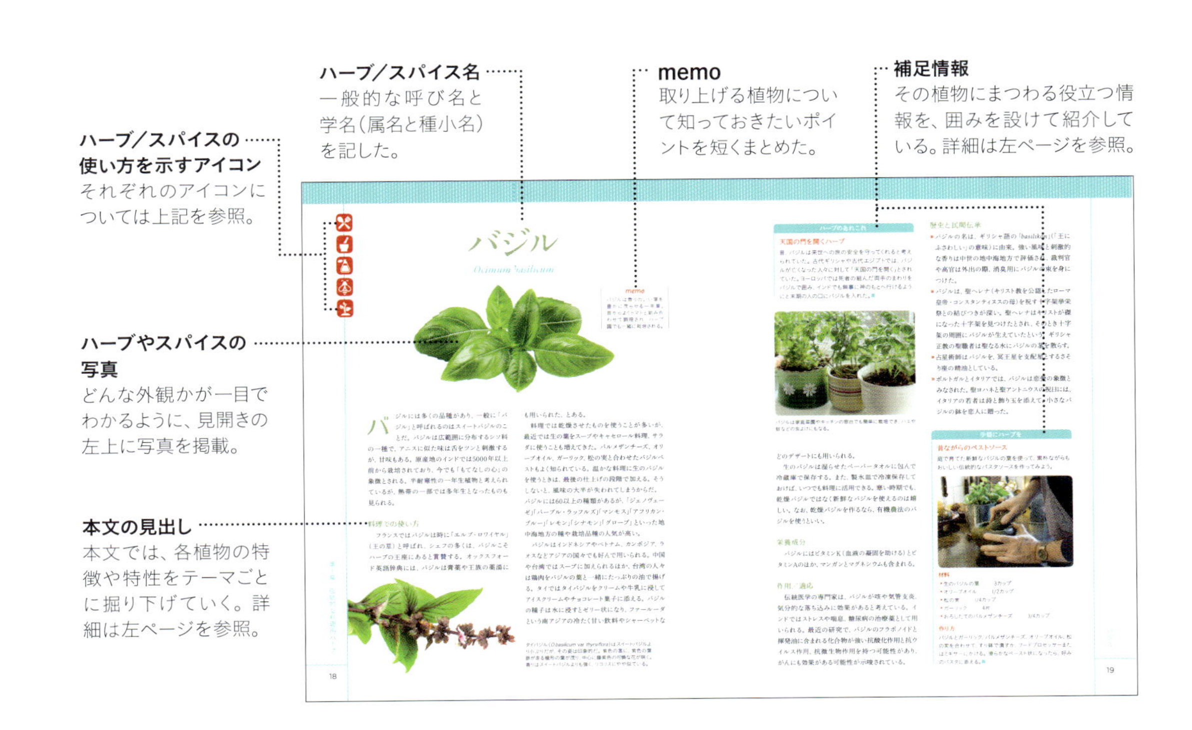

part 1

HERBS ハーブ

第1章

伝統的な料理用ハーブ

左:タイム

キッチンハーブ

日々の料理の風味を深め、食事に芳醇な味わいをもたらしてくれるハーブ。
ハーブはまた、世界にあふれる多彩な地元料理の個性の決め手にもなっている

今から40年前、海外に観光に出かけた米国人は、旅先で出合う異国の料理の豊かで複雑な味わいに幾度となく驚かされた。ほかの国々の料理を味わって、自国の料理が、味気なく深みに欠けるものと感じたのではないか。当時、彼らが旅先で味わった、斬新な風味の秘密は、世界各地のキッチンで用いられている多様なハーブにあった。

幸いなことに、その後は米国の料理界にも新しい潮流が次々と生まれ、それぞれが広く受け入れられている。アジア料理、地中海料理、フランス料理、メキシコ料理が気軽に食べられるようになり、菜食主義的な生活さえ送れるようになった。こうして今では、経験豊かなシェフたちが、こぞって風味豊かな世界のハーブを自在に駆使している。

長い歴史

文明が誕生したごく初期から、私たちの祖先は食べ物に風味を加えるためにハーブを活用してきた。摘みたてをそのまま使ったり、乾燥させて粉末にしたりしていたと考えられている。炭化したフェヌグリークの種子が遺跡で見つかっているが、放射性炭素を使って年代を測定したところ、紀元前4000年前後のものと確認された。実際、古代エジプト王たちの墓からも、多様なハーブの種子が見つかっているし、暮らしを楽しむ才能にかけては比類のない古代ギリシャ人やローマ人も、祝宴や晩餐のご馳走に、地元の地中海沿岸産の刺激的な風味のハーブを頻繁に使っていたとの記録がある。やがて遠征によりヨーロッパや中東に勢力の拡大をはかるローマ軍が、チャービルやフェンネルなど地中海沿

世界には実に多様なハーブがある。シェフたちはそれを活かして「料理」という自分の作品に風味や彩りを加えてきた。

岸産のハーブをほかの地域へと広げていった。

地域の味を決める

世界の各地で国家がかたちづくられ、それぞれがアイデンティティを確立するにつれて、ハーブも各国の料理を特徴づけるのに大きな役割を果たした。イタリアとギリシャでは芳醇な風味のバジル、ローレル、オレガノが使われた。中東ではかぐわしいローズマリーとタイム、アジアでは柑橘系の爽やかなレモングラスやタマリンドが用いられた。かすかに石鹸のような匂いがするシラントロ（乾燥した種子などを香辛料に使うと「コリアンダー」、葉を生食用に使うと「シラントロ」と呼ぶ）は、メキシコ料理の特徴的な味の源と言ってもいい。

「ハーブ・ブーム」と呼ぶべき現象も起こった。17世紀のヨーロッパの農園のマニュアルには、「料理をする者は伝統的な古いハーブよりも、新しいハーブを使うべきだ」と書かれている。こうした風潮のおかげで、かつて人気を博したシラントロをはじめとする数種のハーブが、数世紀にわたってすっかり使われなくなるという事態も起きた。

これからも、人々の注目を集める斬新な食べ物や新しい料理が次々と登場し、人気を呼ぶことだろう。今後、私たちの嗜好がどう変わっていくにしても、人々からおいしいと賞賛される料理の味の鍵を握るのは、いつの時代もハーブであるに違いない。

> 「5月に庭の菜園で、
> その年初めてサラダ用の
> ラディッシュやハーブを
> 収穫するときは、
> 自分が野菜やハーブの
> 母親であるような気分になります。
> こんなに美しい子どもたちは
> ほかにいないわって」
>
> ──アリス・B・トクラス

バジル

Ocimum basilicum

memo
バジルは香りのいい葉を豊かに茂らせる一年草。昔からよくトマトと組み合わせて調理され、ハーブ園でも一緒に栽培される。

バジルには多くの品種があり、一般に「バジル」と呼ばれるのはスイートバジルのことだ。バジルは広範囲に分布するシソ科の一種で、アニスに似た味は舌をツンと刺激するが、甘味もある。原産地のインドでは5000年以上前から栽培されており、今でも「もてなしの心」の象徴とされる。半耐寒性の一年生植物と考えられているが、熱帯の一部では多年生となったものも見られる。

料理での使い方

フランスではバジルは時に「エルブ・ロワイヤル」(王の草)と呼ばれ、シェフの多くは、バジルこそハーブの王座にあると賞賛する。オックスフォード英語辞典には、バジルは膏薬や王族の薬湯にも用いられた、とある。

料理では乾燥させたものを使うことが多いが、最近では生の葉をスープやキャセロール料理、サラダに使うことも増えてきた。パルメザンチーズ、オリーブオイル、ガーリック、松の実と合わせたバジルペストもよく知られている。温かな料理に生のバジルを使うときは、最後の仕上げの段階で加える。そうしないと、風味の大半が失われてしまうからだ。バジルには60以上の種類があるが、「ジェノヴェーゼ」「パープル・ラッフルズ」「マンモス」「アフリカン・ブルー」「レモン」「シナモン」「グローブ」といった地中海地方の種や栽培品種の人気が高い。

バジルはインドネシアやベトナム、カンボジア、ラオスなどアジアの国々でも好んで用いられる。中国や台湾ではスープに加えられるほか、台湾の人々は鶏肉をバジルの葉と一緒にたっぷりの油で揚げる。タイではタイバジルをクリームや牛乳に浸してアイスクリームやチョコレート菓子に添える。バジルの種子は水に浸すとゼリー状になり、ファールーダという南アジアの冷たく甘い飲料やシャーベットな

タイバジル(*O.basilicum* var. *thyrsiflora*)はスイートバジルより小ぶりだが、その姿は印象的だ。紫色の茎に、紫色の葉脈が走る槍形の葉が茂り、中心に藤紫色の可憐な花が咲く。香りはスイートバジルよりも強く、リコリスにやや似ている。

ハーブのあれこれ

天国の門を開くハーブ

昔、バジルは来世への旅の安全を守ってくれると考えられていた。古代ギリシャや古代エジプトでは、バジルが亡くなった人々に対して「天国の門を開く」とされていた。ヨーロッパでは死者の組んだ両手のまわりをバジルで囲み、インドでも無事に神のもとへ行けるようにと末期の人の口にバジルを入れた。■

バジルは家庭菜園やキッチンの窓台でも簡単に栽培でき、ハエや蚊などの虫よけにもなる。

どのデザートにも用いられる。

生のバジルは湿らせたペーパータオルに包んで冷蔵庫で保存する。また、製氷皿で冷凍保存しておけば、いつでも料理に活用できる。寒い時期でも、乾燥バジルではなく新鮮なバジルを使えるのは嬉しい。なお、乾燥バジルを作るなら、有機農法のバジルを使うといい。

栄養成分

バジルにはビタミンK（血液の凝固を助ける）とビタミンAのほか、マンガンとマグネシウムも含まれる。

作用／適応

伝統医学の専門家は、バジルが咳や気管支炎、気分的な落ち込みに効果があると考えている。インドではストレスや喘息、糖尿病の治療薬として用いられる。最近の研究で、バジルのフラボノイドと揮発油に含まれる化合物が強い抗酸化作用と抗ウイルス作用、抗微生物作用を持つ可能性があり、がんにも効果がある可能性が示唆されている。

歴史と民間伝承

» バジルの名は、ギリシャ語の「*basilikon*」（「王にふさわしい」の意味）に由来。強い風味と刺激的な香りは中世の地中海地方で評価され、裁判官や高官は外出の際、消臭用にバジルの束を身につけた。

» バジルは、聖ヘレナ（キリスト教を公認したローマ皇帝・コンスタンティヌスの母）を祝す十字架挙栄祭との結びつきが深い。聖ヘレナはキリストが磔になった十字架を見つけたとされ、そのとき十字架の周囲にバジルが生えていたという。ギリシャ正教の聖職者は聖なる水にバジルの茎を散らす。

» 占星術師はバジルを、冥王星を支配星とするさそり座の精油としている。

» ポルトガルとイタリアでは、バジルは恋愛の象徴とみなされた。聖ヨハネと聖アントニウスの祝日には、イタリアの若者は詩と飾り玉を添えて、小さなバジルの鉢を恋人に贈った。

手軽にハーブを

昔ながらのペストソース

庭で育てた新鮮なバジルの葉を使って、素朴ながらもおいしい伝統的なパスタソースを作ってみよう。

材料

- 生のバジルの葉 ……… 3カップ
- オリーブオイル ……… 1/2カップ
- 松の実 ……… 1/4カップ
- ガーリック ……… 4片
- おろしたてのパルメザンチーズ ……… 3/4カップ

作り方

バジルとガーリック、パルメザンチーズ、オリーブオイル、松の実を合わせて、すり鉢で潰すか、フードプロセッサーまたはミキサーにかける。滑らかなペースト状になったら、好みのパスタに添える。■

ローレル

Laurus nobilis

memo
地中海地方を原産とする香りのいい常緑樹で、光沢のある緑色の葉を茂らせるゲッケイジュ。ローレルは、そのゲッケイジュの葉だ。

生や乾燥させたローレルは、スープやシチュー、蒸し煮やソースの風味付けに加えられる。ローレルは高さが9mほどにもなる円錐形の常緑樹ゲッケイジュ（*Laurus nobilis*）の葉だ。ゲッケイジュはもともと小アジアに生息していたと言われ、その後、地中海沿岸の大半とアジアの一部に広がった。春先になると、星型の黄色もしくは緑がかった白い花を房状に咲かせ、それぞれの花に一つずつ、緑がかった紫色の実ができる。楕円形の深緑色の葉は、長さが約7.5〜10cm。肉厚で革のように硬い。

料理での使い方

ローレルは古代ギリシャの時代から人気が高いハーブだ。地中海地方だけでなく、米国やフランスでも料理に用いられる。とくに、他の香草と束にした「ブーケガルニ」は料理に豊かな風味をもたらすものとして知られる。タイではマッサマンカレーなどアラブの影響を受けた料理で使われる。乾燥させた葉はフィリピンのアドボ（肉や野菜の煮込み料理）にも用いられるほか、ビリヤニなどインドやパキスタンの伝統料理、混合香辛料のガラムマサラの材料にも使われる（インディアンカシアの葉を使ったインディアンベイリーフは、インド料理などで油に香りを移すのに使う）。

ゲッケイジュの生の葉はそれほど香りが強くないが、数週間ほど乾燥させると、ピリッとして苦く、かすかに花を思わせるタイムやオレガノに似た風味となる。なお、米国では「マウンテンローレル」（*Kalmia latifolia*）がよく見られるが、この葉には有毒物質が含まれるので、ローレルと間違えないよう注意が必要だ。

ローレルの葉をそのまま食べると消化管に炎症を生じさせる可能性があるため、食前に料理から取り除いておこう。風味を強めるために細かく砕いて使うときはモスリンの袋に入れて使うと、取り出しやすい。粉末状にして使った場合は取り出す必要はないが、風味がかなり強くなるので加える量に注意しよう。

代表的な料理用ハーブの一つであるローレル。葉を乾燥させたり粉末にしたりして用いられる。

ゲッケイジュは春になると、光沢のある肉厚の葉の間にたくさんの黄緑色の小さな花をまとまって咲かせる。新鮮な葉を家の中に置いておくと、ハエやゴキブリ、カシノシマメイガ、セイヨウシミ、アリ、ネズミなどの有害生物を近寄らせない効果もある。

栄養成分

ローレルは、強い抗酸化作用とともに免疫力を高める効果を持つビタミンCを含み、100g中の含有量は1日の推奨量の77.5%にもなる。DNA合成のために大切な葉酸と、目の健康や粘膜の維持、くすみのない肌のために重要な抗酸化作用を持つビタミンAも豊富だ。酵素の合成や代謝の調節、神経系機能に役立つビタミンB複合体（パントテン酸、ナイアシン、ビタミンB_2、B_6）を含む点も見逃せない。

また、カリウム（心拍の制御を助ける）、カルシウム（骨を強化する）、鉄（赤血球のヘモグロビンに必要）やマンガン、銅、セレン、亜鉛、マグネシウムなどのミネラルも含む。

作用／適応

古代の人々は、ローレルの治癒効果を高く評価していた。その浸出液は胃潰瘍（かいよう）や腹部の膨満感を緩和し、食欲を刺激すると考えられた。

伝統医学では、ローレルの葉には抗菌作用や消炎効果があることが知られていた。精油の成分は塗布剤として関節炎や筋肉痛、打撲、こぶの治療のほか、インフルエンザや気管支炎の症状の緩和、フケの治療に用いられた。正式な医学的根拠はないものの、ローレルを使った治療が頭痛を和らげること、またローレルが体内のインスリンの働きを助けることで血糖値を下げることもわかっている。

歴史と民間伝承

- かつてヨーロッパとグレートブリテン島では、若い女性たちが聖バレンタインの日の夜に枕の下にローレルの束を入れて眠ると、未来の夫が夢に現れると考えられていた。
- 昆虫学者は昆虫を標本にするときにローレルを使う。広口のビンに紙を敷き、その下に砕いた生のローレルの葉を入れる。

ハーブのあれこれ

英雄に贈る冠

ローマ神話によると、エロスが鉛の矢（恋に陥る矢）をアポロンに、金の矢（恋を拒む矢）を川の神の娘ダフネに射た。アポロンはひたすらダフネを追うが、アポロンから逃れたい一心のダフネは1本のゲッケイジュに身を変える。絶望したアポロンは、ピューティア大祭の勝者を讃えるのに「高貴なるゲッケイジュ」の葉を選んだ。以来、古代ローマ人は武勲をたてた者や競技の優勝者、優れた詩人に、ゲッケイジュの葉で作った冠を贈るようになったが、それは、そうした人々が神から見て特別な存在であることを示すためだという。ローマの彫像や陶器、モザイクにはよくゲッケイジュの冠が描かれる。なお、英語には「resting on one's laurels」（ゲッケイジュの上で休む）という表現があるが、これは過去の栄光や名声にあぐらをかいて、新たな挑戦をしないことをいう。■

ボッティチェリの『パラスとケンタウロス』の一部。女神の頭を飾り、体に巻きついているのはゲッケイジュとの説もある。ゲッケイジュは英知と庇護、そして勝利の象徴と考えられた。

ボリジ

Borago officinalis

memo
ボリジは栽培しやすい一年草。鮮やかな青の星形の花が、ハーブガーデンに彩りを添えてくれる。キュウリに似た味の葉は、料理用ハーブとしても活用される。

家庭菜園でもおなじみのボリジは「スターフラワー」とも呼ばれる一年生植物。地中海地方のアレッポ周辺に起源をもつが、長い間に野生化して、今では世界各地で自生している。種子から貴重な油がとれるため、商用栽培も行われている。

丈は60～90cmほどで、茎と葉にはチクチクする白い剛毛が生えている。互生の深緑色の葉は楕円形で、しわが寄っている。星形をした花は切り花としても用いられ、花の多くは青く（白い花が咲く品種もある）、中央の特徴的な黒い葯（やく）は植物愛好家から「ほくろ」と呼ばれる。花がいっせいに咲くことからみて、花内部での受粉機能は高いと考えられている。簡単に増え、温帯では6～9月に花が咲き、より暖かな地域では一年を通して咲く場合もある。

成熟したボリジの花は青く美しいが、咲き始めの頃はピンク色をしていて愛らしい。

ボリジは英語では「borage」と綴るが、「髪」や「羊毛」を意味するイタリア語の「*borra*」か、フランス語の「*bourra*」が語源と思われ、おそらく茎や葉に毛が生えていることから来たものと考えられる。「*borra*」と「*bourra*」はいずれもラテン語の「*burra*」（「一房の羊毛」）に由来する。

料理での使い方

ボリジは生野菜としても乾燥ハーブとしても使われる。生のボリジはキュウリに似た味で、サラダや付け合わせに用いられることが多い。「テシニン」と呼ばれる非毒性のピロリジジンアルカロイドを含むボリジの花はハチミツのような味わいで、数少ない青い食材としてデザートの飾りなどに重宝される。

クレタ料理では野菜として使われ、ドイツではスープやグリーンソースで使われる。スペインのナハラやアラゴン地方ではガーリックと一緒に茹でて調理され、イタリア北部のリグリア州では昔からラビオリやパンソッティといったパスタの詰め物に使われてきた。英国では、ギルピンズ・ウェストモアランド・エクストラ・ドライ・ジンの香料の一つにボリジが使

手軽にハーブを

ボリジの花の砂糖漬け

暑い日のデザートには、優美な花の砂糖漬けを添えるだけで、いかにも爽やかな雰囲気になる。晴れて湿度の低い朝、大きく開いたボリジの花を摘んで、砂糖漬けを作ってみよう。

材料

- ボリジの花 ……… 1つかみ
- 卵白 ……… 卵1個分
- 極上のグラニュー糖 ……… 1/4カップ

作り方

卵白を軽くかき混ぜて浅いボウルに入れ、別の深いボウルには極上のグラニュー糖を入れておく。ピンセットなどを使って、ボリジの花に卵白、砂糖の順でまぶす。砂糖を花にしっかりまぶすには細い刷毛を使うといい。余分な砂糖をはらったあと、目の細かい金網に並べて、一晩乾燥させる。■

ボリジは風味のいい料理の飾りや付け合わせに向く。赤みがかったオレンジ色のトマトスープに散らせば、暖色に対して涼しげな色のアクセントになる。

われている。ポーランドでは今でもガーキン（小さなキュウリ）のピクルスの味つけにボリジが用いられている。ガーデンパーティーなどで好まれる「ピムス・カップ・カクテル」にもボリジが添えられたが、最近ではキュウリの皮やミントで代用されることも多い。

栄養成分

ボリジはカリウムやカルシウムなどのミネラル、硝酸カリウムを含む。

作用／適応

昔からハーブ療法家はコリック（疝痛）、けいれん、下痢から、喘息、気管支炎、心臓血管や泌尿器系の不調にいたるまで、さまざまな症状にボリジを用いてきた。自然療法ではホルモンや代謝の調節のほか、ホットフラッシュなど更年期障害の緩和に使う。

イランでは、ボリジティーは風邪やインフルエンザの症状の緩和、慢性関節リウマチ、腎臓の炎症に効果があるとされる。

歴史と民間伝承

» ボリジ（borage）の名は、ケルト語の「*barrach*」（「勇気ある人」）に由来するという説もある。

» 16世紀の植物学者ジョン・ジェラードによれば、ローマの博物学者の大プリニウスはボリジのことを、「人を明るく上機嫌にする」という意味のエウフロシュネ（*Euphrosinum*）と呼んだという。さらに大プリニウスは、ボリジがホメロスの『オデュッセイア』に出てくる「ネペンテス」（悲嘆や苦痛を忘れさせる飲み物）であるとも述べている。

» 17世紀初頭のイングランドの哲学者で科学者でもあったフランシス・ベーコンは、ボリジについて「憂鬱の煤（すす）のような靄（もや）を抑える優れた力を持っている」と記している。

» 17世紀のイングランドの著名な植物学者ニコラス・カルペパーは、ボリジが発疹チフスや黄疸（おうだん）、肺結核、咽頭痛、リウマチのほか、毒蛇に噛まれたときにも効果があると記している。

［注］ボリジは、毒性のあるピロリジジンアルカロイドが含まれていないものを適切に使用すること。

栽培のヒント

植物のベビーシッター

菜園でマメ科の植物やカボチャ、ホウレンソウ、アブラナ科の植物、イチゴなどを栽培するときには、ボリジをいっしょに植えると理想的なコンパニオンプランツになる。たとえば、スズメガの一種（*Manduca quinquemaculata*）の幼虫は「トマト青虫」とも呼ばれる害虫だが、ボリジをトマトのそばに植えておけば、ガが卵を産みつける場所を探すときに混乱してしまうため、幼虫の発生を防げる。なお、ボリジがトマトの生長を促進し、味を良くするという説もあるが、これは科学的には証明されていない。■

トマトに有害なスズメガの幼虫。

ケイパー

Capparis spinosa

memo
甘い香りを漂わせるケイパーブッシュの花のつぼみと実は、ともに地中海料理の代表的な食材だ。

ケイパーはフリンダース・ローズとも呼ばれ、花のつぼみが付け合わせとして食べられるうえ、ケイパーベリーと呼ばれる実も食用にされる。つぼみも実も、ともにピクルスにする。それ以外の部分もメディカルハーブとして利用できる。

ケイパーは落葉性の低木で、葉は肉厚で丸みを帯び、芳香のするピンクがかった白い大きな花を咲かせる。花は4枚の萼片(がくへん)と4枚の花弁を持ち、紫色の糸のように細長い、たくさんの雄しべの中心から1本の柱頭が突き出ている。

地中海沿岸地方、エジプトなど北アフリカ、マダガスカル諸島、中央アジア、ヒマラヤ一帯、太平洋諸島など広範囲に分布しているが、もともとは熱帯を原産としていたものが、より穏やかな地中海周辺部沿いに野生化していったと考える植物学者もいる。

ケイパーのつぼみのピクルス。

料理での使い方

ケイパーの花のつぼみは、ピクルスにするとピリッと塩味の効いた、食欲をそそる風味になる。パスタソースや肉・魚料理、サラダ、スープのほか、ピザなどの付け合わせに使われることも多い。また、前菜として、魚や鹿肉のタルタルステーキにも用いられる。若い実はソースやサラダに入れる。つぼみと実の両方を付け合わせとして食べるのは主に欧州の人々で、特にイタリアやキプロス島の地元料理にはケイパーが欠かせない。

栄養成分

ケイパーのカロリーは100gにつき23カロリーと低く、また含有する成分が植物栄養素（ファイトニュートリエント）、抗酸化物質、ビタミンA、B_2、K、ナイアシンと、効果的な組み合わせであることから、高く評価されている。さらにケイパーはカルシウム、鉄、銅などのミネラルも含む。注意しておきたいのは、ビン詰や調理済みのケイパーだ。酢漬けや塩漬けにする際に塩を加えることから、ナトリウムの含有量が増えている。

作用／適応

古代ギリシャ人や古代ローマ人は、ケイパーに強壮、鎮痛、去痰、利尿、血管収縮の作用があることを知っていた。根の皮の煎剤は浮腫、関節炎、貧

夜明けに開くケイパーの花。花粉を媒介する昆虫などをたくさん引きつけたあと、夕方に閉じる。

血の治療に使われてきた。また、葉を細かく砕いて作ったパップ剤は痛風の緩和に用いられた。アーユルヴェーダでは、ケイパーを肝機能の改善のために処方する。またケイパーは食欲を増進させ、消化機能の不調を緩和し、鼓腸を和らげる。ケイパーには、毛細血管を強くして血管中の血小板の凝集を抑制するのを助けるフラボノイド複合体ルチンも含まれている。

歴史と民間伝承

» ケイパー(caper)の名は、ラテン語の「*capparis*」に由来。語源のギリシャ語の「*kapparis*」はアジアに起源をもつと考えられているほか、ケイパーが豊富に生息したキプロス島に由来するという説もある。

» 聖書時代の人々は、ケイパーベリーに媚薬の効果があると信じていた。ケイパーベリーを表すヘブライ語は「欲望」を意味する言葉と深く関連している。

» ケイパーは85%が水分。カラシ油配糖体も含んでおり、これはアブラナ科の数種に含有される配糖体と類似している。

» ケイパーの花のつぼみは、大きさごとに売られている。小粒のもの—「ノンパレイユ」(nonpareils)、「スルフィーヌ」(surfines)—の方が、大きなもの—「キャプシーヌ」(capucines)、「キャポーテ」(capotes)、「グルーサ」(grusas)—よりも味が良く、値段も高い。

ハーブのあれこれ

強靭な植物ケイパー

ケイパーは群生することで生き残りをはかるメカニズムを発達させた。日射と高温、乾燥による衝撃を緩和するのだ。地中海沿岸の気候に適した仕組みと言っていいだろう。こうした特性を活かして、生態系の危機にある地域でケイパーを栽培すれば、繊細な半乾燥気候の生態系を維持する力になる可能性もある。現在、モロッコやスペイン南東部、トルコ、イタリアのパンテレリア島とサリーナ島で商用栽培が行われている。ケイパーは乾燥状態に強い耐性を持つが、生長には強い日射が長時間必要だ。また、収穫するには、栽培から3カ月以上かかる。高温に強いケイパーだが、霜には弱い。一方で、ケイパーはどんな土壌でも育つ。マルタ島の岩が剥き出しになった崖やパキスタンの砂丘、オーストラリア沿岸の砂丘でも見かける。ヒマラヤ山脈の山麓では、ほとんど有機物が見られないシルト質粘土の土壌でも、表面が砂利の土壌のどちらでも、生息できる。やっかいなのは、エルサレムの神殿の丘にある「嘆きの壁」の石灰岩でも芽を出すことだ。石の建造物からさえも執拗に伸びるケイパーの生命力は、遺跡の保存を考える人たちにとっては脅威でしかない。■

マルタ島のハージン・タフィア湾を望む崖に生息するケイパー。

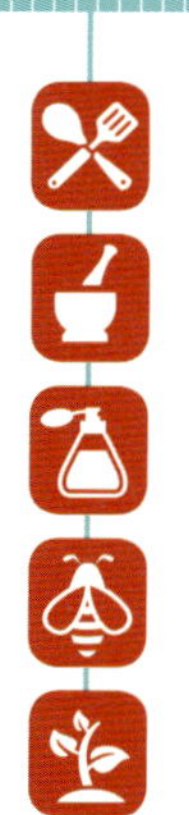

チャービル

Anthriscus cerefolium

memo
チャービルはパセリと同じセリ科の仲間。繊細な一年草で、サラダの具材のほか、ミックスハーブの材料に使われる。

チャービルは昔からハーブ園で栽培され、フランス料理においては数世紀にわたって特別な役割を果たしてきた。リコリスをまろやかにしたような繊細な味わいはスープやサラダに向き、その香りはマイルドながら、もっと風味の強い具材に負けない存在感がある。

チャービルは、広く分布するセリ科の一種で、セロリやニンジン、パセリの仲間だ。セリ科の大半はカフカス地方に起源を持つと考えられ、ローマの軍事遠征によって欧州一帯に広がった。耐寒性の一年生植物で、葉はニンジンの葉に似てレースのように細かい切込みがあり、小さな白い花々が散形花序を成す。丈は45cm、幅は30cmほどで、半日蔭を好むため、屋内のコンテナ栽培にも適している。

セリ科の植物らしく、小さな花々がふんわりとまとまって咲くチャービル。

料理での使い方

チャービルは、伝統的なフランス料理で用いられるフィーヌゼルブ（数種の香草を組み合わせたミックスハーブ）の材料に欠かせない。また、さまざまなレシピでも用いられる。ひだ飾りを思わせる浅緑色の葉をルッコラやレタス、エンダイブなどと組み合わせたメスクラン（野草の柔らかな若葉を使ったグリーンサラダ）は、フランスのプロヴァンス地方の名物で、1990年代には都会で人気を呼んだ。

新鮮なチャービルは、サーモンやマス、新ジャガ、ベイビーキャロット、アスパラガス、ベイビーリーフなど、あっさりした食材と相性がいい。バターに練り込んだり、ゴートチーズに混ぜたりしてもおいしい。オムレツやフリッタータに入れれば、独特の風味が出せる。温かな料理に使うときには、繊細な香りが消えないように、仕上げの段階で加えよう。

生のチャービルの葉は密封したビニール袋に入れれば1週間、冷蔵庫で保存できる。青果店では「シスリー」「スイートシスリー」「グルメのパセリ」「フレンチパセリ」の名でも売られているが、いずれもチャービルを指す。フランスでは「セルフィーユ」とも呼ばれる。

栽培のヒント

たとえ見かけが似ていても……

米国では、チャービルはあまり人気が広がっていない。それは、チャービルが外来種の雑草カウパセリ(「牛のパセリ」、*Anthriscus sylvestris*)と外観が似ているせいかもしれない。チャービルはまた、有毒のドクニンジン(ギリシャの哲学者ソクラテスが死の際に毒薬として服用した)にもよく似ている。だから、野生のものを自分たちでチャービルと判断して食べるのは厳禁。正しくチャービルとして販売されていないものは、絶対に口に入れないこと。■

カウパセリとチャービルは外観が似ている。

ルッコラなど味の強い野菜と組み合わせてメスクラン(野草のグリーンサラダ)に用いられるチャービル。その繊細な風味が味全体にメリハリをつけてくれる。

栄養成分

チャービルはカルシウム、カリウム、リン、セレン、マンガン、マグネシウムなどのミネラルの宝庫だ。ビタミンA、C、Dも豊富に含む。紫色になった古い葉は栄養面で劣るので、買うときは浅緑色の若い葉のついた枝を選びたい。

作用／適応

古代ローマでは、チャービルは食用としてだけでなく、血液を浄化し、利尿作用があるハーブとして人気が高かった(チャービルの名は「喜びのハーブ」という意味のギリシャ語から来ている)。ローマの博物学者・大プリニウスはチャービルを催淫薬とみなし、高齢者の強壮剤になると考えた。

17世紀の植物学者でハーブ療法家のニコラス・カルペパーは「(このハーブは)高齢者の冷えた胃を温めて快調にしてくれる」と記したが、同時代の療法家の間ではチャービルの評価はそれほど高くなかった。おそらく病気に対抗するには効果が穏やかすぎると考えられたためだろう。

だが現在では、チャービルには優れた抗酸化作用があり、細胞膜を安定させ、頭痛や消化性潰瘍(かいよう)、副鼻腔炎を引き起こす炎症を緩和する作用があることが知られている。現代のハーブ療法家はチャービルのティーを目の洗浄や月経痛の緩和に用い、心身を若返らせるスプリングトニック(春の強壮剤)としても薦める。咳や腹部の膨満感、高血圧、塞ぎこみ、消化器系の不調に対しても用いられる。また、新鮮な葉は切り傷や刺し傷、やけどに直接使われ、温めたパップ剤にして関節炎や関節の腫れおよび痛みの緩和にも用いられる。

歴史と民間伝承

» 古代の人々は、この春のハーブを新しい生命の象徴と考えた。今でもカレンダーのイースター(復活祭)にチャービルがあしらわれたり、ヨーロッパの一部では聖木曜日にチャービルのスープを作ったりする。
» チャービルは昔から、悪夢を止めてくれる、と信じられてきた。

チャービルの精油の香りは、化粧水などで使われるミルラ樹脂に似ている。

チャイブ

Allium schoenoprasum

memo
チャイブはタマネギの仲間の多年草で、薄紫色の球形の花が咲く。中空の茎は繊細な風味があり、魚料理や卵料理、スープ、サラダの味わいを深める。強力な抗炎症および抗菌作用ももつ。

チャイブはフランス料理のフィーヌゼルブ（数種の香草を組み合わせて作るミックスハーブ）の材料であるだけでなく、料理用ハーブとして多くの国々で人気があるハーブだ。食用のタマネギの仲間としては一番小さく、ヨーロッパやアジア、北米に分布。5000年以上前から食べられていたが、5世紀には既に栽培されるようになり、中世にはポピュラーな食材となった。

種小名はギリシャ語の「*skhoinos*」（「スゲ」「イグサ」の意味）と「*prason*」（「ニラネギ」）に由来する。英名の「chives」の語源は、フランス語の「*cive*」（ラテン語で「タマネギ」を意味する「*cepa*」に由来）だ。

ネギ属の植物の例にもれず、鱗茎から育ち、小さな硬い鱗茎から草丈が50cmほどに伸びる。中空の管状の茎すなわち花茎は、花が開く直前まで柔らかい。短い葉はあまり目立たず、6枚の星型の花弁を持った薄紫やピンク色の球形の花を咲かせる。開花するのは温暖な地域では4～5月、涼しい地域では6月頃だ。花はドライフラワーにしてフラワーアレンジメントに使われることもある。

収穫では、地面から約5cm上の部分をハサミで刈り取る。すぐに新しい柔らかな若芽が伸びる。

料理での使い方

チャイブはかすかにピリッとした繊細な味わいを持ち、刻んでオムレツやジャガイモ料理、魚料理など、マイルドな料理の風味付けに用いる。デビルドエッグ（固茹で卵を半分に切り、黄身をマヨネーズなどと混ぜ合わせてから、白身に詰め直す料理）やサワークリームを添えたベイクドポテトに振りかけてもおいしい。チャイブは生のままでも、乾燥させ粉状にしても使われる。フランス料理の代表的なハーブであるだけでなく、ポーランドではクワルク（フレッシュチーズ）に加える。またスウェーデンではパンケーキやスープ、サンドイッチの風味を増すのに一役買い、サワークリームに加えてニシンの酢漬けと一緒に夏至祭の食卓に登場する。

愛らしい球形で、晴れやかなピンクがかったラベンダー色をしたチャイブの花。ドライフラワーにしても色が失われないので、装飾用ブーケに使われることも多い。

パンにクリームチーズなどマイルドなチーズを伸ばして小口切りにしたチャイブを載せれば、栄養豊かな軽食のできあがりだ。花びらを散らせば、目にも楽しい。

一年を通して店頭に並んでおり、密封した袋に入れて冷蔵庫で保存すれば1週間はもつ。風味を保つために、刻んで乾燥させておくのもいいだろう。自分で栽培したものが余ってしまった場合は、冷凍しておけば後で利用できる。

栄養成分

チャイブは、ビタミンA、B_6、C、E、Kや葉酸と食物繊維のほか、カルシウムや銅、鉄、マグネシウム、セレン、リン、カリウム、亜鉛などのミネラル類も含んでいる。

作用／適応

近縁種のガーリック(*Allium sativum*)ほど強力ではないものの、チャイブにも、メディカルハーブとしてガーリックと共通する有効な成分が含まれている。ハーブ療法家が循環器系の治療の補助にチャイブを使うのは、有機硫黄化合物を多く含むからだ。

また、チャイブは抗生物質と同じ作用をする成分を持つこともわかっている。チャイブに含まれる天然の殺菌および抗ウイルス物質は、ビタミンCとの相互作用で細菌を攻撃し、風邪に優れた防御作用を発揮する。さらに、チャイブに含まれるフラボノイドは血圧を調整し、硫化物は血液中の脂質を低下させる作用がある(どちらも、心臓の健康維持に重要な要素)。

加えてチャイブの抗炎症成分は慢性関節リウマチのリスクを軽減し、抗酸化作用のある高レベルのビタミンEが免疫力を高める。米国では、食道や胃、前立腺、消化管のがんの腫瘍の成長抑制にチャイブが使われている。

歴史と民間伝承

- 古代ローマ人は、日焼けによる痛みや咽頭痛の緩和にチャイブを使った。
- チャイブに含まれる硫黄化合物は多くの害虫を寄せつけないが、花は蜂を引き寄せる。園芸家にとっては二重に価値がある。
- ロマの人たちは昔、未来を予言するのにチャイブを使っていた。
- 中世の農村では、邪気を払うために、家の外にチャイブの束を吊り下げた。吸血鬼に対してガーリックを吊るしたのと同じだ。

手軽にハーブを

ネギ類の見分け方は難しい

米国では、チャイブを他のネギ類とどう区別するのか、よくわからないという人が多い。スーパーでは、根元の方が白く、細長い緑色の葉物野菜にはすべてスカリオン(scallion)かグリーン・オニオン(green onion)の札がついている。実はこれらは同じ*Allium fistulosum*、いわゆる「ネギ」なのだ。さらに米国では、春タマネギと呼ばれる球根が大きくなる前の若いタマネギ(*A.cepa*)をスカリオンの名で売っている店もあるため、話がさらに複雑になる。スカリオンはチャイブに比べて風味が強いが、春タマネギほど芳醇ではない。チャイブは他のネギ類に比べて細く、根元がそれほど白くない。ハーブに分類され、風味もより洗練されている。■

チャイブなど細ネギ類を小口切りにするときは、固く束ねて茎をぴんと揃えてから、切り口が潰れないように手早く整然と切っていこう。

column

自分で作るミックスハーブ

ハーブをブレンドし、伝統的なミックスハーブを作ってみよう

風味の異なるハーブをブレンドするのも、ハーブを調理に使う楽しみの一つだ。苦いものと甘いもの、ピリッとしたものと爽やかなもの、繊細な風味と素朴な味わいのもの。ブレンドすれば、個々の魅力が消えるどころか、むしろ活きてくる。色々なハーブを自由に組み合わせてみれば、驚くほど複雑な味わいが生まれる。ここで、三つの有名なブレンド──ブーケガルニ、フィーヌゼルブ、エルブ・ド・プロヴァンスを紹介しよう。

フランスは「高級料理の都」であるとともに、「ハーブ料理の都」だ。この地では数世紀という時間をかけて三つの伝統的なブレンドハーブが進化を遂げた。それらが個性的な風味を料理に加え、料理のいっそうの深みを生み出してきた。

ブーケガルニ

フィーヌゼルブとエルブ・ド・プロヴァンスが他の食材と一緒に食されるのに対して、ブーケガルニ（フランス語で「付け合わせの束」の意味）はスープやシチュー、ストック料理の風味づけのために調理の段階で加え、食べるときには取り除く。ローレルとタイムを中心に、好みでパセリやバジル、サラダバーネット、チャービル、ローズマリー、コショウの実、セイボリー、タラゴンを組み合わせる。ニンジンやセロリ、セルリアク、ポロネギ、

タマネギ、パセリの根といった野菜を加えることもある。

ブーケガルニを作るには、まずたくさんのバジル、パセリ、ローズマリーに、数枚のローレルの葉を用意する。セロリの茎とニンジンも少々加えよう。これらの素材をコーヒーフィルターかチーズクロスの中に入れ、タコ糸で縛る。ハーブをポロネギの葉で包んだり、メッシュの袋やサシェに入れたりするシェフもいる。出来上がったブーケガルニは、鶏や魚のストック料理、クールブイヨン（魚介類を茹でるためのブイヨン）に芳醇な味わいをもたらす。

フィーヌゼルブ

フランス料理で大きな役割を果たすのがフィーヌゼルブだ。コクと洗練された風味を醸し出してくれる。フィーヌゼルブの名は、このブレンドがハーブ――パセリ、チャイブ、タラゴン、チャービル（さらに、マジョラム、クレソン、シスリー、レモンバームを含むこともある）を細かく刻んで作られることに由来する。最高の味わいを引き出すには、新鮮なハーブを調理直前に細かく刻むこと。フィーヌゼルブはとりわけ魚のローストやグリル焼き、オムレツ、ジャガイモ料理、スープ、ビネグレットソースといった、あっさりした料理で効果を発揮する。

自分だけのエルブ・ド・プロヴァンスを作ってみよう

三つ目がエルブ・ド・プロヴァンス。タイムやマジョラム、セイボリーなど舌に刺激を感じさせる夏のハーブを乾燥させてブレンドしたものだ。その風味を特徴づけるのは、プロヴァンス地方で名高い植物ラベンダーだ。エルブ・ド・プロヴァンスは肉料理や家禽料理、キャセロール料理、冬のスープなど、濃厚な味の料理に使われることが多い。下に示した乾燥ハーブから選んでブレンドしてみよう。■

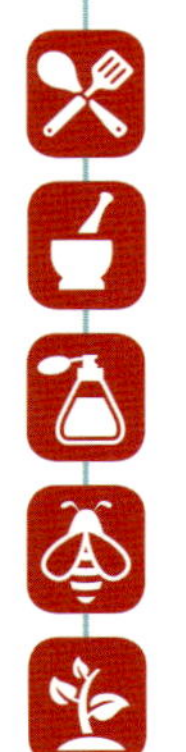

シラントロ

Coriandrum sativum

memo

コリアンダーという植物のレース状の緑の葉はシラントロと呼ばれ、メキシコ料理やアジア料理の代表的な食材の一つだ。抗酸化物質や植物栄養素（ファイトニュートリエント）、大量のビタミンKなど健康に良い物質が豊富に含まれている。

シラントロとは、香辛料のコリアンダー(種子)としても知られる植物の、レースのような緑色の葉を指す。米国では、近年、家庭でメキシコ料理やアジア料理を作る際に好んで用いられるようになり、サラダやシーフード料理に甘く土臭い独特の風味を加える。

コリアンダーは草丈が30～60cmほどで、白やピンク、淡い薄紫色の小さな花を散形につける。原産地は地中海沿岸地方と小アジアで、5000年以上も昔から料理の風味づけに使われてきた。栽培したのはエジプト人で、古代ギリシャ人やローマ人にも人気が高かった。中世ヨーロッパの料理人たちもシラントロを愛用した。だが、フランスや英国で農作物に関する本が続々と出版されると、それを読んで刺激を受けた料理人たちの関心は新しく珍しいハーブへと移り、17世紀には中世の料理はすっかり人気を失うことになる。

シラントロが再び注目されたのは、現代に入って家庭でエスニック料理が作られるようになってから。こうした料理では、シラントロの独特の風味は不可欠だ。

コリアンダーは庭で簡単に栽培でき、春から秋にかけて何度でも収穫できる。葉は草の根もと近くから摘み取り、一度に3分の1以上は収穫しないようにしよう。

料理での使い方

シラントロはメキシコ料理と深いつながりを持つ一方、中東や地中海沿岸地方、インド、中国、東南アジア、ラテンアメリカ、アフリカなど世界各地で料理に用いられる。キャセロール料理や付け合わせとして出されることもある。アボカド、鶏肉、魚、子羊肉、レンズ豆、貝類、ヨーグルトと相性が良く、チリコンカーンに加えたり、カレーで肉の漬け汁にしたり、バジル代わりにペストソースに使ってもおいしい。

生のシラントロは、外観がイタリアンパセリに似ているので、購入時は特有な香りを確認すること。家に帰ったら水の中で振って洗い、葉に残ったゴミを落としてから、ペーパータオルなどで軽く押さえて水気を切る。新鮮な水を入れたビンに切り口を挿し、ビニール袋を緩くかぶせて冷蔵庫で保存しよう。冷凍する場合は密閉容器に入れるようにしよう。

シラントロの花は、シダ状の繊細な上葉に囲まれている。浅く裂けた幅広の下葉（上写真）はイタリアンパセリの葉に似ている。

伝統的なメキシコ料理に欠かせないハーブのシラントロ。ライムライス（ライム汁やハーブの入ったピラフ）などの料理に独特の風味を添える。

栄養成分

シラントロの葉には、低比重リポタンパク（LDL）いわゆる「悪玉」コレステロールを軽減する食物繊維、さらに鉄、銅、マンガン、マグネシウム、カリウム、カルシウムなどのミネラルが含まれている。ビタミンAとCの含有量も多く、「アルツハイマー病患者の脳の神経損傷を抑制する」との説で注目されているビタミンKも豊富だ。ほかに葉酸、ナイアシン、ビタミンB_2、βカロテンも含まれる。このように、シラントロの植物栄養素（ファイトニュートリエント）は、ナッツや穀類、肉類といった高カロリーの食物にも引けをとらない。

作用／適応

古代ギリシャの医師ヒポクラテスは、シラントロを芳香性の興奮薬として使用した。伝統療法家は鎮痛薬や鎮痙薬、駆風薬、消化促進薬、抗真菌薬、脱臭剤、興奮薬など多くの用途でシラントロの有効性を認めている。

現代医学でも、シラントロの葉と茎の先端部分に抗酸化作用のあるポリフェノールの一種フラボノイドが豊富に含まれること、葉と種子（コリアンダー）が豊富な揮発性精油の源であることが明らかになっている。

ここにも注目

芳香？ それとも……

シラントロの個性的な香りは、必ずしもすべての人に歓迎されるわけではないようだ。そもそも英語の「coriander」は、ギリシャ語の「*koris*」、つまり「ナンキンムシ」に由来する。その香りを、虫が湧いたリネン類の臭気と感じたからだ。米国の人気料理家、故ジュリア・チャイルドも、シラントロが嫌いだと公言し、「出された料理に入っていたら、見つけ次第つまみ上げ床に捨てる」とまで言っていた。その一方で、ハンドソープやボディーローションの匂いに似た柑橘系セージのような香りが大好きだという人もいる。正確に言えば、この香りの源はアルデヒドと呼ばれる、脂肪酸が変性した化合物。同じアルデヒド類は石鹸やローション、そして一部の昆虫にも含まれている。研究者によれば、シラントロの葉はすり潰せば、すぐに強い匂いが消えるため、虫や石鹸を連想せずに使えるという。■

歴史と民間伝承

- 紀元前1552年頃に薬草の知識について記したエジプトの医薬文書『エーベルス・パピルス』には、コリアンダーがバビロンの空中庭園に植えられていたと記載されている。
- 『アラビアン・ナイト』でシラントロは媚薬として登場する。
- コリアンダー（*Coriandrum sativum*）は、1670年に英国からの入植者によってマサチューセッツ州に持ち込まれた。これが北米で栽培された最古のハーブの一つである可能性が高い。南米で見られるようになってからは、種子より葉が重宝されるようになった。

可憐なシラントロの花。白、多彩なピンク、淡い薄紫色の花が散形に咲く。

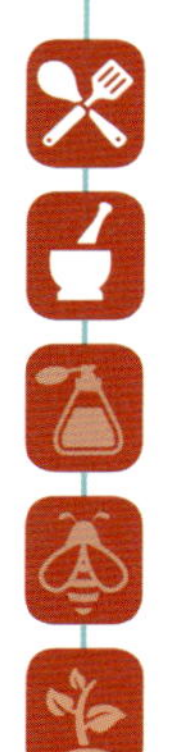

カレーリーフ

Murraya koenigii

memo

昔からカレー料理に加えられてきたのがカレーリーフだ。インドやスリランカ、さらにはインドネシア、カンボジアなどアジア各地の多くの料理で使われる。インドの代替医療では、胃の不調や血液疾患に対する作用が高く評価されている。

インドや東南アジアでは一年を通して食卓に上るカレー。香辛料が効いたこの料理は、さまざまな調味料で味つけされる。本格的なカレーの決め手となるのが、カレーノキの葉、すなわちカレーリーフだ。インドでは、数千年も前から料理に用いられてきた。

熱帯および亜熱帯に分布するカレーノキはインドとスリランカが原産地で、高さは4〜6mほどになる。小〜中位の羽状の葉は、ミカンやナッツの香りにかすかにレモンが混じったような芳香を放つ。花は小さくて白く香りも良く、光沢のある黒い実ができる。アジアの熱帯地方では、カレーノキは庭木として人気が高く庭にも植えられる。ヒマラヤ山脈の高地を除いたアジアの亜熱帯のほぼ全域に生息している。

カレーリーフの現代のインド名はメーティー・ニーム（*meethi neem*）で、「甘いニームの葉」という意味だが、葉は苦い（ニームは日本では「インドセンダン」として知られる）。インドネシアでは「フォッリ・ディ・カリ」と呼ばれる。

ヨーロッパ原産の「カレープラント」（*Helichrysum italicum*）という植物も、カレーリーフに似た芳香をもつが、こちらは若葉や新芽を地中海風シチューで肉の風味づけに使うくらいで、カレーなどアジア料理に用いられる「マサラ」（香辛料を混ぜ合わせたもの）には使われない。カレープラントの花の精油には抗炎症・抗真菌作用、収れん作用があり、やけどやあかぎれで荒れた肌に効く。

料理での使い方

カレーノキの葉は、インド南部および西海岸地方、スリランカの料理でよく使われる。カレーを作るときは、まず生のカレーリーフをみじん切りにしたタマネギと一緒に炒めて香りの元を作る。カンボジアのクメール族の人々は、カレーリーフを潰してマチュー・クルーンという酸味のあるスープに加える。

生のカレーリーフは、すぐに使い切るようにしよう。生のまま保存したり冷凍したりすると、風味や

カレーノキの黄緑色の実は、熟すにつれて明るい赤に変わり、やがて濃い紫色がかった黒になる。実は食べられるが、種子には毒がある。

カレーノキは晩春から夏に小さな白い花をつける。葉と同じように花も芳香を放つ。

香りだけでなく作用も失われてしまう。乾燥したカレーリーフは、味も香りも生とは比べものにならない。

栄養成分

カレーリーフには、カルシウム、リン、鉄、ニコチン酸、ビタミンAとCが含まれる。抗酸化物質とアルカロイド類も豊富だ。

作用／適応

インドやアジアの多くの地域で、カレーリーフの作用への評価は高い。痔、皮膚病、血液疾患の治療のほか、解熱剤としても利用される。アーユルヴェーダなどの伝統医学では、胃の不調の治療に使われる。つわりに苦しむ妊婦には、吐き気を抑えるために、カレーリーフの絞り汁にライムジュースと砂糖を混ぜた飲み物が薦められる。またカレーリーフは鉄が豊富なため、手術を受けた人や失血症状が見られる人は、魚や肉にカレーリーフ・ペーストをかけた食事を摂ることが望ましいとされている。

便秘解消には、一つかみのカレーリーフを熱湯に2〜3時間浸してから、ハチミツ小さじ1杯を加えて飲用する。髪の乾燥や枝毛に対する民間療法にも使われ、温めたココナッツオイルにカレーリーフを混ぜて頭皮をマッサージすると髪が艶やかになるという。

現代のハーブ療法の専門家は、カレーリーフを糖尿病の治療に用いる。カレーリーフには血糖値をコントロールする作用があるからだ。また、カレーリーフに含まれる抗酸化物質は低比重リポタンパク(LDL)、いわゆる悪玉コレステロールを減らす一方で、高比重リポタンパク(HDL)いわゆる善玉コレステロールを増やすため、コレステロール値のコントロールにも使われる。カレーリーフには消化管を保護する働きがあるほか、定期的に摂取すれば、肝臓などの臓器を、活性酸素などのフリーラジカルから守れるとされている。

歴史と民間伝承

- 種小名の「*koenigii*」は、18世紀のドイツの植物学者ヨハン・ケーニヒ(Johann König)に敬意を表してつけられた。ケーニヒは南インドのカルナータカ太守に博物学者として仕え、インド医学で用いられる多くの植物に関する記録を残している。
- ヒンドゥー教や仏教、ジャイナ教、シーク教の神を崇拝する儀式ではトゥルシー(ホーリーバジル、*Ocimum tenuiflorum*)を用いるが、カレーリーフで代用することもある。

手軽にハーブを

カレー粉は何でできている?

英語の「curry」は、アジアの多くの地域で作られる「肉や魚、野菜を使ったぴりりと辛い定番料理」の総称だ。カレーには、ソースやグレイビーがメインの「ウェット」タイプと、配合香辛料を素材にまぶす「ドライ」タイプがある。実は市販のカレー粉には、伝統的なカレーの配合香辛料に含まれる材料の一部しか入っていないことが多い。国によって違うが、本場の配合香辛料には、カレーリーフ、タマリンド、コリアンダー、ターメリック、ジンジャー、ガーリック、カイエンヌ、コショウ、マスタードの種子、クミン、アニス、フェヌグリーク、フェンネル、ケシの実、シナモン、クローブ、カルダモン、ローズウォーターが入っている。■

ダンデライオン

Taraxacum officinale

memo
ダンデライオンは芝生の邪魔者とみなされることが多いが、実は栄養成分が高く、用途が広い食用ハーブだ。

日本ではセイヨウタンポポとして知られるダンデライオン。芝生に侵入する雑草としておなじみだが、「単なる雑草」と片付けるのはもったいない。若いうちに収穫すれば、おいしいサラダの材料になる。栄養学的に見るとビタミンとミネラルが豊富。医学的に見ても病気に対抗できる成分を含んでいる。

温帯であれば、ほかの草が生い茂った野原であろうとゴミが散らかった空地であろうと、ダンデライオンは芽を出し繁茂する。一般に実を結ぶのは春から初夏だが、成長期にあるうちなら花が咲き、綿毛をつくって種子を飛ばす。

明るい黄色の頭花は成熟すると、綿毛のついた丸い種子が球のようになる。風に運ばれて飛び散った種子は数百m先まで飛ぶこともある。

属名の「*Taraxacum*」は、ギリシャ語の「*taraxos*」(「不調」の意味)と「*akos*」(「治療」の意味)に由来する。古代の人々は、この植物の作用をすでに理解していたようだ。

英名の「dandelion」は、フランス語の「*dent de lion*」つまり「ライオンの歯」から来ている。これは、ギザギザしている葉の縁のことかもしれない(切れ込みが丸みを帯びた変種や、ギザギザがない変種もある)。あるいは、紋章に描かれたライオンの黄色い歯や、根の内部が歯のように白いことを表しているのもしれない。

ダンデライオンは濃い茶色の主根から1本の薄紫の茎が伸び、そのてっぺんに星型の小花から成る明るい黄色の花をつける。花がしぼむと、総苞(そうほう)の内側に閉じた状態が「豚の鼻」のように見える。花弁がすべて落ちてしまうと、種子が熟す。

やがて陽ざしや風に促されて頭花だったところが再び開き、子どもたちが大好きな白い綿毛の球が現れる。綿毛がついた種子(冠毛)が飛び散った後は、垂れ下がった総苞(花の基部にある、つぼみを包んでいた多数の葉)の中心に花茎の先端部が白く見える。これが修道士の剃髪した頭部に似ていることから、中世ヨーロッパではダンデライオンは「僧侶の冠」とも呼ばれた。

手軽にハーブを

ダンデライオン・シロップ

メープルシロップの代わりにも使える、おいしいシロップだ。

材料

- ダンデライオンの花 ……… 4つかみ
- 水 ……… 約1リットル
- グラニュー糖 ……… 約1kg
- レモン ……… 2個(薄切りにしたもの)

作り方

ダンデライオンと水を中くらいの鍋に入れて沸騰させる。火から下ろして24時間そのまま置いてから濾す。そして、重さを計ったら鍋に戻し、同量の砂糖を加えよう。レモン汁を加えて再び沸騰させ、濃いシロップ状になるまで煮詰める。熱いうちに、消毒したビンに移す。■

料理での使い方

田園地帯で暮らす人ならよく知っていることだが、ダンデライオンの若葉は夏の食事のすばらしい素材になる。さっと湯通しすれば、なおさらおいしい。ナイフを使わずに手で細かくちぎってサラダに入れたり、バターと塩とともにサンドイッチの具材にしてもいい。ウェールズでは、成熟した根を細かく刻んでサラダに加える。若葉は茹でて野菜として出すこともある。苦味が強すぎるときは、ホウレンソウを加えよう。

栄養成分

昔から「ダンデライオンには驚くべき力がある」と言われ、万能薬とみなされていた。実際に、1984年の米国農務省(USDA)による報告書の「食品成分表」では、ダンデライオンは栄養成分の高い緑色野菜の上位4種の一つに挙げられた。同表によれば、ビタミンB群、カルシウム、カリウム、植物繊維に加えて、緑色野菜の中でβカロテンの含有量が第1位、ビタミンAの含有量もタラの肝油、牛のレバーに次いで第3位。雑草として嫌われていながら、実はすばらしいハーブといえる。

作用／適応

ダンデライオンの作用について最初に記述したのは10〜11世紀のアラブ人の医師たちだった。彼らはこの植物を「野生のエンダイブ」と呼んだ。13世紀のウェールズの医学文献にも、ダンデライオンについての言及がある。伝統医学の専門家は、若葉だけでなく、生や乾燥させた根も用いた。インドの療法家は、肝臓疾患の治療のためにダンデライオンを栽培していた。中国では今も、民間療法で使われる上位6種の薬草の一つだ。

ダンデライオンのサラダは健康食だ。

現代の研究者も、ダンデライオンの治癒効果の可能性の解明に取り組んできた。その結果、血清コレステロール値の低下、胆石の治療、がん細胞の増殖の抑制のほか、うっ血性心不全患者の利尿薬としての作用が期待できることが明らかになっている。

歴史と民間伝承

» ダンデライオンを見れば、空模様がわかる。明るい陽射しの下では、黄色い頭花が開くが、雨が降り出しそうなときは花が閉じるからだ。

» ダンデライオンは蜜が豊富で、90種以上の昆虫が蜜を吸うことがわかっている。

栽培のヒント

養蜂家の味方

ダンデライオンは養蜂家に好まれるハーブだ。冬に咲く果樹の花が落ちて、草花が開花する前の、春の早い時期に花を咲かせてミツバチに蜜と花粉を提供してくれるからだ。ダンデライオンは秋にも花をつけて、季節の終わり頃までミツバチに栄養分を与えてくれる。このおかげで、養蜂家がミツバチの巣に餌を補充する作業を遅らせることができるのだ。■

栄養源が少なくなる早春に、ミツバチに花粉と蜜を提供してくれるダンデライオン。ミツバチの生存に欠かせないハーブでもある。

ディル

Anethum graveolens

memo
葉も種子も料理に使えるディル。家庭菜園に植えれば、その可憐な花が益虫たちを呼び寄せてくれる。

羽のような葉を持ち、繊細な香りで知られるディル。庭に植えられた姿も繊細かつ優美。ディルは食用ハーブにもスパイスにもなる。

はるか昔の聖書や古代エジプト時代の文献にも、強力な作用を持つ薬草としてディルが記されている。単なる観賞植物という枠では語れない、長い歴史を誇る貴重な植物なのだ。古代ローマ人はディルのオイルから強壮剤を作った。彼らはディルをアネット（*aneth*）と呼び、富の象徴と考えていた。

ディルはセリ科で、草丈は60cmほどになる。「ディルウィード」として知られる柔らかで細長い葉は草らしい爽やかな香りを放ち食用ハーブとして使われる。また、小さな黄色の花からできる明るい茶色の種子「ディルシード」は、柑橘系の甘味とほろ苦さを併せ持つ、香り高いスパイスだ。ディルシードはディルウィードよりも香りが強く、見た目と風味はキャラウェイの種子に似ており、スカンディナビアやドイツの料理の特徴的な味の源となっている。

原産地は地中海地方と西アジアで、英名の「dill」は、「和らげる」を意味する古ノルド語の「*dylla*」に由来する。ディルが胃部の不快感の緩和――スカンディナビアでは乳児のコリック（疝痛）の治療に用いられることをよく表している。

料理での使い方

今日、ディルは北および中央ヨーロッパ、北米、北アフリカ、ロシア、インド亜大陸の料理に使われている。野菜料理、ポテトサラダ、ザワークラウト、ジャーマンローストポーク、キャベツ料理、シチュー、スープ、アップルパイ、チャツネ、パンなどの香りづけに用いる。中東ではファトーシュ（砕いたピタ・パンと野菜やハーブを組み合わせたサラダ）などの冷菜の味を引き立てるために用いられ、ベトナム、タイ、ラオスではココナッツミルクをベースにした魚カレーにも加えられる。イランでは米料理に使い、インドのグジャラート地方では昔から出産直後の母親に与えられてきた。

ジャガイモ料理、ピクルスの漬け汁、サラダドレッシング、ビネガー、ソースなどには、ディルシードとディルウィードの両方を使うことも少なくない。ディルシードは焼く前の肉にすりこむこともある。一方、デ

ディル（*Anethum graveolens*）の羽のような上葉（上）は、ディルウィードとして料理で使われ、種子（右）は刺激のあるスパイスとして売られている。

手軽にハーブを

ディルとキュウリのサラダ

作ってから2時間以上、冷蔵庫で冷やすと、とてもおいしく食べられる。ランチの付け合わせにもピッタリだ。紹介するレシピは6人前。

材料

- キュウリ（大）……… 5本（種を取り除いて薄切り）
- 塩 ……… 小さじ2
- 細かく刻んだディル ……… 1/4カップ
- サワークリーム ……… 1.5カップ
- リンゴ酢 ……… 1/4カップ
- グラニュー糖 ……… 小さじ1.5

作り方

キュウリに塩小さじ2を振り、そのまま1〜2時間置いてから水気を切る。グラニュー糖、リンゴ酢、ディル、サワークリームを混ぜ合わせてソースを作り、スプーンで野菜にかける。塩とコショウで味を整え、ディルを飾って食卓に。■

ィルウィードはサケやマスなどの魚料理のほか、エッグサラダなど卵料理に加えて味を引き立てる。栄養学的には、ディルはカルシウムを豊富に含み、閉経に伴う骨量の低下の軽減に役立つ。また、ビタミンAとC、食物繊維、鉄、マグネシウムなどの含有量も有効な水準の値を示す。

作用／適応

ディルは昔から消化不良の治療薬として高く評価されてきた。カール大帝は祝祭の晩餐会の席で客にディルを配ったという。濃厚な食事のあとに現れることがある不快な症状を和らげるためだ。中世ヨーロッパのハーブ療法家で自然療法医として名高い、12世紀のベネディクト会女子修道院長、ビンゲンのヒルデガルトも、医学と博物学に関する医学事典『Physica』(自然学)と『Causae et Curae』(病因と治療)の中でディルについて言及している。

ディルは、内分泌系、免疫系、循環器系の機能を助ける働きをすることがわかっている。モノテルペンやフラボノイドなどの化合物には、抗酸化作用のほか、病気の予防や健康増進などの作用がある。

また、ディルの揮発油は、紙巻タバコや木炭グリルの煙に含まれるベンゾピレンなどの、発がん性物質を中和できる。さらにこの揮発油は、ガーリックと同様、細菌の増殖も防ぐ。カイロ大学の糖尿病研究では、ディルがブドウ糖の値を下げてインスリン値を正常化し（オイゲノールの存在による）、膵臓の機能を助けることがわかった。

芳香の特徴

爽やかでみずみずしくぴりっとした芳香を放つディルの精油は、アロマテラピーでは肝臓の不調を含む消化器系の病気や気管支疾患、頭痛などの治療や血行改善に使われる。カモミールの香りと合わせると、神経系に対して高い鎮静効果を発揮する。ナツメグやレモン、オレンジ、グレープフルーツといった柑橘系の精油と組み合わせても相性がいい。精油は腹部や足の裏に部分的に塗布することもできる。

歴史と民間伝承

» 1世紀のローマ人たちは、ディルが幸運をもたらすと信じていた。ディルでリースや冠を作り、剣闘士は闘いの前にこのハーブを肌にすりこんだ。

» 魔女を遠ざける力があるという言い伝えがある。

花は繊細で、羽状の細い葉が密生する。同じセリ科の仲間キャラウェイは、近縁種のカウパセリに似ている。

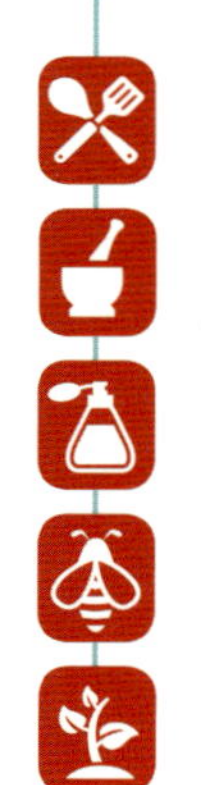

フェンネル

Foeniculum vulgare

memo
歯ごたえと甘味を持つフェンネルは、ハーブでありスパイスでもある。イタリア料理の代表的な食材の一つだ。

フェンネルは用途が広い植物だ。白から薄緑色の鱗茎、そして茎、緑の葉、明るい黄色の花から生まれる種子（果実）にいたるまで、どの部位も食用になる。ウイキョウ属唯一の種で、属名はラテン語の「*foeniculum*」（「小さな干し草」）に由来。中世ヨーロッパでは「*fanculum*」と呼ばれ、その後「*fenkel*」や「*finule*」の名で広まった地中海地方原産の多年草で、古代ギリシャ人が利用し、ローマ軍の遠征によりヨーロッパ全土に広まった。現在、インド、アジア、オーストラリア、南米と広く分布し、北米では野生化している。

フェンネルは、セリ科の中でも珍しく海岸近くや川の土手の乾いた土壌でよく育つ。しっかりして光沢のある緑色の茎は1m以上に伸びて密生し、葉は細い糸状。花は明るい黄色で、7〜8月に大きく平らな散形を形づくる。庭に植えれば、人目を引くだろう。詩人ロングフェローは次のように歌っている。「低い草木の上に塔のようにそびえる黄色い花をつけたフェンネル」

実を結び始めたフェンネルの花。

料理での使い方

古代ローマ人はフェンネルを野菜として食べていた。その種子と芽については961年のスペインの農耕記録にも言及され、ノルマン征服以前のアングロサクソンの料理法と薬用法に関する記述が残る。

生の種子は、アニスに似た爽やかな風味を持ち、ケーキやペストリー、パン、スープ、シチュー、ピクルス、魚料理、ザワークラウトなどの味つけに用いられる。イタリアの料理人は種子をソーセージの風味づけに使い、茎をスープやサラダに入れる。ディルに似た葉はシーフード料理やスープに用い、パリッとした食感の鱗茎は主に野菜として炒めたり、蒸したり、煮込んだり、焼いたり、生のままで出す。またフランスでは、フェンネルはアブサンの主要な三成分の一つであり、インドの郷土料理やパキスタン、アフガニスタン、イランでも料理の香辛料として欠かせない。インドとパキスタンには、食後の口臭消臭剤として炒った種子を噛む習慣がある。中国では、五香粉の重要な材料となっている。

葉、茎、種子、鱗茎などすべての部位が食用にできるフェンネルは、家庭菜園の万能ハーブと呼んでいい。

栄養成分

フェンネルの種子は植物繊維が豊富。銅、鉄、カルシウム、カリウム、マンガン、マグネシウムなどのミネラル類とビタミンA、ビタミンB複合体、ビタミンC、Eも含む。

作用／適応

フェンネルは、腸内ガスによる腹部の膨満感、痛風、さしこみ痛、胸焼け、膀胱炎、コリック（疝痛）、けいれんなどの予防に使われてきた。天然成分の

フェンネルの頭花は、小花柄と呼ばれる単一の茎から伸びる、20～50の黄色い小花からなる散形花序を形成する。

ハーブのあれこれ

マラソンの起源

紀元前490年、侵攻してきたペルシャ軍に数で劣るアテナイ軍が勝利した場所が、マラトン（英語読みで「マラソン」）だ。マラトンという地名は、ギリシャ語で「*marathon*」と呼ばれるフェンネルが咲き乱れていたことからつけられた。激戦ののち、アテネ軍は伝令としてフェイディピデスという兵士をアテナイに送る。フェイディピデスは約42kmの距離を走り続け、勝利を報告すると息絶えた。■

歯磨き粉の香りづけにも用いられる。

1657年、植物学者ウィリアム・コールズ（ウィリアム・コールとも呼ばれる）は、著書『Adam in Eden, or Nature's Paradise』の中で、肥満の患者にフェンネルの葉と根から作った飲み物やスープを与えると痩せて細くなると記している。フェンネルの古代ギリシャ名が、「細くなる」という意味の「*maraino*」に由来する「marathon」であるのも、これで説明がつく。

現代の研究で、フェンネルにはアネトール、リモネン、アニスアルデヒド、ピネン、ミルセン、フェンコン、カビコール、シネオールなど、有益な揮発性精油化合物が含まれていることがわかった。フェンネルに消化促進や抗酸化、駆風、抗膨満などの作用があるのも、これらの成分に理由がありそうだ。種子には、ケンペロールやケルセチンといったフラボノイド抗酸化物質など、人体から有害なフリーラジカルを取り除くのに役立つ成分も含まれている。

歴史と民間伝承

» 清教徒は、長い礼拝の間によくフェンネルの種子を噛んでいたため、フェンネルを「礼拝の種」と呼んだ。カトリック教徒も断食日の間、フェンネルの種子を食べて空腹を紛らわした。
» 中世のヨーロッパでは、村人が夏至祭の前夜に、魔物やその他の災厄から家を守る目的で、ほかのハーブと一緒に戸口に吊るした。
» ローマのパン職人は、パンを焼くとき、フェンネルの葉をパン種の下に置いて風味を加えている。

フェヌグリーク

Trigonella foenum-graecum

memo

フェヌグリークは用途の広い植物で、生の葉、芽、乾燥させた葉と種子が、それぞれハーブ、野菜、スパイスとして利用される。

フェヌグリークはマメ科に属する一年草で、はるか昔から香味料およびサプリメントとして使われてきた。炭化したフェヌグリークの種子を、放射性炭素年代測定法で調べたところ、紀元前4000年前後のものと判明した。ツタンカーメンの墓からも、干からびた種子が発見されている。紀元前1500年のエジプトのパピルス写本にも、フェヌグリークについての記録がある。

丈は60cmほどに伸び、クローバーに似た明るい緑色の小さな葉と黄色く長いさやが特徴。白や黄色の花は単独または対になって咲く。半乾燥地域の作物として栽培されており、商用栽培が盛んなのはアフガニスタン、パキスタン、アルゼンチン、エジプト、フランス、スペイン、トルコ、モロッコだ。インドも主要産出国（ラジャスターン州で80%を産出）で、フェヌグリークの種子はインド料理の代表的な食材の一つとなっている。

米国のインド料理店のメニューには、必ずと言っていいほどカリフラワーとジャガイモの料理「アルゴビ」が載っている。アルゴビには乾燥したフェヌグリークの葉が欠かせない。

料理での使い方

インドでは、種子を全粒（または粉末）の状態で、ピクルスの漬け汁や野菜料理、ダール（豆料理）のほか、パンチフォロンやサンバルマサラといったミックスハーブに用いる。葉はカレーに入れることもあり、芽はサラダに加えられる。イランの郷土料理と呼ばれるゴルメサブジ（香草入りシチュー）でも、フェヌグリークの葉を加える。イエメン系ユダヤ人は、フェヌグリークをユダヤ教の聖典の一つであるタルムードの薬草「アカネ」だと信じ、ヒルベというカレーに似たソースに使って、ユダヤ教の新年祭ロシュ・ハシャナの1日目と2日目の夜に食べる。

栄養成分

フェヌグリークの葉と種子は、繊維質が豊富な上、葉酸、ナイアシン、ビタミンA、B_1、B_2、B_6、C、E、Kのほか、銅、カルシウム、カリウム、鉄、セレン、亜鉛、マンガン、マグネシウムも含む。また種子には、アル

クローバーに似た葉を持つフェヌグリークは、生育が早い植物だ。

カロイドのトリゴネリン、アミノ酸のL-トリプトファンとリジン、豊富なサポニンが含まれている。

作用／適応

中国とインドの伝統医学では、フェヌグリークの種子をさまざまな症状に用いた。胃炎や便秘の緩和（種子から出る粘液が、消化器官の壁の炎症を抑える膜をつくる）、高血圧症や高コレステロール症の治療のほか、催淫薬としても使われた。また陣痛の誘発、出産直後の母親の母乳の分泌促進に加えて、腎臓疾患や脚気、口内炎、セルライト、がん、糖尿病の治療などにも処方され、用途は幅広かった。腫れや筋肉痛、傷、湿疹には、種子の粉末をパップ剤にして当てた。

現在フェヌグリークは、アルカロイドとエストロゲンの源としての可能性が期待されている。初期の研究では、フェヌグリークは、胃における糖の吸収を遅らせて、血糖値を下げることができると示唆された（フェヌグリークには4-ヒドロキシイソロイシンと呼ばれるアミノ酸が含まれ、血糖値が高くなったときにこの物質が体内でインスリンの生成を促進すると考えられる）。ただし、このデータは未確定だ。フェヌグリークはコレステロールを正常値に戻す働きをするらしいというデータもある。さらに腎臓結石ができる要因となる腎臓のシュウ酸カルシウムの量を下げる可能性も指摘されている。

またフェヌグリークの種子はエストロゲンに似た作用をするジオスゲニンという物質が豊富で、抗がん作用も期待される。

手軽にハーブを

フェヌグリーク・シード・ティー

ボウルにフェヌグリークの種子（小さじ1）を入れて軽く潰す。沸騰した熱湯（カップ1）を注いで種子を浸し、1〜3時間置く（長く浸すほど作用がある）。濾してから、ハチミツとレモンで風味をつける。ホットでもアイスでも飲める。一味違うものにしたいときは、紅茶の葉やほかのハーブを加えるといいだろう。■

健康のために

結腸がんのリスクを軽減

フェヌグリークには、サポニンと呼ばれる化合物が高い濃度で含まれている。インドのティルバナンタプーラムにあるラジブ・ガンディー・バイオテクノロジー・センターの研究によれば、フェヌグリークに含まれる粘液とサポニンが、食べたものに含まれる、ある種の毒素と結合して体外に排出するらしい。そして、この作用が結腸の粘膜をがん細胞から守ると考えられている。■

左からフェヌグリークの葉、種子、さや

歴史と民間伝承

- 共和制ローマの政治家で、農業に関する著作もあるカト・ケンソリウスは、フェヌグリークを家畜用の作物に分類した。
- メープルシロップを思わせるフェヌグリークの甘い風味は、薬の苦味を隠すのに使われた。甘い香りの源はソトロンという成分だ。

ハイビスカス

Hibiscus sabdariffa

memo
植物愛好家には周知のことだが、ハイビスカスはアオイ科の仲間の一年生の低木だ。大きなラッパ形をした、優雅で色鮮やかな花を咲かせる。

エジプトが原産地と考えられているハイビスカス。現在はインド、アフリカ、スーダン、ジャマイカ、中国、フィリピン、メキシコ、米国など世界各地で見られる。交雑種を含めると品種は200種を超える。食用とされるのは「ローゼル」と呼ばれる種。鮮やかな黄色（または淡黄色）の花は、中心がバラ色やこげ茶色で、夕方になるとピンク色へと変わる。花の萼（がく）は開花後に大きくなり、みずみずしく多汁質でクランベリーのような風味と歯ごたえを持つ。

熱帯や暖温帯地域の庭で美しい花を咲かせるこの植物は造園家に人気が高く、チョウやミツバチ、ハチドリ、花粉を運ぶ昆虫なども引き寄せる。

料理での使い方

ハイビスカスと聞いて舌にピリッとくるハーブティーを思い出す人は多いだろう。ハイビスカスティーは、温かくても冷やしてもおいしい。乾燥した花も食用にでき、メキシコ料理ではよく使われる。花から作るシロップも美味で、スムージーにしたりシャーベットなどの冷菓に使ったり、ビネグレットソースに加えたりする。シロップをパッションフルーツ・ウオッカにミックスすれば「ジャマイカン・マティーニ」が出来上がる。またハイビスカスのジャムやゼリーをクリームチーズと一緒にクラッカーや薄切りのパンの上に載せれば格別だ。

ハイビスカスで作る、ルビー色の飲み物のソレル。クリスマスを祝うのに欠かせない。

ハイビスカスはジャマイカン・ソレルと呼ばれることも多く、メキシコやカリブ諸島では、花と萼を浸出して濃縮し、アグア・デ・フロール・デ・ジャマイカというすっきりしたティーを作る。このティーはビン入りで市販もされている。一方ジャマイカでは、萼からソレルという濃厚な赤い飲み物を作る。と言っても、一般にソレル（スイバ）として知られている植物の *Rumex acetosa*（ガーデンソレル）はタデ科の多年草で、ハイビスカスの仲間ではない。

エジプトには、花の一部を使ったカルカデという飲み物がある。ホットでもアイスでも楽しめる、人気の飲料だ。中国では種子から植物油をとるほか、種子を乾燥させて挽き、コーヒーの代わりとして飲むこともある。フィリピンでは、根から食前酒が作られる。

栄養成分

ハイビスカスは栄養学的にも優れたハーブだ。たとえば、ハイビスカスティーにはビタミンCが1日の必要摂取量の31%、ビタミンB_1が85%、鉄が48%も含まれている。

作用／適応

ハイビスカスは昔から自然療法で用いられてきた。古代インドの経典を見ると、ハイビスカスの一種*Hibiscus rosa-sinensis*（和名ブッソウゲ）をさまざまな疾患の治療に薦めている。ハーブ療法家にとっても、ハイビスカスはメディカルハーブとして豊かな可能性を秘めており、あらゆる部位が活用される。緩下剤、利尿薬、殺菌剤として知られるほか、高濃度のビタミンCを含んでいるため、抗壊血病薬（壊血病の予防）や、風邪やインフルエンザの治療にも期待できる。その酸味からサワーティーとも呼ばれるハイビスカスティーは、肝臓保護、食欲増進、解熱、咳の緩和のほか、ひびで荒れた肌やかぶれた肌の修復に有効な抗酸化物質を豊富に含む。

近年のメタボリックシンドローム（高血糖症、高トリグリセライド血症、高血圧症、肥満など心臓病のリスク要因が重なった状態を表す名称）に関する研究で、ハイビスカスに含まれる抗酸化物質と抗炎症作用のあるポリフェノールが、この症状の治療や予防に有効であるらしいことが指摘された。ハイビスカス（*H. sabdariffa*）は、ACE阻害薬（アンジオテンシン変換酵素阻害薬）に似た作用によって血圧を下げることも、複数の研究でわかっている。イランの人々はこのことを前から知っていて、サワーティーを頻繁に飲んできたのかもしれない。別の研究では、ハイビスカスに含まれる抗酸化物質が、ある種のがんの予防に役立つ可能性があることも示唆されている。2009年の研究では、1日2回のハイビスカスティーの飲用によって、低比重リポタンパク（LDL）いわゆる「悪玉コレステロール」の値が下がり、高比重リポタンパク（HDL）いわゆる「善玉コレステロール」の値が上昇するため、糖尿病患者のコレステロール値が管理しやすくなるという報告がある。

紅色の茎に咲く、黄色または薄黄色のハイビスカスの花。中心部の濃い紅色やこげ茶色が特徴で、夕方にはピンク色に変わる。

手軽にハーブを

ハイビスカスのカクテル

夏の暑い日には、この爽やかな飲み物を飲んで暑さを吹き飛ばそう。アルコール抜きにしたいときは、ウオッカをパッションフルーツ果汁に替えればいい。

材料

- レモン汁 ……… 小さじ1
- パッションフルーツ・ウオッカ ……… 約70cc
- ハイビスカスの花のシロップ ……… 小さじ1～2

作り方

材料を氷と一緒にマティーニ・シェイカーで混ぜて、カクテルグラスに注ぐ。ハイビスカスの花や萼を添えてもいい。飲んだ後は、花も食べられる。■

歴史と民間伝承

» 属名はギリシャ語の「*hibiskos*」（「ウスベニタチアオイ」の意味）に由来する。

» ローゼル、ジャマイカソレル、マレイン、ビナグレイラ、カビトゥトゥ、ビニュエラなどの呼び名がある。

» ハイビスカス（*H. sabdariffa*）は、丈夫な繊維を採るために栽培されることもある。この繊維を黄麻の代わりに使っても、丈夫なロープが作れる。

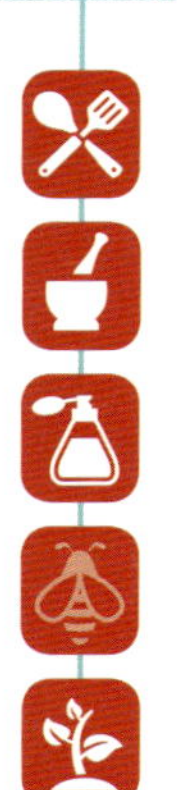

ホップ

Humulus lupulus

memo

世界最古の飲み物の一つ「ビール」。その醸造に昔から使われてきたのがホップ（*Humulus lupulus*）だ。

ハーブでいうホップとは、この植物の雌花（球果または毬花とも呼ばれる）を指す。ビールに加えると、保存性を高める効果があり、また独特の苦味も生まれる。ホップは丈夫な蔓（つる）性の多年草で蔓は6m以上にも伸びることから、紐や垣を使って上へと伸ばして育てる。ホップが最初に栽培されたのはドイツという説が有力だ。カール大帝の父ピピンIII世（8世紀）の遺言書に、ホップ畑に関する言及がある（ただし、ホップがビールの風味づけに使われたのは9世紀以降のこと）。

今日、ホップは温帯湿潤気候に属する世界各地で栽培されている。生産の中心地はドイツのハラタウ地方、米国ワシントン州のヤキマバレーとオレゴン州のウィラメット渓谷、アイダホ州のキャニオン郡、英国のケント州だ。

英国ケント州に建つ、ホップの乾燥用家屋。ビール醸造の一過程であるホップの乾燥を目的として、機能的に設計されている。こうした建物はホップ乾燥窯などとも呼ばれる。

料理での使い方

ビールは麦芽のデンプンを発酵させ糖化して作る酒だ。ビールの起源は、紀元前9500年頃との説もある。麦芽にした穀類、ビール酵母、水という基本的な製法にホップが加えられたのは10世紀に入ってからのこと。ホップを入れると、麦芽の甘い風味に適度な苦味が加わりビールの味が際立つ。さらに、ホップには発酵過程で生まれるほかの微生物の増殖を抑える殺菌作用があるので、ビール酵母の働きも助ける。もともとビールの風味づけにはハーブと香辛料を混ぜた「グルート」が使われていたが、ホップを使うとビールが腐りにくくなることがわかって以降は、ホップに切り替わった。中世ヨーロッパでは、水をそのまま飲むことは安全ではなかったため、いわゆる「薄い」ビールがのどの渇きをいやす最適な飲み物で、子どもたちもビールを飲んだという。そのため村人たちの多くが、ホップ畑と大麦畑、醸造設備を持っていたと言われる。

現代では、ビール生産は1000億円産業で、ホップも多様な品種が商用栽培され、さまざまなタイプのビールが製造されている。20世紀後半には職人技のビールに特化した地ビールメーカーも現れるようになった。

栄養成分

ホップには、抗菌作用と鎮痛効果のある精油に加えて、抗酸化物質のビタミンE、CとB_6が含まれる。ホップによる植物性エストロゲンは体内でエストロゲンに似た作用をし、骨と心臓の健康を助ける。

健康のために

健康を祝して乾杯!

かつて水を飲むことは、必ずしも健康を約束してくれるわけではなかった。生水には、コレラや腸チフスなどの恐ろしい病原菌が含まれていることが多かったからだ。公衆衛生が確立する以前の時代、のどの渇きを癒やす飲み物と言えば生水よりもビールだった。生水を飲むと病気になるため、子どももホップが入った薄いビールを飲んだ。低いアルコール濃度でも病原菌を殺すのには十分であること、さらに醸造の過程で沸騰させることから、飲料として安全なことが保証されていたからだ。■

作用/適応

伝統療法では、不眠の治療や不安の軽減にホップを使い、バレリアンかメラトニンと組み合わせることもあった。胃の不快感を緩和するためにも用いられる。エストロゲンに似た作用があることから、月経痛を和げる可能性も示唆されている。

ホップの蔓には強力な支柱が必要だ。背の高い棒か、頑丈な垣と太い紐が蔓の生長を促す。健康なホップは1日に30cmも蔓を伸ばす。

ホップは抗酸化物質が豊富で、その点では赤ワインにも匹敵するとの研究結果もある。骨粗鬆症の治療や予防にも効果があるとされる有機化合物も含んでおり、カルシウム値を下げ、それによって腎臓結石の形成を抑えられる。サプリメントで摂らなくても、ホップティーやビールを一杯飲むだけでも摂取できる。一方で、過剰摂取すると胃の不快感や月経不順、男性では性欲減退を引き起こすこともある。

歴史と民間伝承

» 種小名の「*lupulus*」は、ラテン語で「小さなオオカミ」の意味。ホップの蔓が他の植物を締めつける様子から来たもの。

» 南イングランドのホップ農場経営者は、ホップ摘み労働者に賃金を払うために、独自のコインを鋳造することがあった。

ハーブのあれこれ

ホップの収穫と社会問題

農業が機械化されるまで、ホップの収穫には多くの人手が必要だった。刈り入れのためには季節労働者に加えて、大都市から一家で雇われる家族もあった。仕事は重労働だったが、都市で暮らす貧しい家族にとっては、収穫期間の間だけでも、健康的な田舎の生活と「ホップ摘み作業者の小屋」が保証される絶好の機会だったのだ。20世紀初頭、ドイツ系アメリカ人の起業家エミール・クレモンズ・ホルストが米国西部に広大なホップ農場を所有していた。農場を維持するには大規模な労働者キャンプが必要だったが、キャンプの環境が劣悪になったとき、働いていた労働者がストライキを決行。1913年にホルストのダースト・ランチで起こったウィートランド・ホップ暴動では4人が死亡した。この紛争は、カリフォルニア州初の農場における労使対立の一つとなり、暴動の責任は急進的な世界産業労働者組合(IWW)にあるとされた。ホルストがホップを分離する機械を発明すると、収穫作業は大きく変化。こうして「ホップ摘み作業者の小屋」で労働者が生活しながら働くという文化は消滅した。■

レモングラス

Cymbopogon citratus, C. flexuosus

memo
レモングラスは東南アジアが原産。すっきりした柑橘系の風味と香りは、庭やキッチン、どこでも歓迎される。

インドと熱帯アジアを原産とするレモングラスは、背の高い多年草だ。45品種があり、アジアとユーラシアとオセアニアの温帯や熱帯の地域に自生している。

ウエストインディアン・レモングラス(*Cymbopogon citratus*)は、東南アジアのティーやスープ、マリネ、カレーに加えられ、ジャマイカ料理にも爽やかな柑橘系の風味を添える。米国の家庭料理でも人気のハーブで、カリフォルニア州とフロリダ州で商用

レモングラスを使った代表的スープ「トム・ヤム」。タイやラオスで人気がある辛くて刺激的なスープだ。エビや鶏肉などを入れる。

栽培が盛んだ。近縁種のインディアン・レモングラス(*C. flexuosus*)は、石鹸や化粧品の香料に使われる。

球根のような根元から1mほどの高さに伸びる茎に、こんもりと葉を繁らせる姿は柳を思わせ、庭に植えても魅力的だ。料理用に収穫するときは、新鮮な緑の葉身を探そう。

料理での使い方

レモングラスは茎全体(葉柄と葉芽)を細かく切って使う(料理人によっては、調理後、使った葉を取り出す)。生でも、乾燥した葉でも、粉末でも、鶏肉や魚介類の料理に爽やかで刺激的な風味を加えられる。特にコリアンダーやガーリック、チリと組み合わせると相性がいい。注意したいのは、加える量だ。多すぎると苦味が口に残るので少量に控えるようにしたい。

タイ料理の人気スープの一つ、トム・ヤムは、生のレモングラス、カフェライム・リーフ、ガランガル、ライム果汁、魚醤、潰した唐辛子で味つけし、エビ、魚、鶏肉、マッシュルームを加えたもの。レモングラスは煎じてもおいしいティーになり、ホットでもアイスでも楽しめる。

アジアやメキシコの市場なら、生のレモングラス

が一年中売られている。ビニール袋に入れて冷蔵庫で2～3週間、冷凍で6カ月間保存可能だ。乾燥させたレモングラスを使うときは、水に浸して戻すようにしよう。

栄養成分

レモングラスは、葉酸をはじめ、ビタミンB_1、B_6、パントテン酸などのビタミンB群が豊富だ。カリウム、亜鉛、カルシウム、鉄、マンガン、銅、マグネシウムも多く含まれる。

芳香を放つ刀身のような形の葉を持つレモングラス。庭に植えると人目を引くアクセントになる。精油はミツバチを引き寄せ、ほかの昆虫を遠ざける。

ここにも注目

用途の広いシトロネラ油

レモングラスの近縁種にシトロネラグラス（*Cymbopogon nardus*と*C. winterianus*）と呼ばれる2種の植物があり､いずれも蚊を遠ざける成分を含んでいる。この精油は、虫よけ用の石鹸やスプレー、キャンドルなどに使われる。コナジラミなどの害虫を防ぎたいなら、シトロネラグラスを庭に植えればいい。インドの博物館で古代のヤシの葉でできた写本を修復する人たちもシトロネラグラスの油を使う。この油は葉をしなやかで乾いた状態に保ち、写本が湿気で傷むのを防ぐ。■

手軽にハーブを

レモングラス入りオリーブオイル

ハーブを加えたオリーブオイルは、パンにつけたり、サラダのドレッシングやマリネに使うとおいしい。

材料

- オリーブオイル ……… 1/3カップ
- 生のローズマリーの小枝
- 生のレモングラスの葉身
- 生のタイムの小枝
- ガーリック ……… 1片
- 塩
- トウガラシと黒コショウの実

作り方

材料をすべてガラスの容器に入れて混ぜ合わせ、1週間寝かせる。よく振ってから食卓に出す。■

作用／適応

伝統療法家は、消化管のけいれん、胃痛、高血圧、ひきつけ、嘔吐、咳、咽頭痛、関節痛、発熱、風邪、疲労などの治療に用いてきた。レモングラスには穏やかな収れん作用があり、また殺菌にも使われる。

頭痛、胃痛、筋肉痛を鎮めるには、精油を皮膚に直接すり込むといい。

レモングラスの主要な化学成分は、レモンの皮にも含まれる活性成分の「シトラール」。抗微生物・抗真菌作用をもつアルデヒドで、この成分がけいれんを緩和し、痛みを鎮める。

歴史と民間伝承

» レモングラスから採れるオイルは、巣箱から飛び去ったミツバチを連れ戻すのに使われる。
» もし、紅茶にレモンとクリームの両方を入れたいという人がいたら、レモンの代わりにレモングラスを使えば、クリームが固まらずにすむだろう。
» レモングラスの呼び名は、「シトロネル」(フランス)、「ツィトローネングラース」(ドイツ)、「エルバ・ディ・リモーネ」(イタリア)、「ブストリーナ」「セーラ」(インド)と、地域によってさまざまだ。

リコリス

Glycyrrhiza glabra

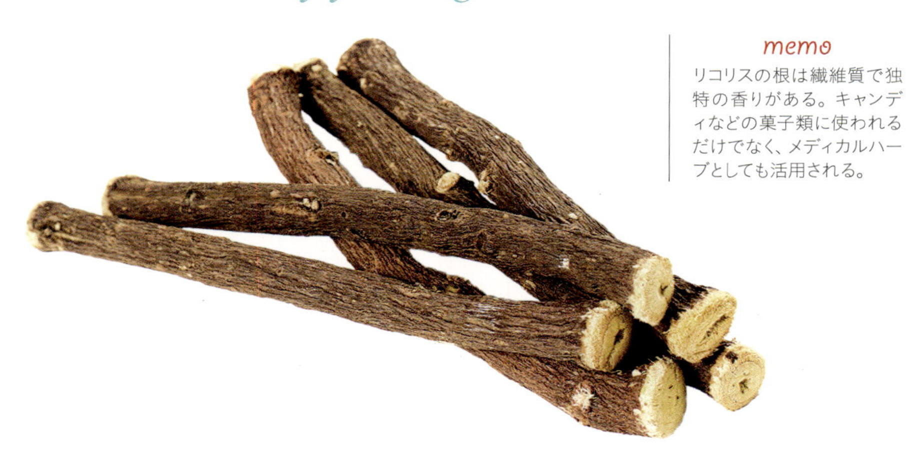

memo
リコリスの根は繊維質で独特の香りがある。キャンディなどの菓子類に使われるだけでなく、メディカルハーブとしても活用される。

欧米に暮らす人なら、リコリス独特の風味を子どもの頃からよく知っているだろう。リコリスの根を加工した香料は、キャンディなどの菓子類に使われているからだ。リコリスは背の高い多年生のマメ科植物。ヨーロッパ南部やアジアの一部に生息し、紫や薄紫色の花をつける。古代エジプトやシリアの伝統療法の専門家は、さまざまな病気の治療にリコリスを用いた。ツタンカーメンの墓からもリコリスの根が発見されている。英名の「licorice」は、古フランス語の「*licoresse*」に由来し、これは「甘い根」を意味するギリシャ語の「*glukurrhiza*」から来ている。

葉を茂らすリコリス。西洋ではメディカルハーブとしての歴史が長い。ほかの薬の苦味を和らげることにも利用されてきた。

料理での使い方

リコリスは英国ヨークシャー州のポンテフラクトで、初めて砂糖と混ぜ合わせられ、菓子（丸いキャンディ）の香りづけに使われた。この地では、今でも毎年リコリス祭りが開かれている。現在では、リコリス風味の菓子の大部分が、アニスシードオイルで甘味が補強されたもので、リコリスの分量は少なくなっている。「リコリス・ドロップの都」と呼ばれるオランダでは、アニスの香料ではなく、ミントやメンソール、ローレルが混ぜられる。なお、リコリスの独特の風味は、「アネトール」と呼ばれる甘味化合物由来の不飽和エーテルから生まれたものだ。

南イタリアやスペインでは、自然のままのリコリスが人気で、根を掘り出して洗い、口腔清涼剤として噛む。中国人は料理用の香辛料に使い、刺激のある辛い料理に加える。リコリスをティーにすれば痛みを和らげる。リコリスティーは吐き気を抑える効果がある飲み物として世界中で親しまれ、中東では甘い根を煎じて作る「マイスス」という飲料が人気だ。

栄養成分

リコリスの根には、アミノ酸、アミン、フラボノイドのほか、βカロテンやビタミンCが含まれている。このほかにもカルシウム、鉄、マグネシウム、マンガン、セレン、リン、カリウム、ケイ素、亜鉛などのミネラルも含まれる。

作用／適応

ハーブ療法の専門家はリコリスを、喘息、水虫、脱毛症、体臭、滑液包炎（皮膚や筋肉、腱などと骨がずれる部分にある、液体の入った平らな袋＝滑液包の炎症）、風邪やインフルエンザ、虫歯、痛風、疲労、うつ、ライム病、肝臓障害、帯状疱疹、前立腺肥大、イースト菌感染症、関節炎など多様な症状の治療に薦めている。中国の伝統医学では、リコリス（甘草）の成分は体のバランスを保ち安定させるとみなされる。そのため潰瘍（かいよう）、口内炎、ヘルペスの治療や、咳の緩和、炎症の抑制を目的に多くの中薬に調合される。

このすばらしいハーブの効果は、現代の研究でも実証されている。リコリスは胃酸の分泌を抑えるのではなく、消化管の粘膜組織自体を胃酸から保護して潰瘍を改善するというのが研究者の一致した意見だ。リコリスの成分が粘液分泌細胞の働きを強化するため、腸の表面細胞の寿命が長くなるのだろう。

リコリスに含まれるサポニン、いわゆるグリチルリチン酸によって、炎症を抑制するコルチゾールが体内を循環する時間が長くなることも研究で明らかになっている。リコリスは肺、腸、皮膚の炎症の治療に用いられてきた。また、ウイルスを寄せつけない化学物質インターフェロンの値を上げることで、免疫力を高めることが期待されている。1日100mgの適量を服用すると、低比重リポタンパク（LDL）いわゆる「悪玉コレステロール」が抑制され、血管内にプラークの形成を防いで動脈が詰まる疾患の予防効果がある。

リコリスティーは鎮痛や食欲増進の効果があり、体に良い飲み物だ。

ただ、リコリスに含まれるグリチルリチンには、アルドステロンというホルモンに似た作用があるため、水分貯留と血圧の上昇を引き起こすことがある。このため、服用では経過観察が必要だ。グリチルリチンを取り除いたリコリス製品は、デグリチルリチンリコリス（DGL）と呼ばれる。

歴史と民間伝承

» リコリスに含まれるグリチルリチンには、砂糖の30〜60倍の甘さがある。
» 古代ギリシャ人はリコリスの健康効果を、紀元前3世紀のスキタイ人に学んだ。
» アレクサンドロス大王は、のどの渇きを癒やし、戦闘に向かって精力を高めるようにと、兵士にリコリスの根を支給した。

ここにも注目

タバコとの関係

自然療法の専門家はリコリスを用途の広いメディカルハーブとして称賛するが、現実にはリコリス抽出物の約90%がタバコ製品に使われている。これは、リコリスがタバコに使われる天然香料や人工香料とブレンドしやすいためで、巻きタバコ、嗅ぎタバコ、噛タバコ、パイプ・タバコなどに広く用いられている。リコリスは苦味を軽減するだけでなく、肺を広げる気管支拡張作用があるので、煙を吸い込みやすくする。リコリス・キャンディは、「喫煙したい」という欲求をある程度満たすことから、禁煙に役立つという意見もある。■

タバコに火をつけるかわりに、リコリスを噛もう。

ラベージ

Levisticum officinale

memo
心地良い香りと美しい葉が印象的なラベージは、裏庭にぴったりのハーブ。化粧品やローション、石鹸などの香料にも使われる。

伝統的なハーブと比べるとなじみが薄いが、ラベージは万能の園芸植物だ。葉はハーブに、根は野菜として料理に使われ、種子はスパイスになる。

ラベージの原産地はヨーロッパ、中東、中央アジアと見られている。ただ、植物学者の間では古代ローマ人がヨーロッパ一帯に広めたものが野生化したという意見もある。

ラベージはがっしりした大柄の植物で、良い土壌と日当たり、十分な水に恵まれれば、1m以上にも育つ。直立した多年生植物で、ニンジンなど他のセリ科の植物と同じく、細かく切れ目の入った葉は基部でロゼットを形成する。茎と葉は光沢のある明るい緑色。ちょうどイタリアンパセリを大きくしたように見える。小さな黄緑色の花が優美な散形花序をつくる。

ラベージの名は「love-ache」(acheは中世に「パセリ」を意味した)に由来し、古フランス語の「*levesche*」から来ている。

料理での使い方

ラベージの葉は揉むとライムの香りがするが、味のほうはセロリとパセリを混ぜたように感じる。サラダやスープの香りづけに用いられることも多い。ルーマニアでは、ブイヨンの風味づけに使われる。地中海沿岸の国々では、葉を刻んでトマトソースに加える。

爽やかでピリッとした刺激のある味わいは、卵料理やジャガイモ料理、米料理、クリームスープ、キュウリを使った料理などに合う。シチューやキャセロール料理、詰め物などのレシピでは、セロリの代わりにもなる。調理には柔らかくて繊細な若葉が最適だが、葉と茎を乾燥させて冬に向けて貯蔵してもいいだろう。

根はすり潰したり、薄く切ったりして食べる。茶色い種子はフェンネルやセロリ、キャラウェイの種子に似た味を持つので、それらの代わりにも使える。

ラベージは、家庭でもプランターで栽培できる。

まっすぐに高々と伸びるラベージは庭のシンボル。春になると、黒アゲハの幼虫がその葉をかじる。

栄養成分

ラベージはビタミンCとビタミンB複合体が豊富だ。抗酸化作用のあるケルセチンも多く含む。

作用／適応

中世ヨーロッパの村や修道院の薬草園では、ラベージがよく栽培された。胃の不調や尿路疾患の治療、腎臓結石の予防、痛風や腫物、偏頭痛の緩和のほか、抗菌剤にも用いられた。古代ギリシャ人は、消化機能を促進して腸内ガスを出すためにラベージを噛んだ。

ラベージは抗酸化フラボノイドのケルセチンを多く含む（緑茶、ケイパーに次いで3番目）。医学的な研究では、ケルセチンを喘息患者に処方すると気管支拡張剤の役割を果たし、C型肝炎ウイルスの増殖を抑制する効果、尿路炎症の緩和に効果があることがわかっている。ドイツのマインツ大学が2010年に行った研究では、ラベージの精油が頭や首の扁平上皮がん細胞の増殖を抑制することも確認された。精油に含まれるほかの化学成分にも、ウイルスを不活化し、悪玉コレステロール値を下げる効果が期待されている。

手軽にハーブを

あっさりしておいしいラベージのスープ

ラベージの風味を生かしたクリームスープは、春や夏のランチにぴったりだ。

材料

- バター ……… 大さじ2
- チャイブ ……… 1束（白と明るい緑色の部分を小口切り）
- タマネギ（中）……… 1個（皮をむいてみじん切り）
- 鶏がらスープ ……… 約2リットル
- ジャガイモ（中）……… 3個（皮をむいて薄切り）
- ラベージの葉 ……… 約30g（みじん切り）
- 生クリーム（風味づけ）

作り方

深鍋にバターを入れて、中火～強火で溶かす。バターがぶつぶつと泡立ってきたら中火に弱め、タマネギを約5分間、香りが出るまで炒める。そこに鶏がらスープを注ぎ、ジャガイモを入れてかき混ぜる。蓋をして約30分間、ジャガイモが柔らかくなるまで煮込む。その後、ラベージを加えて蓋をして5～6分間煮たあと、火から下ろし、ハンドミキサーで十分に混ぜる。塩と挽きたてのコショウで味を調整し、最後に生クリームを入れて混ぜれば完成。材料は6～8皿分。■

歴史と民間伝承

» 18世紀のイングランドの文学者サミュエル・ジョンソン博士は、ラベージをリウマチ治療に薦めた。

» かつてイングランドから北米に渡った人々は、母国からラベージを持参し、痛みを和らげたいときにティーにして服用した。

» イングランドでは、ブランデーを混ぜたラベージのコーディアルは冬に体を温める定番の飲み物。

» ラベージはかつて媚薬として用いられ、人々は恋人を訪ねるときにサシェに入れて身に着けた。その名前（Lovage）から、恋に効くハーブと思われたのかもしれない。

column

ハーブを育てよう

香り豊かで見た目にも魅力的なハーブを、自宅の庭に加えてみたい

ハーブはおいしくて役に立つだけではない。繊細だったり優美だったり、その葉や人目をひく花など姿も多様で、庭に植えればアクセントになる。ハーブを植えた家庭菜園を作っておけば、家の裏口を開けたとき爽やかな芳香に気分も浮き立つだろう。観賞用のハーブにも、調理用のハーブに劣らずおいしいものがある。庭を歩いてハーブの葉を2、3枚つまんでみるのも楽しいだろう。

家庭菜園

はるか昔、穀物の栽培を始めたときから、人類は知恵を働かせて、暮らしに必要な植物──果物や野菜やハーブ──を自分たちが住むそばで育ててきた。これが家庭菜園の始まりだ。

おかげで、私たちは自ら手がけた新鮮な食材を、日々の食卓に並べることができる。現代では、自分の菜園で育てた野菜やハーブを使う料理を出すシェフも少なくない。

家庭菜園にハーブを植えれば、益虫を呼び寄

ほんの数m歩いただけで、ズッキーニやニンジン、バジルやイチゴが採れる──これこそが家庭菜園の醍醐味だ。体験すれば、誰もが夢中になる。

パルテール ── ハーブを美しく見せる、本格的な庭園づくり

パルテールとは平らな土地に広がった、均整のとれた整形式庭園のこと。幾何学模様の区画、小石や砂利が敷かれた小道も特徴だ。パルテールを最初に手がけたのは、フランス・ルネサンス期の造園家だった。パトロンである貴族の依頼を受け、彼らはノットガーデン（ツゲなどの常緑低木で結び目模様を描き、その間に草花を植えた花壇）をもとに優雅な庭園を作り上げた。

パルテールの最高峰といえば、ベルサイユ宮殿だろう。上から見下ろすと精巧な幾何学模様が浮かび上がるデザインになっている。16世紀の造園家クロード・モレが予見したとおり、パルテールは徐々に進化していった。だが18世紀に入ると、人気は下火となり、自然主義的な英国風庭園に取って代わられた。

小型のパルテールなら、家庭で作るのも不可能ではない。開けた平らな場所に線を描いて棒と紐で区切り、柔らかいプラスチックで角を囲って、その中にハーブを一杯に植えていく。小道は草を抜き、豆砂利か砕石で滑らかに仕上げよう。縁取りには、刈り込んで形を作ることができる木本性のハーブが向く。セージのように丈が低く広がって花が咲くハーブは、中心に植えるのにぴったりだ。■

イングランドのシシングハースト城の庭園。整然と区切られた区画に、植物が溢れるように育つ。

せる効果もある。菜園作りでは、日光が当たる場所を選び、水はけの良い土を使いたい。多年生で丈の低い常緑樹を加えれば、一年草が枯れた後も寂しくないだろう。

トマトやキャベツなどの野菜を育てるなら、ボリジなど一緒に栽培すると互いの生長を助けるコンパニオンプランツを植えることも忘れないでおこう。

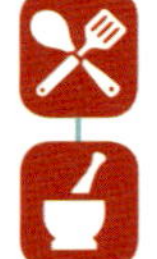

マジョラム

Origanum majorana

memo
マジョラムは丈が低いハーブで、屋外の庭やキッチンの窓台でもよく育つ。庭に植えれば夏は地面を覆い隠すグランドカバーになる。花壇の縁取りにも向く。

マジョラムはスイートマジョラムとも呼ばれ、料理に頻繁に使われる。ハーブの薬局方では高い作用が評価されている。ミントと同じシソ科の仲間で、原産地はアフリカ。今では世界各地の庭で栽培され、野生化している場所も多い。

シソ科に属す多年草で、寒さに弱い。綿毛に覆われた茎に、楕円形で灰色がかった緑色の葉が対生につく。結び目（ノット）の形をしたつぼみを経て小さな白い花が咲くことから、ガーデニングの世界では「ノット・マジョラム」と呼ばれることもある。2013年の研究で、マジョラムの花はラベンダーやボリジの花と同様、ミツバチにとても好まれる花であることがわかっている。

料理での使い方

マジョラムは、マツと柑橘が混じったような、かすかに甘味のある繊細な香りがあり、地中海料理で欠かせない食材だ。風味は近縁種のオレガノに似ているが、香りはオレガノよりもマイルド。生、あるいは乾燥させて粉末にして、スープ、ソース、卵料理や肉料理、サラダのドレッシングに使う。カリフラワー、ホウレンソウ、エンドウ、トマトといった野菜の味を引き立てるし、ほかのハーブとの相性もいい。タイム、タラゴン、ローレル、パセリと合わせて作られるブーケガルニは、伝統的なフランス料理の味を支えている。米国では七面鳥の詰め物、ピザソース、イタリアンソーセージの風味づけに欠かせないハーブとして親しまれている。

生のマジョラムを買うときは、灰色がかった緑色の葉を選び、黄色い葉は避けたい。持ち帰ったら、流水で洗ってほこりや農薬を取り除き、冷蔵庫で保管する。残ってしまった葉を乾燥させるなら、クッキングシートに茎の先端部分を載せてオーブンに入れ、80℃で3時間温める。乾燥しても風味は、生とほとんど変わらない。

マジョラムの花にとまるキアゲハ（*Papilio machaon*）。夏になると、チョウやミツバチなど花粉を運ぶ虫がこの花に引き寄せられる。

健康のために

「ストレス解消」ティー

マジョラムの効果を手軽に楽しみたいなら、シンプルなハーブティーが一番。不安や胃の不調に効果がある。粉末にしたマジョラム（小さじ1）をカップ1杯の水に入れて一晩置く。飲むときにハチミツ（小さじ1）またはレモン汁少々を加えれば飲みやすい。ホットでもアイスでもおいしく飲める。■

栄養成分

マジョラムはビタミンAとCが豊富。骨を丈夫にして、脳の神経細胞の損傷を抑える作用を持つビタミンKの含有量も多い。さらにカルシウム、カリウム、銅、亜鉛、マンガン、マグネシウム、鉄も含んでいる。

作用／適応

かつて療法家はマジョラムを、胃痛、食欲不振、腸内ガス、急な腹痛、下痢、便秘など消化器系の不調に対して処方した。その抗菌作用、抗ウイルス・抗真菌作用によって、ブドウ球菌感染症、腸チフス、マラリア、インフルエンザ、風邪、おたふく風邪、はしかにも効果があることが認められている。

オレガノに似たスパイシーな柑橘系の香りを放ち、男女を問わず人気があるマジョラム。スキンクリーム、シェービングジェル、入浴用石鹸、ボディーローションなどに使われる。

また悪玉コレステロールを減らし、血圧を下げ、動脈を拡張して血行を良くするので、心臓の健康にもよい。抗炎症成分を含むため、喘息、副鼻腔炎による頭痛・偏頭痛、発熱、体の痛みにも有効だ。マジョラムには精神面での作用もあり、不眠の改善、不安の軽減も期待できる。

高い評価のあるハーブなので、その効果についての研究も数多く行われている。マジョラムは、高濃度の抗酸化物質と、今注目の植物栄養素（ファイトニュートリエント）を含み、化学成分の多くに抗炎症・抗バクテリア作用がある。また、カロテノイドのゼアキサンチンは、目の黄斑変性症を予防する効果が期待されている。またマジョラムに含まれるオイゲノールには抗炎症作用があり、関節リウマチ、骨関節炎、過敏性腸症候群の治療にも有効だ。

歴史と民間伝承

» 「結婚の至福」を象徴するハーブであり、愛と美の女神アフロディーテにも愛されたマジョラム。古代ギリシャの結婚式では、人々はマジョラムのリースや花輪で身を飾った。

» 中世においては、愛する人の死後の幸福を祈って、墓にマジョラムを植えた。

栽培のヒント

コンパニオンプランツ

ほとんどの植物は、根や葉、花などに、虫を避けたり引きつけたりする天然成分を含んでいる。ベテランの園芸家なら知っていることだが、そばに植えると互いに良い影響を与える植物がある。これは「コンパニオンプランツ」と呼ばれ、植物同士をうまく組み合わせて植えることで、益虫は殺さずに害虫を駆除できる。たとえば、マジョラムはキャベツに有害なヨトウガを追い払ってくれる。だから、菜園でアブラナ科の野菜を栽培するなら、列の間にマジョラムを植えるとよい。マジョラムはアスパラガスやバジルのコンパニオンプランツでもある。■

マジョラムをうまく植えれば一石二鳥。おいしいハーブが収穫できるだけでなく、菜園から害虫も追い払える。

オレガノ

Origanum vulgare

memo
代表的な料理用ハーブの一つ。強い多年生植物で、その優雅な花はハーブガーデンを華やかに彩る。葉は料理に独特の風味を加える。

ハーブを語るとき、無視できない植物の一つがオレガノだ。オレガノは長い間、キッチンの必需品として重用され、数あるハーブの中でもとりわけ特徴的な味わいと香りをもつ。その名はギリシャ語の「*oros ganos*」(「山の喜び」の意味)に由来する。原産地はヨーロッパ北部だが世界各地に広がり、フランスではすでに中世ヨーロッパの頃から栽培されていたことが記録に残っている。米国では第二次世界大戦後、イタリアから帰還した米兵が刺激的な風味のこのハーブを賞賛してから広く使われるようになった。

葉は灰色がかった緑色で卵形。紫やピンク、白い花を咲かせる。温暖な気候のもと多年生植物としてよく育ち、庭に植えると地表を覆って魅力的なグランドカバー(地面を覆い隠すために植えられる植物)となる。

オレガノは、生のもの、乾燥させたものが市販されている。生の葉が望ましいが、乾燥させたものも常備すると便利。湿気の少ない冷暗所なら6カ月間は保存できる。

料理での使い方

オレガノと聞くと、イタリア料理か地中海料理を真っ先に思い浮かべる人が多いだろう。ただ、森を思い起こさせるその野性的な香りは、アジアや南米でも料理に用いられている。オレガノは食欲をそそるビネグレットソースやトマトソースの決め手にもなる。マッシュルームのソテーなどの野菜料理の味を引き立て、オムレツの味に刺激を加え、ガーリックトーストの仕上げにも使われる。

オレガノを生で使うなら、しっかりした茎に明るい緑色をした柔らかな葉がついたものを選びたい。黒い斑点があったり黄ばんだりした葉は避けること。保管するときは、丁寧に洗い、湿ったペーパータオルで包んで冷蔵庫に入れる。自分で栽培したものなら、一部を乾燥させて保存するといい。乾燥させるとオイルが濃縮され、生の葉よりも香りが強くなる。ただし、最初から乾燥タイプを購入して長期間、棚に置きっぱなしにすると、せっかくの香りが消えてしまうので注意しよう。

栄養成分

血液の凝固を助けるタンパク質の生成に必要なビタミンKを多く含む。さらに食物繊維のほか、必須ミネラルのマンガン、鉄、カルシウムも含まれている。

健康のために

消炎・鎮痛効果があるオレガノのオイル

刺激臭のあるオレガノのオイルは、筋肉痛や副鼻腔炎を和らげる塗り薬になる。また、水に数滴垂らせば風邪や咽頭痛に効く。

材料

- オリーブオイルまたはグレープシードオイル ……… 1/2カップ
- 水洗いしたオレガノの葉 ……… 1/2カップ
- ガラス容器

作り方

オレガノの葉をビニール袋に入れ、布をかぶせて木槌または乳棒で叩き、オイルを放出する。次にオリーブオイル(またはグレープシードオイル)を浅い鍋に入れて温める(沸騰させない)。葉が入ったビニール袋にオイルを加えて浸透させ、混ぜ合わせたものを広口のガラス容器やガラスビンに入れて湿気の少ない涼しい場所に2週間置く。裏濾ししてから使う。なお妊婦は使用を控えること。■

作用／適応

昔から療法家は、気道や胃腸の不調、月経痛、尿路の不調に対する治療で、オレガノを使ってきた。またオレガノは皮膚のトラブルに局所的に用いられたり、胃を落ち着かせ神経の緊張をほぐしたりするのにも利用された。

最新の研究では、オレガノに含まれるチモールやカルバクロールなどの揮発性精油に、緑膿菌や黄色ブドウ球菌などのバクテリアの繁殖を抑制する働きがあることがわかった。メキシコで行われた研究では、腸内アメーバのランブル鞭毛虫に対しては処方薬よりもオレガノのほうが高い効果があることも示されている。またオレガノの植物栄養素(ファイトニュートリエント)は抗酸化剤として作用し、細胞構造の損傷を阻止するという。

ハーブガーデンに咲くオレガノの花は、花粉を媒介するミツバチやチョウを呼び寄せる。写真のチョウはベニシジミ(*Lycaena virgaureae*)の仲間。

花は、白に近い色からピンクがかった紫色まで実にさまざま。

歴史と民間伝承

- かつて農村では、高齢の男性の怒りっぽい気質を和らげる目的でオレガノが用いられたことがある。
- オレガノは、サソリやクモに噛まれたときに効くとも考えられていた。
- 森を思わせるオレガノの香りは、マヨラナ・シリアカ(*O. syriacum*)、マジョラム(*O. majorana*)、ポットマジョラム(*O. onites*)、ウィンター・マジョラム(*O. heracleoticum*)、ピザタイム(*Thymus nummularius*)などとも似かよう。

ハーブのあれこれ

ギリシャ人のお気に入り

オレガノといえば料理人はイタリアを連想するが、オレガノを最初に使ったのは古代ギリシャ人だ。古代ギリシャ人はオレガノを喜びと幸福の象徴と考え、特別な力を秘めていると考えた。当時は「毒ヘビに噛まれたカメがオレガノを食べると毒が消える」「オレガノの草地で草を食む牛の肉はおいしい」「オレガノの葉を噛めば船酔いが治る」といった話も信じられていた。■

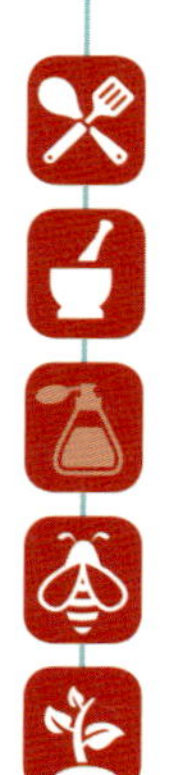

パセリ

Petroselinum crispum, P. neapolitanum crispum

memo
明るい緑色をしたこのハーブには、料理の付け合わせ以上の使い道がある。サラダやソースの食材にするのもお薦めだ。

食の皿の隅に置かれたパセリは飾りと思われるのか、食べずに捨てられてしまうことが多い。残念なことだ。現代人よりも古代ローマ人のほうがパセリのことをよく理解していたようで、彼らは食事の後はパセリを噛んで口臭を消した。パセリは、繊細な苦味をいろいろな料理に加えられるのに適した優れたハーブだ。

パセリは地中海周辺が原産とみられ、2000年以上もの長い間、使われてきた。人気の園芸植物だが、料理に用いられる前は薬草として使われた。料理に使われることが一般的になったのは18世紀になってから。米国の第3代大統領トマス・ジェファーソンのモンティチェロの邸宅にあった菜園には、縮れた葉と平たい葉の両種のパセリが栽培されていたという。

パセリは二年生で、その特徴は、緑飾りがある明るい緑色の葉と、薄い黄色をした小さな花。ディルやセロリと同じセリ科と聞いて意外と思われるかもしれないが、そもそもパセリという名前は、ギリシャ語の「岩セロリ」という言葉から来たものだ。

付け合わせだけでなく、鉢植えにしても映える縮葉種のパセリ（*Petroselinum crispum*）。料理人には平葉種のイタリアンパセリ（*P. neapolitanum crispum*）の風味が好まれる。

料理での使い方

料理に添えても、「つまんで隅に追いやられてしまう」こともあるが、実際にはパセリはとても重要な働きをする。レモン汁と同じように、料理にパセリを加えるだけで、他の素材の味が引き立つからだ。スープに加えてもいいし、ソース、マリネの漬け汁、サラダにも使える。みじん切りにして卵料理や魚介料理に振りかけてもいい。キャセロール料理やシチューにも使える。料理に使う素材の色合いが淡いときは、緑が濃い葉ではなく茎の部分を使うと、素材の色合いを変えずに風味を加えられる。

付け合わせでは、見た目の良さから、葉が細かく縮れたいわゆるカールパセリ（和名オランダゼリ）がよく使われるが、プロの料理人たちには葉が平たいイタリアンパセリのほうが人気がある。扱いやすく風味が良いことがその理由だろう。生のパセリは水を入れたボウルの中で振るように洗ってから、軽く叩いて水気を切る。

栄養成分

緑色をした葉物野菜の例にもれず、パセリも栄養

平葉種でも縮葉種でもいい。パセリをパンジーやペチュニアなど色鮮やかな一年生植物と一緒に植えてみよう。花壇の縁取りだけでなく、花の色を鮮やかに見せる背景にもなる。

成分が高い。特に鉄、カルシウム、ビタミンKが豊富で、ビタミンA、B12、C、そして心臓に良いとされる葉酸も多く含んでいる。

作用／適応

古代ギリシャ時代からパセリは評価の高いハーブだった。古代ローマの博物学者、大プリニウスは病気の魚に使うことを薦め、中世ヨーロッパの民間療法では脱毛に効くとされた。風呂の湯にパセリの浸出液を入れれば鎮静効果や洗浄効果があり、消化促進や利尿作用、女性の月経不順の改善や月経痛の緩和にもよいとされた。その一方で、「小鳥には有毒」「目に悪い」などの言い伝えもあった。

現代では、科学によって、パセリのもつ作用はより明らかになっている。化学的に見れば、パセリには健康に役立つ成分が二つある。体内の腫瘍形成を抑える揮発油（ミリスチシンなど）と細胞構造を保護する抗酸化成分フラボノイドだ。パセリは抗酸化作用によって関節痛の緩和に効果をもたらし、その精油によって化学的保護作用（有害な化学物質から体を保護する作用）をもつ食物といえる。だが注意したいこともある。パセリには体液中に結晶を作るシュウ酸塩が含まれるため、腎臓や胆嚢に問題を抱えている人は摂取を避けなければならない。

歴史と民間伝承

- 古代ギリシャではパセリを葬儀の花輪として墓に手向けたことから、「彼にはパセリが必要だ」とは、暗に死に瀕することを意味する。
- フランク王国のカール大帝（シャルルマーニュ）はパセリ風味のチーズを好み領地でパセリを栽培した。
- 発芽に時間がかかるため、「パセリの種は9回悪魔のもとへ行く（＝パセリは悪魔の植物で種子を9回まかなければ芽を出さないの意）」と言われる。

手軽にハーブを

チミチュリ

ベイクドポテトに振りかけたパセリが大量に余ったら、アルゼンチンで人気のソースを作ってみよう。イタリア料理のペストソースに似た「チミチュリ」だ。

材料

- 生のイタリアンパセリの茎を取り除いたもの ……… 1カップ
- ガーリック ……… 3〜4片
- 生のオレガノの葉 ……… 大さじ2（または乾燥させたオレガノ ……… 小さじ2）
- オリーブオイル ……… 1/2カップ
- ワインビネガー ……… 大さじ2
- 塩 ……… 小さじ1
- 黒コショウの粉末 ……… 小さじ1/4
- 赤唐辛子のフレーク（乾燥させて小さな薄片状にしたもの）……… 小さじ1/4

作り方

パセリ、オレガノ、ガーリックをみじん切りにして（フードプロセッサーを使ってもいい）、ボウルに入れ、オリーブオイル、ビネガー、塩、黒コショウ、赤唐辛子を加えて混ぜる。温めてパスタにかけてもいいし、肉や魚のマリネの漬け汁、または牛肉のグリルのソースに使ってもおいしい。材料は4人分。■

ペパーミント

Mentha x piperita

memo
ペパーミントは交雑種。強い香りと作用があり、キャンディやハーブティーに昔から使われてきた。家庭菜園に植えればミツバチもやって来る。

舌への爽やかな刺激、果物のような芳香、メディカルハーブとしての効果――この独特の香りを放つハーブの評価は昔から高い。原産地はヨーロッパだが、今ではアジアや北米などの世界各地で見られ、特に北米では商用栽培が盛んだ。

栽培は比較的容易なので、ボーダーガーデンやハーブガーデンに加えるといいだろう。生長すると草丈は45～60cmほどになる。緑色の葉は鋸歯状で、晩夏になるとラベンダー色の花が咲く。柔らかな若葉を伸ばすため、葉をこまめに摘み取る必要がある。

料理での使い方

ペパーミントときいて、まず思い浮かぶのはキャンディ、ガム、トローチ、アイスクリームの香料だろう。料理では、若葉をサラダの風味づけに使ったり、スープやソースに加えたりする。ペパーミントティーは、ハーブティーの中でも一二を争う人気を誇る。また、生の葉を潰してホイップクリームに入れたり(特にチョコレートムースと相性が良い)、シャーベットに加えたり、トマトの上に散らしたりしてもいい。

蜜が豊かなペパーミントの花。ミツバチもこの花の蜜が大好きだ。

一方、乾燥させた葉は、甘い飲み物やカクテル、メレンゲ、クッキー、ケーキなどのデザートに添えるといい。

爽やかなミントウォーターを手軽に作りたいなら、4リットルほどの水に対して、すり潰した葉（カップ1）を入れて冷やし、濾したあとに氷の上から注ごう。

料理には、生のペパーミントを使いたい。冷蔵庫で保存するなら、よく洗って叩くように水気を切り、ジッパー付きの袋に入れるようにしよう。

栄養成分

ペパーミントからは精油が採れるだけではない。ペパーミントには、ビタミンA、β-カロテン、ビタミンCとE、重要なビタミンB複合体である葉酸およびビタミンB_2、B_6のほか、ビタミンK、食物繊維も豊富に含まれている。カリウム、カルシウム、鉄、マンガン、マグネシウムも摂れる。

作用／適応

伝統医学の療法家は昔からペパーミントを重用

ペパーミント（*Mentha x piperita*）は、ウォーターミント（*M.aquatica*）とスペアミント（*M.spicata*）の自然交配で生まれた交雑種。挿し木や株分けで殖やす。

してきた。医学が進んでいた古代エジプトでは、消化を促進し胃腸の不調を緩和する薬草として栽培され、ギリシャやローマでも同様の目的で使われた。また中世ヨーロッパでは、風邪、副鼻腔炎、月経不順に用いられた。

こうした作用があることは、現代の研究や臨床試験によっても検証されている。ペパーミントに含まれる化合物には腸壁や平滑筋性括約筋を弛緩させる作用があり、過敏性腸症候群など結腸に関係する病状の治療にも向く。

また、風邪のときにティーにして飲用したりオイルを皮膚に塗ったりして用いられるのは、ペパーミントに含まれるメントールが鼻づまりを解消して呼吸を楽にしてくれるからだ。

ペパーミントなどのシソ科の植物の多くに含まれているメントールは、皮膚や口、のどの冷受容器（冷点）に結合すると、冷受容器をより敏感に反応させる。これが、ミントを食べたり塗ったりしたときに清涼感を受ける理由だ。メントールには麻酔作用もあることから咽頭痛も和らげてくれる。

歴史と民間伝承

» 古代ローマ人は、頭にペパーミントの葉で作ったリースをかぶった。

» 中世ヨーロッパではミントは「しゃっくりを鎮める」、あるいは「ウミヘビに噛まれたときの毒を消す」と信じられていた。

» ヨーローッパから北米大陸に入植した人たちは、紅茶と違って税金が課せられないペパーミントティーを好んで飲んだ。

ハーブのあれこれ

ミントは多種多様

世界には236属、7000種以上のミントがあり、すべてシソ科（*Lamiaceae*）に属する。花弁は一つの筒を形成し、開いた筒先が裂片に分かれている様子が上唇と下唇のように見えることから、かつては「*Labiateae*」（唇形科）とも呼ばれたが、現在、植物学では「*Lamiaceae*」を使う。ミントの特徴は、四角い茎と対生につく葉。芳香を持ち、多くが食用だ。同じシソ科にはバジル、ローズマリー、セージ、ラベンダーといった伝統的なハーブも含まれる。ミントの中でも、チョコレートミント、果物の香りがするミント、小ぶりなコルシカミント、英国で人気のボウルズミントなどの品種がよく知られる。ミントの歴史は、古代エジプトや古代ギリシャまでさかのぼる。当時の人々は葉をすり潰して、入浴後に体に塗るローションを作った。中世ヨーロッパでは、長い航海中に古くなった飲み水を浄化するのにミントを使った。■

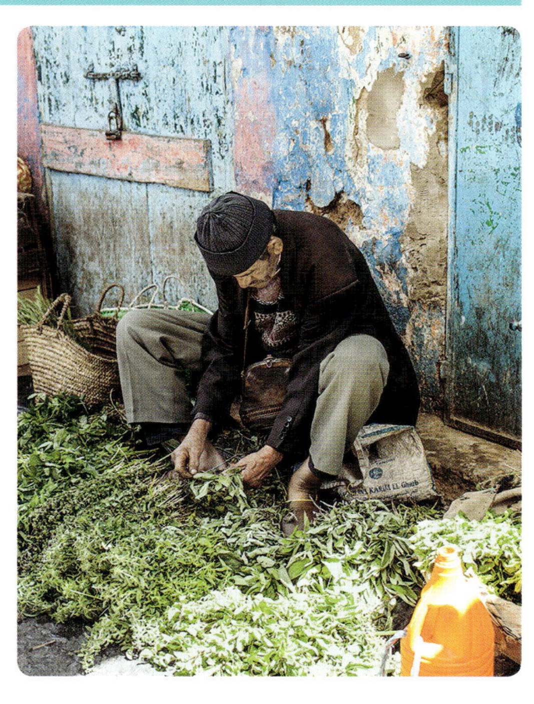

モロッコのラバトの路上で、ミントをはじめとするハーブを売る行商人。モロッコでは客に対し、もてなしと友好の証としてミントティーをふるまう。ミントの葉、ガンパウダー（平水珠茶と呼ばれる緑茶）の茶葉、砂糖で作られるミントティーは、朝晩を問わず愛飲され、ミントティーをおいしくいれることはモロッコ人の誇りだ。

ローズマリー

Rosmarinus officinalis

memo
シソ科の仲間のローズマリーは香りの良いハーブだ。料理に、メディカルハーブにと幅広く使われる。植木鉢やコンテナ、ハーブガーデンに植えても、美しいアクセントになる。

シソ科には多くの仲間があり、ローズマリーはその一種だ。芳香を放つ観賞植物として、料理用ハーブやメディカルハーブとして長く愛されてきた。原産地は地中海沿岸だが、その後野生化し、今ではヨーロッパや米国の温帯地域で見られる。古代エジプト時代、ローズマリーは追悼の印として棺や墓石の上に置かれた。この慣習は中世まで続いた。16世紀イングランドで出版されたハーブに関する書物でも、ローズマリーは高く評価されている。

ローズマリーはもともと海岸沿いに生育する植物で、ラテン語の属名「*Rosmarinus*」は「海のしずく」を意味する。高さ0.9〜1.5mほどになる灌木で、まっすぐ伸びた柄が外向きに広がる。平らでマツに似た針の形の葉は、上の方が濃い緑色で下の方が銀白色。白、ピンク、青、紫色の繊細な花が咲く。

料理での使い方

子羊のローストに添えるハーブのイメージが強いローズマリーだが、その刺激的な香りと複雑な味わいは、牛肉や豚肉・鶏肉、サケやマグロなどのステーキの味もいっそう引き立ててくれる。長時間調理できるのも、ほかのハーブにはない特徴だ。ジャガイモや野菜料理、トマトソース、オムレツやフリッタータにも使える。ほかのハーブとの相性も良く、エルブ・ド・プロヴァンスやブーケガルニの材料に欠かせない。

葉を用いるレシピでは、葉を茎から分けて使う。ローズマリーの葉をオリーブオイルと合わせてピューレ状にすれば、おいしいディップソースができる。スープ、キャセロール料理、シチュー、肉料理には、枝ごと加えて調理し、皿に盛りつけるときに枝を取り出す。枝ごと酢に入れれば、風味が加わる。オイルやバターの風味づけに使ってもいいだろう。乾燥したローズマリーよりも生のほうが風味は豊かなので、できれば生で使いたい。米国では有機栽培のものが薦められるが、それは有機栽培のほうが食品照射の可能性が低いため。食品照射はローズマリーに含まれている植物栄養素（ファイトニュートリエント）を減少させる可能性がある。使うときは冷水で洗い、軽く叩いて水気を飛ばそう。

市販の石鹸や香水に使われるローズマリーのオイル。水とココナッツオイルにローズマリーを浸しておけばいい。バスオイル、リース、サシェなどの香りづけに利用できる。

手軽にハーブを

スカボローフェア・バター

ハーブ入りのバターは食卓を豪華にする。ここで紹介するのはパセリ、セージ、ローズマリー、タイムという、サイモン&ガーファンクルの歌で有名な、伝統的な組み合わせだ。

材料

- 柔らかくしたバター ……… 1/2カップ
- 生のローズマリー ……… 小さじ2(みじん切り)
- 生のパセリ ……… 小さじ1(みじん切り)
- 生のセージ ……… 小さじ1/2(みじん切り)
- 生のタイム ……… 小さじ1/2(みじん切り)
- レモンの皮 ……… 小さじ1/2

作り方

フードプロセッサーやミキサーで、バターをクリーム状にし、ハーブを入れて混ぜる。さらにレモンの皮を加えよう。ラップフィルムを広げて、スプーンでバターを取って載せてから、ラップフィルムを丸太状に巻き、冷凍庫で30分固める。パン、肉、野菜に添えるとおいしい。■

栄養成分

ローズマリーは、カロテノイドという植物栄養素(ファイトニュートリエント)の形でビタミンAを含むほか、ビタミンB_6を含有する。鉄、カルシウム、銅、マグネシウムなどのミネラルも見逃せない。

作用／適応

伝統医学の療法家はローズマリーを、記憶力の改善や筋肉痛の緩和、胸焼けの抑制、不安の緩和、インポテンスの治療、免疫機能の向上のほか、脱毛や悪夢の治療で使った。生の葉や乾燥させた葉から、健康を促進するティーや流エキス剤も作られた。

18世紀には、ローズマリーは死にまつわる場面で用いられるようになり、亡骸を飾るのにも使われた。フランスの植物学者ジャック＝クリストフ・ヴァルモン・ドゥ・ボマールは、「法的な理由によって棺が開けられることがあるとしたら、そのときには死者の手の中のローズマリーの枝が死者を覆い尽くすまで伸びていることだろう」と記している。

ローズマリーが脳に作用することは、現代の研究で明らかになっている。『Therapeutic Advances in Psychopharmacology』(精神薬理学における治療の進歩)で紹介された報告では、ローズマリーのオイルが脳の認識力を高め、器官の老化を抑制するとされた。また、ローズマリーの精油には、喘息やアレルギーの原因となる化学物質であるヒスタミンを抑える働きがある。またローズマリーには、アスピリンの素にもなるサリチル酸が含まれており、鎮痛にも使われることがあった。強力な抗炎症性の抗酸化物質「ロズマリン酸」も含まれている。

歴史と民間伝承

» 古代ギリシャでは、試験を受ける学生が記憶力を高めようと、髪にローズマリーの小枝を編みこんだ。

» ローズマリーオイルは14世紀に初めて抽出され、当時人気のあった化粧水「ハンガリー王妃の水」に使われた。体が動かなくなっていた王妃を回復させたという。

» 老化を遅らせる抗酸化物質が豊富なことから、賢い女性は、若々しい容姿を保つためにローズマリーで顔や手などを洗う。ローズマリーは頭皮の乾燥を改善して育毛を促す。

ローズマリーは常緑の低木で乾燥に強い。その香りは、暖かな丘陵、勢いよく打ち寄せる波、爽やかなマツの青葉を思い起こさせる。

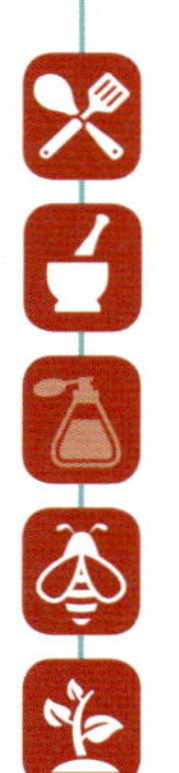

サフラワー（ベニバナ）

Carthamus tinctorius

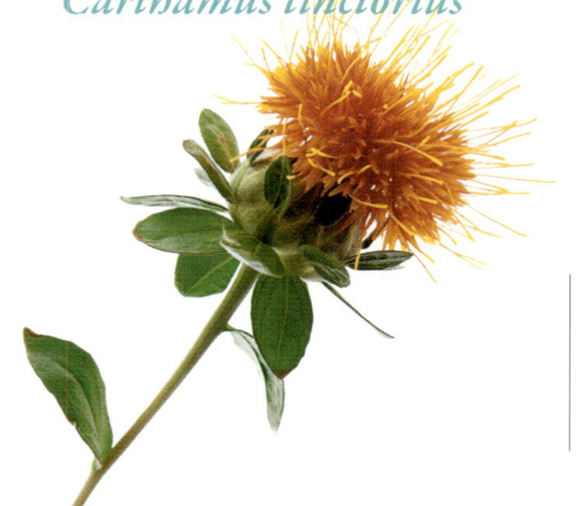

memo
食用油の原料として知られるサフラワー（ベニバナ）はアザミに似た一年草。黄色、オレンジ、赤の鮮やかな花は、化粧品の着色料や布の染料に使われる。

アザミに似た色鮮やかな花を咲かせるサフラワー（ベニバナ）。一年草で、デイジーと同じキク科に属し、分類学的にはヒマワリに近い。「アメリカン・サフラン」「バスタード・サフラン」とも呼ばれ、もともとは中東の乾燥地域に生育していたが、現在はヨーロッパや北米にも広がり、食用の種子油をとるために商用栽培されている。また、家畜や鳥のえさの原料にもなっている。

中国の伝統医やヨーロッパのハーブ療法家は長い間、サフラワーの種子をさまざまな疾患の治療に用いてきた。

草丈は60～120cmほどで、直立した滑らかな1本の茎に、緑がギザギザした楕円形の光沢のある葉をつける。黄色から暗赤色の色鮮やかな花が咲くので、家庭菜園を明るくしてくれる。8月には、綿毛で覆われた球体に包まれた種子ができる。

サフラワーは農作物として長い歴史をもち、色鮮やかな花は化粧品の着色料や布を染める染料として昔から利用されてきた。古代エジプトの第12王朝（紀元前1991年～紀元前1778年頃）時代のサフラワーで染められた織物や、サフラワーの花輪がツタンカーメン（紀元前1323年頃）の墓から見つかっている。

サフラワーの花弁は、サフラン（*Crocus sativus*）の柱頭（雌蕊の先端部）を乾燥させて作る、香辛料のサフランの代用品として使われることもあり､サフランよりも安価なため重宝される。花弁はまた、深いオレンジ色のティーにもなる。

料理での使い方

サフラワーは、花と種子の両方から食用の油が採れる。種子を圧搾して採るオイルには、一価不飽和脂肪酸（オレイン酸）が豊富なハイオレイック種と、高濃度の多価不飽和脂肪酸（リノール酸）を含むハイリノール種の二つがあり、どちらのタイプも、ほかの食用油に比べて飽和脂肪酸の量が少ないのが特徴だ。

ハイリノール種は「コールドプレス（低温圧搾）」のオイルで、主にサラダ油や柔らかなマーガリン用に使われる。ただし、傷みやすいので、冷蔵庫で保存しなければならない。

サフラワーの畑。食用油を採るために収穫され、この油がポテトチップスやフライドポテトなどの料理に使われる。

一方、ハイオレイック種は台所の棚でも保存でき、炒めものや揚げものなどの高温調理に使われる（塗料、染料、リノリウムのタイルを製造する際の乾性油として工業用に用いられこともある。時間がたっても黄色くならないことから、白や薄い色の顔料の生成で重宝されている）。健康上の利点をめぐっては、研究者の間で議論があるが、サフラワーオイルが高い品質をもつことに変わりはない。

サフラワーの花弁は、値の張るサフランの代用品としても使われてきた。色と風味がサフランとよく似ていることもあるが、サフラワー自体の魅力もあって人気が高い。サフラワーの花弁を水に浸してティーにしてもいい。

栄養成分

サフラワーオイルはオリーブオイル以上のビタミンEを含有し、ビタミンB_1、B_2、B_6、葉酸、パントテン酸、ナイアシンも含む。種子はマンガン、マグネシウム、銅のほか、亜鉛、リン、カリウム、鉄など相当量のミネラルを含有する。

作用／適応

伝統医学では、サフラワーは発熱、腫瘍、咳、凝固障害、痛み、心臓病、外傷の治療に用いられてきた。発汗剤、便秘薬、興奮剤、制汗剤、去痰薬としても使われ、月経痛の軽減や人工妊娠中絶薬として使われた時代もあった。

伝統医学の専門家は、サフラワーに含まれる有益な不飽和脂肪酸（種子油に含まれるリノール酸やオレイン酸など）には動脈硬化を予防し、悪玉コレステロール値を下げ、心臓病のリスクを減少させる効果があると考えている。

ただし、実際にそれを裏付ける臨床試験の結果はあまり得られていない。それでも、サフラワーオイルの成分にあるクマロイルセロトニンが強力な抗酸化物質であることがわかっており、種子エキスにはエストロゲンが関係する骨粗鬆症の予防効果があることも、実験で明らかになっている。

歴史と民間伝承

» 古代エジプトでは、ミイラを包む布をサフラワーの染料で染めた。
» 中国の伝統医は、サフラワーを血流の改善と痛みの緩和に用いていた。
» 19世紀、サフラワーによる紅色の色素はカルタミンの名で知られた。現在はナチュラルレッド26と呼ばれている。より安価なアニリン染料が登場するまで、サフラワーで作られる赤と黄色の染料は、繊維業界にとって貴重なものだった。

健康のために

美容に役立つオイル

美容のために、サフラワーオイルを日課に加えてみよう。毛根と頭皮に軽くすり込めば、髪質が良くなり艶も出る。手の指の爪と甘皮に揉みこむのもいい。サフラワーオイルは保湿効果に優れることから、入浴剤や化粧品などでも使われている。毛穴をふさがないので、ニキビもできにくい。顔に直接塗れば、細かいしわが目立たなくなる。肘やかかとにすり込めば滑らかになり、ためらいなくサンダルを履けるようになるだろう。サフラワーオイルは湿疹の薬にも使われ、炎症や赤みを抑えてくれる。■

セージ

Salvia officinalis

memo
コショウにも似た、刺激的な味わいのあるセージ。料理用ハーブとして長い歴史があり、その精油も伝統医療では頻繁に使われた。観賞用植物として庭に植えても魅力的だ。

食欲をそそる味わい、メディカルハーブとしての特性、甘く野性的な香り。セージは昔から高く評価されてきた伝統的なハーブだ。地中海地域の石灰岩質の海岸沿いに自生し、肉の防腐剤にも使われた。812年にはフランク王国のカール大帝が王国の農場でセージの栽培を命じている。中国では17世紀にセージのティーに異常なほどの人気が高まり、オランダの貿易商に1ポンド（約454g）のセージと4ポンドの高級な紅茶葉の取引を持ちかけたほどだった。イングランド、フランス、ドイツで野生化している。

セージは常緑の多年生の低木で、世界中に分布するシソ科に属する。丈は30cm以上に伸び、たいてい丈よりも横幅の方が長い。しなやかで丈夫な茎には、槍型の葉が2枚一組で対生につく。葉は灰色がかった緑色で、表面は銀色の粉をふいたようにも見え、目立つ葉脈が走る。紫色の花が輪生し、花冠は唇型で6～8月に開花する。

料理での使い方

米国でセージと言えば、大半の人が感謝祭の七面鳥の詰め物の香りを連想するだろう。セージよりもっと力強い味わいをもつハーブも確かにあるが、セージはスープ、シチュー、キャセロール料理に入れても、豚肉や鴨、レバー、魚介類料理、さらにハンバーガーのミートパテに添えても、料理の味を引き立ててくれる「万能ハーブ」だ。魚や鶏肉をクッキングシートやアルミ箔に包んで焼くときは、オーブンに入れる前に生のセージを載せるといい。キュウリ、ピーマン、タマネギのサラダに加えたり、トウモロコシパンやマフィンに入れたりしてもおいしい（セージ入りのバターも添えれば格別だ）。乾燥セージや粉末セージは生の葉より香りが強いので、使う量は控え目にするといい。

食用の栽培品種には、「ベルグガルテンセージ（葉が大きい）」、「パープルセージ（葉が紫色）」、「トリカラーセージ（葉が白、紫、緑の三色）」などがある。

ミツバチはセージの香りが大好きだ。花が咲くと、群れをなして蜜を集めにくる。芳醇で深い味わいのセージの花からとれたハチミツは高級品だ。

セージの葉は香りが良く、質感はとても滑らかだ。

栄養成分

体に良いフラボノイドと揮発油に加え、ビタミンKを相当量含む。ビタミンA、カルシウム、鉄、マグネシウム、マンガンも豊富だ。

作用／適応

1世紀、ローマの医師ディオスコリデスは、セージの煎剤で傷口を止血し、潰瘍（かいよう）を洗浄する方法を記している。昔のハーブ療法家は、セージが捻挫、腫れ物、リウマチ、咽頭痛、咳、過多月経に効果を持つほか、母乳を止めたり、ホットフラッシュを鎮めたりすると考えた。さらにセージは記憶力を高めるなど神経系を強化する目的でも使われた。

最新の研究によれば、こうした古来の用法の多くが理に適ったものだと考えられる。セージには収れん性のあるタンニンや、フェノール酸（ブドウ球菌や酵母菌に有効）、ロズマリン酸（セージと同類のローズマリーに含まれている成分で抗炎症作用がある）など、体に有益な化合物が含まれていることが明らかになっている。

現在、セージは口とのどの感染症、歯膿腫、過多月経、更年期障害の治療に使われている。また、その制汗機能が、結核患者の寝汗やパーキンソン病患者の唾液分泌過剰の緩和に役立っている。ローズマリーと同様、脳の働きや記憶力の強化にも使われる。セージはティー、アルコールチンキ、フレッシュチンキ、アルコール性の流エキス、生のジュース、葉などさまざまな形で効果を発揮する。

健康のために

救いのハーブ

昔のハーブ療法家にとって、セージは欠くことのできないハーブだった。属名の「*salvia*」はラテン語の「*salvare*」（「救う」という意味）に由来し、この植物がいかに重要視されていたかを端的に物語る。「*Cur moriatur homo cui salvia crescit in horto?*」（「庭にセージを植えている者が、どうして死ぬことがあろうか？」の意）というラテン語の言葉もあるほどだ。英国にも「長生きしたければ、5月にセージを食べよ」とセージを讃える言葉が伝わる。セージは、すべてのハーブの守護者とも考えられていた。16世紀のハーブ療法家、ジョン・ジェラードは「セージは頭と脳によく効き、感覚と記憶を刺激するとともに、体力を増強し、筋肉の麻痺と手足の震えを改善して健康を回復させる」と記している。最新の研究で、こうした作用の多くがセージに備わっていることがわかっている。■

歴史と民間伝承

- 古代文化の中には、セージは力を強め、寿命を延ばすと考える文化もあった。古代アラビアの人々は、セージを不老不死の薬と信じていた。
- 古代ローマ人は、脂肪の多い肉を食べた後、消化を促進するためにセージを服用した。
- アメリカ先住民は、セージの茎を歯ブラシ代わりにしたり、歯茎からの出血の手当てに使ったりした。実際、粉末セージを塩と混ぜれば、歯茎の病気の予防薬になる。
- 20世紀初頭の米国では、セージでイボを消せると考えられた。

紫色の花をつけた穂は目にも鮮やか。セージは家庭菜園だけでなく、観賞用の庭園にも適している。

column

ハーブの上手な保存法

ハーブの新鮮な味と香りを保つための方法を紹介しよう

食料品店や産地の市場でハーブを買った経験があればご存じのことと思うが、ハーブには値の張るものも多い。だから、買ってほんの数日でぐったりして黄色くなり、萎(しお)れてしまうと、とてもがっかりしてしまう。乾燥ハーブは、もっと問題だ。ビンに入った高価なハーブが香辛料用の棚で何年も眠ったまま放置されると、風味も効果もどんどん失われていく。そこで、生のハーブや乾燥ハーブを、長く保存するコツを紹介したい。ぜひ、試してみてほしい。

生のハーブを新鮮な状態で保存する

生のハーブの新鮮さと風味を最大限に保つ方法を紹介しよう。

» パセリやシラントロなど水分の多いハーブは、余分な茎を切り落とし、束にしてコップや容器に挿して水を注ぐ。花を活けるときのように、葉は水の上に出るようにすること。それをラップでゆるく覆って冷蔵庫で保存しよう。水が濁ったら取り替えて、黄色や茶色になった葉も取り除く。調理に使うときは、冷たい流水で丁寧に洗ったあと、水を払い、ペーパータオルで軽く叩いて水分をとる。バジルも同じ方法で保存できるが、冷蔵庫よりも調理台に置いておくほうがいい。大半のハーブはこの方法で2週間以上保存可能だ。

» ローレルやディル、ローズマリー、タイム、チャイブなど木本性で水分が少ないハーブは、ラップにゆるく包んで扉付きの物入れや冷蔵庫の野菜室に入れておこう。水分を吸収させるために、くしゃくしゃにしたペーパータオルを添えておくといい。水で洗うのは保存時ではなく、調理の直前にする。余分な水分が残っていると、かびが生えてしまうからだ。

» 新鮮なハーブを保存しておきたいときは、左ページの写真のように製氷皿にハーブを入れ、ストック（スープのもととなる煮汁）や水と一緒に凍らせておくと便利。水やストックの代わりにオリーブオイルやバターを使って冷凍してもいい。脂肪分がハーブの風味を吸収して、多くの料理の風味づけに利用できる。

ハーブを乾燥して保存する

食料品店で容器に入った乾燥ハーブを購入したとしよう。実際に、その商品がどのぐらいの期間、店の棚に置かれていたのか、私たちにはわからない。

食品の専門家は、ハーブは容器に詰めて約1年たったら捨てるように薦めている。それなのに、自宅の食器棚にはクローブの入った容器が10年も置きっぱなし──これでは、お金の無駄遣いだ。ハーブの風味と、健康への効果をできるだけ長持ちさせたいなら、ハーブを栽培し自分で乾燥させるのが一番かもしれない。ここでは、上手な乾燥の方法を紹介しよう。

» ハーブの収穫は、花が咲く直前の時期がいい。風味が一番強くなるからだ。葉についた露が乾く午前中の遅い時間帯に摘もう。

» ハーブを乾燥させるには、まず収穫したばかりのハーブを束ねて紐で縛る。紙袋に穴を開け、ハーブの束を上下逆さまに入れて、紙袋の端を寄せてゴムで止める。そして紙袋を風通しの良い暖かい場所に吊り下げよう。時間がたつと茎が縮むので、時々、紐がゆるんでいないかチェックすること。ハーブが完全に乾燥してもろくなったら、木槌を使って紙袋の中で砕くか、フードミルにかけて粉末にする。こうして出来上がったものを密封容器に入れ、日付を書いたラベルを貼って冷暗所で保管する（ストーブの近くは厳禁）。葉全体のままの方が、砕いたものよりも長持ちする。

» 新鮮なハーブを、風味や油分を失うことなく手早く乾燥させる方法があるので紹介しよう。刻んだバジルやパセリの葉、ローズマリーやタイムの枝全体をクッキングシートに載せて、オーブンに入れ低温（約80℃未満）で約15分間熱するのだ。こうしてできたものをファスナーがついた密封用のビニール袋に入れて冷蔵庫で保存する。

サラダバーネット

Sanguisorba minor

memo
その名が示すとおり、昔からサラダに風味を加えるのに使われてきた。その繊細な葉はプランターや窓台を優美に飾る。

パンプルネルの名でも呼ばれる魅力的な多年生のハーブで、バラ科に属する。もともとヨーロッパ西部・中央部・南部、アフリカ北西部、アジア南西部の乾燥した草地に自生していたが、現在は北米のほぼ全域で野生化している。薬草としての歴史は古く、紀元前200年頃の漢王朝で使われた記録が残る。

細い茎は長さが60cmほどになる。葉は灰色がかった緑色で周囲にギザギザがあり、赤みがかったピンクまたは紫色の花はラズベリーのような丸い形を成す。雄花と雌花を持つため、自家受粉が可能だ。名前の「burnet」は「brown」(茶色)が転じたもので、古フランス語の「*brunete*」「*burnete*」に由来。種子をつけた頭状花序が茶色いことから来ている。

料理での使い方

サラダバーネットは、キュウリに似たさっぱりした風味をもつ。ヨーロッパの料理人たちはほかの葉野菜と混ぜてよく使う。イタリアでは昔から「バーネットがないとサラダはおいしくないし、美しくもない」と言われてきた。羊やウサギといった脂肪分が多い肉や、魚とも相性が良い。フランクフルトのグリーンソースでは、パセリ、クレソン、チャイブ、ボリジ、ソレル(スイバ)と並ぶ主要な材料だ。また、ビネガー、マリネの漬け汁、ハーブバターや、料理の飾りにも使える(ミントの代わりにも使われる)。種子もビネガー、マリネの漬け汁、チーズ料理に加えたり、本格的なフレンチドレッシングに用いたりする。

細かく刻んだサラダバーネットの葉一掴み(ハサミで切るといい)を、クリームチーズ、コショウ、塩、少量の牛乳またはクリームに混ぜると、おいしいディップになる。ブラッディ・マリーに散らせば、定番のセロリスティックの代わりになる。葉をフルーツジュースに混ぜて製氷皿で凍らせるだけで、豪華なパーティ用デザートが出来上がる。葉は熟するほど苦くなるため、料理には若くて柔らかいものを選ぶようにしたい。乾燥すると香りがなくなってしまうため、シーズンオフ用には葉を取って冷凍保存しておくといい。

栄養成分

サラダバーネットは、同じ仲間の他のハーブに比べると、栄養面でそれほど優れているとはいえない。それでもビタミンAとC、ビタミンB複合体の一部のほか、鉄、カリウムなどのミネラルを含む。

作用/適応

サラダバーネットには、メディカルハーブに使われるグレートバーネット(*Sanguisorba officinalis*)と共

ここにも注目

兵士の味方

サラダバーネットの属名の「*Sanguisorba*」は「血を吸収するもの」という意味のラテン語から来ている。サラダバーネットに止血作用があるとされていたためだ。17世紀の植物学者ニコラス・カルペパーは、サラダバーネットの葉が「体の内部と外部の出血を止める」ことを示唆している。こうした使用法は古代中国までさかのぼり、伝統医はこの植物の根からパップ剤を作った。その効き目については多くの逸話がある。伝えらえるところでは、ハンガリーのチャバ王はその汁を塗布して1万5000人もの兵士の傷を治したという。アメリカ独立戦争を戦った兵士は、傷を負ってもサラダバーネットが出血死から守ってくれることを信じて、そのティーを飲んでから戦いに赴いた。実際、サラダバーネットには収れん作用があるため、こうした逸話も不自然とは言い切れない。■

サラダバーネットの若い穂。ハーブガーデンに植えれば、1年中、新鮮な葉が食べられる。

通する作用が多くあり、消化不良、リウマチ、痛風の緩和のほか、かつてはペストの治療にも使われた。英国から北米大陸に入植した人々はサラダバーネットを持参した。トマス・ジェファーソンもこのハーブへの賞賛の言葉を残している。二日酔いの強壮剤と考えられ、葉に沸騰した熱湯を注ぐと「大酒飲みの渇きを癒やす治療薬」ができるとされた。ハーブティーにして下痢の改善にも用いられた。

スペインで行われた最新の研究では、サラダバーネットのエキスに抗HIV作用があることが試験管内で確認されている。ドイツの研究者はマウスを使った実験で、サラダバーネットのエキスが血糖値を大幅に下げるとした。トルコの研究では、このエキスが潰瘍（かいよう）を抑制することが示唆されている。イランとカナダの研究によれば抗真菌作用もあるという。

サラダバーネットには特有の有益な有機化合物が複数含まれている。その配糖体はサングイソルビンと呼ばれ、悪玉コレステロール値を下げ、骨を丈夫にし、免疫系を活性化する。またそのフラボノイドは、フリーラジカルを消去し、抗がん、および抗炎症作用が期待できる。

サラダバーネットの花には、花粉を媒介する昆虫が集まってくる。写真はアウレリアヒョウモンモドキ（*Melitaea aurelia*）。

歴史と民間伝承

- サラダバーネットは「気持ちを楽にする」効果を持つとされ、ワインに入れてふるまわれた。
- イングランドの科学者で哲学者でもあったフランシス・ベーコンは、散策路に植えるべきハーブについて記した1625年のエッセイの中で、サラダバーネットをタイムやウォーターミントと一緒に植えることを薦めた。「踏まれたり押し潰されたりして、あたりに喜ばしい芳香を放つだろう」と記している。
- テューダー朝の庭師は、サラダバーネットの噴水のような美しい形を愛し、ノットガーデン（ツゲなどの常緑低木で結び目模様を描き、その間に草花を植えた花壇）の縁に配した。

ソレル
（スイバ）

Rumex acetosa, R.scutatus

memo
約200種類の植物から成るスイバ属。ソレルやドックの総称で呼ばれ、多くは迷惑な雑草だが、ガーデンソレルとフレンチソレルは食料棚にあると便利なハーブだ。

料理用に栽培されるソレル（スイバ）は2種類ある。柑橘系の芳香を放つ英国のガーデンソレル（コモンソレル、*Rumex acetosa*）と、イタリアとフランスで改良されマイルドなレモンの香りがするフレンチソレル（*R.scutatus*）だ。ガーデンソレルは、一時は人気を集めてヨーロッパの庭や草地で見られたものの、16世紀になると多肉多汁の葉をもつフレンチソレルにその座を奪われた。ただ不思議なことに、時を経るうちにどちらの種も家庭菜園で栽培されることがめっきり少なくなった。

生長すると草丈が60cmほどになり、茎と葉は多くの水分を含む。赤みがかった緑色の花が穂先に輪生し、時間が経つにつれて紫色や赤茶色に変わっていく。

料理での使い方

人気が衰える前のソレルは、ヨーロッパを代表する料理用ハーブだった。フランス料理のシェフは、ラグー、フリカッセ、スープにソレルを使った。香り豊かなソレルのスープは今でも多くの人に愛されている。英国の地方では、よくフレンチソレルを潰してどろどろにしたものに酢と砂糖を混ぜて冷たい肉料理にかけたことから、「グリーンソース」はフレンチソレルの呼び名にもなっている。また、スカンディナビアでは小麦粉が足りないときにソレルを加えてパンを作ることがあった。ソレルの葉には少量のデンプンと粘液が含まれているからだ。ラップランドでは、レンネット（牛乳を凝固させてチーズを作る物質）の代わりにソレルを使った。

酸味がきいたこのハーブの魅力が見直されたのは最近のことだ。マイルドな若い葉はサラダ、ヤギのチーズ、卵の香りづけに、生長して苦くなった葉はシチュー、スープ、ソースに使われるようになった。生のソレルは摘み取ったらすぐに使わなければならないため、市場で見かける機会はあまりない。簡単に種子から育てられるので、自前の菜園にぜひ加えてみよう。

栄養成分

ソレルはビタミンCが豊富で、ビタミンC不足で起こる壊血病の予防効果があると評価されていた

ソレルは茎の先端に小さな緑色の花の房をつける。花は次第に赤茶けた色へと変化する。

手軽にハーブを

ソレルのスープ

フランスで昔から作られてきた、夏向きの軽いスープだ。

材料

- 野菜のブイヨン ……… 3カップ
- 生の米 ……… 大さじ2
- ソレル ……… 1束(茎を取って葉を洗う)
- ヘビークリーム(乳脂肪の多いクリーム) ……… 1/2カップ
- 塩、コショウ適宜

作り方

大きな柄付き鍋にブイヨンを入れて、中火で沸騰させる。米を入れてよくかき混ぜ、約8分間煮込む。ソレルと、塩一つまみを入れて、かき混ぜてから、ソレルがしんなりしたところで弱い中火にして、蓋をして10分間煮込む。その後、鍋を火から下ろし、ミキサーまたはフードプロセッサーで何回かに分けてピューレ状にする。再び弱い中火にかけてクリーム、塩、コショウを入れて十分かき混ぜる。■

(長期間、海上生活を送る人々の間で使われた)。またビタミンAと葉酸、さらに必須ミネラルであるカリウム、マグネシウム、ナトリウム、鉄、カルシウムも含む。

作用/適応

17世紀の植物学者ニコラス・カルペパーはソレルについて「すべての『熱い』病気に対して幅広く使える。高熱や悪寒を伴う病気をはじめ、熱が原因で起こる病気や失神に対して、いかなる炎症も鎮め、上昇した血液温度を下げ、これらの病気が原因で起きる激しい発作で疲弊した精神を回復させる」と記している。カルペパーはさらに、のどの渇きを鎮め、食欲を刺激し、寄生虫を殺し、心臓機能を助け、サソリに噛まれた傷や化膿した腫れ物の手当てをするのにも、ソレルを推奨した。20世紀初頭には、家畜には有害なシープソレル(和名「ヒメスイバ」、*R.acetosella*)を他の数種のハーブと混ぜたハーブティー「エイジアック」が、がんの治療薬とうたわれたこともあった。

ソレルにはフラボノイド、抗酸化物質、アントシアニンが含まれ、高血圧、糖尿病、心臓病など幅広い疾患の治療やがんの予防に向く。ソレルには粘液の分泌を抑え、副鼻腔炎や鼻道の炎症の治療に効果があるタンニンも含まれている。さらに優れた利尿作用があることから、従来薬と併せて細菌感染の治療にも使われてきた。

なおソレルは酸度が高いため、関節炎、腎臓結石、痛風の患者は使用量を控える必要がある。

歴史と民間伝承

» カッコウが美しい声を出すためにソレルを食べたという古い言い伝えから、ソレルはクックーズミート(cuckoo's meate「カッコウの肉」)とも呼ばれ、スコットランドではゴウクミート(gowkemeat「カッコウの肉」)の名で知られている。ガーデンソレル(*R. acetosa*)には、スピナッチドック(spinach dock「ホウレンソウのソレル」)、サワードック(sour dock「酸っぱいソレル」)などの別称があり、フレンチソレル(*R. scutatus*)は、バックラーリーフソレル(buckler-leaf sorrel「丸盾の形の葉のソレル」)、バックリーフソレル(buckleaf sorrel)、とも呼ばれる。

» 有名な作家で造園家のジョン・イーヴリンは「ソレルにはサラダに生気を与えるすばらしい力があるので、必ず入れるべきだ」と書いている。

» ガーデンソレルの液汁は、染み抜きにも使われた。

ここにも注目

ソレルの塩

ソレルの酸味と作用は、「ソレルの塩」としても知られる化合物シュウ酸によるものだ。シュウ酸は、麦わらの漂白やインクの染み抜きで使われる。変わった使われ方として、文書の偽造での利用がある。文字を古く見せたいとき、通常のインクとシュウ酸を混ぜ合わせることで古さを演出できるからだ。■

スペアミント

Mentha spicata

memo
葉が爽やかに香るスペアミントは、料理用、観賞用に栽培される。練り歯磨きや菓子の香りづけ、シャンプー、石鹸、化粧品の香料にも使われる。

スペアミントはシソ科の中でも強い香りを放つ。ヨーロッパとアジア南西部が原産だが、古代から広範囲で栽培された。このため、野生の生育地域を正確に特定するのは難しい。地中海沿岸には、紀元前400年にスペアミントを使ったという記録が残り、最古の例と考えられている。スペアミントは口臭を消し、穀物貯蔵庫からネズミを駆除する目的で使われた。古代ローマ時代には薬草として利用され、ローマ人の遠征で北に運ばれグレートブリテン島にも広まった。北米大陸にはもともと見られなかったが、入植者の庭からすぐに広がって野生化した。

スペアミントは茎が枝分かれして育つ多年生植物で、草丈は約60cm。表面は有毛または無毛で、葉は縁にギザギザの切り込みがある槍（スペア）型をしており、それが名前の由来となっている。すらりと伸びた穂の先に、薄いピンク色の花をつける。

1893年、リグレー社が口臭清涼用のスペアミントガムを売り出すと、スペアミントの人気に火がついた。

料理での使い方

スペアミントの葉に含まれるメントールはわずかで、近縁の交雑種ペパーミントほど強いミント臭はない。葉は生でも乾燥させても使われ、塩、砂糖、砂糖シロップ、アルコール、オイルで保存できる。サラダに加えたり、リラックス効果のあるティーにしたり、カクテルの飾りに添えれば、キリッとした爽快な風味をもたらしてくれる。ガムやキャンディの香りづけとしてもおなじみのうえ、リラックス効果だけでなく、胃腸の不調にも効くスペアミントティーとして世界各地で愛飲されている。一方、中東ではディップソースの基本材料として使われてきた。特に、栽培品種のナナ（モロッコのナナミント）は、トゥアレグティーの材料にもなり、マイルドだが刺激的な香りをもつことで知られる。

料理に使うときは、風味が生かせるように、仕上げの直前に加えるようにしたい。一年を通じて食料品店で簡単に入手できるが、香りが強く明るい緑色の束を選ぶといいだろう。生の葉を保管するときは、丁寧に洗い、軽く叩くようにして水気を切ってから冷蔵庫に入れる。乾燥した葉は、トレイの上に広げて、半日陰の屋外に数時間置いてから、密閉容器に入れて保管しよう。

手軽にハーブを

爽やかなミントソース

ミントソースは、中東やインドの料理に爽やかさを加える代表的なソースだ。パンや肉、インドのサモサに添えるディップソースとして使う。ここでは、スペアミントを味の基本にしたレシピを紹介しよう。

材料
- ヨーグルト ……… 1カップ
- ライム汁 ……… 大さじ1
- ガーリック ……… 1片
- オリーブオイル ……… 大さじ2
- クミンまたはターメリック ……… 一つまみ
- 塩 ……… 小さじ1/2
- 生のスペアミントの葉 ……… 1/4カップ

作り方
スペアミントとガーリックをすり潰して他の材料と合わせ、柔らかなペースト状になるまで混ぜる。冷蔵庫で冷やしておく。材料は4人分。■

香辛料が効いたインドの軽食、サモサ。その刺激的な口当たりを、ヨーグルトとスペアミントの爽やかさが和らげてくれる。

栄養成分

スペアミントは、抗酸化ビタミンのビタミンA、β-カロテン、ビタミンC、さらにビタミンB_1、B_2、B_6、葉酸が豊富だ。また鉄、カリウム、カルシウム、マンガン、マグネシウムなど重要なミネラルも含んでいる。

作用／適応

伝統療法では、昔からスペアミントを疲労、ストレス、胃や消化器系の疾患、呼吸器系疾患、皮膚炎、発疹の治療に処方してきた。関節炎、筋肉痛や神経痛、皮膚のトラブルに対しては皮膚に直接、歯茎や舌の腫れに対しては口の中に直接塗布する。

化学成分としては、α-ピネン、β-ピネン、カルボン、シネオール、リナロール、リモネン、ミルセン、カリオフィレンが挙げられ、いずれもストレスや疲労感を緩和する作用がある。スペアミントの精油には抗真菌作用があることもわかっており、『ジャーナル・オブ・ケミストリー（Journal of Chemistry）』に、スペアミントのエキスには「かなりの量のフェノール類とフラボノイド」が含まれ、「優れた抗酸化作用」があるとの研究が報告されている。『ファイトセラピー・リサーチ（Phytotherapy Research）』では、スペアミントティーが女性の多毛症治療に使われた例も紹介された（成分に血液中の遊離テストステロンを減らす特性があると考えられている）。スペアミントには糖尿病患者の血糖を調節する作用もある。

上部の葉の付け根から伸びる穂の上に、薄いピンクまたは赤味がかった薄紫色の花が渦巻きや円を描くように咲くスペアミント。その蜜に引き寄せられ、チョウやハチがやってくる。

歴史と民間伝承

- » ミント・ジュレップ（右）は、バーボンにスペアミントを混ぜたカクテル。米国の競馬「ケンタッキーダービー」のオフィシャルドリンクだ。
- » モヒートはキューバで人気のある飲み物だ。材料は、ホワイトラム、ライムジュース、サトウキビジュース、ソーダ水、スペアミント。
- » 米国南部では、昔からスウィートティー（スペアミントで香りづけしたアイスティー）が夏の定番の飲み物となっている。

サマーセイボリー

Satureja hortensis

memo
料理、装飾、アロマ、メディカルハーブにと、用途多彩なサマーセイボリー。全体を乾燥させたものはポプリでおなじみだ。生や乾燥した葉は料理に風味を加える。

サマーセイボリー（summer savory）という名の通り、このハーブは肉料理や魚料理をはじめ、ソーセージ、スープ、シチュー、チャウダー、マリネの味をグンとおいしく（savory）してくれる。中世ヨーロッパの料理人は、ピリっとしたアクセントをつけるために、ケーキやパイにこのハーブを混ぜた。

古代エジプトでも、サマーセイボリーの人気は高く、料理だけでなく、粉末にして媚薬や咽頭痛、腸管疾患の治療にと幅広く用いられていた。

サマーセイボリーはミントやオドリコソウと同じシソ科に属し、原産地はヨーロッパ南東部。良い土と日当たりさえあればどこでも生育し、都会のアパートのテラスのプランターでも栽培できる。草丈は45cmほどで、枝には濃い緑色をした長さ1cmほどの細くて柔らかな葉がつく。7月に淡いピンクやラベンダー色の花が咲いて、黒や濃茶色の種子になる。

サマーセイボリーは屋外のハーブガーデンだけでなく、室内のプランターでも栽培できる。

料理での使い方

サマーセイボリーはヨーロッパ料理やアメリカ料理に広く使われる。カナダの沿海州では、クレトネイド（肉と野菜、ハーブ類を細かく刻んで味つけし単独で食べたり、鶏などの家禽に詰めたりする）の材料に使われる。独特の風味は、マジョラムやタイムとよく比較される。

肉、魚、家禽類、卵、野菜（特に豆類）との相性がよく、卵料理の味も引き立てる。フランスでは、フィーヌゼルブ、エルブ・ド・プロヴァンス、ブーケガルニの材料に用いられる。

サマーセイボリーを生のまま冷凍して保存するときは、汚れを取り除いて小さな束にして、冷凍用のポリ袋に入れて冷凍する。一方、サマーセイボリーを乾燥させて保存するのは簡単だ。開花直前に収穫したら、茎を束ね、屋根のない場所に数日間吊るす。そして葉をとって適当な大きさに砕く。

栄養成分

サマーセイボリーの葉には食物繊維が豊富に含

栽培のヒント

野菜の味方

サマーセイボリーは、たいていの植物のコンパニオンプランツとなる。タマネギやガーリックと一緒に植えれば、その生育を促進し、豆類をインゲンテントウ（*Epilachna varivestis*、下の写真。食欲旺盛なテントウムシで、豆の葉を食べ植物自体を傷めてしまう）の害から守ってくれる。■

まれている。ビタミンAとC、そしてビタミンB_6などのビタミンB複合体にも富む。カリウム、鉄、カルシウム、マグネシウム、マンガン、亜鉛、セレンなどのミネラル類も含んでいる。

塩分の摂り過ぎに注意している人は、塩の代わりにサマーセイボリーを使うといい。

作用／適応

古代の人々は胃の不調や関節痛など、さまざまな症状を緩和するのにサマーセイボリーを用いた。17世紀イングランドの著名なハーブ療法家であり植物学者でもあったニコラス・カルペパーは、サマーセイボリーを万能薬とみなして「常備するよう」薦めたほどだ。

現代の研究で、サマーセイボリーの葉と芽には、抗酸化物質が多く含まれていることがわかっている。揮発性精油に含まれる多数のフェノール類の中には、抗菌・抗真菌作用を持つチモールや、大腸菌やセレウス菌などバクテリアの繁殖を抑えるカルバクロールなどが含まれる。

歴史と民間伝承

- 古代のさまざまな地域で、サマーセイボリーは媚薬と考えられていた。
- 中世ヨーロッパの療法家の中には、このハーブが難聴に効くとする者もいた。
- カリフォルニアとアラスカのアメリカ先住民は、サマーセイボリーの野生種であるイエルバブエナ（*Satureja douglasii*）をティーにして飲んでいる。

手軽にハーブを

簡単でおいしいサマーセイボリーのソース

ここでは、簡単につくれておいしい二つのソースを紹介したい。小口切りにしたチャイブとレモン汁、マヨネーズ、みじん切りにした生のサマーセイボリーでソースを作り、鶏肉や魚の片面にこのソースを塗って焼く。残ったほうの面も同じようにして焼けば、香ばしいグリル料理の出来上がりだ。また、サマーセイボリーとイタリアンパセリ（各カップ1をみじん切り）、潰したニンニク（1片）とをカラメル状になるまでバターで軽く炒めてレモン汁少々を加えて再度加熱し、ポルトベロマッシュルームのグリルにかけてみよう。このソースは脂がのった魚とも相性がいい。■

サマーセイボリーは生長が早い。晩夏から初秋に白やピンク色の小さな花を咲かせる。

タラゴン

Artemisia dracunculus

memo
昔から香りの良い葉が愛されてきたタラゴン。生のまま、あるいは乾燥させて使う。フランス料理に欠かせないハーブで、フィーヌゼルブの材料の一つでもある。

この芳香を放つ木質茎の多年生植物は、ヨーロッパの料理人にはヨモギ属で一番のハーブと評価され、ベアルネーズソースやタルタルソース、オランデーズソースといった伝統的なレシピで用いられる。日当たりさえ良ければ、土質を問わない。草丈は約60〜90cm。葉は刃の形で縁にギザギザはなく、黄色に黒が交じる小さな花は丸い花冠をなす。他のヨモギ属の葉は灰色がかった緑色だが、タラゴンの葉は明るい緑色だ。

種小名の語源はフランス語の「*esdragon*」で、「小さなドラゴン」を意味するラテン語の「*dracunculus*」から来ている。毒ヘビや狂犬病にかかった犬に噛まれた傷を治すと信じられていたためかもしれない。タラゴンの根が曲がりくねって蛇のようなことから名付けられたとの説もある。

タラゴンの独特の香りと風味は、飲み物にも活かせる。レモン、水、氷、タラゴンを滑らかになるまで混ぜるだけで、爽やかな夏のスムージーができる。

タラゴンはハーブの中では「新顔」で、600年ほど前から栽培されるようになった。原産地は中央アジアで、13世紀にヨーロッパに侵入したモンゴル人が持ち込んだとされる。中世ヨーロッパの書物の多くにメディカルハーブとして紹介されている。

料理での使い方

柑橘や森林のような香りを基本に、辛味とほのかなアニスに似た風味を備えるタラゴンは「フレンチタラゴン」とも呼ばれ、さまざまな料理で使われる。一方、シベリア原産のロシアンタラゴン（*A. dracunculoides*）を好む人もいる。こちらはタラゴンに比べて葉の表面が粗く、味もマイルドだ。

フレンチタラゴンは、名高いフィーヌゼルブ（フランス料理で使われる、数種のハーブを組み合わせたミックスハーブ）の材料に用いられ、家禽や子牛の肉、魚介、野菜、卵料理、サラダ、ソース、マリネに独特な風味を加える。チーズや生の果物に振りかけてもおいしい。ピクルスやレリッシュ（野菜の甘酢漬け）、マスタードを作るときにも使われる。

栄養成分

健康に役立つこのハーブは、多くのビタミンA、C、ビタミンB_2、B_6、ナイアシン、葉酸を含む。コレステロールとナトリウムは少ない。カルシウム、鉄、銅、リン、カリウム、マグネシウム、マンガンも含む。

作用／適応

タラゴンは古代から各地で、しゃっくり、寄生虫病、消化不良、リウマチ、食欲不振、月経不順、水分貯留の治療に使われた。

最新の研究では、タラゴンに殺菌、抗真菌、抗炎症、抗ウイルス、抗菌の作用に加え、強力な抗酸化作用があることもわかっている。特にフリーラジカル除去剤として、代謝時に生成される有害な物質を除去する働きが注目されている。また、タラゴンにはオイゲノールが高い濃度で含まれている。オイゲノールはクローブオイルの中にも確認される自然の麻酔薬で、歯痛の緩和に効果がある。ほかにも、病気や老齢が原因で食が細くなった人の食欲増進にタラゴンが利用される。

滑らかで深い緑色のタラゴンの葉。みじん切りにして料理に加えると、アニスに似た刺激的な味わいをもたらす。晩夏に葉を収穫して乾燥させておけば、冬にも利用できる。

タラゴンはガーリック、コショウ、ローレル、ディルとともに、キュウリのピクルスの味つけに使われる。

歴史と民間伝承

- 中世ヨーロッパのカトリック教徒は、巡礼の旅に出るとき、力を授かると信じて靴にタラゴンを入れた。
- 17世紀の造園家ジョン・イーヴリンは、タラゴンについて「頭、心臓、肝臓の働きを助け、活性化する」と記した。
- タラゴンはキク科の仲間で、ヨモギの近縁種。その揮発性精油は化学的にアニスと同一だ。

手軽にハーブを

タラゴンビネガー

生のタラゴンはすぐに風味を失ってしまうため、ビネガーに漬けて保存するのがお薦めだ。ピリッとした風味のタラゴンビネガーは使い勝手も良く、香辛料棚に加えておくといいだろう。そのまま使っても、ビネグレットソースに混ぜても、別のレシピに加えてもいい（フランス料理のシェフがマスタードに混ぜる）。料理好きの友人へのプレゼントに、洒落たボトルに入れたタラゴンビネガーを贈れば喜ばれるだろう。作り方は簡単。生のタラゴンの小枝を3本用意し、洗って乾かしてから、広口ビンやボトルに入れる。470ccのホワイトビネガーを沸騰しない程度に温めてからビンに注ぎ、しっかりと蓋を閉め、3週間ほど窓台に置いておく。あとは冷蔵庫や涼しい場所に移して保管すれば、1年は使える。■

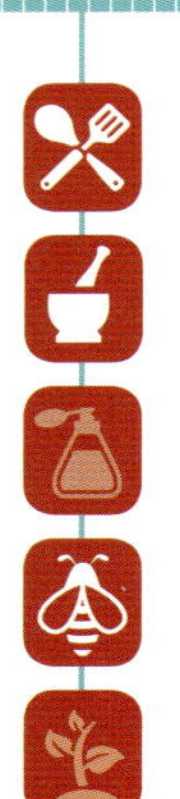

チャ
（茶）
Camellia sinensis

memo
チャノキは白い花を咲かせる低木。「ティー（茶）」といえば、ハーブティー以外は、チャノキの葉を使ったものを指す。茶は水の次に一番飲まれていると言っていいだろう。

かすかに苦い渋みを感じさせるチャ（茶）は、最初は薬湯として用いられた。チャノキの起源は中国で、チャは16世紀にポルトガル人貿易商によってヨーロッパに伝えられた。17世紀に入るとイングランドで人気を博し、ビクトリア朝時代、アフタヌーンティーは社交の催しの一つとなっていた。

お茶にはさまざまな種類があるが、実はすべてチャノキが原料だ。まず、紅茶の大半はインド（ダージリン、アッサム）、スリランカ（セイロン）、中国（ラプサンスーチョン）で生産されている。これらの茶葉をブレンドしたアールグレイ、マサラチャイ、イングリッシュ・ブレックファストといった銘柄も人気が高い。紅茶はチャノキの葉を発酵・酸化させることで、複雑な味わいを醸し出す。カフェインが多いことでも知られるが、それでもコーヒーの半分にすぎない。

ウーロン茶はチャノキの葉を半発酵させたもので、赤い色と甘い風味が特徴。緑茶は発酵・酸化されていない「自然のまま」の茶で、カフェインの量はぐっと減ってコーヒーの4分の1だ。中国を中心に生産される白茶は、若い芽と葉で作られる。その繊細な風味を味わうためにも、砂糖やハチミツは加えないで飲もう。

茶を飲むのに複雑な作法を伴う地域も多い。日本で発展した「茶の湯」はその典型だ。

料理での使い方

温かいお茶は朝食や、午後のくつろぎのひとときに愛飲され、夕食の後にデザートと一緒に飲まれることも多い。アイスティーは、最初は軽食堂でソーダ水の代わりに出されたものだがすぐに人気を呼び、世界中で飲まれるようになった。

温かなお茶をおいしくいれるには、まずポットとカップに熱湯を注ぎ温めておく。紅茶には沸騰したお湯を使い、緑茶には少し冷ましたお湯を使う。約240ccのお湯に茶葉小さじ2杯が理想的な分量。蒸らす時間は、好みや茶葉によって異なる。

チャノキの葉は加工法によって、主に3種類に分けられる。紅茶(左上)、ウーロン茶(右上)、緑茶(左下)。そして主に若い芽で作られるのが白茶(右下)だ。

最近では、飲料用以外にもチャの用途は広がり、肉のマリネからアイスクリームにいたるまで、さまざまな食べ物に風味を加える目的でも使われる。

栄養成分

チャは葉酸を含み、マンガンも豊富だ。量は少ないものの、マグネシウム、カリウム、銅も含んでいる。

作用／適応

近年になって、チャの医学上の効果の可能性について研究が進められていて、心臓や循環器、免疫系に対して良い効果があるという結果が報告されている。

紅茶は、風味を増すために茶葉を発酵させたもので、酸化することによりフラボノイドと呼ばれる抗酸化ポリフェノールができる。フラボノイドは、がんの抑制やコレステロール値の低下、心筋梗塞や脳卒中の予防に結びつく。紅茶が脳のアルファ波を増やして高齢者の認知症のリスク低下につなげられることも示唆されている。

また、ウーロン茶に含まれる抗酸化物質は、心臓疾患を改善するほか、骨や歯、皮膚を健康に保つ。緑茶は、がんにかかるリスクを低下し、ダイエットや心臓の健康にもよいとされる。白茶は抗がん作用のある抗酸化ポリフェノールを含む。この成分にはコレステロール値を抑え、血圧を下げ、肌の若さを保つ作用がある。

さらにチャには抗ウイルスおよび殺菌作用をもつ成分が含まれていることから、風邪やインフルエンザの予防も期待できる。

歴史と民間伝承

» イングランドからアメリカに移り住んだ人々は、紅茶が大好きだった。ジョージ3世が茶葉への課税を強化すると、激怒した人々が船に積まれた茶箱をボストン港の海に投げ捨て抗議の意志を示したことはよく知られている。
» ティーバッグの始まりは諸説あるが、産地から業者がサンプルの茶葉を絹の袋に入れて送ったところ、受け取った人がそのまま湯を注いで使ったことがきっかけとされている。

ハーブのあれこれ

茶の道

東アジアでは、多くの国で茶を飲むことが茶文化と呼ばれる次元まで進化した。それは内省の世界へと至る「儀式」であり、芸術の一形態まで達した。こうした儀式は8世紀の中国ですでに行われていたことがわかっている。中でも、禅宗の仏僧が行った茶の真髄が「侘び寂び」だ。緑茶を粉末にした抹茶は茶の湯の席で用いられるが、最初は宗教的な儀式に近いものだった。茶巾や茶碗、茶入れ、茶せん、茶杓などの茶道具には歴史あるものが多く、ふくさなどを使って扱う。茶事を催す主人は茶道具を清め、茶席では客人に対して由緒を詳しく説明する。茶席におけるすべての所作は、細かく定められている。■

スリランカの茶園。茶葉を正確に摘み取れるよう整然とチャノキが植えられている。刈り込まれた低木の列は数kmにわたって続き、丘陵全体を覆う。

タイム

Thymus vulgaris

memo
繊細な外観をしたタイム。その香りは強く独特だ。料理、アロマ、ハーブ療法にと、幅広く用いられる万能ハーブで、優美な姿は庭に植えるのにぴったり。

タイム（「イングリッシュタイム」「フレンチタイム」「コモンタイム」とも呼ばれる）は、多年生の低木だ。庭に植えても料理に使っても、繊細な外観から想像できないような刺激的な強い芳香を放つ。

元々アジアや地中海沿岸に生育していたようだが、古代ローマ人によってヨーロッパ一帯に広がった。ローマ人たちはタイムを部屋の清浄や、チーズや酒の香りづけに使っていた。今では世界中の庭に植えられており、カーペットのように広々と地面を覆う。

カールした楕円形の葉は小さく、上葉は灰色がかった緑色、下葉は白っぽい色をしている。紫、ピンク、白の花は、開花直後なら食べるのにも向く。タイムは、雌花から開き、その翌日には必ず雄花も開く。どうして、こんなことが起こるのか、科学的に解明されていないが、受粉を促進する「スイッチ」が入ると考える植物学者もいる。

タイム（thyme）の名は、「煙」を意味するギリシャ語の「*thumos*」、ラテン語の「*fumus*」に由来する。タイムが宗教上の供え物として燃やされることが多かったからだろう。ティムス（イブキジャコウソウ）属にはほかにもレモンタイム、オレンジタイム、シルバータイム、クリーピングタイム、キャラウェイタイム、ワイルドタイム、ウーリータイムなど約60の品種がある。

料理での使い方

パセリ、ローレルと並んで、タイムはフランス料理で用いるブーケガルニの材料に欠かせない。オムレツなどの卵料理、ジャガイモ料理、トマトソース、さらにはスープやストック（だし汁）に加えても、すばらしい風味を醸し出してくれる。特にインゲンマメとブラックビーン、牛などの腎臓を合わせた料理にはぴったりだ。また、魚にタイムの枝を数本載せて茹で、茹で汁にレモンとバターを少々混ぜてもおいしい。

生でも乾燥させたものでも、風味が繊細なので、調理のときは最後の段階で加えよう。

春から夏にかけて、切れ目の入った花弁が唇の形になった小さな花をたくさん咲かせるタイム。紫がかったピンク色の花は、家庭菜園を華やかに彩ってくれる。

タイムの精油は温感作用をもたらすため、アロマセラピーでは筋肉のけいれんやスポーツによる怪我の症状の緩和に用いられる。レッドタイムオイルは香水、石鹸や化粧品、歯磨き粉の香料に使われる。

栄養成分

タイムはビタミンCが豊富で、ビタミンAも多い。鉄、マンガン、銅、食物繊維も含む。

作用／適応

タイムが秘める力は、はるか昔から認められていた。古代エジプト人はファラオの遺体を腐敗させずに保存するのにタイムを用いた。古代ローマの詩人ウェルギリウスは、疲労回復にタイムを薦めた。17世紀のハーブ療法家ニコラス・カルペパーは悪夢を防ぐ目的で処方した。長引く咳や喘息、気管支炎など呼吸器官の不調に用いられた。現在、タイムはマウスウォッシュや局所湿布にも使わるが、こうした使い方は16世紀から続いている。

こうして幅広く使われるのは、タイムの揮発油に含まれるチモール、カルバクロール、ボルネオール、ゲラニオールの作用に理由があることが最近の研究で示されている。中でもチモール（thymolと書き、タイムの名からつけられた）は、脳、腎臓、心臓の膜組織に有益な脂肪の割合を増加させる。またタイムには数種のフラボノイドが含まれ、貴重な抗酸化食物としても評価される。タイムの抗微生物性成分は、真菌や細菌による感染症にも作用する。

健康のために

タイムの優れた「洗浄力」

数千年前から、ハーブは食べ物を保存し、腐敗を防ぐ目的で使われてきた。『フード・マイクロバイオロジー』に発表された研究では、タイムやバジルの成分は細菌を防ぐだけでなく、細菌がついた食べ物を元の良い状態に戻す可能性もあることがわかった。具体的には、下痢を引き起こす赤痢菌を接種したレタスにタイムの精油をつけると、ほぼ検出できない水準まで細菌が減少した。サラダのドレッシングに、タイムやバジルを加えるのもうなずける話だ。■

また、タイムは咳を引き起こす筋肉のけいれんを緩和する可能性も示唆されている。

歴史と民間伝承

- 古代ギリシャではタイムを香として神殿で焚いた。また、タイムは勇気の象徴ともみなされ、英語には、人を賞賛するのに「あの人は、タイムの香りがする」という表現がある。
- 家の中でタイムを焚けば、害虫を寄せつけない。
- オランダとドイツの民話では、タイム畑は妖精の住処（すみか）とされた。中世ヨーロッパでは枕の下にタイムを入れると、ぐっすり眠れると考えられていた。
- 中世ヨーロッパの貴婦人は気に入った騎士に、タイムの枝にとまる蜂を刺繍したスカーフを贈った。
- タイムはドイツで2006年の「メディシナル・プラント・オブ・ザ・イヤー」に輝いた。

古代ローマの詩人ホラティウスは、ローマ人は養蜂のためにタイムを栽培したと記している。ミツバチはタイムの花にこぞって集まる。

クレソン

Nasturtium officinale

memo
流れの緩やかな川や泉などの水辺で見られるクレソンは半水生植物で、小さな葉を茂らせる。かすかに辛味のある葉は、サラダやサンドイッチによく合う。

クレソンは、シャキシャキした歯ごたえと、ぴりっとした辛味を持つ薬物ハーブだ。半水生で、流れが緩やかな川の岸に群落を形成して広がる。アブラナ（十字花）科の一種で、カラシナやルッコラ、キャベツも同じ仲間だ。小さな葉は扇形で丸く、白く小さな花のあとにできる種子も食用になる。「ウォーターラディッシュ」「ウォーターロケット」「ヘッジマスタード」とも呼ばれる。

食糧としても薬草としても古代から評価され、ヨーロッパと中央アジアでは数千年前から栽培されてきたことがわかっている。人類が口にした、最も古い野菜である可能性も高い。壊血病（ビタミンCの欠乏で引き起こされ、死に至る恐れもある）を予防する効果があることから、ヨーロッパの探検家によって世界各地に広まった。19世紀初頭に商用栽培が始まると、さらにクレソンの人気が高まった。おいしくて健康にも役立つハーブだが、なぜか需要には波がある。

浅い池にたくさんの葉が茂るクレソン畑。クレソンの茎は中空になっているため、水に浮かんで伸びていく。

料理での使い方

クレソンはサラダに使っても、蒸しても、炒めてもおいしいし、スープに加えれば刺激的な風味がアクセントになる。正式な紅茶の席で出されるフィンガーサンドイッチの材料にも用いられる。種子を使えば、舌に刺激を感じさせるマスタードも作れる。これは、クレソンの種子にホースラディッシュ（セイヨウワサビ）と同じカラシ油が含まれているからだ。

屋外で育ったものを生で食べるときは、寄生虫の肝蛭（かんてつ）や汚染物質を取り除こう。まず水でよく洗い、過酸化水素水（水約1リットルにつき過酸化水素水を大さじ1杯）に30分間つけておく。

購入するときは、緑色が濃いものを選びたい。黄色くなってしまっていたり、萎（しお）れていたり、ぬるぬるしたものは避けよう。

栄養成分

半水生植物のクレソンは、水から、カリウム、リン、カルシウム、鉄、マグネシウム、ナトリウムなどのミネラルを取り入れている。また、ビタミンAとビタミンCの含有量も多く、特に脳の神経細胞の損傷を防ぐビタミンKは1日の推奨量の312%にも達する。さらにナイアシン、ビタミンB_2、B_6などのビタミンB複合体が細胞内代謝を活性化するほか、抗酸化フラボノイドは肺がんや口腔がんを抑制する働きがある。

作用／適応

紀元前400年には、有名な「ヒポクラテスの誓い」で知られるギリシャの医師ヒポクラテスが、コス島に作った初めての自分の病院でクレソンを栽培していたという。また伝統医学の専門家は、クレソンを呼吸器系の不調の緩和に加えて、脱毛や便秘、寄生虫、がん、甲状腺腫、壊血病、結核の治療に用いてきた。クレソンは食欲と消化機能を促進し、性欲を高め、病原菌を殺し、スプリングトニックと呼ばれる春の強壮剤の役割も果たすと信じられていた。皮膚に直接用いた場合は、関節炎やリウマチ、湿疹、疥癬(かいせん)、イボに効果があるとされてきた。

クレソンは昔から、アフタヌーンティーで出されるおいしいサンドイッチの具材の一つとして使われてきた。

最近の研究で、クレソンに含まれる植物栄養素（ファイトニュートリエント）が骨を強化し、感染症への抵抗力を高め、健康な結合組織を維持し、鉄の欠乏を防ぐのに役立つ可能性が示唆されている。英国アルスター大学が2年間にわたって行った研究では、クレソンを毎日食べると、フリーラジカルによるDNAの損傷が減少すると報告された。英国のサウサンプトン大学の研究グループは、クレソンに含まれるフェネチルイソチオシアネート（PEITC）という成分に着目。PEITCがガん、特に乳がんに対して抗がん作用があることを発表している。研究者は、PEITCが体内で「オフ」のシグナルを誘発することで、腫瘍への血液や酸素の供給を抑制するのではないかと考えている。

手軽にハーブを

クレソンとジャガイモのフランス風スープ

緑色が特徴的なクリームスープ。クレソンの辛味が食欲をそそる。

材料

- ジャガイモ（大）……… 2個（皮をむいて薄切り）
- タマネギ（大）……… 1個（みじん切り）
- ポロネギ ……… 1本（白い部分だけ小口切り）
- ガーリック ……… 2片（みじん切り）
- オリーブオイル ……… 大さじ1
- 鶏ガラスープまたはコンソメスープ ……… 2カップ
- クレソン ……… 3束（ざく切り）

作り方

ジャガイモ、タマネギ、リーキ、ガーリックをオリーブオイルで軽く炒める。スープを加えてジャガイモが柔らかくなるまで煮たあと、クレソンを加えてさらに3～4分間煮る。ハンドミキサーかフードプロセッサーでピューレにしたら、カップについで、サワークリームを1滴ずつ落とす。材料は2～3皿分。■

歴史と民間伝承

- 19世紀には、クレソンは欧米の川岸で簡単に見つかるほど自生していた。人々はクレソンの葉を円錐状の束にして、朝食として食べていたらしい。「貧者のパン」とも呼ばれた。
- 属名は「*Nasturtium*」だが、園芸植物として人気のある「ナスタチウム」とは関係はない。

ウィンターセイボリー

Satureja montana

memo
多年生で常緑半低木のウィンターセイボリー。他のハーブとミックスして使われることが多く、バジル、オレガノ、タイムと相性が良い。

半木本性の多年生植物であるウィンターセイボリーは、もともとヨーロッパ南部の暖かな斜面や野原に自生していた。古代ローマ人がこのハーブを気に入って使い始め、軍事遠征によってグレートブリテン島にまで伝わった。16世紀半ばからは、イングランドで本格的な栽培が始まり、コショウに似た味と独特の刺激的な香りが人気を博した。現在は世界各地の温帯地域で見ることができる。

ウィンターセイボリーは硬い低木で丈が40cmほどにしかならず、近縁種のサマーセイボリーに比べてより木性で葉が茂り、料理に使ったときも風味が強い。葉は小さな楕円形で光沢のある緑色をしており、6月後半から9月にかけて薄い紫色か白い花が枝の末端に穂状花序を形成する。丈が低いため、ハーブガーデンやペレニアルボーダー（宿根草（しゅっこんそう）で構成した花壇）の縁取りとして植えるのにも向く。

個性的で強い香りと味わいをもつウィンターセイボリー。ビーフシチューや鴨料理、鹿肉料理など濃厚な料理によく合う。

料理での使い方

ウィンターセイボリーは、ヨーロッパとアメリカのキッチンで長く活躍してきたハーブだ。17世紀にはハーブ療法家のジョン・パーキンソンが、ウィンターセイボリーを乾燥させて粉末にし、おろしたてのパン粉と混ぜて魚や肉に塗れば、手早く風味を加えられるとアドバイスしている。また、初期の料理本にもウィンターセイボリーを他のハーブと合わせてマス料理のソースに使うレシピが紹介されている。

風味が強いことから、赤肉や狩猟肉によく合う。インゲンマメやレンズマメとも相性が良く、マリネや肉を焼く前に振りかけるスパイスとして使うのもいい。鶏料理や七面鳥料理に、このハーブを使うシェフもいる。また、詰め物やパン粉に混ぜたり、パンを焼くときにパン生地に練り込んだりしても風味が活きる。

葉は生でも乾燥させても使える。特にエルブ・ド・プロヴァンスには、このウィンターセイボリーが欠か

ウィンターセイボリーの葉は乾燥させても刺激のある豊かな香りが損なわれない。このため、スパイスをベースにしたポプリやサシェに加えるのもいい。

せない。生の葉の場合、調理時間が長くなると風味が弱まる。

栄養成分

ウィンターセイボリーはビタミンAとCおよびビタミンB複合体（ビタミンB_1、B_6、ナイアシン）の含有量が多い。加えて食物繊維も豊富で、乾燥させたウィンターセイボリー100g中の含有量は、1日に必要な摂取量の100%を超える。さらに、同量の中には鉄（1日の推奨量の474%）、カルシウム（210%）、マンガン（265%）、マグネシウム（94%）に加えて、亜鉛、カリウム、セレンなどのミネラルも含まれる。

作用／適応

伝統医学の専門家はサマーセイボリーをよく使う。一方、ウィンターセイボリーはあまり活用されてきたとは言いがたい。それでも17世紀の植物学者ニコラス・カルペパーはウィンターセイボリーがコリック（疝痛）によく効くと述べており、そのティーはけいれんや消化不良、下痢、吐き気、腸内ガスなど腸の不調を治すとしていた。またウィンターセイボリーは咳や咽頭痛を緩和し、強壮剤として性欲減退にも効果があるとも考えられた。

最近の研究では、ウィンターセイボリーの葉にはカルバクロールやチモールなど抗真菌・殺菌作用を持つ精油が多種類含まれていることがわかっている。さらにそのティーには強力な抗菌作用があり、実際に腸の不調や咽頭痛に対して効果が認められている。ティーは、肝機能や腎機能の改善にも作用する。芽と葉はともに抗酸化成分を含むため、病気の予防も期待される。

ハーブのあれこれ

サテュロスの草

ウィンターセイボリーの属名「*Satureja*」は、1世紀ローマの博物学者、大プリニウスがそう呼んだことに由来する。もとになっているサテュロス（*satyr*）は、ローマ神話に登場する上半身が人間、下半身がヤギの姿をした森の神だ。伝説では、サテュロスはセイボリーを支配し、セイボリーの冠をかぶっていたという。サテュロスは好色で知られ、サテュロスの草とも呼ばれるセイボリーは地中海文化の一部では媚薬と考えられていた。■

歴史と民間伝承

- ローマ神話の神メルクリウスは、ウィンターセイボリーを支配していると宣言していた。
- ドイツ語でセイボリーを意味する「*Bohnenkraut*」は「豆のハーブ」の意味。ドイツでは豆料理の風味づけにセイボリーが使われるからだ。
- アメリカに入植した人々は、消化促進に役立つハーブとしてウィンターセイボリーを北米大陸に持ち込んだ。

こんもりと茂るウィンターセイボリー。ハーブガーデンに植えれば、魅力的な姿と芳香を楽しめる。シェイクスピアの時代には、強い独特の芳香が評価された。香りの良いハーブとして、ハチミツの香りづけのためにミツバチの巣箱のそばによく植えられた。

第2章

メディカルハーブ

左:パッションフラワー

“薬”として用いられた歴史

人類が長い歴史の中で身に付けてきた植物やハーブの知識。
自然が生み出すその力を、心身の健康に役立てよう

何かを食べて具合が悪くなったとき、ある植物を口にしたらやがて回復した──私たち人類は、はるか昔に、こうした経験を繰り返してハーブの知識を身に付けていったのだろう。たとえば、犬や猫などの動物が葉や草を食べて腹の不調を治すような行動を観察して、それを学んでいったのかもしれない。

もちろん、植物を病気の治療に利用し始めた頃には、不幸な出来事も起きたはずだ。そうして人類は、何千年もかけて、どの植物が病気の治療に役立つのか、どの植物は使ってはいけないのか、植物やハーブの知識を集約してきた。

病気の治療に役立つハーブ、すなわち「メディカルハーブ」の研究は、文明の黎明期には多くの地域で始まっていたと考えられている。古代インドの聖典である『リグ・ヴェーダ』の中にも、数百種の薬草とその使用法がまとめられている。この分野に関する最古の書物の一つとして知られ、その編纂時期は紀元前10世紀よりも前と考えられている。

自然のサイン

迷信や、自然を人間中心に考えることは、ときに進む方向を誤らせた。その一つが、「特徴説」と呼ばれる考え方だろう。

特徴説は、古代ギリシャや古代ローマの時代から17世紀末まで支持されていた。人体の部位や動物などと類似しているハーブの外観が、ハーブの作用を示しているとする考え方だ。たとえば、根がヘビのように曲がりくねるタラゴンは、ヘビに咬まれた傷を治すとされたり、ラングワートの斑の入った楕円の葉が疾患にかかった肺のように見えることから、肺感染症の治療に用いられたりした。

「肺の草」を意味するラングワート（*Pulminaria officinalis*）の名は、かつて肺疾患を治すと考えられたことに由来したものだ。

薬草は自然からの恵みだ。自家栽培だけでなく、ジャーマンカモミールのように野生種を摘んで利用するのもいいだろう。

17世紀の植物学者のウィリアム・コールズ(コールの名でも呼ばれる)は、「神はわれわれにそれぞれの植物が何に役立つかを教えるために、サイン、つまり『特徴』をお示しになったのだ」とはっきりと説いていた。

「健康と治癒のために
人が必要とするものは
すべて、
神が自然界に
与えてくださっている……
科学の課題は、
それを発見することである」
── パラケルスス

今日のハーブ

とはいえ、現代社会の医薬品も、自然界で発見された物質を蒸留したり、さまざまな物質に誘導させたり、ブレンドしたり、再合成させたりしたものだ。したがって、ハーブ療法も科学的な検証を経ずに否定されるべきではないだろう。

米国では、一部の旅回りのヒーラー(療法家)が吹聴したこともあって、ハーブを調合した製剤やハーブそのものの効き目が大げさに伝わってしまったこともある。しかしながら、鎮痛薬や治療薬として、その効果を期待できるハーブがたくさんあることも事実だ。

今日の「おすすめ」ハーブを、将来は医師やハーブ療法家が、がんの治療のために処方する日も来るかもしれないのである。

アルファルファ

Medicago sativa

memo
家畜の飼料として、世界中で栽培されるアルファルファ。メディカルハーブや食材としても使われる。

初期のペルシャ帝国時代から家畜の飼料だったアルファルファ。メディカルハーブの歴史は1500年以上にもなる。アルファルファという名は、アラビア語の「al-fac-facah」(すべての食物の父)が語源。英国、ニュージーランド、南アフリカでは「ルーサン」と呼ばれている。マメ科の植物で、窒素を土壌にかえす(窒素固定)働きがある。

原産地は地中海地方と中東。現在は、ヨーロッパや米国の穏やかな気候の地域で見られる。開花期には、クローバーとよく似た、繊細な紫色の花が房状につく。多年生で、寿命は5〜8年。20年以上生きる種もある。根は地下約6〜9mまで伸びる。いったん根づけば、たくさんの新芽をつけた硬い茎頂をつくり、新芽を繰り返し収穫できる。刈り取られたものの多くは、サイレージ(牛や羊などのための発酵飼料)や牧草飼料として用いられる。1エーカー(約4000m²)あたりの収穫量が多いだけでなく、一般的な飼料作物の中では、飼料としての栄養価が最も高い。

作用/適応

アルファルファの起源は古く、紀元前4000年前後のペルシャ遺跡で葉が見つかり、紀元前1300年頃のトルコの書物にも記録が残っている。中医学では薬として食欲増進や、潰瘍(かいよう)の治療にアルファルファを用い、インドではアーユルヴェーダ療法家が、利尿剤や関節炎の治療薬に用いてきた。アメリカへ渡った入植者は、壊血病、排尿障害、月経不順、関節炎の治療に用いた。アメリカ先住民は、種子から濃いペーストを作り、栄養補給剤として用いた。19世紀の米国では、旅回りの療法家たちが春の強壮剤にアルファルファを加えた。

伝統療法家は、つわり、吐気、腎障害、排尿障害に有用であるとしている。肝臓や腸をきれいにし、悪玉コレステロールを減らす働きがあり、循環器系

アルファルファのスプラウト(種子から芽が出た状態:モヤシ)は、ヘルシーなサンドイッチの具材になる。

や免疫系を正常に働かせる。パップ剤として、虫刺されによる痛みやかゆみを和らげる。こうした機能性から、アルファルファは、ほかのメディカルハーブと混合して使われることが多い。

栄養学的には、葉に、ビタミンB群全般、ビタミンA、C、D、E、K、およびミネラル、鉄、ナイアシン、ビオチン、葉酸、カルシウム、マグネシウム、リン、カリウムを豊富に含んでいる。クロロフィルとβカロテンも含んでおり、ほかの葉物野菜よりタンパク質やアミノ酸が多い。

料理での使い方

1980年代にニューエイジ運動が広がると、アルファルファ・スプラウトが健康食品店に並ぶようになった。栄養源として、さらに辛味があってシャキシャキとした食感も歓迎され、すぐにサラダやサンドイッチに使われるようになった。

アルファルファ畑で草を食むボーアヤギ。栄養があるため、ヤギやヒツジやウシの飼料に用いられている。

今では、スーパーで簡単に入手でき、栽培キットなどを使って家庭で育てられるようになっている。辛味が穏やかな葉は、サラダやスープ、蒸し焼きや煮込み料理に使える。

カナダのサスカチュワン州で栽培されているアルファルファ。アルファルファの畑に、新しい種子をまいても自家中毒が起きて根が張らない。このため、農家は、アルファルファ畑に小麦やトウモロコシなどの作物を輪作する。

歴史と民間伝承

- アルファルファには、イタリア語のエルバメディカ(*erba medica*)、ルーサングラス、パープルメディック、バッファローグラス、チリアンクローバー、などの別名もある。
- 健康的で豊かな髪のために、レタスとニンジンにアルファルファを加えたジュースを1日1回飲むとよいと言われている。

ここにも注目

頭をぶつけるミツバチ

アルファルファが授粉するには「特別に必要なもの」がある。それが「若いミツバチ」だ。ミツバチが蜜を求めてアルファルファの花に入ると、花の構造上、頭を花粉がついた舟弁（しゅうべん）にぶつけて花粉を浴びることになる。ところが、やがてセイヨウミツバチは、頭を何度もぶつけるのを嫌がり、花に入らずに脇から蜜を集める方法を学習してしまう。これでは、花粉をミツバチに浴びせたい、アルファルファにとっては大問題となる。そのため、アルファルファ畑では、授粉の時期がくると、花の脇から蜜を集める方法をまだ知らない若いミツバチを放つ。最近は、アルファルファハキリバチも授粉に使われるようになった。このハチは、群れを作らず、蜜も集めないが、授粉者としては大変な働き者で、頭をぶつけることも嫌がらないようだ。■

アロエベラ

Aloe vera

memo
アロエベラは、栽培種にしか見られず、長い間、観賞用として親しまれてきただけでなく、葉から得られるジェルは治療にも用いられてきた。

アロエベラは、アフリカ、マダガスカル、ヨルダンが原産の多肉多汁植物だ。古代エジプト、ギリシャ、ローマ時代から重宝され、インドや中国の文献にも言及されている。最古の記録と考えられているのが、4000年前のシュメールの石板だ。今日では、室内の鉢植えや庭に鑑賞用に植えるものとして人気が高い。葉に透明なゼリー状の物質ができるのは有名で、やけどの痛みを抑えるのに使われる。葉の皮のすぐ下の細胞では黄色い液汁がつくられる。

アロエベラは全体が緑や灰色がかった緑をしていて、60〜90cmの高さになる。茎はないか、あっても短い。葉はギザギザした鋸状で多肉質、槍形をしている。長い花茎の先に咲く花はオレンジやピンク色で、中国の爆竹のような形をしている。アロエベラは、乾燥した気候でよく育つことから、サボテンの一種に思われる。かつてはユリ科に分類されていたが、最近ススキノキ科に分類し直された。水分の蒸散を防ぐために気孔を塞ぐことで、ほかの植物が干からびて枯れてしまうような乾燥した環境でも、アロエベラは肉付きのよさと豊富な液汁を失うことはない。

作用／適応

アロエ属には400種以上がある。「やけどの植物」「奇跡の植物」として知られているのがアロエベラ(*A. barbadensis*とも呼ぶ)だ。アロエベラを使ったやけどの市販薬はたくさんあるが、採ったばかりのアロエベラの葉のジェルを直接塗る人も多いだろう。

アロエベラの葉は4層からなる。外皮は一番外側の層。葉汁には苦味があるのは、ほかの動物から食べられないようアロエベラを守るためだと考えられている。葉の内側のゼラチン状の粘液は葉の一部で、これがアロエベラのジェルだ。このジェルには、人間には作り出せない八つの必須アミノ酸が含まれている。かつて療法家たちが、喘息、便秘、潰瘍(かいよう)、糖尿病、頭痛、関節炎、咳の治療に、アロエベラを用いてき

アロエベラのジェルは、透明なゼリー質で、アロエの葉の内部にある。葉から取り出したジェルは、直接皮膚に塗ることで、炎症の緩和などの効果を期待できる。

カナリア諸島にあるアロエベラの畑。

た。フィリピンでは今も、牛乳にアロエベラの葉汁を加えたものを腎臓の感染症の治療に使う。

現代の研究によれば、アロエベラの作用に関して相反する報告がある。

科学的証拠に基づいて効果を評価するナチュラルメディシン・データベースによると、アロエベラは第1度から2度の熱傷の患部を小さくする効果があるとしている。便秘、口唇ヘルペス、かゆみを伴う口腔内の発疹、乾癬の治療に「効果が期待できる」とされている。

また、化学療法中の肺がん患者が、アロエベラとハチミツを1日3回服用したところ治癒が見られた報告があり、化学療法だけの治療に比べて肺がんを抑える可能性が示唆されている。さらに英国のロイヤル・ロンドン病院およびオックスフォードのジョン・ラドクリフ病院の臨床試験で、潰瘍(かいよう)性大腸炎を患う44人にアロエベラを服用してもらったところ、プラセボ(偽薬)グループの8%に比して、患者の38%に改善が見られた。

一方で、HIV、がんの放射線治療で損傷した皮膚、日焼けに対する治療効果については、まだ証明されていない。

栽培のヒント

アロエベラとアグリビジネス

適応力の高いアロエベラは温暖な地域で見られる。カナリア諸島では高品質のアロエベラが生産されている。米国では農家がジェル用のアロエベラを栽培しており、日焼け止め、保湿液、化粧品、補完代替医療品まで、たくさんの製品に使われている。1912年、H. W.ジョンストンは、フロリダ州に米国初のアロエベラ農場を設立した。アロエベラはテキサス州のリオ・グランデ・バレー、カリフォルニア州、フロリダ州で生産が盛んで、オクラホマ州では温室で栽培されている。■

料理での使い方

葉も種子も食用になるが、アロエベラだけでは苦味が強い。たいてい、ほかの食品や果汁と混ぜて苦味を和らげる。日本ではアロエベラ入りのヨーグルトが市販されている。アロエベラ入りの飲料は、世界中で売られている。インドのタミル・ナードゥ州では、カレーの材料に使われる。

歴史と民間伝承

» 古代エジプトの女王たちは、美容にアロエベラを取り入れた。肌にアロエベラが浸透すると、繊維芽細胞が刺激され肌の代謝が早まる。

» 古代エジプトの石彫刻では、アロエベラは「不死の植物」と記されている。

» アレクサンドロス大王がインド洋のソコトラ島を征服したのは、その地で育つアロエベラを確保し、兵士の傷を治療するためとの言い伝えが残る。

アロエジュースは健康飲料になるが、アロエベラを用いて作るときは内服用のアロエベラを購入しよう。

アンジェリカ

Angelica archangelica, A. sinensis

memo
食用に栽培されたアンジェリカの茎と根は医療や料理で使われる。その爽やかな香りはアロマテラピーでも人気だ。

この優美な二年生のセリ科植物は大昔から知られ、療法家なら知らない人はいない大事なハーブだ。原産地は乾燥地帯のシリアとされている。現在は、温帯地域からアイスランド、ラップランドなど北極付近まで幅広く自生する。

庭や畑に生えた姿は堂々たるもので、中が空洞の太い茎は長さ1.5mに達し、複葉の長さは葉柄まで入れると1mほどにもなる。生い茂る葉は緑色で、鋸状の槍の穂先のような形をしている。6月に小さな花が咲き、たわんで揺れ動く大きな散形（傘形）花序を形づくる。

アンジェリカは、「ガーデンアンジェリカ」「ワイルドセロリ」「ノルウェーアンジェリカ」「セイヨウトウキ」と呼ばれることもある。英名のアンジェリカは、修道士の夢に現れた天使がこのハーブで疫病が治ると告げたという伝説に由来したものだ。ほかにも、大天使ミカエルの祝日5月8日頃に花が咲くことから名付けられたとの説もある。アンジェリカには強力な力が宿っていると信じられ、邪悪な呪文や魔術、妖術に抵抗できると考えられた。こうしてアンジェリカは「聖霊の根」として知られるようなった。

カラトウキ（*A. sinensis*）の根は、中国の薬草市場では薄くスライスされている。

作用／適応

アンジェリカの仲間は約60種あるが、イングランドやヨーロッパ大陸で長い間、治療で頼りにされてきたのがアンジェリカ（*Angelica archangelica*）だ。イングランドの植物学者ジョン・パーキンソンは、『日のあたる楽園、地上の楽園（*Paradisi in sole paradisus terrestris*）』（1629年）の中でアンジェリカがあらゆるハーブの頂点だと記した。この地位は現代のハーブ療法家の間でも変わらない。中国の伝統療法の薬剤師たちは、「ドンクアイ」（当帰、カラトウキのこと）を「女性のためのジンセン」（ジンセンはオタネニンジン、アメリカニンジンのこと）と呼び、このアンジェリカの仲間を婦人科疾患や不妊の治療に使用した。

アンジェリカの精油は、消化、去痰、利尿、駆風

アンジェリカはふっくらとした風車のような黄緑色の花をつけ、花粉や花蜜を餌とするミツバチを誘う。二年草で、最初の年は葉だけを茂らせ、無数の細かい鋸歯状の小葉が集まって複葉を形成する(左ページ参照)。

などに使用されることもある。ヨーロッパの療法家は、風邪、消化不良、咳や気管支疾患の治療のほか、神経を鎮めたり、食欲を促進させたりするのにアンジェリカの精油を使用してきた。

現代の研究で、アンジェリカには、肝臓でビタミンAを生成するためのカロテン、神経を鎮める効果のある吉草酸、免疫系の鍵となる植物性ステロイドが含まれていることがわかっている。また、食物の適切な消化に必須のペクチンや酵素、そして5%程度の銅の化合物を含んでいる。

料理での使い方

アンジェリカは料理用ハーブとは考えられていないが、爽やかな風味があり、風味付けに使われる。茎を砂糖で煮てケーキの飾りに、根を乾燥させてパンに、種子をパイ皮の香りづけに使う。ハチミツ、リキュール──ベネディクティンやシャルトリューズといったヨーロッパの中世修道院での秘伝レシピの材料にアンジェリカが用いられている──そのほか、飲料の香りづけにも使用される。

芳香の特徴

フェンネル、アニス、チャービルなど、ほかのセリ科と違って、アンジェリカの香りは爽やかでパプリカのようだ。昔の人は麝香(じゃこう)やネズ(ジュニパー)の香りにたとえた。根茎にも香りがある。アロマテラピーでは乾癬、肌荒れ、消化不良、リウマチ、痛風、気管支炎、風邪、ストレスの治療で使われる。ローションや石鹸の香りづけにも使われ、香水業界では東洋風のエキゾチックな香りの演出に欠かせないものとして、アンジェリカの精油が珍重されている。

歴史と民間伝承

- 14世紀にノルウェーの人々は、国交のある国の多くとアンジェリカの交易をしていた。
- イロコイ族をはじめとするアメリカ先住民は、このハーブを儀式のまじないに使った。
- スペインやフランスでは、甘く煮たアンジェリカの茎は珍味とされている。

ハーブのあれこれ

サーミの人々とアンジェリカ

スカンジナビア北部の先住民であるサーミの人々にとって、アンジェリカは長い間、食物であり薬でもあった。秋になると、その根を乾燥させて、長い冬の間は野菜として食べた。サーミの人々の多くは今でもトナカイを牧畜して肉を食べる。肉を食べる文化圏において、アンジェリカは消化の促進、胃腸関係の病の治療の助けになる。サーミの人々は健康を維持するのにアンジェリカを用いてきた。根には、ビタミンB_1、B_2、B_{12}や、マグネシウム、鉄、カリウムといったミネラルなど重要な栄養素が含まれている。そのほかサーミの人々は、アンジェリカの茎からファドノと呼ばれる笛も作る。■

20世紀前後のノルウェーのサーミの一家。アンジェリカは食料としてだけでなく、茎から草笛のファドノが作られるなど、サーミの文化に深く根ざしている。

アナトー

Bixa orellana

memo
種子から抽出する成分は、布を黄色や赤く染める染料にできることから、古くから重宝されてきた。抗酸化効果も高く、近年、医療目的の収穫も増えている。

アナトーは、「アチョーテ」と呼ばれる植物(「ベニノキ」とも)の種子からの抽出物で、染料、治療薬、食品の着色料、香料に使われる。アチョーテは常緑低木でアメリカ大陸の熱帯、亜熱帯地域の原産である。17世紀、スペイン人によって世界各地に広まった。現在は、商業用の高価な染料向けに、ボリビア、ブラジル、コロンビア、エクアドル、インド、ジャマイカ、ケニア、ペルー、メキシコ、プエルトリコ、東南アジアで栽培が盛んだ。

アチョーテの学名は、スペイン人征服者で、アマゾンを探検したフランシスコ・デ・オレリャーナにちなんだもの。成長すると2.5〜3mになり、丸いピンク色の花びらが5枚ついた優美な花を咲かせる。花が落ちるとレンガ色の毛に覆われた果実となるが、食用にならない。この実の種子がアナトーだ。アナトー(「ビキシン」とも)は種子をすりつぶすか、水に入れて撹拌して抽出したもの。取り出した色素は、チーズ、魚、チョリソソーセージ、ポップコーン、サラダ油、マーガリン、バター、米、スナック、カスタードパウダー、シリアルなどの着色に使われる。黄色、橙、深紅と幅があり、合成染料に代わる天然素材としての人気が高まっている。

商業栽培されるアチョーテの木から採れるアナトー。アチョーテは、鉢植えでもよく育ち、夏にピンクや白の優美な花を咲かせる。

作用/適応

原産地とされるブラジルでは、ハーブ療法家はやけどや胃腸炎による痛みの緩和、日焼け止め、虫よけにアナトーを薦める(魔除けにも使われる)。コロンビアでは、療法家が細菌感染症に代々アナトーを処方してきた。研究では、アチョーテの葉のエキスには、グラム陽性菌への抗微生物作用があることが判明している。葉は、マラリアやリーシュマニア症、寄生原虫が原因の潰瘍(かいよう)性疾患の治療でも使われる。

アナトーは栄養豊富で、アミノ酸、ビタミンB_2、ナイアシン、カルシウム、鉄、リンのほか、強い抗酸化作用をもつβカロテンとビタミンCを含んでいる。また、そのほかにも病気の予防や治癒を促すフィトケミカル(植物化学成分)を生合成する。

料理での使い方

「麝香(じゃこう)」「土っぽい」「胡椒」「かすかに甘い」——アナトーの味にはさまざまな表現がある。アメリカ

ハーブのあれこれ

口紅の木

カリブ海の先住民や熱帯雨林に住む人々は、食料、薬、日焼け止め、虫よけなど、アナトーを広く活用した。ボディペインティングの染料、特に唇用にされたので、アチョーテは「口紅の木」と呼ばれるようになった。■

アナトーを顔に塗ったアマゾンの女性。

大陸の先住民たちの食べ物の味に似ているはずだと考える人も多い。すりつぶした種子からは、ほのかに花やペパーミントのような香りがあり、ラテンアメリカ、ジャマイカ、カメルーン、フィリピンでは料理に色やかすかな風味を添えるのに使われている。メキシコのチアパス州の名物「タスカラテ」(松の実とチョコレートの飲み物)にもアナトーが入っている。

ユカタン半島、オアハカ、隣国のベリーズでは、香辛料を混ぜたアナトーの種子をすりつぶしてアチョーテペーストにする。これを油や酢で溶かし、癖のある肉をマリネに使ったり、肉につけて焼いたりする。プエルトリコには「サソン」という調味料がある。アナトー、クミン、コリアンダーシードを砕いたものに、ガーリックパウダーとドライコリアンダーを加えたもので、肉や魚料理で使う。なお、アナトーは高価なサフランの代用にされることもある。

アナトーの入手は難しい。ラテンアメリカ、カリブ、

花が散ると、アナトーは棘のついた鮮やかな赤い実をつけて目を楽しませてくれる。実の中に赤い種子があり、その形は「仔犬の歯」にたとえられる。

メキシコのハーブや調味料を扱うエスニック食材店、ネット通販などで入手できるかもしれない。種子のまま、パウダーにしたもの、香りづけしたオイルなどがある。サソンもラテン系の食材店で販売されていることがある。

歴史と民間伝承

» インドでは「シンドール」と呼ばれる。縁起ものとされ、女性は結婚すると、髪の生え際近くの額に塗って既婚者の目印にする。

» フィリピンでは、「アツエテ」と呼ばれ、伝統料理で着色に使用される。

» アステカ人は、チョコレートドリンクにアナトーを加えて色を濃くした。

» 16世紀のメキシコでは、写本の絵にアナトーが使われた。

スペインの辛味の強いソーセージ(チョリソー)の深い赤は、アナトーで着色されたもの。

アルニカ

Arnica montana

memo
伝統的なハーブ療法家に長く重要なメディカルハーブとして用いられてきたアルニカ。塗布剤や軟膏にして捻挫や打撲の治療に使われる。

アルニカは、15世紀以降、外用の薬草として重視されてきたハーブである。仲間が多いキク科（*Asteraceae*、または*Composite*）に属し、ヒマワリ、ヒナギク、レタス、チコリーと同じ科である。多年生ハーブで、原産地はヨーロッパの山地やシベリア。現在は北米でも広く栽培されている。

属名が、ギリシャ語で子羊の意味のアルナ（Arna）に由来するのは、その葉の手触りが「柔らかい羊毛」のようだからだ。草丈は約30～60cmほどで、ヒナギクに似た黄みがかったオレンジ色の花が5月頃から咲き始める。

作用／適応

アルニカの頭花は、生でも乾燥させても、クリームや軟膏、湿布やチンキ剤の基になり、筋肉痛、捻挫、筋違え、打撲などの治療で外用される。表在性静脈炎、虫刺されによる炎症、骨折による腫れの治療にも有用だ。やけどにも効果があるとする研究報告もある。

なお、開いた傷口の治療には適さないので十分に注意したい。

アルニカの作用については、米国のメモリアル・スローンケタリング・がんセンターの報告がある。これによると、「変形性関節炎や腫れの軽減に対するアルニカの外用は、プラセボ（偽薬）や低濃度ビタミンK軟膏と効果は変わらないとする臨床実験もある」という。

一方で、わずかだが、ふくらはぎを動かした後、アルニカを外用した被験者が、その後24時間で痛みが増したという報告もある。

アルニカ・モンタナ（*A. Montana*）をはじめとする数種には2種類のセスキテルペンラクトン――ヘレナリンとジヒドロヘレナリン――が含まれており、これが炎症や痛みを和らげると考えられている。「イヌリン」という果糖の重合体も含み、これは球根にエネルギー源を蓄えたもので、糖尿病患者向けの天然甘味料に使われる。

アルニカは、ホメオパシー療法家に好んで用いられ、市場に広く出回っており、その効果を賞賛する人もいる。しかし、臨床実験では、希釈したアルニカのホメオパシー製剤を処方しても、「プラセボ（偽薬）と変わらない」というものであった。

ホメオパシー製剤では、アルニカが希釈されているため問題はおきないが、薄められていないアルニカのエキス剤は毒になる可能性が高いので内服してはいけない。

なお、スイスの山岳ガイドは、登山中の疲労を予防するのにアルニカを噛むという。

種名のモンタナ（*Montana*）は、ラテン語で「山に由来」という意味だ。アルニカは山間の痩せた土でも生育できる。

芳香の特徴

アルニカの香りは弱く、わずかに香る程度。亜高山性で、生育には栄養が乏しい土が向いており、標高3000m以上の日の当たる高地の草原に生えている。

アルニカの花は普通、草のような匂いか、土のような匂いがする。標高が高いところに自生するほど香りは強くなる。

歴史と民間伝承

» アルニカは人気の高まりに伴い大きな問題が起きた。乱獲されたことで、自生地の多くでアルニカが減少してしまったのだ。世界自然保護基金（WWF）を筆頭に保護団体が働きかけた結果、現在ヨーロッパのほとんどでアルニカを保護する法律が制定され、持続可能な利用と保全が進みつつある。

» アルニカ・モンタナ（*A. montana*）は、ときに「ヒョウを殺す猛毒」「オオカミを殺す毒」と呼ばれることがある。ちなみにヨーロッパでは、強い毒性の根を持つトリカブトを「オオカミを殺す毒」と言うことが多い。

» アルニカの花をベニバナ油に混ぜれば、抗炎症作用があるマッサージオイルになる。打撲や筋肉痛、捻挫などスポーツによる外傷の痛みを緩和する作用がある。

［注］アルニカは、2016年5月現在、全草が専ら医薬品として厚生労働省より指定されており、薬機法（旧薬事法）による規制を受ける。無認可無承認の製品は取締の対象になる。

健康のために

水の記憶：ホメオパシー療法の薬

ホメオパシー療法は、長い年月をかけて有効性を証明された伝統療法とは異なる考え方に立つものだ。ホメオパシーでは、「症状を引き起こすものがあれば、それは症状を治すものにもなる」と考えられている。ギリシャ語で同種という意の「ホモロス」（*homolos*）と、苦痛という意の「パトス」（*pathos*）に由来している。1796年、ドイツ人医師のサミュエル・ハーネマンは「似ているものが似ているものを治す」という前提に基づいた療法を確立した。この信念はヒポクラテスが始めたもので、彼は躁病の治療に少量のマンドレークの根を用いた。マンドレークは、大量摂取すると躁病を引き起こすことが知られていた。ホメオパシー療法の薬に使う材料は限りなく薄められ、もともとの薬の分子が残っていないこともある。だが、ホメオパシー療法の推進者は、「水には残っている」と主張する。その根拠は、水がもとの分子が混ざっていたことを記憶して伝えると言うのだ。ホメオパシー療法の薬には、プラセボ（偽薬）と同じ効果しかないという研究結果が出ている。それでも、19世紀には、こうした考え方は支持された。20世紀に入ると、1970年代に米国でホメオパシー療法が復活する。これは、当時のニューエイジ運動の高まりとも関係していたようだ。■

アルニカはホメオパシー療法で使われるハーブとしても知られる。

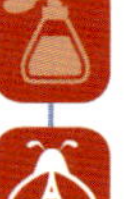

バードック

Arctium lappa, A.minus, A.tomentosum

memo
面ファスナーを思い起こさせるバードックの実は、メディカルハーブとしても長い歴史がある。

ハイキングで森に出かけた帰り道、コートやジーンズに棘のある実がくっついていたら、それはバードックの種子だ。バードック（ゴボウ）は、種子を振りまく名手であるだけでなく、皮膚病やその他の疾患に用いられる伝統的なメディカルハーブでもある。原産はヨーロッパ。北米大陸には、フランスや英国からの移住者の服などについて持ち込まれたようだ。

丈が高く、びっしりと生えた淡緑色のバードックは、1.2mほどの高さになる。波状の大きな葉と、先端がアザミのような、丸みのある紫色の花をつける。根は、幅が2.5cmほど、長さは通常は30cmほどだが、その3〜4倍の長さに育つものもある。

属名の「*Arctium*」は「クマ」を意味するギリシャ語「*arctos*」が由来で、棘を指している。種小名の「*lappa*」は「捕獲」を意味する言葉。バードックの「バー」は、「草に引っかかった綿毛の束」というラテン語の「*burra*」がフランス語の「*bourre*」になったもの。「ドック」はその大きな葉から来たものだ。普通、棘のある植物を食むのはロバくらいだが、バードックの花はミツバチも引きつける。

作用／適応

ヨーロッパ、極東、インドのハーブ療法家から何世紀にもわたって重宝されてきたバードックは、1年栽培して根を掘り起こして乾燥させ、使われることが多かった。血液の浄化や利尿剤、乾癬の治療に用いられてきた。バードックは抗壊血病薬として、壊血病、腫物、リウマチの治療に使われた。日本では体内の毒素の排出や肝機能の改善に、中国やインドでは風邪やインフルエンザの治療にも利用されている。

17世紀のハーブ療法家、ニコラス・カルペパーは、「結石（ここでは胆石や腎臓結石のこと）を砕くに

グレーターバードック（*A. lappa*）。乾燥したバードックの実の棘は動物の毛にすぐにくっつく。種子をまき散らして生息域を広げるすばらしい仕組みだ。

ここにも注目

自然から生まれた面ファスナー

スイスの発明家、ジョルジュ・デ・メストラルは、愛犬を散歩に連れて行って、犬の毛に、バードックの実がついていることに気づいた。なぜくっついたのかに興味をもった彼は、顕微鏡を使って調べた。こうして、フックとループを使った面ファスナーの仕組みの基になった構造を発見した。メストラルは、合成素材を使って試行錯誤した結果、1940年代初めに、面ファスナーを発明。これを「ベルクロ」として販売すると、すぐにヒット商品になった。■

は種子を薦める」と記した。当時は「植物の石」つまり「種子」が体内の石灰化した石を砕くのに使われるとする特徴説が信じられていたからだ。

葉は、浸剤に調合して胃腸を落ち着かせたり、パップ剤にして痛風、打撲、腫れ、炎症を鎮めたりする効果のほか、解熱の効果も期待できる。実（種子と呼ばれることも多い）から作るチンキ剤は、慢性皮膚疾患の治療に効果的とされる。

バードックの成分としては、抗炎症作用の特性が立証されているイヌリンが主体。ほかに、粘液や糖類、苦味のある結晶性物質の配糖体、フラボノイド、樹脂、不揮発性および揮発性油、ビタミンA群およびB_{12}、そしてタンニン酸も含まれる。バードックに含まれる植物ステロールは、自然な髪の成長を助けるとされている。

毛に覆われたバードック（*Arctium tomentosum*）の苞葉は、鍵状になった先端の下の部分にあり、クモの巣のような毛に包まれている。「ダウニーバードック」としても知られるこの種子は、メディカルハーブとして用いられる。

バードックは面ファスナー誕生のきっかけとなった。面ファスナーは、フック面とループ面を押し付けると強力にくっつく。

料理での使い方

ほかの根菜よりもゴツゴツした手触りの根は、アーティチョークのつぼみに似て、少し粘り気があり甘い。根は、アジアの食料品店で販売されている。収穫は一般に春と秋だが、日本からは1年中輸出されている。根は汚れているわけではなく、もともと明るい茶色をしている。ここにバードックの栄養素がつまっているので、根の皮を剥いではいけない。

歴史と民間伝承

- 中世ヨーロッパではバードックにたくさんの異名があった。ラッパ、フォックス・クロウト、バードナ、ソーニバー、ベガーズボタンズ、カックルボタンズ、ラブ・リーブズ、フィランソロピウム、ペルソナータ、ハッピーメジャー、クロットバー —— すべてバードックのことだ。
- バードックは痩せた土壌に窒素を還す（窒素固定）すばらしい植物だ。ある程度育ったら、厚紙や干し草でバードックを覆って枝枯れさせよう。これで、栄養豊かな土壌が出来上がる。
- アメリカ先住民はバードックを薬にしたり、茎をメイプルシロップで茹でてキャンディにしたりした。
- 文豪トルストイは、バードックについてこう述べている。「枯れどきに、広い牧草地のまん中で孤独に、だが何としてでも主張してきた」

カレンデュラ

Calendula officinalis

memo
古代から、カレンデュラの花は医療目的で利用される。

ポット・マリーゴールドとも呼ばれるカレンデュラ。庭に植えれば、群生して長く花を咲かせる。用途は広く、メディカルハーブや染料、化粧品にも活用されている。カレンデュラはキク科に属し、原産はヨーロッパ南部とされる。今では、ほかの地域や世界の温暖な地域でも自生する。

成熟すると、丈は75cmほどになる。また、産毛が生えた楕円形の葉は波状で表面がざらざらしており、長さは5〜18cmほどになる。明るい黄色の花が集まった花序が、毛に覆われた二重の苞葉に囲まれた頭花を形づくる。基本的に多年生だが、低温地域では一年生となることも多い。

学名は、かつて開花時期とされていた「calends」、すなわち「月の最初の日」に由来したもの。俗名のポット・マリーゴールドは、古英語の「*merso-meargealla*」から来たもので、「湿地のマリーゴールド」を意味する。

作用／適応

古代ギリシャ、古代ローマ、中東、インドでは、カレンデュラの花を、布や食品、化粧品の着色に用いたり医療で使ったりした。中世ヨーロッパでは長い間、伝統療法家に重宝された。当時、花弁は、切り傷や外傷の止血、感染症予防、治癒の促進に使われた。また、花は皮膚病や腫物、潰瘍(かいよう)、大腸炎、発熱、嘔吐、女性の生殖器の病気の治療にも用いられた。

20世紀中頃、現在のロシアでは天然痘やはしかの治療に効果的だと言われた。このことから、カレンデュラはロシアで生産が盛んになり「ロシアのペニシリン」として有名になった。

花には、フラボノール配糖体、サポニン、セスキテルペングルコシド、トリテルペノイドエステル、カロテノイドフラボキサンチンやβカロテン（抗酸化物質および明るい黄色の色素の源）などの成分が含まれる。

葉と茎には主に、ルテイン、ゼアキサンチン、そしてβカロテンなどのカロテノイドが含まれている。サポニン、樹脂、そして精油は化粧品での利用価値が高い。

現代の薬理研究では、カレンデュラのエキス剤には抗ウイルス作用、抗遺伝毒性（DNAの遺伝毒性物質の作用に対抗する）が、また試験管内だが抗炎症作用もあることが示唆されている。

料理での使い方

カレンデュラの苦味がある香りの花びらは、魚

カレンデュラの花は自家製の化粧品の原料としても人気だ。弱いものだが抗菌作用と抗炎症作用があることから、カレンデュラのエキス剤は、消炎作用があるペパーミント入りの歯磨き粉の代わりに使われる。

や肉のスープや米料理に加えたり、乾燥させてブイヨンにしたり、サラダに混ぜたりと、色味の付け合わせとして料理に使われてきた。サフランの代わりに使うこともあった。ドイツでは、花をスープや煮込み料理(「ポット[鍋の意]・マリーゴールド」の由来はここから)に加えたり、かつてはバターやチーズの色つけにも使ったりした。今でも伝統的な地中海料理や中東料理では、カレンデュラの花が使われる。

花は、カスタードや焼きプリンにも散らして添えられる。カレンデュラのティーはおいしく、体にも良い。

芳香の特徴

カレンデュラは香り高く、ハチを虜にする。ハエも香りに吸い寄せられるように集まり、カレンデュラに群がったアブラムシを食べる。

健康のために

戦場の助っ人

戦いで負傷した兵の治療にカレンデュラが使われてきたことはよく知られている。南北戦争から第二次世界大戦まで、看護兵はぱっくりと開いた傷口の止血と消毒にカレンデュラを使用し、治癒を促進するために花弁を塗ることもあった。現在、カレンデュラのエキス剤には抗炎症作用があると認められており、抗ウイルス、抗真菌、殺菌作用の可能性も指摘されている。■

ここにも注目

マリーゴールド・マジック

お告げや透視の力から、愛を勝ち取ったり、訴訟を解決したり、伝説の生物に出合えたり、活力を蘇らせたりすることまで——長い間、カレンデュラには不思議な力があると信じられてきた。今でも裁判所で鮮やかなカレンデュラの花をつけると、よい判決が出ると言われている。またマットレスの下に入れると夢が叶うという言い伝えもある。■

歴史と民間伝承

- 花は布の染料に使われた。媒染剤や硬化剤を調整して、黄色からオレンジ色や茶色まで幅広い色を出した。
- 中世ヨーロッパでは、カレンデュラは嫉妬の象徴とされた。
- カレンデュラの花は、朝9時ごろに開花し、日暮れには閉じる。
- カレンデュラは、コナガ、キシタバガ、シロモンヤガといったガの幼虫の食草だ。

1887年にフランツ・オイゲン・ケーラー社が出版した『ケーラーの薬用植物』に掲載されたカレンデュラのイラスト。「ポット・マリーゴールド」と呼ばれるが、同じキク科のマリーゴールドとは同属ではない。

キャットニップ

Nepeta cataria

memo
家ネコが大好きな「ネコのお酒」であるNepeta cataria。キャットワート、キャットミントとも呼ばれ、メディカルハーブとしても用いられる。

飼いネコをいつまでも夢中にさせ、楽しませるキャットニップだが、ほかにも利用法がある。古代ローマ人は、キャットニップを料理用ハーブとしてもメディカルハーブとしても使ってきた。紅茶が登場するまで、中世ヨーロッパではキャットニップのティーは人気のある飲み物だった。

キャットニップは、よく見られるシソ科の仲間だ。ヨーロッパやアジアが原産で、北米にはヨーロッパから移り住んだ人が持ち込んだ。学名は、おそらく古代エトルリアの町ネペテ(*Nepete*または*Nepta*)と、ラテン語の「ネコ」を意味する言葉を組み合わせたものだろう。

キャットニップは多年生で、根から枝分かれした茎が上へと伸び、60〜90cmほどの高さになる。鋸歯状のハート形の柔らかい葉の裏側は白い。花は白や淡い紫色で密に輪生し、花穂を形成する。開花は7〜9月。庭に植えれば、魅力的な境栽となる。

キャットニップは病虫害防除剤や殺虫剤としても使われる。研究の結果、ネコ科を恍惚とさせる正体はネペタラクトンという化合物だ。ネペタラクトンの蚊の撃退効果は、防虫剤の有効成分として使われるディートの10倍はあることもわかっている。キャットニップはゴキブリやネズミにも忌避剤として働くことが報告されている。

長く四角い茎に輪生する良い香りの薄紫色の花は、キャットニップがシソ科の植物であることの証だ。

作用／適応

伝統療法家は、8月にキャットニップが満開になると、先端部分を花ごと摘む。キャットニップをメディカルハーブとして使うときは、浸出するようにし、煎じてはいけない。浸出液は、不眠症、不安、片頭痛、風邪、咳、呼吸器感染、じんましん、寄生虫、打撲傷、コリック(仙痛)、けいれん、胃腸内のガスの治療に用いられてきた。また、軟膏にして、吹き出物、かさぶた、フケなど皮膚症状の緩和にも用いられる。キャットニップを皮膚に直接塗布することで、関節炎の痛み、痔、腫れが緩和したとの報告もある。

キャットニップの葉にはビタミンCとビタミンEが含まれる。どちらも強力な抗酸化物質だ。

丈があるので裏庭に植えても見栄えが良い。すぐ増えるため、ほかのあまり強くない植物を枯らしてしまうことがある。注意しよう。

ここにも注目

ネコを誘惑するキャットニップ

ネコはキャットニップを前にすると、たちまちこのハーブに酔ってしまう。ほろ酔い状態の原因は、葉と茎にあるネペタラクトンを含んだ精油だ。この精油がネコの幻覚反応を引き起こす。この作用は嗅覚系を介して起こり、ネコがこのハーブを吸うと、鼻を鳴らして匂いを嗅ぐ、噛む、舐める、頭を振る、あご・頬・体をかく、地面を転げまわる、体を伸ばす、よだれを垂らす、異常に動き回る、攻撃的になる、といったことが起きる(子猫は影響を受けない)。恍惚状態は5〜10分間続き、その後1時間はどんな刺激にも反応しない。成猫の50〜60%がキャットニップに反応するが(この形質は親のどちらかから受け継がれる)、ライオンやヒョウのような大型のネコ科動物はキャットニップに免疫がある。■

料理での使い方

シソ科のほかの仲間ほどキッチンで使われることはないが、香りが強く、スープやサラダに入れることがある。フランスでは、若葉や新芽が調味料として用いられる。

キャットニップのティーは、胃を落ち着かせたり、安眠を助けたりする。また、熱を下げるとも考えられている。

キャットニップティーを作るには、乾燥ハーブ小さじ1〜2杯をお湯の入ったカップに入れ、10分置いてから、濾し、ハチミツかレモンを入れて飲む。

芳香の特徴

キャットニップの独特の香りは、ミントとペニーロイヤルの両方を思い浮かべるというハーブ療法家もいれば、ハッカのような香りがかすかにするシトロネラにたとえる人もいる。キャットニップの精油は蒸留して抽出する。

ヒメアカタテハ(*Vanessa cardui*)がキャットニップの花にとまっている。蝶が訪れる庭にしたいなら、キャットニップはベストの選択だ。

歴史と民間伝承

» 昔、絞首刑の執行人が良心に苛まれて役目を果たせないときにキャットニップティーを飲んだ、という言い伝えがある。キャットニップによって不安が鎮まり、つらい仕事をやり遂げられたと言うのだ。

» キャットニップは、ワシントン・アーヴィング、ハリエット・ビーチャー・ストウ、ナサニエル・ホーソーンの文学作品に登場する。

» 魔術を行うとき、キャットニップはバスト、セクメト、ビーナスなどの女神と関連づけられる。

column

自然の恵みを活用

自宅で作るハーブのレメディー

メディカルハーブを調合したレメディーがあれば、元気をつけたいとき、ちょっとした手当てをしたいときに便利だ。まずは次のものをそろえてスタートしよう。メディカルハーブ、精油、基剤（通常はオイルだが、ハーブの調合物を入れられるなら何でもよい）あたりが必要になる。

ハーブを学び始めてしばらくすると、特製のティー、膏薬、チンキ剤、シロップ、枕、サシェ、精油が作れるようになる。いろいろなハーブを混ぜて、それぞれの作用を取り入れたり、刺激的な香りや優しい香りにしたりと、試してみるといいだろう。レメディー作りでは、作業専用の場所を用意したい。原料にすぐ手が届くように調合場所の上に木製の棚があってもいい。布類、濾し器、計量器、予備の基剤を保存する大きな浅い鍋や木箱もあると便利だ。

手元に置くハーブ

新鮮なハーブを使っても、乾燥したハーブを使ってもよい。セージ、ラベンダー、ローズマリー、タイム、マジョラム、カモミール、ジンジャー、ペパーミント、スペアミント、フェンネル、エルダーフラワーとベリー、ミルクシスルは、いずれも手元にあると役立つハーブだ。

精油は基本

精油は高価だが、必要なのはごく少量だ。たいていはハーブやアロマテラピーの専門店で購入できる。

レモンオイル、オレンジオイル、グレープフルーツオイル、クラリセージオイル、ローズマリーオイル、ラベンダーオイル、ペパーミントオイル、スペアミントオイル、ユーカリオイル、ティーツリーオイルを探して入手しておこう。

基剤

ほとんどの基剤は簡単に見つかり値段も手ごろ。オリーブオイル、ホホバオイル、スイートアーモンドオイルなどの植物油が代表的だ。ウォッカ、香りのないカスチール石鹸、米や豆など吸収性の食物（アイピローまたはマッスルピロー用）もあると便利だろう。

ティーボウル、木綿の布（サシェ用）、蓋つきのガラスビン、試験管、ガラスビンなどの道具も用意しよう。

その他の必需品

スポイト、計量カップとスプーン、濾し器とチーズクロス、ミキシングボウル、乳鉢と乳棒をそろえておく。

もちろん、ハーブのレメディーを調製する方法や安全な保存法が書かれたガイドブック類も必要だ。地元の健康食品店も、いろいろ試す際の参考になる。

手早く簡単に作れる“ハーブ薬”

胃を楽にするシロップ： このシロップを小さじ1杯飲むと、消化不良が軽減する。ティーボウルにセージ、マジョラム、ローズマリー、タイムをそれぞれ小さじ1杯ずつ入れ、沸騰したお湯を入れたカップに5分間浸す。ハチミツ小さじ1杯を加えて混ぜる。冷やして密閉容器に保存する。

セージ

マジョラム

ローズマリー

タイム

リラックスアイピロー： メガネ大の布製ポーチを作り、三方を縫い、乾燥豆を詰める。ラベンダーの花を大さじ1杯、ラベンダーオイルとスペアミントオイルをそれぞれ20滴加えて、縫い閉じる。電子レンジで温めるか冷凍する。仰向けに寝て、目の上に乗せリラックスする。

ラベンダーの花

ラベンダーオイル

スペアミントオイル

冷却マッサージジェル： 運動後に首や肩をマッサージしたり、風邪による熱や痛みを和らげたりする。精油15滴にアロエベラのジェルを55〜85g加え、ジェルが不透明になるまでビンの中で混ぜる。精油の種類は何でもよいが、ミントオイルがよく、すっきりとした香りになる。

アロエベラのジェル

精油

元気を回復させるティー： このティーは特に、ストレスの多い就業日の後やのんびりしすぎた週末後によい。乾燥させたミルクシスル（肝機能を高める）、フェンネル（胃によい）、ペパーミント（頭痛を和らげる）を4分の1カップずつボウルに入れて混ぜ、使い捨てのティーバッグか蓋つきのガラスビンに移す。5分間煎じる。■

ミルクシスル

フェンネル

ペパーミント

カモミール

Matricaria recutita, Chamaemelum nobile

memo
カモミールには2種類ある。どちらも26カ国の薬局方に含まれ、香料やアロマテラピー、化粧品の材料、食品として広く使われる。

気分を落ち着かせるティーとして真っ先に挙げられるハーブ「カモミール」。ジャーマンカモミール（*Matricaria recutita*）とローマンカモミール（*Chamaemelum nobile*）の2種があるが、どちらも古代エジプト、ギリシャ、ローマの時代から中世にいたるまで、伝統療法家によって、抗炎症作用を中心に評価されてきたメディカルハーブである。

キク科（*Asteraceae*）の仲間であるカモミールは、もともとヨーロッパが原産。現在は、ドイツ、エジプト、フランス、スペイン、イタリア、モロッコ、東欧で広く栽培されている。ジャーマンカモミールもローマンカモミールも、一見ヒナギクのようだが、外観は異なり生育条件も違う。ローマンカモミールは地面を這い、小さな白や黄色の花をつける多年草だ。ティーに使うと苦味がある。一方のジャーマンカモミールは一年草で、「香りがついた五月の草」とも呼ばれるように、ティーにすればローマンカモミールよりも甘みがある。また葉の外観はシダのようで、花は垂れ下がったひょろ長い茎につき、白い花はヒナギクのように見える。

どちらも一般に「カモミール」と呼ばれるが、これはギリシャ語の「*chamos*」（地面）と「*melos*」（リンゴ）という言葉が由来と考えられている。カモミールがリンゴのような香りがするためだろう。

ジャーマンカモミール。黄色と白の花はヒナギクに似ている。花が咲いたら定期的に収穫したい。そうしないと、新芽が出なくなるからだ。

作用／適応

今日では、カモミールは「中国の伝統薬として有名なジンセンのヨーロッパ版」と言われる。

かつてカモミールは、喘息、発熱、炎症、吐気、神経系の症状、子どもの病気、皮膚疾患、がん治療など、幅広く使われた。現在の研究によれば、有効な成分はカモミールの花に含まれることがわかっている。揮発成分（ビサボロール、ビサボロールオキサイドAおよびB、マトリシンなど）、フラボノイド類（特にアピゲニンと呼ばれる化合物）などが、その作用が期待される物質だ。過去20年の広範な研究で、カモミールに抗炎症、殺菌、抗けいれん、筋弛緩、抗アレルギー、鎮静などの作用があることが実証されている。

アズレンという化合物を含むジャーマンカモミールの精油は独特の青い色をしている。ジャーマンカモミールとローマンカモミールのどちらの精油にも、優れた抗菌作用と殺菌作用があると言われている。

カモミールは、腰痛やリウマチの症状に対してはティーで、痔疾や創傷には膏薬で、風邪や喘息には吸入薬にして使用する。アレルギー、つわり、月経痛、胃炎や大腸炎、皮疹、日焼け、目の炎症、口内や歯肉の痛み、といった諸症状を緩和する。また、小さい子どもの疝痛（コリック）や歯が生えるときに伴うむずがりも和らげる。

料理での使い方

料理用ハーブではないが、工夫すればキッチンでも使える。乾燥させた花をオートミールやレモネードに加えたり、フルーツ・クリスプのトッピングにしたり、ジャムに入れたりする人もいる。ハチミツ入りカモミールソーダにしてもいい。

芳香の特徴

すりつぶしたリンゴのような甘い香りがするカモミールの精油は、アロマテラピーの形で楽しめ、塞いだ気分を軽減し、高ぶった気持ちを落ち着かせ、頭痛を和らげる。ところで、中世ヨーロッパではカモミールは「撒くハーブ」として知られた。カモミールの花や茎を床に直接撒き、その上を歩いて放たれる香りを楽しんだのだ。

歴史と民間伝承

» エクアドルでは、乳児を花と茎で作ったカモミールティーに入浴させる。おむつかぶれのような炎症などを和らげるからだ。
» ベアトリクス・ポターの『ピーターラビットのおはなし』では、ピーターがマクレガーさんの庭にしのびこんだ日の夜、お母さんがピーターにカモミールティーを飲ませて寝かしつける話が登場する。
» ジャーマンカモミールを「ハンガリーカモミール」、ローマンカモミールを「イングリッシュカモミール」と呼ぶこともある。

健康のために

安眠のハーブ

20世紀後半、ある研究で、紅茶に含まれるカフェインが血圧や糖代謝、睡眠中枢、消化などに悪影響を及ぼす可能性が示されてからというもの、カフェインを含まないハーブティーの人気が高まっている。ハーブティーは代替医療でも重要な位置を占めている。中でもカモミールは、その中心的な存在として、あちこちに広まった。カモミールティーを飲むと、気分がリラックスしてストレスが減る。こうしたことから、1990年代の後半には、エネルギッシュなキャリア志向の人たちが、寝る前にカモミールティーを飲むようになった。こうした効果は、カモミールに含まれる鎮静作用物質であるアピゲニンによるものであることが動物試験で判明している。アピゲニンは抗不安薬と同じように脳の受容体に結合するのだ。また、カモミールには筋弛緩作用と鎮静作用があることから、不眠に悩む人にも愛飲されるようになった。■

クラリセージ

Salvia sclarea

memo
昔から病気を治すのに重宝されてきたクラリセージ。現在では、洗剤、石鹸、化粧品の香料、固定剤としても使われる。

クラリセージは、目薬をはじめ、古くからさまざまな疾患の治療に使われたメディカルハーブだ。シソ科の二年草で、原産地は地中海沿岸の北部、北アフリカの一部、中央アジア。今では、世界各地に自生する。地中海、ロシア、米国、英国、モロッコ、中央ヨーロッパでは、精油をとるための商用栽培も盛んだ。

芽を出すと葉が放射状に広がる。そして、2年目までに強く毛で覆われた茎を出し、90cmほどの草丈になる。このとき、大きく柔らかい少し紫がかった緑の葉が対をなす。春から真夏にかけて、薄紫や青の花のついた花穂を伸ばし、ミツバチなどの授粉者を引きつける。

作用／適応

クラリセージの治療効果は、紀元前4世紀のテオフラストス、紀元1世紀のディオスコリデス、大プリニウスが言及している。中世ヨーロッパでは、クラリセージを香料として貿易するために栽培するようになったが、その時代にもなお、伝統療法家はクラリセージを消化不良や腎臓の病気を治療するメディカルハーブとして用いた。そして現代では再び、メディカルハーブとして人気が高まりつつある。

目が炎症を起こしたとき、クラリセージの種子を目のふちに置くと、涙で種子の成分が溶け出して粘液となり、炎症の原因となる刺激物を目の外に出すのを助ける。「クラリセージ」という名は、目を「洗浄」するこの治療がまさに由来で、「*clarus*」はラテン語で「きれいな」の意だ。今でも、目の洗浄、視力の改善、目の老化を遅らせる目的でクラリセージを使う人もいる。

アジアの医学では、クラリセージオイルは、「詰まった」気（体内を流れる肉体を維持する生命力）のエネルギーを循環させて強くすると考えられている。ジャマイカでは、かつては潰瘍（かいよう）の痛みを軽減するためにクラリセージが用いられた。葉をココナッツオイルで煮沸した煎剤は、サソリの刺し傷を治すと考えられていた。

伝統療法家も気管支炎、高コレステロール、高血圧、痔、循環器系の症状、消化不良、筋肉痛、腎疾患、脱毛の治療に用いる。クラリセージは、脳の中でも原始的な中枢として知られる視床下部に作用して、不安や塞ぎこんだときに用いると、気分を高揚させる。アルコールの影響を高めることも考えら

クラリセージの大きく香り高い葉。コモンセージと同様に、味付けや、サシェやポプリを作るのに向く。

健康のために

女性の味方

クラリセージは「女性の味方」と呼ばれている。月経の始まり（月経痛やPMS）から閉経（寝汗、ホットフラッシュ、情緒不安定）まで、女性特有の症状の治療に用いられてきた長い歴史があるからだ。クラリセージには、エストロゲンと似た化学構造を持つ化合物スクラレオールが含まれていて、エストロゲンが欠乏している場合は、スクラレオールが似た働きをしてホルモンバランスの回復を助ける。ただし、妊娠の初期の3カ月間はクラリセージを用いてはいけない。■

クラリセージは、ホットフラッシュ、寝汗、情緒不安定や、更年期の影響を緩和する。

れるので、お酒といっしょに摂らないようにしたい。

クラリセージは、ラベンダーやプチグレン（ダイダイの枝葉）と同じように、エステル（抗炎症作用をもつ穏やかな化合物）を高い割合でもつ数少ないハーブだ。

料理での使い方

成長した葉は苦くなるので、柔らかい若い葉を使いたい。生で食べることができ、セージを使うレシピにクラリセージを加えられる。花も食べることができ、サラダをおいしくする。乾燥させたものはティーにして飲める。

芳香の特徴

クラリセージの香りは、甘くてスパイシー、花や草のような香り、お茶に似た香り、やや木の実のような香り、竜涎香に似た香りと説明されてきた。精油は新芽および葉から蒸留により抽出し、化粧品の香料固定剤、ならびにベルモット、ワイン、リキュールの味を模した香りづけに使用される。

アロマテラピーでは、気持ちを落ち着け、眠りを促し、PMS（月経前症候群）や月経痛を軽くするのに使われる。精油は局所的に使用し、湿布、皮膚マッサージに使ったり、お風呂に入れたり、デフューザーで香りを広げたり、直接香りを吸い込んだりする。なお内服はしないこと。

歴史と民間伝承

- 中世ヨーロッパでは、クラリセージを*Oculus Christi*──「キリストの目」と呼んだ。
- 16世紀イングランドでは、ビールを作る際のホップの代わりに使われることがあった。
- クラリセージは、夢を見たり、夢を思い出す力を高めたりすると言われている。

クラリセージの花の色は、日照の条件に応じて白、クリーム色、アイボリー、ピンク、紫と変わる。花をつけた茎からは、ビャクダン、ジュニパー、ラベンダー、パイン（マツ）、ゼラニウム、ジャスミン、フランキンセンスなどの精油と相性の良い精油を採取できる。シトラス系の精油とブレンドするのもいい。

コンフリー

Symphytum x uplandicum, S.officinale

memo
昔から応急処置用のハーブとして知られた。釣り鐘のような愛らしい花はハチも大好きだ。

コンフリーは、ムラサキ科の多年生の植物で、黒く太いカブのような根、ざらざらした緑色の幅広い葉をもち、らせん状の総状花序に紫、青、白の小さな筒状の花をつける。ハーブとしての用途も広い。

ヨーロッパとアジアが原産で、土手や水路脇などの湿った草地や、空き地で見られる。広く栽培されているのは、ロシアンコンフリー（*Symphytum x uplandicum*）で、コモンコンフリー（*Symphytum officinale*）とプリックリーコンフリー（*S.asperum*）の交配種だ。

1950年代に英国エセックス州のボッキングで開発された「ボッキング14」が、栽培種としても知られる。この種は不稔性で実をつけないため、増やすには根切りをする。

作用／適応

ハーブ療法家は、昔から内服用にも外用にもコンフリーを処方し、咳や喘息の治療、のどの炎症、潰瘍（かいよう）、消化不良、切り傷から、やけど、帯状疱疹、腫物、その他の皮膚病の治療まで、幅広く用いてきた。

以前は、骨折を治す力があるとも考えられてきた。コンフリーには「打ち身草」「骨接ぎ」という呼び名がある。実際、コンフリーの属名「*Symphytum*」は、ギリシャ語で「骨を接ぐ」という意味の「*symphia*」と、「植物」を意味する「*phytum*」からつけられたものだ。

コンフリーという名も、「接合」を意味するラテン語の「*comfera*」から来たものだ。医師としても著名なディオスコリデスは、西暦50〜70年に書いた『薬物誌』（ハーブに関する最古の研究書）の中で、骨折の治療にコンフリーを勧めている。

身近なハーブであるが、最近はコンフリーの内服については議論がある。

たとえば、深く伸びたコンフリーの根には、ビタミンA（100gあたり2万8000IU）、ビタミンB群、ビタミンC、E、さらに必須ミネラルのカルシウム、リン、カリウム、クロム、コバルト、銅、マグネシウム、鉄、マンガン、ナトリウム塩、ホウ素、鉛、硫黄、モリブデン、

コンフリーの精油は葉と根を混ぜ合わせたものから作られる。根や葉は、フレッシュなものも乾燥したものもどちらも使われる。

ミツバチが大好きなコンフリーの花。その色は、薄いピンク色から濃いコバルトブルーまで多様だ。

そして亜鉛などが含まれる。ただ複数の研究で、この根や葉に、肝臓に有害なピロリジジンアルカロイド（PA）が含まれることがわかった。米国食品医薬品局（FDA）は、コンフリーの内服を全面的に禁止している。この決定に疑問をもったハーブ療法家たちは、独自に調査をして、FDAの結論が食事面、生理学的、薬力学的要因すべてを考慮していないと指摘している。乾燥したコンフリーの葉には、有害とされるアルカロイドは微量しか残っていないこともわかっている。[注]

食用を含めて内服については議論があるが、外用では、かなりの効果が期待できる。これは、コンフリーに含まれるアラントインが、組織の再生を助けるからだ。

皮膚の外傷や感染症に使えば、コンフリーの粘液は組織を厚く覆って炎症の緩和と傷の治りを早くする。関節痛、筋肉痛、腰痛にもその効果を期待できる。

歴史と民間伝承

» コンフリーを持ち運べば旅人を守れるという、古くから世に伝わる魔法のような考え方が、今でも根強く残っている——そうした目的のためだけに、乾燥させたコンフリーをオンライン上で購入することができる。

» 「1日1枚の葉で、病気知らずになる」という、コンフリーについての民衆の知恵が継承されている。

栽培のヒント

地中で泥まみれに

コンフリーには、窒素とカリウムが豊富に含まれているので、痩せてしまった庭の土壌を復活させたいときに肥料として使える。葉は繊維質が少なく分解が早く、このこともコンフリーが肥料に向く理由だ。

- コンフリーを5週間雨水につけて腐敗させよう。この「コンフリーの堆肥液」をトマトに加えると、土壌の酸性度が上がるためトマトがよく育つ。
- 摘み取ったコンフリーの葉を植物の根元に数cmの厚さに敷く。やがて葉が分解してカリウムが土壌に加わる。
- コンフリーは、多くの植物にとってすばらしいコンパニオンプランツだ。
- 腐葉土とコンフリーの葉があれば、いつでも使える栄養満点の鉢植え用の「土」が作れる。まず、刻んだコンフリーの葉を腐葉土に加えて黒いバケツに入れ、少量のドロマイト（石灰岩の一種）を加えて混ぜてコンフリーが完全に腐敗するまで、2〜5ヵ月間保管する。■

日が当たり肥沃な土壌に咲くコンフリー。春、夏、秋——土壌さえよければ、いつでも植えられる。

» 何世紀にもわたり、農家ではコンフリーを家畜の飼料として用いてきた。

［注］2016年5月現在、厚生労働省は、コンフリーを含む食品の販売を禁止している。

エキナセア

Echinacea purpurea, E. angustifolia, E. pallida

memo
北米大陸の東部や中部が原産のエキナセア。「コーンフラワー」という一般名のとおり、印象的な花が咲く草本植物だ。

エキナセアが注目され始めたのは数十年前。それ以降、メディカルハーブとしての評価を年々上げている。エキナセアはムラサキバレンギク属で、キク科の植物。9種あるうち、よく知られるのが、一般に「パープル・コーンフラワー」(*E. purpurea*)と呼ばれるものだ。

ハーブには、ヨーロッパやアジア原産が多いが、ムラサキバレンギクの仲間はすべて北米の東部と中部が原産地。多年生で、湿度の高い温暖な森林地帯や日当たりのいい牧草地、乾燥した草原地帯でも見られる。耐寒性もあり、16世紀にヨーロッパに持ち込まれた。

エキナセアは、成熟すると丈が1.2mほどになり、境栽になる。茎と葉はたいてい細かい毛に覆われ、花の中央部は筒のように盛り上がり、その周りを一重か二重の花びらが囲む。実は円錐形で先端に棘状の突起がある。花の色はピンク、紫、赤、暗紅色、白、黄、オレンジ、サーモンピンクなどさまざまだ。

属名「*Echinacea*」は、棘の生えた円錐形の実がウニに似ていることに由来する(ギリシャ語でウニは「*echino*」)。エキナセアの開花期は長く、初夏から晩夏まで。この時期は花にミツバチが集まる。種子ができる秋には、鳥のフィンチがやって来ることがある。

作用／適応

ヨーロッパから北米に人々が入植するずっと前から、アメリカ先住民は、エキナセアを鎮痛作用があるメディカルハーブとして用いてきた。北米に移り住んだ人々は、猩紅熱(しょうこう)、マラリア、敗血症、ジフテリア、梅毒の治療にエキナセアを利用した。

最近では、エキナセアは、熱や喉頭痛など風邪やインフルエンザの諸症状を和らげるのに用いられる。メディカルハーブとして使うときは、根も地上部も使われる。

風邪(とくに鼻風邪)のときにエキナセアをとると、免疫系の働きに効果があると言われてきた。最近の研究でも、パープル・コーンフラワーに含まれる数種の化合物が、良質のホルモンや抗ウイルス性などを活性化し、痛みを緩和し、炎症を抑えるとの報告がある。

一方で、エキナセアの効果に疑問符をつける研究もある。それは、エキナ

風邪の初期症状段階で役に立つエキナセア。ティーやチンキ剤で摂取すると免疫機能を高める。

ハーブのあれこれ

アメリカ先住民の自然治癒

北米大陸のアメリカ先住民は、ヘビの噛み傷、虫刺され、炭疽（たんそ）をエキナセアで治療した。彼らはシカを観察して、エキナセアが痛みを緩和することを発見したのだ。動物は傷を負ったり、調子が悪かったりすると、エキナセアを探しては食べた。ラコタ・スー族はエキナセアを「イチャーペ・フ」と呼び、傷には根をパップ剤にして当て、歯痛や喉頭痛を和らげるために根や種子を噛んだ。カイオワ族、シャイアン族は、喉頭痛や咳を鎮めるのに花を用いた。ポーニー族は頭痛を治すのにエキナセアを使った。■

セアに由来するとされる成分が、ほかからもたらされた可能性を否定できないというものだ。根や花など使う部位によるのか、あるいは調合時に加わったものがあるのか。効果が考えられる成分を取り出す製法を標準化し、きちんと管理できる製品が登場するまで、エキナセアが免疫力を高めるハーブかどうかは不明で、現在も研究が続いている。

なお、エキナセアは、錠剤、標準化されたエキス剤、チンキ剤、ティーなどのかたちで一般に販売されている。

料理での使い方

エキナセアの葉を使って、手軽にティーが作れる。乾燥した葉ならティースプーン2杯、新鮮な葉なら4分の1カップを使用する。内側に薄手の綿布をしいた茶こしにエキナセアの葉を入れ、マグカップにのせて葉の上から熱湯を注ぐ。最高の味を出すためには、5分間浸す。レモンやハチミツとともにいただこう。ティースプーン2杯分の種子を加えてもよい。

鳥のフィンチ類はエキナセアの種子が好きだ。夏から秋にかけて、庭にオウゴンヒワ（*Spinus tristis*）などのフィンチを呼びたいなら、茎の先端の種子を残しておこう。

ピンクに近い紫色から白まで、エキナセアの花はさまざま。夏の庭を印象的に彩るなら、黄金色のルドベキア・ヒルタ（*Rudbeckia hirta*）をエキナセアと組み合わせて植えるといい。

芳香の特徴

野生種のエキナセアはアロマで注目を浴びることはまずない。だが、栽培種の中には魅力的な香りをもつものも開発されている。たとえば、「フレグラント・エンジェル」種は香りの良い白いエキナセアだ。オレンジ色のエキナセア「オレンジ・メドーブライト」種は、甘いオレンジティーの香りがする。「トワイライト」種は酔わせる香りを放つ鮮紅色のエキナセアだ。

歴史と民間伝承

» その壮麗な姿から、エキナセアは「ヒナギクの女王」と呼ばれることもある。

エルダー

Sambucus nigra

memo
花を咲かせ、果実をつけ、自然薬にもなれば、料理にも使える万能植物。それがエルダーだ。

エルダーは、多年生の低木で、秋になるとおいしい黒いベリー（実）をつける。ヨーロッパ、北米、アジアでは、伝統療法家が数千年という長い間、エルダーをメディカルハーブとして使ってきた。スイスでは、新石器時代の住居からエルダーの種子が発見されている。

古代ギリシャの医師ヒポクラテスは、紀元前5世紀にエルダーベリーについて「万能薬」と書き残している。中世ヨーロッパでは長生きのための強壮剤として処方されたこともある。アメリカ先住民は、別種の「アメリカンエルダー」をリウマチや熱病の治療に用いた。

エルダーは、都会や田舎の草地で見られる。レンプクソウ科に属し、高さは1.8〜3m、対生の葉は縁がギザギザした楕円形をなす。白いレース状の五弁花は皿大の花房を形成する。花が落ちた後は黒や濃い藍色の多肉質の核果が熟す。

エルダーの花、エルダーフラワー。花が落ちた後には、小さな緑の果実の房が垂れ下がる。果実は秋に熟し、つやのある濃い紫から黒色へと変わる（上の写真）。

エルダーという名は「火」を意味する古英語の「aeld」に由来する。エルダーの小枝が火を起こすのに使われたためだろう。

作用／適応

ブラックエルダーは、ヨーロッパでは「田舎の人たちの薬箱」と呼ばれ、長い間、風邪やインフルエンザの治療で使われた。1918年のスペイン風邪の流行では世界で2000万人以上の人が命を落とした。命を奪うこともあるインフルエンザに、エルダーがなぜ効くとされるのか、研究は現在も続いている。

米国植物協議会の研究で、インフルエンザに罹った患者がエルダーベリーを摂取すると、その90%が3日間で症状が緩和したが、プラセボ（偽薬）を摂った患者のほうは6日かかったという報告がある。今のところは、エルダーに含まれる抗酸化物質「アントシアニン」が、インフルエンザウィルスが健康な細胞に浸入するときに必要とする「ヘマグルチニン」というスパイク状のタンパク質の生成を抑制する働きがあるためと考えられている。

ハーブ療法家は、「コレステロール値を下げる」「心臓の健康や視力を維持する」「免疫力を高め

満開のエルダー。白くて香りの良い花の房に覆われている。花はおいしいワインの材料にもなる。木目の細かい老木は、釣り竿や笛などに使われる。

る」ためにエルダーベリーを用いる。自然由来の食料であるエルダーベリーは、熟したものなら、副作用や薬剤との相互作用もなく、安全に摂取できる。

このほかにも、エルダーベリーは有機色素、タンニン、アミノ酸、カロテノイド、相当量のビタミン（A、B、C）、カルシウム、リンなどの成分を含んでいる。また、エルダーベリーには、腎臓や肺、結腸、皮膚を刺激して毒素を体から出す作用もある。

料理での使い方

北米大陸に入植した人たちは、エルダーベリーで、ゼリーやジャム、タルトやシロップを作った。熟したエルダーベリーは「英国人のブドウ」とも呼ばれ、ヨーロッパではエルダーベリー・ワインが作られた。オーク樽で成熟したワインは格別で、ストレートでも葡萄酒で割ってもおいしく飲める。エルダーの花も、おいしいエルダーフラワーワインの材料になる。

芳香の特徴

エルダーベリーは、ハーブティー、手作りのアルチザンビールなどに香りを添える。エルダーベリーを育てたことがあればわかるが、エルダーフラワーはレモンやアニス、ライラックと混ぜると、とても魅力的な香りになる。

歴史と民間伝承

» イスカリオテのユダはエルダーの木に首を吊り、キリストが磔になった十字架もまた、エルダーの木でできていたという。この言い伝えにより、エルダーは悲しみと死のシンボルとなった。
» ヨーロッパには、エルダーの木を切り倒したり枝を払ったりすると、木の精が怒り、災いが降りかかるという民間伝承がある。
» ハリー・ポッターシリーズには「ニワトコの杖」＝「Elder Wand」が登場する。
» アメリカ先住民はエルダーの小枝で籠を編み、大きな枝を使って矢を作った。

手軽にハーブを

昔ながらのエルダーベリーゼリー

この伝統的なレシピで作るゼリーは鮮やかなルビー色。クロワッサン、スコーン、マフィン、クレープ、パンケーキにもよく合う。

材料

- エルダーベリー ……… 1.3〜1.4kg
- レモン汁 ……… 1個分
- フルーツペクチン ……… 1箱
- 砂糖 ……… 約1.2kg

作り方

弱火でベリーを熱し、形が崩れてきたら15分ほど煮る。チーズクロスを2枚重ね、大きなボウルに裏ごしする。レモン汁を加え、全量が3カップ分になるように水を加える。ペクチン1箱を加え、沸騰したら砂糖を加えて混ぜ、1分ほど再沸騰させる。用意していたビンに入れ、パラフィンで封をする。■

イブニングプリムローズ

Oenothera biennis

memo
晩春から初夏に鮮やかな黄色の花を咲かせるイブニングプリムローズ。多くの効能をもつ堂々たる野の花だ。

イブニングプリムローズは魅力的な野草だ。原産は中央アメリカやメキシコ付近と考えられ、そこから北米と南米に広がっていった。今では各地で帰化し、世界中で美しい花が見られる。空き地、砂丘、荒れ地、どこでも生育し、種子を広く散布するからだろう。

イブニングプリムローズは二年生。1年目は細い槍型の葉が放射状に平たく伸びる。2年目には茎が出て上に向かってらせん状に伸びる。葉の長さは18cm以上になることもある。

花期は春。明るい黄色の花が夕方に開く(ただ、翌日には萎んでしまうことから「evening」の名がついた)。

花の雌しべは、典型的なX字型だ。雄しべよりも目立って突き出ていて、スズメガや、時にはハチドリなどの授粉者を引き寄せる。

アメリカ先住民のチェロキー族、イロコイ族、オジブワ族、ポタワキ族はイブニングプリムローズの全部位を食用に使う。根はジャガイモのように生か茹でて食べ、若い葉はサラダにする。

冬の間、イブニングプリムローズの種子をエサにする鳥は多い。

昔から、アメリカ先住民たちは、イブニングプリムローズのメディカルハーブとしての効き目を見つけていた。イブニングプリムローズを湿布薬として打撲の治療に使ったり、根を煎じて痔の治療に用いたりしていた。葉は外傷や消化不良、のどの痛みを治すために使っていた。

ちなみに、欧米の伝統療法家がイブニングプリムローズに興味を示したのは、1930年代に入ってからだ。

作用／適応

イブニングプリムローズオイル(EPO)は、自然療法の世界では、ビタミンCの効能を解明したとき以来の大発見として歓迎された。というのも、イブニングプリムローズは脂肪酸GLA(γ-リノレン酸)を高濃度で含有しているからだ。

GLAは、老化、リウマチ、アルコール依存症、にきび、皮膚炎、心臓疾患、子どもの多動性障害、更年期障害、多発性硬化症、体重管理、肥満、PMS(月経前症候群)など、広範囲に効き目があるとする伝統療法家もいる。

イブニングプリムローズの種子のオイルはω-6脂肪酸の含有量が高く、栄養補助食品として人気だ。オイルは皮膚に塗って使われることもある。

自然療法家は、イブニングプリムローズオイルに含まれるGLAやリノール酸などの成分が細胞を強化し、肌の弾力を回復させながら、ホルモンを調整するので、乳房組織を健康に保ち、神経系の働きを整えるという。

またイブニングプリムローズオイルに、鎮痛作用をもつアミノ酸「フェニルアラニン」が含まれていることから、慢性の頭痛に効き目があるとされる。

しかし、米国の『ナチュラルメディシン・データベース』は、イブニングプリムローズオイルの作用を「乳房痛に効き目がある可能性がある」とするに留め、「PMS、ADHD（注意欠陥多動性障害）、皮膚炎、更年期障害への効果はない」とし、「他の作用に関してはさらなる試験が必要」との見方を示している。それでも、イブニングプリムローズオイルの人気は高く、そのカプセルは乾燥肌、特に顔の乾燥に即効性があると主張する人もいる。

芳香の特徴

イブニングプリムローズやイブニングプリムローズオイルは、柔らかな甘い香りがある。アロマテラピーで使われる典型的なオイルではないが、イブニングプリムローズオイルは他のハーブのエッセンシャルオイルのキャリーオイルとしてよく使われる。

ここにも注目

複雑な遺伝子の歴史

現在145種、188分類群を数えるイブニングプリムローズ属。その理由は、氷河期にあったと考えられている。更新世（約258万8000年〜1万1700年前）の間、北米では途中に間氷期を挟みつつ4回の氷河期があり、氷河期と間氷期が代わるたびに、前の氷河期を生き伸びた種と自然交配して新しい種が誕生したのだ。■

歴史と民間伝承

» 属名の由来ははっきりしない。「ロバをつかまえる人」「ワインを探す人」を意味するギリシャ語か、「眠くなる汁をもつ植物」という意味のラテン語に由来するとの説がある。

» フィーバープラント（熱の草）、サンカップ、オザークサンドロップなどの呼び名もある。

» イブニングプリムローズにはガ（*Schinia felicitata* や *S. flosida* など）の幼虫がつく。

花が満開のイブニングプリムローズは存在感がある。ただ、すぐに増えて、侵入種として庭を占領してしまうので注意したい。

column

ハーブでスキンケア

アンチエイジングに加えて美しさも

年をとるにつれて、活性酸素などのフリーラジカルによる酸化や炎症が起きやすくなり、顔の肌や皮膚の健康が損なわれていく。抗酸化物質をはじめ、加齢が原因となって起きてしまう体の反応を遅らせる有用な成分をもつハーブは多く、こうしたハーブを使えば、若さを保てる可能性もある。

古代エジプトのネフェルティティ王妃の時代から、女性は絹のような肌を求めてハーブを利用した。現代のハーブを用いた、スキンケア商品には、基礎的なクレンジングや肌の状態を維持するためのもの、さらには自然な美しさを高めたり、特定のトラブルに対処したりするものまで色々ある。タンニンのような保護物質を含むハーブなら、日焼けや大気汚染、ストレスから肌を保護し、保湿までしてくれる。

肌を保護するハーブにはバジルやイチョウ、緑茶や紅茶、ローズマリー、ミルクシスル、イラクサ、パチュリそしてセージなどが挙げられる。肌をなめらかにし、また抗炎症作用をもつハーブは、カレンデュラ、ハマメリス、バラがその代表だ。乾燥や老化した肌にはフェンネル、ジャスミン、カンゾウ、バラなどが用いられる。オイリー肌にはローズマリー、セージ、タイム、ヤロー、ラベンダーなどが向く。

あなたに合ったスキンケアを

ハーブを扱う店では、ハーブを利用したスキンケア商品がたくさん売られているが、自分で作ってみてもいいだろう。基本的なレシピさえ習得すれば、あとは香りや効果を考えて、ほかのハーブに置き換えるなど、自分に合ったローションが作れるようになる。

ホームメイドのハーブローションとスクラブ

ハーブ専門家のケリー・エドキンズが考えたレシピを紹介しておこう。作るのも簡単で、小ビンに分けておけば、家族や友人にも贈れる。

官能的なパチュリのクリーム
(Patchouli Aphrodisiac Cream)

顔や体に使えるこのクリーム剤は、パチュリの花と精油が織り成す官能的な香りが楽しめる。約15ml入りのビン8本分になる。

材料
- パチュリの花 ……… 1/2カップ
- オーガニックのグレープシードオイル ……… 1/2カップ
- ミツロウ ……… 1/3カップ
- ヘンプシードオイル ……… ティースプーン10杯
- オーガニックの純ハチミツ ……… ティースプーン5杯
- パチュリの精油 ……… 40滴

作り方
気密性の高い容器に、生か乾燥したパチュリの花を入れ、グレープシードオイルを注ぎ、蓋をして2週間以上置いておく。次にこのオイルを、2カップまで計れる大きさのガラス製の計量カップに濾し、水が入った小鍋にカップごと入れる。このとき鍋の水がカップに入らないように注意する。鍋を弱火にかけたら、カップにヘンプシードオイル、ミツロウ、ハチミツを加えていく。ときどき箸などで混ぜて、ミツロウをゆっくり溶かす。混ざったら約15mlの容器に入れる。中身が固まる前に、それぞれのビンにパチュリの精油を5滴ずつたらす。ビンの蓋をして24時間寝かせる。

ラベンダーローズ・ソルト・スクラブ
(Lavender-Rose Salt Scrub)

腕や脚の表皮を薄く剥がして柔らかくするのに最適。特に、乾燥する寒い時期用に。約30ml入りのビン4つ分作れる。

材料
- ヒマラヤのピンクソルト ……… 1カップ
- ケルト海塩 ……… 1カップ
- オーガニック・グレープシードオイル ……… 1/2カップ
- オーガニック・ココナッツオイル ……… 1/2カップ
- 最近乾燥させたラベンダー ……… 10本
- 乾燥させたバラ ……… 5個
- オーガニックの純ハチミツ ……… ティースプーン9杯
- 蒸留濃縮したラベンダーの精油 ……… 10滴

作り方
大きなボウルに用意した塩を入れて混ぜ合わせる。ラベンダーをすり鉢と乳棒で砕いたら、網目の細かい濾し器を使って塩にラベンダーを加える。そのあと2種のオイルを加えよう。このとき分量に注意して、パサパサしない程度で、かつ油っぽくならないようにする。次にハチミツを加える。木のスプーンでよく混ぜたら、ビンに分けて入れる。あとはラベンダーの精油を10滴、混ぜないように上に垂らす。バラの花びらとラベンダーの花をその上に乗せてビンの蓋を閉め、24時間寝かせて完成だ。

ハチミツのボディーバター
(Honeybee Body Butter)

保湿剤や抗炎症剤として顔にも体にも使える。約30ml入りのビン8個分になる。

材料
- セントジョンズワートの花(乾燥したものか、生のもの) ……… 1/2カップ
- オーガニックのヒマワリオイル ……… 1カップ
- 乾燥したネトルの葉と花 ……… 1/2カップ
- オーガニックの純ハチミツ ……… ティースプーン5杯
- ミツロウ ……… 1/2カップ
- ココナッツオイル ……… 1/2カップ
- カンファー精油 ……… 10滴
- ペパーミント精油 ……… 10滴

作り方
蓋付きのビンにセントジョンズワートの花を入れる。ヒマワリオイルを入れ、ビンの蓋を閉める。6週間、もしくはオイルが赤くなるまでそのまま置いておく。次に、これを4カップの計量カップに濾して入れておく。続いてイラクサをすり鉢と乳棒で粉末にしたら、濾し器を使ってオイルに加えよう。鍋には、計量カップに水が入らない程度の水を入れ、カップを沈める。沸騰しないようにゆっくりと温めたら、ミツロウとココナッツオイルとハチミツを加える。ミツロウを15〜20分ほどかけてゆっくりと溶かす。箸でかき混ぜ、ビンに小分けにして入れる。中身が固まる前にカンファーとペパーミントの精油をそれぞれ加えたら、ビンの蓋を閉めて24時間そのまま置いておく。■

オーガニックの純ハチミツ

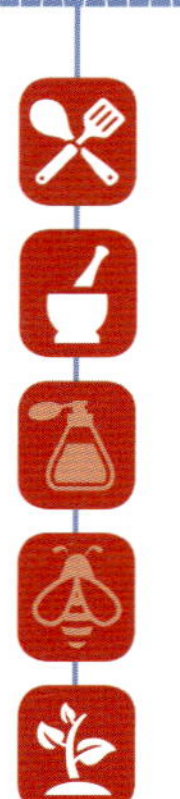

フィーバーフュー

Tanacetum parthenium

memo

草丈が低くヒナギクのような小さな花が咲くフィーバーフュー。慢性的な偏頭痛などの予防を期待できる。

フィーバーフューはキク科で、野生のカモミールの一種だ。偏頭痛の治療に、古くからフィーバーフューを使う地域もある。ヒナギクのような明るい花をつけるため、庭に賑わいを加える植物としても親しまれている。

フィーバーフューはバルカン半島、アナトリア、コーカサス地方が原産である。低木が茂った山の斜面や岩肌の坂、岩壁、荒れた土地などを好み、今日では栽培種も野性種もヨーロッパの多くで見られる。北米、オーストラリア、チリなど世界各地で自生している。

フィーバーフューが使われ始めたのは古く、古代ギリシャの医者でありハーブ療法家でもあったディオスコリデスが抗炎症剤としてフィーバーフューを薦めた。

名前の由来はラテン語の「*febrifugio*」で、意味は「解熱」だ。名前のとおり、かつては解熱に使われたが、現在では用いられていない。「*Parthenium*」(パルセニウム)という種小名は、アクロポリスに建つアテネの神殿パルテノンから転落した者の命を救ったという民話に由来したものだろう。

フィーバーフューは、平均で高さ約45〜60cmほどの小さな茂みになり、葉は縁がギザギザで羽状の黄緑色で、柑橘系の匂いがする。6〜9月に黄色や白色の花を咲かせる。

作用／適応

伝統的なハーブ療法家は、頭痛の緩和、関節炎治療、消化促進、月経不順、乾癬(かんせん)、鼻のアレルギー、喘息、耳鳴り、めまい、吐き気、嘔吐に、フィーバーフューを用いてきた。また、男女とも不妊の治療に、流産の予防に、無気力の改善、風邪、耳の痛み、肝臓の病気、筋肉の張り、脚のむくみ、骨の不調、おならの治療に用いられることもある。葉は、砕いてガムに入れれば歯の痛みを和らげるし、外傷の消毒に使ったりもできる。フィーバーフューで作ったチンキ剤は虫さされの痛みや腫れにすぐ効くと言われている。

実は、こうした治療の効果を裏付ける科学的根拠はほとんどない。それでも、このハーブを支持する人は、その効果をいわゆる「プラセボ(偽薬)

乾燥させた葉でエキス剤を作り、生の葉はそのまま食べることもある。

カプセル剤、浸出液、チンキ剤として服用すれば、月経前の痛みや偏頭痛を和らげることが期待できる。

効果」以上だと主張する。臨床研究では、慢性の偏頭痛を治療し、予防できる可能性が見られたが、この植物のどんな成分が関係しているか、まだ特定されていない。

ただ、フィーバーフューを長期に渡って服用していた人が服用をやめると、それによる離脱症状が出たという例もある。

料理での使い方

料理用のハーブとは思われていないが、少し苦味のある柑橘系の香りの葉は、料理の香りづけに使われる。乾燥させた花も、お茶や、ペストリーの香りづけに使える。

健康のために

フィーバーフューとアポトーシス

フィーバーフューは、活性成分であるパルテノリドやタネチンを含んでいる。研究によると、試験管のがん細胞株の内で、パルテノリドによるアポトーシス（形態への生化学的変化を行い、その後、細胞死となるようプログラムされた細胞破壊）誘導が見られた。この化学物質はがんの幹細胞をターゲットにできるとの期待もあり、研究が進められているが、まだ人での実証はされていない。なお、市販されているフィーバーフューのパルテノリド含有量は、商品によっては40倍も違っている。また、ラベルに書かれた量より、実際の含有量は極端に少ないとの研究報告もある。■

歴史と民間伝承

- 別の名前としてクリサンテムム・パルセニウム（*Chrysanthemum parthenium*）、ピレスラム・パルセニウム（*Pyrethrum parthenium*）がある。学生ボタン（*bachelor's buttons*）、フェーザーフュー、フェーザーフォイル、フリットワート、ミッドサマーヒナギクなどとも呼ばれる。
- アングロサクソン人の伝承では、エルフや魔女や神が放つ矢から「飛び出る悪」に対する治療薬とされる。
- フィーバーフューはハエやナメクジを引き寄せる。このため、庭師は素焼きの植木鉢をカエルの住み処としてその横においておき、害虫を駆除させたりする。
- 沸騰させて冷ました花のエキス剤は神経を静め、耳の痛みにも使われていた。

フィーバーフューは庭に植える観賞用としても人気だ。ヒナギクのような品種から、キクのような立派な二重の花びらがつくものまで、さまざまな栽培種がある。

イチョウ

Ginkgo biloba

memo
イチョウ類は独自の生物グループを構成しているが、現存する種は一つで、それが欧米で医薬にも使われるイチョウ（*Ginkgo biloba*）だ。

生きた化石と呼ばれるイチョウは恐竜が地上を闊歩していた時代に繁栄した。特徴的な葉は、約2億9900万年前から2億5200万年前のペルム紀の頁岩から見つかっている。ペルム紀の終盤、海洋種の90％が絶滅し、陸上生物の70％が姿を消すという、大量絶滅があったが、イチョウの仲間には当てはまらず、両半球で生き残った。ただ、その後、鮮新世（約533万年前から258万年前）の終わりになると、ほかの地域でイチョウは絶滅し、現在の中国の中央部のわずかな地域に生育するのみとなった。こうして生き残った唯一の種が、私たちがよく知るイチョウ（*Ginkgo biloba*）だ。

イチョウの種子は食材として魅力的だがイヤな臭いを放つ。これは、種子に酪酸が含まれているためだ。

イチョウは長い間、いろいろな治療薬として用いられてきた。たとえば紀元前2600年頃には喘息や気管支炎に処方されていた。イチョウは雌雄異株だが、雄雌がはっきりするには20年を要する。雄株は小さな花粉錐を作る。雌株は茎の先端に実のような胚珠を作る。そして授粉後、花粉錐か胚珠のどちらか、もしくは両方が種子になる。この実は悪臭があるが、炒ったものから殻をはいだものが中国料理などで使われる。

若木にはあまり枝がないが、成長すると大きく背の高い樹冠となる。高いもので樹高は30mにも達する。病気や感染にも強く、気根を出して自らを頑丈にし、適応する。長寿で、樹齢が2500年以上の樹木があることから、アジアでは信仰の対象にもなる。

作用／適応

イチョウには、強力な抗酸化フラボノイドと、テルペノイドが含まれる。血流を良くするテルペノイドは、葉のエキス剤で服用できる。抗炎症、抗真菌、抗菌作用があることから、伝統薬として長く利用され、関節炎、水疱、霜焼け、皮膚の炎症、糖

ハーブのあれこれ

希望の担い手

イチョウは過去の大量絶滅を生き延びただけではなく、原爆の直撃からも回復した。広島への1945年の原爆投下のあと、街の中心部近くに植わっていた6本の成木は、黒く焼け焦げたり傷ついたりしたが、今日まで生き続けている。3本の木の周りには寺が建てられた。中でも、報専坊のイチョウは1994年に本堂の再建時にも切らないで被爆樹木として残すことになった。その強さと不屈さから、イチョウは日本で「希望のシンボル」と考えられている。■

尿病、消化不良、下痢、浮腫、頭痛、肝臓疾患、疥癬、敗血症、目の病気の治療や、外傷の処置など幅広く使われていた。

現代では、イチョウの有用性は臨床研究の対象となっていて、イチョウには血管を拡げる作用があり、脳に流れる血液が不足して起こる状態──アルツハイマー病、記憶障害、耳鳴り、めまい、集中力の問題、聴力障害の治療に役立つことが、二重盲検比較試験で示されている。

緑内障や黄斑変性症の治療にも用いられ、抗うつ剤のSSRI（選択的セロトニン再取り込み阻害薬）を服用している人の性欲も回復させる。

秋になると、イチョウの鮮やかな葉が景色を黄金色に変える。丈夫で種子をつけない雄株は、都会の植物として人気で、都市の通りや公園を美しく彩る。

料理での使い方

中国や日本では、イチョウの種子はご馳走だ。炒った実を厚い殻から取り出して食べる。料理に使われる低脂肪の核は、ほかの食材の風味を増す。アジアのスーパーでは、殻付き、塩水に漬けた缶詰めなどが売られている。

イチョウの葉とサクラの花が描かれた東京のマンホールの蓋

歴史と民間伝承

- 中国中央部のイチョウは鮮新世の生き残りと考えられていた。しかし、遺伝的には数千年前に僧侶の手によって植樹されたものと考えられている。野生種のイチョウこそ、古代種の直系で、こちらはチベット高原に自生する。
- イチョウの中国名は複数あり、「銀の杏」「白果樹」「アヒルの脚の木」「黄色の皇帝の木」「ブッダの爪」「宇宙の心の目」などと呼ばれている。
- アジアでは、宗教画から市民の作品までイチョウの葉はよく描かれる。たとえば、東京のマンホールの蓋には、イチョウの葉と桜の花びらが描かれている。

ジンセン
（オタネニンジン、アメリカニンジン）
Panax ginseng, P. quinquefolius

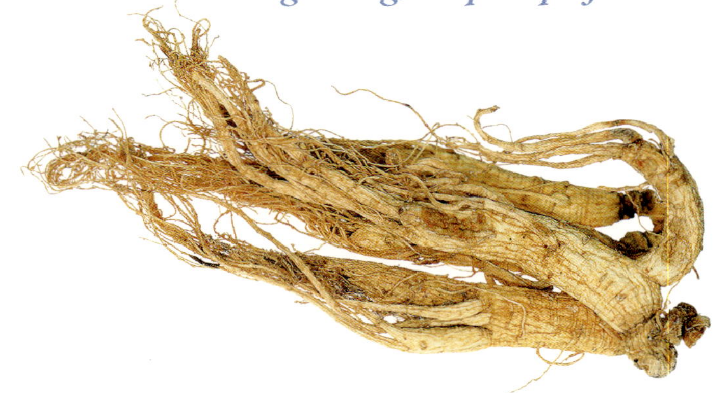

memo
アジアの伝統医学のなかで長い歴史を持つ*Panax ginseng*。「オタネニンジン」や「ジンセン」などとも言われ、世界中のハーブ療法家にとって「必需品」とも言うべき存在だ。

ジンセンは成長が遅い多年生の植物で、涼しい気候の土地で育つ。健康補助食品として世界一と言ってもいいほどの人気がある。トチバニンジン属、ウコギ科の11種すべてがジンセンだが、民間療法では、オタネニンジン（*Panax ginseng*）、あるいはアメリカニンジン（*P. quinquefolius*）が用いられる。シベリアニンジン（*Eleutherococcus senticosus*）も薬草として普及している。ただし、同じ科に分類されるが、こちらはトチバニンジン属ではない。

ジンセンの原産地は現在の中国で、草丈は45cmほど。茎は2～5本に分かれ、5～13cmほどの長さになる。花は緑がかった色をしており、漿果（しょうか）となる。

秋になると、オタネニンジン（*Panax ginseng*）に赤い漿果がつく。

色が薄く、多肉で、芳香性の根は治療に使われる。成長した根は分岐して、小ぶりのパースニップにも見える。

ジンセンという名は中国語の「人参（renshen）」から来たものだ。「人」と「植物の根」を指す言葉の組み合わせは、根の先が分かれている様子が「脚」のようだからだろう。ちなみに、「*Panax*」という属名は、ギリシャ語で「すべてを癒やす」の意である。

作用／適応

5000年前、中国北東部の療法家は、ジンセンがもつ若返りの効果を高く評価していた。同じ時期には、インドの聖典『リグ・ヴェーダ』でも、ジンセンは「馬やラバ、山羊、雄羊を強靱にする薬草」と記された。

ジンセンは乱獲によりその数が減少していたが、最近は商業目的で栽培もされるようになっている。

現代のハーブ療法家は、ジンセンを適応促進薬、つまり体のバランスの回復を助け、ストレスを緩和するメディカルハーブだとする。人の体に対するこの特性を科学的に証明するのは困難だが、動物実験ではオタネニンジンが筋組織内の

ジンセンティーには、疲労回復効果があると言われている。

RNA（リボ核酸）とタンパク質を増やす可能性があるとした研究もある。別の研究では、シベリアニンジンを日々摂ることで、白血球やナチュラルキラー細胞（腫瘍細胞やウイルスに感染した細胞を退治する）の数が増加したとの報告がある。単純ヘルペスウイルス2型の保持者93人を被験者とした二重盲検比較試験では、発症率は50%減少し、発症しても深刻化せず、快気するまでの期間も短かった。

トチバニンジンは、ジンセノシドという、抗炎症作用のある固有の化合物が含まれることから注目され、現在、医薬品としての使用が検討されている。

芳香の特徴

ジンセンには強い香りがあり、アロマテラピーでも主要なハーブだ。心や体の動きを改善するためなどに用いられる。

オタネニンジンは「陽」で循環器系を改善するとされ、アメリカニンジンは「陰」で冷却作用があり呼吸器系疾患に良いとされる。

歴史と民間伝承

» 中国の皇帝はこの植物を、食用や薬用だけでなく、石鹸やボディソープにも用いた。

» 朝鮮半島の人々はジンセンを神のように崇め、1週間身を清め、清い純粋な心で採取する。

» 米国西部の開拓者として知られるダニエル・ブーンは、アメリカニンジンの根を掘っては大量に売った。

ハーブのあれこれ

需要と供給

中国では、ジンセンの人気は昔から高い。3世紀には、ジンセンは薬として用いられ、すでに人気だった。ジンセンを手に入れるために、絹やその他の貴重品とジンセンを外国の貿易商と交換していたほどだ。アメリカニンジンが北米で「発見」されたエピソードが面白い。1716年、カナダのイエズス会の神父がジンセンの絶大な人気を知り、原産地である中国北東部に気候が似たカナダのケベックで探し始めた。神父はモントリオールの郊外でよく似た植物を見つけた。これがアメリカニンジンだ（もちろん、既にアメリカ先住民たちはジンセンを「*garantequen*」と呼んで、頭痛や熱、咳、目の感染症の治療、傷の湿布薬に用いていた）。植物学者によって、アメリカニンジンが北米の東部一体に広がって自生することも明らかになった。中国との貿易が発展し、急速に伸びた1970年代の半ばになると、ジンセン人気が再燃し、乱獲で野性種は絶滅の危機に直面した。この問題は、輸出用にジンセンを商業栽培することで解決されつつあり、現在は米国ウィスコンシン州、カナダのオンタリオ州やブリティッシュコロンビア州で栽培が盛んだ。■

ジンセンの根は人のような形にも見える。ジンセンが昔からアジアで広く受け入れられたのは、初期のアジア文化にぴったり合う象徴的な存在だったことも理由の一つだろう。

ゴールデンシール

Hydrastis canadensis

memo
ゴールデンシールはキンポウゲ科の多年草で、用途が広く米国で人気が高いメディカルハーブだ。

ヨーロッパからの入植者が北米に上陸するずっと前から、アメリカ先住民たちはゴールデンシールをメディカルハーブとして利用してきた。現在もゴールデンシールは米国で一番と言っていいほどの人気があるメディカルハーブだ。年間約68tものゴールデンシールが米国内で消費されている。

消化強壮作用と免疫増強作用が期待されるゴールデンシールは、森林地帯に生息するキンポウゲ科の多年生植物で丈は低い。原産は北米東部で、サウスカロライナ州北東部からニューヨーク州南部にかけて、アーカンソー州北部からウィスコンシン州最北部では自生したものが見られる。ただ、過剰伐採と生息地の消滅で、現在は絶滅の危機にあると考えられている。

根を薄く切るとわかるように、中は鮮やかな黄色をしている。根が黄色いことから、ゴールデンシールは「オレンジルート」「イエローパクーン」とも呼ばれる。

このため、自生が確認されたカナダのオハイオ州、米国のインディアナ州、ウェストバージニア州、ケンタッキー州、イリノイ州では、ゴールデンシールの採取が禁止された。今日、市販されているゴールデンシール製品は、商業用に栽培されたものを使っている。

ゴールデンシールは、手を広げたような形をした鋸歯状の葉を二枚つける。緑がかった白色の小さな花が一輪咲き、熟すとラズベリーのような形の種子（頭花）をつける。作用のある成分は根に含まれている。黄金色をした根を乾燥させ、内服や外用で使う。収れん作用、抗微生物作用、抗炎症作用を期待できる。

作用／適応

アメリカ先住民は、アレルギーや感染による呼吸器系の疾患、消化器の疾患、尿路感染症などにゴールデンシールを用いた。チェロキー族は根から煎じ薬を作り、局所的な炎症を抑えたり、衰弱時や消化不良時の強壮剤として、また食欲増進のために用いたりした。内服だけでなく、ベアーグリースと混ぜて虫よけにも使ったことがわかっている。

またイロコイ族は、百日咳、下痢、肝臓疾患、発熱、胸やけ、鼓腸、肺炎の時に用い、入植者がもたらしたウィスキーと混ぜて心臓疾患の治療にも使った。また、ほかの作用がある植物の根と混ぜて、目の痛みや感染症に用いた。

ヨーロッパからの入植者は、ゴールデンシールを使ったアメリカ先住民の治療法を真似て、風邪や呼吸器系感染症、花粉症、胃の痛み、胃炎、消化性潰瘍(かいよう)、腸炎、便秘、痔、腸内ガスによる不快感、尿路疾患、肝臓疾患、疲労、発熱、黄疸(おうだん)、淋病、産後の出血、膣の痛み、月経不順、マラリア、食欲不振等に、このハーブを用いるようになった。また、湿疹や潰瘍、にきび、痒み、皮膚炎、フケ、白癬、ヘルペスの治療にも使うようになった。

ゴールデンシールの作用の中でも、現代その作用が科学的に認められているのは、殺菌作用、抗けいれん作用、胆汁分泌促進作用だけである。ゴールデンシールに含まれる成分のアルカロイド「ベルベリン」(根の黄色はこの物質に由来)は、細菌類、菌類への耐性を示した。この物質は大腸菌エシェリキア(*E.coli*)が尿路壁に付着するのを防ぐ作用があることが知られている。また、ベルベリンは血圧を下げ、不整脈を緩和するとされており、研究によれば血糖値を下げ、いわゆる「悪玉コレステロール」である低比重リポタンパク(LDL)の値を下げることがわかった。

ハーブのあれこれ

「新世界」の新しいハーブ

17世紀、18世紀にかけてヨーロッパから北米に渡ってきた人々は、ヨーロッパの伝統的なハーブ療法も持ち込んだ。しかし、故郷で薬用に使っていた草木は北米の海岸沿いでは見つからなかった。そこで、彼らがアドバイスを求めたのが、アメリカの先住民たちだ。アメリカ先住民に薦められた北米の原産種には、ジンセン、タバコ、サッサフラスなどがあり、それらが驚くほどよく効いたため、入植者たちはヨーロッパに輸出し始めた。ゴールデンシールは当時も、かなりの評価を得ていたようだ。その作用はもちろんだが、根が黄色の染料として使われたこともあっただろう。19世紀後半には、米国の製薬会社の多くが薬用のゴールデンシール製品を製造するようになった。■

『カーティス・ボタニカル・マガジン』のゴールデンシール、1833年。晩春になると、ペアになっている大きな掌状の葉の間に小さな目立たない実が一つできる。夏には赤くラズベリーのような果実になる。

ゴールデンシールにはカルシウム、鉄、マンガン、ビタミンA、C、EやビタミンB複合体などが含まれる。

歴史と民間伝承

- 1930年代と1970年代にも人気があったゴールデンシールは、現在また人気が出て需要が高まっている。
- ゴールデンシールは、ハチが特定の植物の葉芽から集める樹脂物質プロポリスを含んでいる。ハチは巣に穴が開いたとき、捕食者や寄生生物や病気の浸入を防ぐため、プロポリスを「接着剤」代わりにして穴に蓋をし、巣を修復するのだ。
- ゴールデンシールを摂取すれば、尿中の薬物反応を隠せるとの俗説を信じる人が多いが、こうした作用はない。

[注] 2016年5月現在、ゴールデンシールは根茎が専ら医薬品として厚生労働省より指定されており、薬機法(旧薬事法)による規制を受ける。無認可無承認の製品は取締の対象となる。

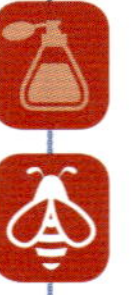

ハーツイーズ
(三色スミレ)
Viola tricolor

memo
園芸種のパンジーの野生種として知られるハーツイーズは、長年メディカルハーブとしても利用され、元気をつける強壮剤にも使われる。

園芸が趣味なら、この一年生の野の花を知らない人はいないだろう。ハーツイーズは、春の初めになると満開になる、あの愛らしいパンジーの祖先だ。ヨーロッパ原産だが、米国各地に帰化している。米国ではジョニー・ジャンプ・アップとも呼ばれる。

ハーツイーズのメディカルハーブとしての作用は古代ギリシャでも有名だったようで、詩人ホメロスは「ハーツイーズが怒りを鎮める」と言って薦めた。古代ローマの博物学者大プリニウスは「頭痛とめまいの緩和に効き目がある」と記した。

ハーツイーズは15cm以上の高さになることはない。群生し、深く切り込みが入った葉に、白、紫、黄色の「小さな花」が咲く(色の組み合わせは2〜3色で、上部の花弁の色がいちばん目立つ)。萎(しお)れた花を取り除けば、春から秋までずっと花が咲き続ける。日が暮れた後や暴風雨が近づくと、花は頭を垂らし、デリケートな花びらの裏側に水を貯める。

ハーツイーズの花の典型的な配色2パターン。単色には中心から黒い「ペンシリング」ラインが入っている。配色は白、青、紫、黄。色が濃い中心は「顔」と呼ばれる。喜びから悲しみまで、「顔」にはさまざまな表情がある。

作用／適応

長い間、ハーツイーズは、癲癇、喘息、呼吸器疾患、潰瘍(かいよう)、皮膚病、風邪の治療に使われてきた。ハーツイーズは血液をきれいにして代謝の促進に使われるのが一般的だ。去痰薬としては気管支炎と百日咳に処方され、利尿作用はリウマチや膀胱炎の治療に効き目がある。病気がちな子どもに良いといわれる。

中国でも、ヨーロッパで効き目があるとされていた疾患に、療法家がハーツイーズを用いていた。北米大陸やインドでは、腫物の治療にも利用されていた。

ハーツイーズは、その名前から、愛のお守りか証のようだ。「花言葉」では、紫、黄、白はそれぞれ「思い出、愛する思い、おみやげ」を意味し、離れ離れの恋人たちの心を癒やす。実際、このハーブには痛みを和らげる効果がある。

化学的に言えば、ハーツイーズにはサポニン、

フレンチトーストとイチゴの上に、ハーツイーズで色を添える。ハーツイーズの花は食べられる。

粘液、樹脂、アルカロイド、フラボノイド、揮発成分、サリチル酸、カロテノイド、さらに「シクロチド」と呼ばれる小さなペプチドも含む。ハーツイーズに含まれるシクロチドの多くは、いわゆる細胞毒性を持つ。これは、がん治療への効果が期待できることを示している。なお、花には有益な抗酸化物質も含まれている。

料理での使い方

ハーツイーズの花は、生でサラダに入れたり、調理してスープや軽い食事に混ぜて食べたりするとよい。また、食用として販売されているハーツイーズの花は飴で固めて、デザートやサラダに色添えしてもよい。

歴史と民間伝承

- ハーツイーズは別の名前でも知られている。「ワイルド・パンジー」「ハート・ディライト」「ティックル・マイ・ファンシー」「ジャック・ジャンプ・アップ・アンド・キス・ミー」「カム・アンド・カドル・ミー」「スリー・フェイス・イン・ザ・フード」「ラブ・イン・アイドルネス」などがそうだ。
- 花からは、黄、緑、青緑の染料を作ることができ、葉からは化学指示薬（リトマス紙のように肉眼で変化を観察できる）を作ることができる。
- ハーツイーズは、シェイクスピアの喜劇『夏の夜の夢』にも登場する。パックがオーベロンの命令で、愛の薬として取って来たものがそれで、眠っていた人が起きて最初に見た人に夢中になる、という効き目がある。

ここにも注目

花言葉:「あなたのことで頭がいっぱい」

文学から民間伝承に至るまで、昔から花の外観や特徴が意味となる。たとえば、軽く触っただけでも閉じてしまうミモザは純潔を表す。『ハムレット』で、シェイクスピアが描いた哀れなオフィーリアは花言葉をたくさん集め、ハーツイーズについて次のように語った。「パンジー、それは物思い」。花言葉は1700年代に、チューリップが咲き乱れていたトルコの宮廷内で流行していた。1717年にメアリー・W・モンタギューが英国に紹介すると、ビクトリア朝に花言葉は大流行し、宮廷内ではこぞってカードを添えた花や、「タッジーマッジー」と呼ばれる小さな花束「トーキング・ブーケ」を交換した。この流行は象徴主義の先駆けとなったラファエル前派の文学作品や絵画にも描かれている。■

1846年に出版された『フルール・アニメ』より「物思い」。ハーツイーズと他のパンジー（パンジーの由来は「物思い」というフランス語）の花言葉は「思い出」。ハーツイーズは失恋や別れを癒やすために、幸せだった時間を思い出させる作用がある。

レモンバーム

Melissa officinalis

memo
爽やかな葉の香りは「心を落ち着かせる」。長く香りが続くことから珍重され、葉はポプリやアロマテラピー用の精油によく使われる。

心を落ち着かせるハーブ、と呼ばれるレモンバーム。治療や料理で使ったり香りを楽しんだり、幅広く利用できるシソ科の多年草だ。原産地はヨーロッパ中・南部や地中海地方。北米の一部の地域で、栽培されていたものが野生化している。

レモンバームのハーブとしての歴史は古い。古代ギリシャで、植物学の父とされるテオフラストスが「ハニーリーフ」(honey-leaf)と呼んだのはレモンバームだとされる。中世ヨーロッパでも人気があり、1596年に植物学者ジョン・ジェラードのハーブ園にも植えられていた。

草丈60～90cmに成長し、直立した茎が群生し、葉はぎざぎざしたハート形をしている。蜜を豊富に含む白い花を咲かせ、属名「*Melissa*」(ギリシャ語で「ミツバチ」の意)の由来となった「働き者」の授粉者を引き寄せる。今では多くの品種があり、たとえばクエドリンバーガー種は精油分を多く含むよう改良されたものだ。

レモンバームの鮮烈な柑橘系の香りは、アロマテラピストからも支持される。

作用／適応

昔の自然療法家は、外用では精油を、内服ではティーにして用いた。不眠症や不安、胃や神経系、肝臓の不調の治療にレモンバームが使われた。

現代の研究では、レモンバームに高い抗酸化作用があることがわかっている。ストレス下におかれた被験者に、精製したレモンバームのエキス剤300mgを投与して問題を解いてもらった臨床試験では、「『落ち着いた気分』という項目が有意に増加し、『緊張している』という項目が有意に減少した」(被験者の自己評価)という結果が出ている。問題が解くスピードも上がった。

また、病院の放射線科の職員たちに、ハーブティーを30日間毎日飲みつづけてもらうと、がんやそのほかの消耗性疾患の原因となる酸化ストレスが減少する、という結果もあった。これらは、被験者のストレスの緩和にレモンバームが有効だったことを示唆している。

レモンバームは消毒剤、麻酔薬として使われるオイゲノールや、収れん作用があるタンニンを含む。また、精油の主成分にはテルペンが含まれている。

料理での使い方

レモンバームの爽やかな柑橘系の香りは、自然の中にキッチンがあるような雰囲気にしてくれる。このハーブはアイスクリームやフルーツの盛り合わせ、キャンディや紅茶の香りづけに使われる。レモンバーム・ペーストの主原料であり、魚料理や鶏肉料理にも活躍する。同じシソ科のスペアミントと混ぜ合わせてもおいしい。

レモンバームは育てやすく、家庭菜園にぴったりのハーブ。開花後、切り戻せば、香りの良い葉を次々に出し続ける。

作ってみよう

レモンバームの便利な活用法

鎮静作用のあるレモンバームにはさまざまな使い道がある。ハーブティーやバスサシェ、リップクリームまで作れる。以下は簡単な利用法である。

- 浸出油を作るには、乾燥して砕いた葉を耐熱ガラスビンの1/4まで入れ、ライトなオリーブオイルを注ぐ。蓋をして暗い所で6週間保管する。乾燥させたカレンデュラの花を加えればブレンドオイルになる。
- リップクリームを作るには、レモンバームオイル3に対しミツロウ1、固形バター1/2～1の割合で混ぜ合わせる。材料小さじ1につき、精油（ペパーミントやティーツリーなど）を1～2滴加え、よく混ぜてから、小さめの缶やビンにうつす。
- ガーゼの小袋にレモンバームの葉とバラの花びらを詰め、浴槽に湯をいれるときに蛇口につるす。
- マフィンやコーンブレッドに塗るおいしいスプレッドを作るには、レモンバームひとつまみと棒状のバター半分を混ぜ、ハチミツを加える。
- 夏の清涼飲料を作るには、ピッチャーに摘み立てのレモンバームの葉と、新鮮なレモンとキュウリの輪切りを入れて水を加える。冷蔵庫で数時間冷やす。■

芳香の特徴

アロマテラピストは、このハーブを「メリッサ」と呼び、その甘い芳香と作用を評価している。頭痛や抑うつ気分、ストレスの治療に用いられるほか、認知症患者に対する鎮静作用も知られている。

歴史と民間伝承

» 葉を潰して皮膚にこすりつければ、蚊よけになる。
» レモンバームはソーセージなどに使用されているブチルヒドロキシアニソールよりも健康面で安全な保存料といえる。
» レモンバームは「カルメル水」でも有名。カルメル水とは、レモンバームとレモンの果皮、ナツメグ、アンジェリカ（セイヨウトウキ）の根を混ぜ合わせ、アルコールに浸して成分を抽出したものだ。17世紀のフランスの修道女によって作られ、頭痛や熱を予防する強壮剤、化粧水として用いられた。

レモンバーベナ

Aloysia citrodora

memo
濃厚な柑橘系の香りと風味をもつレモンバーベナ。薬棚だけでなくキッチンにも置かれて使われる。

このハーブは、かつては神聖な薬草と考えられており、しばしば祝祭や婚礼でミサの執行司祭が身につけるために編んで冠にした。原産は南米の西部で、スペイン人によってヨーロッパへ持ちこまれ、そこで香水の重要な原料となった。1784年に英国にもたらされると、レモンバーベナはハーブティーやデザート、また肉料理の香りづけとして人気が出て愛用されるようになった。

レモンバーベナはクマツヅラ科の落葉性の低木。高さは2m近くまで成長するので、庭に植えると見栄えが良い。槍形の光沢のある葉に触れると、柑橘系の香りを放つ。花は円錐花序で、白や薄紫色の小花が咲く。

属名の「*Aloysia*」は1819年、パルマの王妃マリア・ルイサへの敬意を表してつけられた。「レモンビーブラッシュ」の呼び名もある。

作用／適応

レモンバーベナは、抗炎症作用、抗けいれん作用、抗酸化作用があることから、自然療法家は幅広い疾患の治療に用いた。鎮静と胃痛を和らげたり、関節痛、睡眠障害、ぜんそく、風邪や熱、痔、静脈瘤、皮膚疾患、悪寒などの治療にも用いられたりした。最近は、その作用は過小評価される傾向にあるものの、消化を助けたり、痰をのどから出しやすくしたり、緊張を緩和したり、関節炎痛を和らげたりするのに使われる。

料理での使い方

レモンバーベナの葉は、肉料理やデザートの風味づけに使える。魚料理やサラダ、野菜炒めにもレモンの風味を添える。シロップはアイスクリームにかけても、ジントニックや、ジンフィズ、ダイキリなどのカクテルに混ぜてもおいしい。夏、ミントと一緒に水に浸せば、清涼飲料にもなる。涼しい季節には、葉1/2カップを沸騰した湯に浸せばリラックス効果のあるハーブティーができる。レモンバーベナを、ガーリック、松の実（またはクルミ）、オリーブオイル、

乾燥させたレモンバーベナの葉。新鮮でも乾燥したものでも、葉は強い柑橘系の香りを放つ。種小名「*citrodora*」が「レモンの香りがする」というラテン語なのはそのためだ。

作ってみよう

部屋に爽やかな香りを

レモンバーベナの強烈なレモン風の芳香は、虫よけとしても優秀だ。昔、馬を世話する人は、馬小屋の扉にその束をつるしてハエや小虫を寄せつけないようにしたり、馬小屋の床に撒いて馬に踏ませて香りを放つようにしたりした。今日では、レモンバーベナの葉を本の後ろに挟み込んだり、キッチンの棚に置いたりして、紙や粉類を食べるセイヨウシミの害を防ぐのによく用いられている。浴室をさっぱりさせるなら、葉の束を浴槽の蛇口につるそう。掃除機のパックの中に小枝を数本入れておけば、掃除のあとに部屋に爽やかな香りが残る。スパイシーなレモンの香りの芳香剤を作るには、クローブとシナモンの切片1/4カップ、乾燥したコリアンダーの種子1/4カップ、薄切りにしたレモンの皮1/4カップを、乾燥したレモンバーベナの葉1カップに加える。これらを一緒にボウルに入れてクローブオイルとレモンオイルを各小さじ1加える。蓋付きのビンに入れて3日間毎日振りまぜる。芳香剤を小さなボウルに移し、家の周りに置く。夜には蓋付きのビンに戻す。■

手作りの石鹸に入れると、レモンバーベナは爽やかで気分をすっきりさせる香りを添える。アロマテラピーでは、心を元気づけると言われている。

パルメザンチーズと混ぜ合わせてペーストにして、アスパラガスやサヤマメなどのローストした野菜にかけると、とてもおいしい。

新鮮な風味を残すには、レモンバーベナの葉2カップ、砂糖1/2〜1カップをフードプロセッサーにいれてペースト状になるまで加工したものを保存するといい。ペーストをジッパー付きの保存袋に入れて平たくして凍らせる。使うときは必要な分だけ割って、紅茶や果物、デザートにまぶす。肉と一緒にマリネ液に入れたり、肉にすり込んだりしてもいい。

芳香の特徴

「レモンの香りのハーブの女王」とも言われるレモンバーベナ。かつては香水の主原料として使われたが、オイルの抽出にかかるコストがかかることもあり、最近は昔ほど使われていない。今日では、香水よりも、ポプリや芳香剤でよく目にする。アロマテラピーでは、精油が、神経系や消化の改善、集中力を高めるために使われる。乾燥させたレモンバーベナの葉は、何年も香りが続く。

歴史と民間伝承

» 『風と共に去りぬ』には、レモンバーベナが、スカーレット・オハラの母、エレンのお気に入りの植物だ、というくだりがある。

» 魔術の世界では、レモンバーベナは火星に支配され、夢・幸福・調和を表すものとされる。悪夢を寄せつけず、真の愛を助ける。ほかのハーブに加えれば、力を高めることができるとされる。

春の終わりや初夏には、長く光沢のある葉の上方に、白から薄紫の花をつけた小枝が出る。

ミルクシスル

Silybum marianum

memo
2000年以上も薬草として利用されてきたミルクシスル。肝臓を守る効果は折り紙つきだ。

ミルクシスルは一年生（あるいは二年生）のキク科の植物で、全体が棘で覆われた姿が特徴的だ。庭の「侵略者」として歓迎されないことも多いが、すぐに抜かずに花が咲き終わるのを待とう。乾燥した種子をつけた頭花はフィンチなどの鳥を誘うし、根と茎は料理に利用できる。ミルクシスルという通称は、葉をつぶしたときに出る白い液体に由来したもの。「聖なる乳のアザミ」「マリアアザミ」「聖母のアザミ」「地中海アザミ」「斑入りアザミ」「スコットランドアザミ」とも言われる。

ヨーロッパの地中海地域とアジアが原産だが、今では世界中で見られる。民間療法では、2000年以上も前から肝臓を守るためにミルクシスルが利用されてきた。その効果は、臨床研究で証明されている。オーストリア（ヴァルトフィアテル地方）、ドイツ、ハンガリー、ポーランド、中国、アルゼンチンで、メディカルハーブとして商業的に栽培されている。

大半のアザミと同じく、赤から紫色の花がつく。また、薄い緑色の葉の表面は細かく毛羽立っている。それらの葉のふちには鋭い棘があり、葉脈に沿って白い筋がある。ちなみに、ミルクシスルの「ミルク」は、白い樹液だけでなく、この筋も指したもの。草丈が3mに達することもある。

作用／適応

ミルクシスルは古代ギリシャ・ローマ時代から中世にいたるまで、肝臓だけでなく、薄毛治療に効果があると考えられてきた。古代ギリシャのテオフラストスはこれを「*pternix*」、古代ローマの大プリニウスは「*sillybun*」と呼んだ。ハーブ療法家は、頭痛、口内炎、めまい、黄疸（おうだん）、ペストに処方した歴史がある。1960年代にドイツで行われた研究で、肝臓疾患の治療に効果があることが再認識された。

ミルクシスルの種子には、シリマリンというフラボノイド複合体が含まれており、このエキス剤が肝障害の回復や疾患の予防の両方に有用であることが、40年にわたる研究で立証されている。肝硬変、肝炎、胆石、脂肪肝などの疾患や、さらに中毒の治療にも有用である（今でも、ミルクシスルは、タマゴテングタケやシロタマゴテングタケを含む、テ

ミルクシスルのピンクや紫色の花は、夏の間中、咲き続ける。花が落ちたあとの実には190もの種子がびっしりついている。

ングタケ属のキノコの毒に対する解毒剤として利用されている)。

ある臨床研究では、トルエンとキシレンの有毒ガスに5年から20年間暴露された作業員にシリマリン80%を投与したところ、プラセボ(偽薬)を服用した対照群と比較して、投与した全員に著しい肝機能向上と血小板数の増加が認められた。

またシリマリンは、統合失調症や双極性障害の治療のために数種類の「向精神薬」を服用している患者に見られる薬物性の肝障害を軽減することもわかっている。

2010年には、化学療法で治療中の子どもの肝疾患患者50人にミルクシスルとプラセボを用いた二重盲検試験を実施したところ、薬でダメージを受けた肝臓がミルクシスルで改善したとする報告が医学誌『Cancer』に掲載されている。シリマリンは原発性胆汁性肝硬変の治療にも利用でき、また強迫神経症の治療で選択的セロトニン再取り込み阻害薬(SSRI)などの抗うつ剤としても有用な可能性がある。

ミルクシスルは、乾燥した岩の多い荒れた土地で育つ。また、牧草地と放牧地にも、密集して生える。意外なことに有害な雑草とみなされることも多い。

健康のために

二日酔い予防

このハーブの人気が高まった理由の一つに、飲酒する前の晩に飲んでおけば、二日酔いの症状を防げると期待されたことがあった。これは、かなり信頼性がある。というのも、ミルクシスルは、アルコールなどの毒から肝臓を守る働きがあるし、重要なろ過組織の新しい細胞の生成も促進するからだ。繁華街で夜を過ごす前は、ミルクシスルを1タブレット飲み、家に帰ってもう一つ飲むようにしよう。さらに「二日酔い用スムージー」を作り、飲酒した日の翌朝に飲むのもいいだろう。オーツ麦を1/2カップ、バナナを1個、ドライタイプのミルクシスルの種子を小さじ1杯、小さじ1/2のバニラパウダー、2カップのアーモンドミルク(あるいは乳成分を含まない牛乳の代わりの飲料)を加えて、ミキサーで混ぜ合わせる。■

料理での使い方

棘があるが、ミルクシスルは食べることもできる。根は生か、茹でてバターとからめる、あるいは半茹でにしてあぶり焼きにする、などしてもいい。春には、柔らかい新芽が出るので、根元から切ってその「毛羽」を揉み落としてから茹でてバターをからめるといい。茎は皮をむくか、一晩漬け置いて苦みを取ってから煮込むようにする。葉はチクチクするところを切って茹でれば、ほうれん草の代用品にもなる。

歴史と民間伝承

» ミルクシスルの棘は、家畜から葉を食べられることを防いでいる。またこのことは、牛や羊たちのような反芻動物にも幸運だ。というのも、ミルクシスルに含まれる硝酸カリウムは反芻動物には毒となるからだ。

» 古代ケルト人のミルクシスルの花言葉は「性格の高潔さ」である。

» 作家のテッド・ヒューズやヒュー・マクダーミッド、レフ・トルストイやA.A.ミルンの作品にもミルクシスルが登場する。『くまのプーさん』ではロバのイーヨーの好物だ。

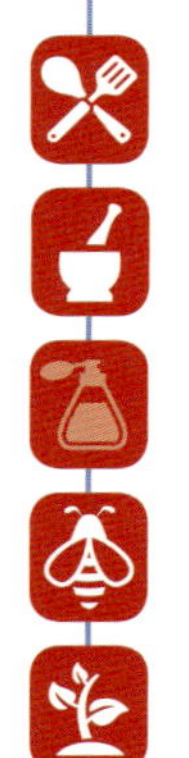

マグワート

Artemisia vulgaris

memo
茎と葉は、メディカルハーブとしても、ビールの風味づけにも用いられてきた。アメリカ先住民は、聖なる浄化のための「スマッジ」(いぶし)に使った。

マグワート（オウシュウヨモギ）は、低い生垣や田舎の小道でよく見られるキク科の多年生植物。メディカルハーブとしてだけでなく、悪魔を撃退して家庭を守る植物として、かつてはどの家庭にもあった。ヨーロッパ、アジア、そして北アフリカが原産地だ。

マグワートの英名の「mug」(ジョッキの意）は、ホップが使われる以前のビールの香味づけに、このハーブが使われていたことによるものだろう。今でも英国の一部では自家製ビールにマグワートを加える。また植物学者でもあった古代ギリシャのディオスコリデスの時代から、マグワートはガなどの虫よけにも使われた。「mug」の名称は「小バエ」もしくは「ガ」を意味するアングロサクソンの言葉「*moughte*」にも由来する。

マグワートは、草丈が1mかそれ以上に達し、先のとがった波状の葉はなめらか。表面は濃い緑色をしているが、裏面は白っぽいうぶ毛に覆われている。赤色か薄い黄色の花は、小さく末端が長い円錐花序に配列されている。薄茶色の根は30cm程度の長さがあり、短くしっかりとした支根で覆われている。味は甘いが、えぐみがある。

作用／適応

古代ローマからメディカルハーブとして使われてきたマグワート。煎じ液やチンキ剤で葉と根の両方が使われる。主成分は揮発油、酸性樹脂、タンニンである。自然療法家は消化促進や、女性の生殖器官の働きの改善、軽い鎮静剤として、さらには気管支炎、風邪、腎臓の疾患の治療にもマグワートを使った。葉の煎じ液は、発汗を促し食欲を増進させる。また、肝臓の機能も高めるとされた。

日本では、うぶ毛のある葉でもぐさを作ってリウマチ治療に使った。中国では丸めたもぐさを鍼治療のツボに熱を与えるお灸の温熱療法に用いたり、「気」を刺激して健康を増進させるのに

マグワートのフリル状の下葉は長く濃い緑色をしている。茎はしばしば赤紫色を帯びる。

マグワートは直立した茎から放射線状に白から赤い色の小さな花をつける草本植物だ。メディカルハーブとして利用される部位は葉と根。

マグワートを燃やしたりしてきた。

昔からアジアやヨーロッパの自然療法家に利用されてきたのに、人体に与える作用を調べた臨床研究の数は少ない。不思議に思えるが、これは、マグワートの花粉が、ヨーロッパに暮らす人の約15%が苦しむ花粉症の原因になることと無関係ではなさそうだ。皮肉なことに、マグワートはアレルギー特性に関する研究のほうに力が注がれてしまった。

料理での使い方

マグワートは、肉や鶏肉のこってりとした料理の風味づけだけでなく、消化も助ける。ただ香味が強いので、控えめに使おう。ガチョウをローストする際の詰め物にする青菜として用いられたこともあった。

ここにも注目

ヨモギの魔法

ヨモギは数世紀にわたって村の賢者や魔女と呼ばれる女性たちに好まれ、シャーマニズムの儀式で使われた。それは純潔さを象徴する聖なる九つのハーブの一つであった。ミズガルズ（中つ国、北欧神話に登場する九つの世界における「人間の領域」）の植物であり、儀式の初めと終わりに使用された。空間を清め、すべての邪悪なものを消し去るために、お香のように燃やされた。アメリカ先住民も、周囲の精神面、物質面の両方を浄化するのに、束ねたマグワートをいぶした――これを「スマッジ」と言う。■

ハーブのあれこれ

月光の植物

「マグワート」「タラゴン」「ワームウッド」はいずれも*Artemisia*（ヨモギ）属の植物。属の名は、古代ギリシャの「狩りと月の女神・アルテミス」（古代ローマでは「ディアナ」）に由来したものだ。アルテミスは、ケンタウロス族のケイローンに世話をするようヨモギ属の植物を与えたとされる。ほかにも、ヨモギ属の植物の多くが、月光に似た青白い灰色をしていることから来た名前だとする説もある。■

歴史と民間伝承

- 中世ヨーロッパにおいては、荒野で聖ヨハネがマグワートを腰に巻いていたことから、「*Cingulum Sancti Johannis*」（聖ヨハネの帯）として知られていた。
- マグワートは、疲労や日射病、そして野獣、悪霊から旅人を守るとされていた。
- オランダとドイツでは、6月23日の聖ヨハネの前夜祭にマグワートを摘むと、病気や不幸を除けられると言われている。
- 英国のコーンウォールでは、第二次世界大戦時の配給の際に、紅茶の安価な代用品として乾燥葉が使われた。
- シャクガなど、鱗翅目（りんしもく）類の多くはヨモギを餌にする。

マグワートを使った韓国の蒸し餅「トック」。

column

健康増進に役立つハーブ

老化に対するハーブの利点と気をつけるべきこと

第二次世界大戦後に生まれたベビーブーム世代をはじめ、人生の「熟年期」にさしかかった人の多くは、老化が引きおこす健康の問題と向き合うことになる。ベビーブーム世代であれば、すでに多くの人が何らかのかたちで、現代医療やハーブをはじめとした代替医療にかかっていると思う。ともあれ、高齢者になると直面する一般的な医学上の問題と、それと関係するオススメのハーブ療法をとり上げてみたい。

おすすめのハーブ

» 関節炎には、アルファルファ、フィーバーフュー、ジンジャー、ネトル、カイエンヌ、ターメリック、バードックが長く評価されている。

» 慢性疲労症候群には、バードック、タンポポ、ジンジャー、ゴールデンシール、バレリアン、リコリス、ミルクシスル、あるいはセントジョンズワートがいい。

» 抑うつには、セントジョンズワート、レモンバーム、ペパーミント、ジンジャー、エゾウコギ、バレリアンを試してみよう。

» 消化器系の問題。胃腸管や結腸の健康を保つには、ジャーマンカモミール、ミルクシスル、ジンジャー、サイリウムがお薦めだ。

» 勃起不全にはトウキ（当帰）を薦める。

» 強靭で健康な心臓を保つためには、肺機能と血行を向上させるローズマリー、ターメリック、ボリジの種子、ネトル、ジンジャーの根茎、バレリアンの根、イチョウ、緑茶がいい。

» 腎臓疾患に役立つ利尿作用があるハーブは、

タンポポ、ネトル、パセリだ。

- トウキ（当帰）は膣の乾燥、抑うつ、ホットフラッシュなどの更年期の症状を緩和する。アカニレを加えたアロエベラも、また膣の乾燥に効果があるとされる。エストロゲン様物質を自然から摂取するには、アニス、フェンネル、リコリス（上限は7日まで）、あるいはセージをお薦めしたい。性欲の減退にはジンセン、不眠にはカモミールやキャットニップ、ホップ、レモンバーム、パッションフラワー、バレリアンの根がいい。
- 骨の強化と骨粗しょう症の予防に、タンポポの葉、ベニバナ、ネトル、ウォータークレスを摂ろう。
- 前立腺の問題には、ジンセン、パセリ、カイエンヌ、ソウパルメット、あるいはターメリックとネトルを合わせたものがいい。
- ストレスによる緊張や不安を和らげるには、イチョウ、カモミール、ミルクシスル、キャットニップ、ホップ、パッションフラワー、セントジョンズワート、バレリアンを薦める。

禁忌（きんき）に注意

どのハーブのサプリメントも、日常に取り入れる際には必ず、かかりつけの医師に相談してから摂るようにしよう。過去に摂取を続けて何の副作用も出なかったハーブの中にも、現在は摂取が禁止になっているものもあるからだ。

また、処方中の薬と合わなかったり、相互作用がおきて危険なレベルに達したりする可能性も否定できない。

たとえば、イチョウは記憶力を向上させる典型的なハーブだが、血液の粘度も下げるため、ワルファリン（クマディン）のような抗血液凝固剤と一緒に摂取してしまうと、過度の出血を引き起こすことがある。アルファルファもワルファリンとの併用はいけない。イチョウとは反対に、アルファルファは血液の凝固を促進してしまうおそれがあるからだ。

免疫力を高めるハーブ

健康であり続けると同時に、がんや心臓病などの深刻な病気と闘うために、免疫システムを向上させることは重要だ。特に高齢者にとっては大事なことになる。ネギ属の植物のように、多くのハーブに免疫機能を高めるブースター効果がある。下に示したような抗酸化作用と抗炎症作用を持つハーブやスパイスを育てたり、店で購入したりして、利用するようにしよう。■

アメリカニンジン　カイエンヌ　エルダー　ガーリック

ジンジャー　ゴールデンシール　緑茶　ターメリック

マレイン

Verbascum thapsus

memo
力強い金色の花が咲くマレインは療法家お気に入りのメディカルハーブ。強い抗炎症作用や抗けいれん作用、抗ウイルス作用、殺菌作用がある。

花茎を高く伸ばし、明るい黄色の花をつける二年生のマレイン（*Verbascum thapsus*）。草原や空地に自生するが、もちろん自宅の庭で栽培できる。温帯から亜熱帯の暖かい気候を好む。マレインはゴマノハグサ科のゴマノハグサ属で、ハーブ療法ではよく利用される。原産地はヨーロッパとアジア。北米で帰化しているが、これはヨーロッパからの入植者がマレインを持ち込んだため。アメリカ先住民は、この「新しい植物」の作用をすぐに見出し、皮膚や呼吸器系疾患の治療に使うようになった。

マレインは芽を出すと、毛羽立った薄緑色の葉が地面に近い高さで密集して、ロゼット状つまり放射状に広がる。翌年は、草丈が1～2.5mにも達する強い中心茎を出す。その後、中心茎を囲むように黄色の花を咲かせる。茎を囲むつぼみはジギタリスのようだが、花の咲く順番はジギタリスと違って順々ではなく不規則だ。マレインの花弁は左右対称に5枚、色は黄色からオレンジ、赤茶色からピンク、紫、青、白までとさまざまだ。蜜が豊富な花は、授粉者の虫を引き寄せる。

一年目のマレインは茎がなく、放射状に平たく葉を伸ばす。

マレインの名は、毛羽立った葉が「やわらかい」ことから、その意味のラテン語「*mollis*」に由来したという説と、治療に使われたハンセン病を意味するラテン語「*mulandrum*」に由来したという説がある。ほかにも、ケルト語を語源とするフランス語で「黄色」を意味する「*moleine*」から付いたという説もある。ゴマノハグサ属の「*Verbascum*」は、ラテン語で「ひげがある」という意味の「*barbascum*」から来ている。やはり毛羽立った葉からの連想だろう。種小名の「*thapsus*」は「ビロード」の意味で、マレインの花が、古代チュニジアの街にちなんで名づけられたタスピウム（*Thaspium*）属の花に似ることから来たものだ。

作用／適応

マレインは、中世ヨーロッパの療法家よりもずっと前から広い用途で使われてきたメディカルハー

6月から9月には、突き出した大きなマレインの花が草原や道端、川べり、森の空地などの日当たりの良い場所で見られる。

ブだ。マレインのパップ剤は古代ギリシャの医者ディオスコリデスが痔に処方し、古代ローマの博物学者大プリニウスも関節炎に薦めている。

その後、ヨーロッパのハーブ療法家は花を砂糖で煮て白癬の治療に用いたり、花の蒸留水をやけどに使ったりした。オーストリアでは花をティーにして内服され、呼吸器系、皮膚、血管、消化器官などの不調を緩和する目的で風呂に入れて用いられた。マレインの葉には去痰作用があり、咳、気管支炎、結核、肺炎、風邪、流感、発熱、アレルギー、扁桃腺炎、喉頭痛に効果があるとされる。浸出油は耳の痛みや耳の感染症に作用することが知られている。

現代科学も、マレインの作用の多くを支持する立場だ。2010年には結核治療にマレインを用いることがニュースになったし、アイルランドのコーク工科大学は「臨床研究において、マレインの葉のエキス剤には抗がん、抗ウイルス、抗真菌、そしてこの記事の目的として最も興味深い殺菌の特性があることが示された」という研究を発表している。また、抗炎症や抗けいれんの特性も示されている。マレインのティーは鎮静作用と利尿作用を持ち、ビタミンB_2、B_{12}、パントテン酸、ビタミンD、ヘスペリジン、パラアミノ安息香酸、硫黄、マグネシウム、粘液質、サポニンなどの有効成分が含まれていることが判明している。

歴史と民間伝承

» 昔から、マレインには印象深い名前が付けられてきた。「聖母のフランネル」「毛布のハーブ」「ベルベット・プラント」「ぼろ紙」「野生の氷の葉」「道化師のプルモナリア」「アーロンの杖」「ジュピターの持ち物」「ピーターの棒」「羊飼いの持ち物」「アダムのフランネル」「カディの肺」「フェルトワート」「うさぎのひげ」などだ。また乾燥させた花の茎を獣脂に浸し、たいまつが作られたことから、「ろうそくの芯のハーブ」「たいまつ」「カンデラリア」とも呼ばれる。

» 古代ギリシャには、戦士ユリシーズが魔法使いキルケの策略から身を守るためにマレインを持参したという伝承が残る。

健康のために

マレインの化粧水

皮膚科医に聞けば、肌の老化は炎症の結果だと言うだろう。抗炎症作用があるマレインを使った爽やかな化粧水を作って顔に振りかければ、顔の肌を若返らせ、にきびや吹き出物の悪化も防げる。作り方は簡単。熱した蒸留水1カップに大さじ2杯の乾燥したマレインの葉か、生の葉7〜8枚を混ぜ合わせる。次に、バラの花2〜3本の花弁を足して弱火で20分煮よう。冷ました後にバラの精油を8〜12滴加える。出来上がった化粧水は冷蔵庫などの冷暗所で保管しよう。■

ナスタチウム

Tropaeolum majus, T.minus

memo
鮮やかな色合いのナスタチウムは、夏の庭を明るくする。すべての部位が食べられて、ビタミンCに富む。

園芸家の古い諺に、「ナスタチウム（キンレンカ）には辛くあたれ」というのがあるが、これはあながち的外れではない。というのも、ナスタチウムは痩せた土壌を好むからだ。窒素を多く含む肥料を与えると、元気な緑色の葉は出しても花はつかない。

1600年代に、ヨーロッパの探検家が南米ペルーの岩地に生えたナスタチウムを見つけ、持ち帰った。先住民であるメソアメリカの人たちはナスタチウムの殺菌作用を、尿路や腎臓の感染症の治療に使っていた。ヨーロッパの伝統療法家はすぐにこの万能の南米の植物を使おうと考え、こぞって庭にナスタチウムを植えた。その後、200年かけてナスタチウムは北米やヨーロッパの穏やかな気候に順応していった。

華やかなナスタチウムは花壇やハーブ庭園、植木箱やハンギング・バスケット、どこでも人気だ。葉が円形なので、花が咲いていないときも魅力的な植物だ。

名前はラテン語の「*nas*」と「*tortum*」、つまり「*nose twist*」（鼻が曲がる）に由来し、葉の刺激的な味に対する一般的な反応を示している。

ナスタチウムは2種の系統を引いており、一つは伸びるように仕立てられる蔓（つる）性のトロパエオルム・マユス（*Tropaeolum majus*）、もう一つはこんもりと茂る矮（わい）性のトロパエオルム・ミヌス（*T.minus*）で、コンテナでもよく育つ。ノウゼンハレン科の植物で、米国農務省（USDA）による植物耐寒性地帯の区分9～11の地域では多年生だが、それより涼しい地域では一年生として扱われている。青みがかった緑の葉はスイレンの浮葉にも似て、こんもりとした茂みを形成し、そこから鮮やかな花が顔を出す。花色は豊かで、暖色系の色から乳白色まで幅広い。ナスタチウムを塀の上から咲きこぼれるように配置したり、花壇の縁取りにしたり、パティオの植木鉢にトレリスを立て、そこに伸びるように仕立ててもよい。

作用／適応

ナスタチウムはビタミンCが豊富で、19世紀のヨ

手軽にハーブを

ナスタチウムのスタッフド・サラダ

ナスタチウムの鮮やかな色を生かして、美しく盛られたサラダ。味も楽しませてくれる。

材料

- ナスタチウムの花 ……… 5
- ガーリック ……… 2かけ（つぶす）
- ブラックペッパー ……… 小さじ1/4
- クリームチーズ ……… 120g
- サラダ菜 ……… 1玉
- 赤チコリー ……… 1/2玉
- トマト ……… 大3個（みじん切り）
- 黒オリーブ ……… 少々
- チャイブ ……… 4～5本（細い薄切り）
- 白ワインビネガー
- オリーブオイル

作り方

クリームチーズ、ガーリック、ペッパーを混ぜ合わせ、花に詰める。レタスの葉をすべて並べ、その周りに他の材料を置く。オイルとビネガーを理想的には3：1の割合で混ぜ合わせ、チリパウダー、赤唐辛子、パプリカをひとつまみ加える。よく振ってから、サラダにかける。（4人前）■

ーロッパでは壊血病の治療に用いた。自然療法家は、葉を風邪やインフルエンザの治療、月経不順の改善、血液の浄化、虫よけ、ニキビなどの肌荒れの治療にも使った。

今日の研究で、ナスタチウムには殺菌、抗菌、利尿作用や、穏やかな緩下作用があることがわかっている。ビタミンCはレタスの10倍あり、ビタミンA、D、鉄、硫黄、マンガンといったミネラルを含んでいる。さらにアミノ酸や、抗酸化作用があるフラボノイドやカロテノイドも含まれている。

料理での使い方

ナスタチウムが初めて英国に紹介されたとき、クレソンに似ていたことから、「Indian cress」と呼ばれた。19世紀のフランスで、飢饉の時期に入手しやすい野菜として重宝された。

第二次世界大戦中は、種子をすりつぶしてコショウ代わりに用いたという。ナスタチウムのピリッとしたコショウのような味は、花、実、葉にあり、サラダに入れるとおいしい。

食用のナスタチウムや紫色のボリジの花をボウルに少し散らすだけで、サラダに鮮やかな色味とたっぷりのビタミンCを添えられる。

暑さにさらされると辛みが強くなるので、朝早く摘み取ったものを洗って、乾いたらジッパー付きの袋に保存するようにしよう。炒め物に入れたり、パスタに添えたり、花に具材を詰めたりしてもいい。若い実はピクルスにしてケイパーの代わりになる。ただし結石の原因となるシュウ酸を多く含むので、食べ過ぎには注意したい。

ナスタチウムは料理の風味を増すだけでなく、食欲を増進させ、消化や代謝を助ける。

歴史と民間伝承

» 同じ庭で色の異なるナスタチウムを育ててみると面白い。他家受粉して、翌年、思いもよらない色の花が咲くからだ。

» ナスタチウムにはアブラムシがつきやすいため、野菜畑ではおとり作物として使われることもある。水をかければ、たいていの害虫は駆除できる。

栽培のヒント

花色豊富なナスタチウム

ナスタチウムは庭の定番だ。人気の品種は、アプリコット・ツイスト（花は赤やオレンジ色）、エンプレス・オブ・インディア（花は緋色で葉は青みがかった緑色）、ジュエル・オブ・アフリカミックス（花は赤、クリーム色、黄色、ピンクで葉は斑入り）、ムーンライト（花は淡い黄色）、ナイト・アンド・デイ（花は白と深紅）、ピーチ・メルバ（花はクリーム色で、花首は紫がかったピンク色）などがある。■

ネトル

Urtica dioica

memo
細かく鋭い刺毛で覆われた鋸歯のある葉で有名。食用としてもメディカルハーブとしても役立つ植物だ。

コモンネトル、スティンギングネトルとも呼ばれるネトルは、イラクサ科（*Urticaceae*）の多年生植物だ。ヨーロッパ、アジア、アフリカ、北米などで広く自生する。「イライラさせる」という意味をもつ不愉快な名前だが、メディカルハーブとしては有用性がある。また栄養価も高く、繊維の原料にもなるなど、広く活用される。

草丈は2m以上に達し、針金のような茎に鋸状の葉が対生につく。花は小さな花が密集して房状になって咲く。地下には根、根茎、匍匐茎があり、明るい黄色をしている。

ネトルの葉の刺毛は、触れたものを刺すので痛いと思いがちだが、実はそれだけではない。6亜種のうちの5種は、茎と葉を覆うトライコームと呼ばれる毛が皮下注射のように働き、皮膚にヒスタミンなどの化学成分を「注入する」。ネトルには「ヒリヒリする」の意味の英語「burn」（バーン）を使って、「バーンネトル」「バーンウィード」「バーンヘーゼル」の呼び名もあるが、これも当然だ。

ネトルは、麻と同じく靭皮（じんぴ）（つまり皮）の繊維がよく発達している。このことから、2000年以上も前からネトルで布が作られてきた。第一次世界大戦のある時期、綿が不足したドイツの軍服はネトル製だった。根や葉は、それぞれ黄色、黄緑色の染料にも利用される。

ホウレンソウの代わりにネトルを使った、おいしくて栄養たっぷりのキッシュをお試しあれ。必ず若いネトルを使うこと。

作用／適応

アングロサクソン人の間では、ネトルは「*Stiðe*」（スティゼ）として知られる。解毒や感染症の治療に使われた「九つの薬草の呪文」に出てくる薬草の一つだ。ネトルは、抗炎症作用でよく知られるが、ほかにも去痰、充血除去、収れん、利尿、抗アレルギー、強壮、抗ヒスタミンなどの作用も認められている。

ところで、中世ヨーロッパでは関節炎を治すのに、束ねたネトルで関節の上の皮膚を叩く方法が

ネトルの鋸歯状の葉は刺毛で覆われている。収穫するときは、保護手袋を忘れずに。

一般的だった。ネトルの刺毛で皮膚が炎症を起こして熱を帯び、関節の痛みを和らげたのだろう。また、肝臓や泌尿器系の不調、風邪、出血、消化管、運動器、皮膚、循環器の治療にもネトルが使われた。血液を浄化する作用があるとして、パウダーにしたものは止血にも用いられた。ネトルのしぼり汁を頭皮にすりこむと、育毛を促進するとされていた。

現代では、前立腺肥大症の患者を対象にした大規模な臨床試験で、プラセボ（偽薬）を服用したグループよりも、ネトルの根のエキス剤を服用したグループのほうが尿流量に改善がみられた。また現在、ネトルが2型糖尿病患者の血糖コントロールに有用性があるかの研究も進行している。ネトルにはヒスタミン、セトロニン、強力な抗酸化作用をもつフラボノイドが含まれている。

料理での使い方

ネトルは、ホウレンソウとキュウリを足したような、素朴で豊かな風味を持ち、多くの文化で食材として使われてきた野菜でもある。ネパールの山村や北欧各地では、安くて栄養満点の温かいネトルスープが定番だ。ネトルのティーは免疫賦活作用があることで知られている。ネトルには、鉄、カルシウム、カリウム、ビタミンA、ビタミンCも豊富に含まれている。

鋭い刺毛があることから、料理に使うことをためらわれるが、しんなりするまでゆがけば刺毛はとれる。野菜として若いホウレンソウの代わりになり、スープや煮込み料理、パスタ、卵料理でも使える。

料理用にネトルを使うなら、春先が最適。必ず厚手の革手袋や長袖を着て、上のほうの柔らかい葉を摘み取ろう。取った葉は10分ほど温かい湯につけて刺毛をとってから、鍋に移す。全体がかぶるくらいの水を加えて、10分間ゆがこう。

歴史と民間伝承

- 人が住まなくなった廃屋のそばでよくみかける。これは、人の廃棄物や動物の排泄物などで、土中にリン酸塩や窒素の濃度が高くなっているからかもしれない。
- 英国のドーセットでは年に一度、生のネトルを食べる「大食い世界選手権」が開かれる。観戦には数千人がつめかける。
- チベットの聖者「ミラレパ」は何十年もの瞑想修行中、ネトルだけを糧に過ごしたと言われている。

ここにも注目

チョウとガのビュッフェ

最近、園芸家が注目し始めたのが「ゼリスケープ」だ。「ゼリスケープ」とは「節水型の庭」を意味する造語。水撒きが必要な芝生を中心にした庭とは違って、水やりをせずとも自生でき、昆虫なども引き寄せる植物を取り入れて、環境を守る庭づくりのことだ。チョウやガなどの鱗翅目（りんしもく）が集まるネトルは、ゼリスケープに適した植物だ。クジャクチョウやコヒオドシといったチョウの幼虫、またエンジェルシェイズ、バフアーミンなどのガの幼虫もネトルを食べる。■

ネトルの葉にとまるクジャクチョウ（*Aglais io*）。

パッションフラワー

Passiflora incarnata

memo

常緑の蔓植物で、幻想的な美しい花を咲かせる。葉と根は、不安や気分障害の治療に用いられる。

庭に美しい花を咲かせてくれるだけでも大歓迎されるパッションフラワー。だが、このトケイソウ科（*Passifloraceae*）の蔓植物の魅力はそれに留まらない。鎮静作用があり、不安や不眠症にも長く使われてきたメディカルハーブでもあるのだ。多年生で、アメリカ大陸が原産。1569年にスペイン人がペルーで最初に発見して持ち帰り、今ではヨーロッパにも自生している。外観の優美なイメージとは違って、とても丈夫で、溝や空き地などで雑草のように繁茂する。

葉は細かい鋸歯状のギザギザがついた三小葉で、茎は木質化して長さは10m以上にもなる。10cm近くなる花は複雑な形をしている。5枚の白い花弁と、赤紫や青の色をした5枚の萼片がある。7月に咲き始め、初霜が降りる頃まで花を楽しめる。花が落ちると、黄色や紫色の卵形の実がなる。

パッションフルーツ（*Passiflora edulis*）と混同されるが、別の種だ。パッションフラワー（*Passiflora incarnata*）の実も多肉で、大きさはニワトリの卵くらいある。

作用／適応

メディカルハーブとしては、鎮静剤や抗けいれん剤として利用されてきた。その歴史は中央アメリカのアステカの時代にまで遡る。昔のハーブ療法家は、神経障害、動悸、不安、高血圧を治療するための数々の薬に、パッションフラワーの花を加えて調合した。

現在、パッションフラワーは、不安やストレス、不眠症の治療に良いとされている。研究者は、パッションフラワーが、脳内のγ-アミノ酪酸（GABA）と呼ばれる化学物質の濃度を高めて、鎮静作用を生み出していると考えている。GABAには、特定の脳細胞の活動を抑える働きがあるからだ。

同じように鎮静作用があるバレリアンと比べると、パッションフラワーの作用は穏やかだ。不安を抑えるために、バレリアン、レモンバーム、カバカバと組み合わせて使われることもある。

化学合成された鎮静薬の場合、副作用として呼吸抑制や精神活動への影響などが出ることがあるが、パッションフラワーはそうした副作用を心配する必要もなく、筋肉のけいれんや緊張を和らげる作用もある。何より中毒性もない。

ハーブのあれこれ

処刑場まで十字架を運ぶイエス・キリスト。これは、ベルギーのゲントにある聖ペトロの聖母教会蔵の『十字架の道行き』。

キリストの象徴

スペイン人によって発見され、パッションフラワーがヨーロッパに紹介されると、ほどなくキリスト教と結び付けられるようになった。1608年、スペインのイエズス会宣教師は、教皇パウロ5世にスケッチと標本を献呈した。パッションフラワーは5本の雄しべをもつことから、歴史家のジャコモ・ボシオは、キリストが磔刑で受けた傷に言及し、「5つの傷を持つ花」(*la flor de las cinco llagas*)と呼んだ。また、副花冠が、磔刑すなわち「受難」(パッション)の際にキリストがかぶせられた茨の冠に見立てられることから「パッションフラワー」と呼ばれるようになった。5枚の花弁と5枚の萼片は、(イスカリオテのユダとペテロを除いた)10人の忠実な使徒を示していて、3つの柱頭は磔刑に使われた釘、鋭い葉先はローマの百人隊長の槍を表すとされている。■

パッションフラワーには、まだ不明な点もあり、今も研究が続いている。プラセボ(偽薬)群を利用した研究ではないが、抗不安薬の「セラックス」と同様の作用があるという結果も報告されている。

ほかのハーブと併せて用いれば、外科手術前の患者を落ち着かせ、不安を伴う適応障害の治療での効果も期待できる。またクロニジンと併用すれば、麻酔薬の離脱症状を緩和することも知られている。

ハーブ療法では、パッションフラワーは、不安、やけど、痔、ぜんそく、心臓病、高血圧、発作、線維筋痛症などの症状に役立つとしている。茎、葉、花のすべての部位が用いられ、浸出液、ティー、エキス剤、チンキ剤の剤形で使える。

歴史と民間伝承

» 「ワイルドパッションバイン」「パープルパッションフラワー」「トゥルーパッションフラワー」「ワイルドアプリコット」などの別名がある。また、地面から飛び出た(pop)様子から、メイポップ(maypop)とも呼ばれている。
» 米国のテネシー州では、アメリカ先住民が、川や渓谷の名と同様に、オコイー(ocoee)と呼んでいた。パッションフラワーはテネシー州の「州の野草」だ。
» パッションフラワーの実は、ジャムにも使える。

格子ラティスに巻きついて花を咲かせるパッションフラワー。丈夫な蔓植物で裏庭でも育つ。

ローズヒップ

Rosa spp.

memo
ローズヒップはバラの実のこと。ビタミンCが豊富で、多くのバラから収穫できる。

ローズヒップは、鮮やかな赤橙色したバラの実のこと。石器時代から食べられてきた、栄養に富む補助食品だ。「ローズホー」「ローズヘップ」とも呼ばれ、メディカルハーブとしても古代ローマ時代以前から利用されてきた。

バラは低木で、茎には棘があり、葉は鋸歯状の楕円形。言うまでもなく、花は華やかで、一重か八重のビロードのような花弁が特徴だ。実ができ始めるのは春の終わりから夏の初めにかけて。授粉した実は夏の終わりから秋にかけて熟す。ローズヒップは、庭を飾るのにも向くし、茎のところで切ってドライフラワーや生花にして使ってもいいだろう。収穫せずに残しておけば、冬の間、鳥がついばみに庭にやってくる。

バラは、花の美しさから愛好されている。ただ、実であるローズヒップの装飾的価値のために栽培される品種もある。

園芸種のバラは大きな実をつける。ところが、実際には、野生種（ふつう5枚しか花弁を持たない）ほど芳香はなく、またメディカルハーブとしての有用性もない。ローズヒップが目的なら、ドッグローズ（*Rosa canina*）やハマナス（*R. rugosa*）といった種を育てるとよい。ドッグローズの花は、白からピンクまであり、香りもとても良い。ハマナスは、白か紅色の花を咲かせ、大きな実をつける（米国では、侵略的外来種とする州もある）。中国の伝統医学では、コウシンバラ（*R. chinensis*）が昔から用いられている。シナモンローズ（*R. majalis*）もローズヒップに向く。

作用／適応

自然療法家は何世紀もの間、ローズヒップを風邪、腎障害、外傷、肌のトラブル（にきび、傷跡、やけど）の治療や、免疫力を高めるために利用してきた。

ローズヒップは、抗ウイルス、殺菌、抗炎症作用があることで知られている。最近のドイツとデンマークでの研究では、関節炎と変形性関節症の治療に効き目が認められ、患部の可動性に25%以上の向上が見られた。抗酸化物質（カロテノイド、フラボノイド、ポリフェノール、ロイコアントシアニジン、カテキン）に富み、がんや心血管疾患の予防も期待されている。

ローズヒップは、簡単に健康に良いティーが作れるのも魅力だ。大さじ1杯の乾燥ローズヒップを砕いて、熱湯1カップで浸出して、濾して飲む。

料理での使い方

ローズヒップはメディカルハーブとしての利用だけでなく、食用も可能だ。しかも、ビタミンAとB群、オレンジの50倍以上のビタミンCが含まれる「スーパーフード」とも言える。カルシウム、ケイ素、鉄、リンも含んでいる。肉厚な外殻は、リンゴ、プラム、バラの花弁が合わさったような甘酸っぱい味がする。ただし、種子は腸を刺激するので、食べないようにしよう。ローズヒップは、種子を取って乾燥させた製品が市販されている。それを使って、ジャムやシロップ、甘酢漬け、ティー、デザートソースに加えてもいい。粉末のものは、黒インゲン豆スープやチリに加えると、複雑な味わいが出せる。

乾燥ローズヒップは、健康食品店で手に入る。家庭で収穫する場合は注意が必要。実が一番甘いのは、霜が降りた後だが、早く摘まないと、褐斑病になってしまうからだ。採った実はスライスして開き、ナイフの先で種子を取り出し、平らなザルに広げて干す。このとき、なるべく頻繁にひっくり返すようにしよう。乾燥したら(10日ほどかかることもある)、蓋つきのガラスビンに保存する。

芳香の特徴

バラの甘い香りは、何千年にもわたって人類を

1887年作、ドッグローズ(*Rosa canina*)の植物画。丈夫な蔓(つる)植物で、草地や畑、岸辺、森に生える。ビタミンCが豊富なことから、昔から重視されてきた。

魅了してきた。乾燥ローズヒップはやさしいフルーティーな香りで、ポプリの材料としても人気がある。

栽培のヒント

バラと人類の歴史

バラの栽培は、約5000年前に、中国で始まったとされている。古代ローマ時代には、中東で広く栽培され、その頃から香水や薬、そして祝宴の花吹雪に至るまで幅広く使われていた。以降、バラは歴史と共に歩む。15世紀には、イングランドで王位をめぐって二派が敵対して内乱となった。対立する二派の中心が、白バラのヨーク家、赤バラのランカスター家だ。両家の紋章がバラだったことから、後に「バラ戦争」と呼ばれることになる。17世紀には、バラ人気が絶頂を迎える。フランスの貴族たちは、バラを通貨とみなした。18世紀末には、中国からヨーロッパに、バラの園芸品種(四季咲きのものを含む)が紹介されると熱狂的な流行が起こった。これらが、現代のバラのもとになっている。■

歴史と民間伝承

- スウェーデンではローズヒップのスープ「ニーポンソッパ」がよく食べられている。ミード(ハチミツ酒)の一種である「Rhodomel」にも使われる。
- ハンガリーの伝統的なお酒で、ルーマニアでも愛されている「パーリンカ」は、ローズヒップで作られる。ローズヒップは、スロベニアの甘くフルーティーな国民的炭酸飲料「コクタ」の主原料でもある。
- 英国では第二次世界大戦中、柑橘類を入手しにくくなったため、ビタミンC不足にならないように、家庭で野生種のローズヒップのシロップを作ることが推奨された。
- ローズヒップオイルは組織や血管を縮める収れん作用がある。化粧品に加えると効果的だ。

column

癒やしのハーブティー

健康に良い、おいしいハーブティーを入れよう

アジアのお茶、チャノキ（*Camillia sinensis*）が、温かい飲み物として世界中に広まるよりずっと昔から、ヨーロッパ、アフリカ、アメリカ大陸の人々も植物を乾燥させてお湯に浸して飲む習慣があった。こうした飲み物の大部分は、健康に良いとされるハーブで作られていた。今も、ハーブティーの人気は衰えを知らない。秋や冬にはほっとできる温かい飲み物として、暑い季節には爽やかな冷たい飲み物として、「服用」できることが重要だったのだろう。

ハーブティーとは？

ハーブ療法の専門家は、ハーブティーを「tisane」（ティザーヌ茶、湯薬の意）と呼ぶ。それはハーブティーの多くに、抗酸化物質と栄養が含まれているからだ。

ただ「デトックスティー」のように薬用とされるものは確かにあるが、基本的にはハーブティーは嗜好品として飲まれている。

ハーブティーの入れ方には、浸出と煎出の二つがある。

浸出

沸騰した、または熱いお湯を植物（乾燥させた葉や果実など）に注ぎ、中身を浸して濾す方法。「浸出」という言葉はふつう、ハーブティーに用いるが、紅茶の場合にも使う。この方法は、葉や花、種子を使ったハーブティーに最適である。

煎出

乾燥ハーブを、アルミ製ではない深鍋か片手鍋に入れ、水を注いで沸かし、3分の1の量にな

るまで煮出す方法。出来上がったら、濾して飲む。浸出と比べて、ハーブから香りやオイルがたくさん出るため、茎などの固い部分によく使われる。樹皮、根、果実や漿果（ベリー）類を用いるときにも使われる。

健康に良い一杯を

ハーブティーを作るのにかかる時間はハーブによって違う。蒸らす時間が2分で済むものもあれば、15分間浸さねばならないものもある。ハーブの量も、水1カップあたり、ひとつまみで済むものから、大さじ数杯までまちまちだ。健康食品店の人にアドバイスしてもらうのも手だし、自分好みの濃さがわかるまで試行錯誤するのも楽しい。

ハーブティーを入れるとき守らないといけないのは、アルミ鍋は使ってはいけないこと。金属が反応して、ハーブティーが毒性を帯びる危険性があるからだ。忘れないでおこう。

ハーブの茶箱

ハーブティーは、葉、花、樹皮、根や茎、果実、種子やスパイスなど、植物のどの部分を使うかで大まかに分類されるが、ハーブ同士をブレンドすることもある。ある植物のいくつかの部位、または異なる数種のハーブを組み合わせて、風味豊かな飲み物を作るのだ。下に、ハーブティーの主な分類と、茶箱に入れておきたい、おいしく体に良いハーブの例を挙げておく。あなただけのハーブティーを作ってみてほしい。■

セントジョンズワート

Hypericum perforatum

memo
黄色い花を咲かせるヨーロッパ原産のセントジョンズワート。メディカルハーブとして長い歴史をもつ。

古くから用いられてきたメディカルハーブだ。現在でも、抑うつに対する治療では、薬剤師が信頼を置く治療法の一つにセントジョンズワートが挙げられる。メディカルハーブの中でも、研究が一番盛んである。セントジョンズワートはオトギリソウ科の多年生植物で、原産地はヨーロッパ。現在ではトルコ、ウクライナ、ロシア、中東、インド、中国など、気候が穏やかな地域でも見られるようになった。北米で野生化し、地域によっては侵略的外来種とみなされている。オトギリソウ属のうち370種以上もある他の種と区別するために、「コモン（common：一般的な）セントジョンズワート」「パーフォレイト（perforate：穴の開いた）セントジョンズワート」とも呼ばれる。

這うように伸びる根茎をもち、草丈は60〜90cmほどの高さになる。葉は対生で長楕円の黄緑色。花は、小さな明るい黄色で、特徴的な5枚の花弁と細長い3つの雄しべの房をもつ。

夏至から秋の開花時期が終わると、小さく色鮮やかな実がなる。黄色から淡い赤色へのグラデーションが印象的だ。

属名の「*Hypericum*」は、悪霊を追い払う習慣が由来となったもの。悪い霊を追い払うために、セントジョンズワートを集めて守護にした。種小名の「*perforatum*」は、葉の裏面にある黒い小さな油点が、穴が開いたように見えることからきたものだ。

このハーブが、セントジョンズワートと呼ばれるのは、「バプテスマ（洗礼者）のヨハネ」（「聖ヨハネ」とも言う）と関連づけられたため。伝統的に聖ヨハネの日である6月24日に収穫され、「キリストの血」と呼ばれる塗油が作られる。セントジョンズワートの花びらを指でこすると血のような赤い液体（油分）が出ることから、そう呼ばれるのだろう。

作用／適応

抑うつは現代病というわけではなく、古代ギリシャ時代にも病気と認識されていた。ヒポクラテスは抑うつの症状を「長期間つづく不安や落ち込み」と定義した。この時代は、4種類の体液のバランスが乱れると、抑うつになると信じられていた。（4種類の体液は性格型を決定するとされた。多血質──楽観的で気苦労がない、粘液質──思慮深く忍耐強い、黒胆汁質──真面目でふさぎ込みがち、黄胆汁質──落ち着きがなく怒りっぽい）。古代ギ

栽培のヒント

有害な侵略者？

有益な特性があるセントジョンズワートは、東南ヨーロッパの一部では商用に栽培されているにもかかわらず、20を超える国で「有害な侵略的外来種」とされている。北米、南米、ニュージーランド、オーストラリア、インド、南アフリカには、持ちこまれた個体による群生地ができて問題化している。牧草地に外来種が入り込むと、飼料となる植物に取って代わるだけでなく、生態系や在来種の生育環境も脅かすことになる。豊かだった土地を、不毛の地に変えてしまうこともある。特に、セントジョンズワートを家畜が食べると、光に対する増感や中枢神経系の機能低下が起きたり、自然流産が増えたりする恐れがあり、最悪の場合、死に至る。北米西部では、3種類の甲虫（*Chrysolina quadrigemina*、*Chrysolina hyperici*、*Agrilus hyperici*）を使った駆除が試みられている。■

リシャ人たちは、セントジョンズワートを抑うつの治療に用いた。

現代の科学的な研究でも、セントジョンズワートのエキス剤には、穏やかな抗うつ剤と似た作用があることが示唆されている。日常生活に支障がなくても、長期の抑うつに悩む人には、セントジョンズワートがよく適応するだろう。

セントジョンズワートには抗炎症作用や抗ウイルス作用が期待されている。また、消化を助けたり、甲

セントジョンズワートの明るい黄色い花は、野原や牧草地、そのほかの日当たりの良い場所を華やかにするかもしれない。ただし、在来種や放牧地の飼料を押しのけてしまうことがある。

セントジョンズワートは、ハーブティーとしてホットでもアイスでも、流エキス剤やカプセル剤としても、ハーブを濃縮した他の形状でも利用できる。

状腺機能を高めたり、神経伝達物質GABA（γ-アミノ酪酸）、ノルエピネフリン、セロトニン、ドーパミンのバランスを良くするとされる。また、セントジョンズワートには「ハイパフォリン」と呼ばれる化学成分が含まれており、研究者はハイパフォリンがアルコール依存症の治療に応用できるのではないかと期待を寄せている。

このハーブのエキス剤は、外傷、すり傷、やけど、筋肉痛に対して局所的に使われることもある。花にはヒペリシンが豊富に含まれており、静脈壁の強度を高めることにより、拡張した静脈やあざ、皮膚や筋肉の損傷の治療に役立っている。

古来、優秀なハーブとして用いられてきたことは間違いないが、セントジョンズワートの投与量や安全性、有用性については、さらなる研究が必要だ。なお、セントジョンズワートを使うと光過敏症になる人もいる。症状が現れた場合は、すぐに使用を中止しよう。

芳香の特徴

濃厚な甘い香りがある。アロマテラピーでは、神経痛、座骨神経痛、結合組織炎、捻挫ややけどの治療で知られている。カレンデュラ油（浸出油）と混ぜ、あざの治療に用いられる。セントジョンズワートの精油は黄色い花から抽出されるが、ヒペリシンが含まれるため独特の赤い色が出る。なお、ハーブのエキス剤とは異なり、浸出油は抑うつには効果がない。

歴史と民間伝承

» 十字軍の遠征では、戦いによる外傷の止血に用いられた。

» セントジョンズワートを身につけると、熱・風邪の予防になったり、暗い気分を改善できたり、愛を引き寄せられたりする、と言われていた。

» 英国の田舎では、落雷を防ぐために、セントジョンズワートを束ねて窓につるした。

バレリアン

Valeriana Officinalis

memo
甘い香りのバレリアン。2000年以上にもわたって、睡眠を助けるハーブとして重宝されてきた。

バレリアンは多年生の伝統あるメディカルハーブで、2000年以上もの間、気分を高揚させ、眠りを誘うのに用いられてきた。200種以上あるオミナエシ科の一つで、たいていは草原や湿原、川沿いに群生する。原産地はヨーロッパやアジアだが、今では北米にも自生する。

成長すると、丈は1.5mに達し、ぎざぎざしたシダ状の葉をつけ、白やピンクがかった小さな花房を茎の先端につくる。花期は、6月から9月。「バレリアン」という名は、ラテン語で「丈夫で健康になる」という意味の「*valere*」に由来するとみられる。

作用／適応

バレリアンの根は、古代ギリシャや古代ローマで薬として用い始められた。ヒポクラテスは治療に役立つことを記し、2世紀にはガレノスが不眠症に処方した。インドでも中国でも、バレリアンについて伝統療法家が残した記録が文書に残っている。ルネサンス期には、不安や頭痛、動悸の緩和に使用された。

19世紀中頃になると、それまでバレリアンで治療できるとされた症状に用いると、かえって症状を悪化させることが知られるようになった。それ以降、バレリアンは敬遠されるようになった。しかし、20世紀に入ると、再び人気が集まった。一つには、第二次世界大戦下、空襲のストレスを和らげるために、バレリアンがよく用いられたことがあるだろう。処方薬の中には副作用が強いものがある。しかし、バレリアンは、服用しても、意識がもうろうとしたり、ふらついたりするような作用はない。

胃腸のけいれん、ADHD（注意欠陥多動性障害）、てんかんの治療にも使われることがある。しかし、これらについて有用性を示す明確なエビデンスはまだはない。

ここで視点を変え、不眠症に対する効果を見て

ハーブ療法では、精油を含んだバレリアンの根を切り刻み、ティーやエキス剤にして用いる。サプリメントとして、錠剤、カプセル、チンキ剤の形でも手に入る。

バレリアンの花の芳香に誘われて、マキバジャノメなどのチョウが庭を訪れる。

みよう。米国の有名な総合病院メイヨー・クリニックは、「小規模の短期的な調査で、バレリアンが(中略)眠りに落ちるまでの時間を短縮し、快眠をもたらす可能性がある」と報告している。適切な用量はまだ不明だが、数週間、継続的に服用することで、効果が期待できるようだ。ただし、妊娠中や授乳中、および肝疾患をもつ場合は、服用は避けたほうがいいだろう。

バレリアンのハーブ製剤は、根と根茎、地面と水平に伸びる匍匐茎(黄緑色や茶色の油が採れる)から作られる。根はチンキ剤、ティー、パウダー状のエキス剤の形、錠剤の形で摂取できる。バレリアンの有効成分は、まだ科学的にはっきりと特定できたわけではない。ただ、特定の化合物1種が作用するというより、バレリアンに含まれる複数の成分が相乗的に作用していると考えられている。

ここにも注目

ハーメルンの笛吹き男の秘密

ドイツの民話によれば、ハーメルンの町をネズミが荒らし回り、誰かが追い払わなければならなくなった。そこで町人たちは、ネズミ退治に笛吹きと呼ばれる男を雇う。男が笛を吹くと、ネズミは男の後を追って町を出て行った。ある説では、ネズミを釣ったのは男が奏でた音楽ではなく、男のポケットに入っていたバレリアンの匂いだという。確かにネズミやネコはバレリアンが大好きだ。よく知られているように、この話には続きがある。町の住民は笛吹き男への「ネズミ退治に対する支払い」を拒む。すると、男は子どもたちを誘い出して連れ去ってしまう。もっとも、どんなハーブを使うと、そんな芸当をやってのけられるのかはわからない。■

芳香の特徴

バレリアンの花は甘い香りを漂わせる。事実、バレリアンは、古くは香水に調合されてきた。現代の香水メーカーの「秘密のレシピ」に、バレリアンが使われていても不思議ではない。ただし、茎、葉、乾燥させた根は不快な臭いで、「汚れた靴下」「臭いチーズ」などと形容される。

歴史と民間伝承

» バレリアンは、ギリシャ語で「phu」(プー)とも言われた。ひょっとすると、「悪臭に対する嫌悪」を表す間投詞「phew」(フュー)は、この名前に由来するのかもしれない。
» 中世ヨーロッパのスウェーデンでは、妖精の「嫉妬」をかわすため、バレリアンを花婿の婚礼服に忍ばせた。
» アルコールを含まない炭酸飲料ルートビアなどの飲料や、食品の風味づけに使われる。
» バレリアンは、愛や調和に関するまじないや妙薬の材料とされている。

廃屋の湿った石段に、野草に混じって生い茂る白いバレリアン。

ワームウッド

Artemisia absinthium

memo
鑑賞植物として、リキュール「アブサン」の原料としても知られるワームウッド。食欲を増進させるハーブとしての歴史も長い。

古代エジプト時代から、ハーブ療法家は、食欲を増進させるためにワームウッド（ニガヨモギ）を用いてきた。ワームウッドは元々、ユーラシア大陸や北アフリカの温暖な地域が原産だが、今では北米やインドのカシミール渓谷にも帰化している。乾いた荒れ地や岩の多い斜面、道端でも育つ「たくましい草本」だ。

ワームウッドは、キク科の多年生植物で、ひげ根をもち、筋目のある茎は1m近くまで成長する。らせん状に羽状複葉がついた茎は、先端に近いほど灰色がかった緑色に、根元に近づくにつれ白くなる。薄黄色の筒状の花が密集した房は、枝分かれした円錐状の花序をつくる。

作用／適応

英名のワームウッド＝「虫の草」の名のように、かつてワームウッドはギョウ虫や回虫などの寄生虫を駆除する虫下しとして使われた。

古代から食欲増進にワームウッドが使われたことからわかるように、現代でいう食前酒の苦味酒（ビターズ）のように消化促進にも用いられた。苦味のもつ胆汁分泌促進作用が、胆のうや腸腺から胆汁を分泌させ、食物の消化を助けるからだ。ただし、摂り方によっては下痢になるとの見解もある。これは消化を助けて小腸が空になった後は、胆汁が大腸に届きやすくなり、胆汁が下剤のように作用してしまうと考えられている。

メディカルハーブとしてのワームウッドには未知の部分も多い。ワームウッドには、タンジーと同様、「ツヨン」という向精神作用をもつ成分が含まれている。この化合物は、大量摂取すると、けいれんや腎障害を誘発することがわかっている。したがって、ワームウッドを用いる際は、細心の注意を払いたい。事前に医師に相談することはもちろん、ごく短期間だけ少量を使用するに留めたい。

「ワームウッドの精油」と銘打った製品の多くは、「スイート・ワームウッド」「スイート・アニー」として知られる近縁種のクソニンジン（*Artemisia annua*）をもとにしたものだ。

料理での使い方

中世ヨーロッパでは、ワームウッドは蜂蜜酒（ミード）のスパイスに使われた。また、ニガヨモギ特有の苦味成分は「アブシンチン」によるもので、ビールや蒸留酒の風味づけにも用いられた。かつて一世を風靡したアニス風味のフランスのリキュール「アブサン」は複数のハーブを使うが、原料にはワームウッドの花や葉も含まれている。混成酒と言えば、白ワインをベースにする「ベルモット」にもワームウッドは香味を添えるのに使われる。また、その名の由来にもなっている。ドイツ語でワームウッドを表す「*wermuth*」（ヴェルムート）こそ、英語のベルモット（vermouth）の語源だからだ。

芳香の特徴

ワームウッドの香りは、シダーリーフに似て、刺激が強く青臭さがある。乾燥させた葉や花から水蒸気蒸留で抽出した精油は、男性の香水のトップノート（最初に感じる匂い）としてブレンドされる。

歴史と民間伝承

» 古代ペルシャ人は、加護を願う供物として、ワームウッドを燃やした。
» 英国ロンドン西部のワームウッド・スクラブスという開けた一帯には、その昔、決闘場があった。現在は、ハマースミス病院やリンフォード・クリスティ・スタジアム、英国ワームウッド・スクラブス刑務所がある。

1896年の「アブサン・ロベット」の広告ポスター。アブサンがヨーロッパや米国を席巻した。

北米には、丈が高く、羽毛のような多年草のワームウッドが帰化している。空き地や道端、野原の片隅で野生化したワームウッドが見られる。

ここにも注目

緑の妖精の帰還

19世紀後半から20世紀にかけて、パリをはじめとする各地の芸術家、作家、音楽家は、創造力を刺激するとして、アブサンを愛飲した。画家のロートレックも作家のオスカー・ワイルドも、「液体のミューズ」＝アブサンに魅せられた。アブサンはエメラルド色をしていることから「緑の妖精」とも言われるようになる。アブサンの飲み方も独特だ。グラスの上に置いた専用のスプーンに角砂糖をひとつ載せ、そこにアブサンを注ぎ、さらに水を加えて楽しむ。アブサンが流行すると、上流社会の保守的な人々は、自由奔放に暮らす人々が好むアブサンを「危険なほど中毒性がある」と決めつけて、「人を狂わせ、犯罪者にする」と糾弾するようになった。その理由の一つが、ワームウッドに含まれる化合物「ツヨン」だ。ツヨンが発作や幻覚を誘発することが研究者によってわかると、1915年には、アブサンの飲用が米国とヨーロッパの多くの国で禁止された。だが、最新の研究で、アブサンに含まれるツヨンは微量で、害があったとしてもほかのアルコール飲料と変わらないとする結論が出たため、1990年代に製造が再開され､今では200以上の銘柄が流通するようになっている。■

ヤロー

Achillea millefolium

memo
魅力的なヤローは、観賞にもぴったりだが、根、花、茎、葉は、すべてあますところなく、ハーブ療法に使える。

ヤロー、別名「コモンヤロー」は、ヨーロッパや北米でメディカルハーブとして長く用いられてきた。キク科の多年生植物で、原産地は北半球のヨーロッパやアジア、北米（米国では、在来種と帰化種の両方が見られる）。草地や疎林で育ち、環境適応能力が高く、自生地は標高0～3000mと幅広い。

ヤローの草丈は1mほど。毛のような羽状葉（ヤローの種名「*millefolium*」は、ラテン語で「千の葉」を意味する）が、直立茎に等間隔、らせん状につくのが特徴だ。花序の総苞（そうほう）は4～9個で、その中に白やピンク、黄色の小さな舌状花と中心花が収まっている。「ノーズブリード・プラント」「オールドマンズ・ペッパー」「デビルズ・ネトル」「ミルフォイル」「ソルジャーズ・ウンドワート」などの通称もある。

ヤローの花にとまるミツバチ。円盤のような小さい花は、小さなヒナギクが集まったようだ。

ヤローは干ばつに耐性があるので、土壌浸食を防ぐ目的でも使われる。牧草としてライグラスの単一栽培が始まるまでは、常緑の牧草地にはたいていヤローも植えられていた。これはウシなどの反芻動物の栄養不足を防ぐためだった。ヤローは土中に深く根を張るので、葉にミネラル分が豊富なのだ。

作用／適応

十字軍の遠征では、ヤローは「騎士のハーブ」として知られた。手傷の止血にヤローが用いられたからだ。また、過多月経や潰瘍（かいよう）の出血の治療に加え、痔の出血を抑える湿布にもヤローが用いられた。インドでも、伝統医学アーユルヴェーダの手法に取り入れられている。一方、中国の療法家は、脾臓、肝臓、腎臓、膀胱の経絡や、エネルギーの流れも活性化する薬草として、ヤローを高く評価している。

ヤローは、作用の有用性が研究でも認められており、抗菌作用や抗けいれん作用を示す報告がある。また、鎮痛効果のあるサリチル酸（アスピリンの有効成分の類似物質）や抗炎症性の揮発油も、ヤローには含まれている。複数の研究で、ヤローをチンキ剤やティーの形でとると、月経痛や子宮内膜症といった痛みを伴う女性特有の症状を改善するとされている。ワームウッドと同様、苦味成分が消化を促す胆汁の分泌を刺激して、胃の不調を和らげることも報告されている。

また、ヤローには充血除去作用があり、副鼻腔感染症や痰を伴う咳、アレルギー性鼻炎の緩和に効果が期待できる。また、風邪やインフルエンザ、発熱時には、発汗を促すとされる。ほかのハーブとヤローを一緒に用いると、作用を強める働きもある。

草丈が高く、軽やかな葉のヤロー。草地に群生し、5月から6月にかけて、ピンク、白、黄色などパステル調の花を咲かせる。

芳香の特徴

木や草に似たこの植物の香りは、キクの香りにたとえられる。アロマテラピーでは、花を蒸留してできる精油が、気分の落ち込みやムラを改善するのに使われる。また、香りは精神を落ち着かせ、力づけて元気にすると考えられている。知力と創造力のバランスを保つともされる。ドイツ、ハンガリー、フランスがヤロー精油の主要な生産国だ。

歴史と民間伝承

» ホメロスの『イリアス』によれば、伝説的なギリシャの戦士、アキレウスが、戦友の傷を治すためにヤローを使った。

» 米国ニューメキシコ州や、コロラド州の南部において、ヤローはスペイン語で「小さな羽根」という意味の「*plumajillo*」と呼ばれる。

» 中国の伝統療法では、ヤローが陰陽の完全なる調和を表すと考えられている。また、乾燥させたヤローの茎は易経の占いで使われる。

ハーブのあれこれ

1904年に撮影されたナバホ族の呪術医、ハストビガ。ヤローの西部の変種（*A. millefolium* var. *occidentalis*）は、ナバホ族の基本のハーブであり、薬にも、儀式にも用いられた。

アメリカ先住民の「命の薬」

北米の先住民族のシャーマンや呪術医は、コモンヤローとそのアメリカにおける変種を珍重していた。南西部の先住民族であるナバホ族は、ヤローを「命の薬」と考えて、活力を取り戻す強壮剤に使っていた。また、歯の痛みを抑えるために噛んだり、耳の痛みを抑えるために煎じ液を作ったりした。カリフォルニア州のミウォク族にとって、ヤローは痛みを鎮め、頭痛を和らげるための薬だった。ポーニー族のような平原の民も、鎮痛にヤローを用いていた。チペワ族は、蒸した葉を吸入して頭痛を治療し、根を噛んで出た唾液を肌に塗ることで興奮剤にした。チェロキー族は、ヤローのティーを解熱に使ったり、不眠を解消するために処方したりした。ズニ族は、変種のウェスタンヤロー（*A. occidentalis*）の花や根を噛み、その汁を火渡りの前に使ったり、粉にしてやけどのパップ剤にしたりした。■

第3章

アロマティック
ハーブ

左：ラベンダー畑

儀式とロマンスの香り

アロマティックハーブの魅力

アロマティックハーブにまつわる伝説や物語は多い。たとえば、ジャスミン。その香り高いエッセンスは、人々を魅惑する官能的な香水の原料に使われる。また、古代の人々はミイラを作る際に、すがすがしい香りをもつラベンダーを利用した。聖書に香油として登場するスパイクナードのように、信仰における神聖な香(こう)として使われたハーブもある。

このように、アロマティックハーブといってもさまざまだが、料理用ハーブやメディカルハーブと比べると暮らしの中ではそれほど目立たないかもしれない。ただ、アロマティックハーブが多くの文化の黎明期に重要な役割を果たしていたことは間違いなさそうだ。芳香を放つハーブは、鳥や昆虫など花粉を運ぶ生き物たちを引き寄せたり、あるいは大切な穀物を捕食者から守ったりするために庭や畑に植えられた。作物を虫などから守るために栽培されたハーブもあれば、人や家畜が伝染病にかからないようノミやハエ、ユスリカやカなどの害虫を寄せつけないために使われるものもあった。

ラベンダーの枝とアロマキャンドルとバスソルト

また、アロマティックハーブは歴史を通して、宗教的な儀式が執り行われる神聖な場所でも重用されてきた。ツンと鼻をつく刺激のあるハーブは生贄の動物を供える儀式や葬儀で用いられ、甘い香りのハーブは結婚式や洗礼での祝福の祈りの際に使われた。陶然とするような濃厚な香りを持つハーブは、香炉によってカトリックや東方正教会のミサを独特の香りで満たした(英語で「香り、香水」を意味する「perfume」という言葉は、「煙を通じて」という意味のラテン語から来ている)。北米のアメリカ先住民のシャーマンたちも、儀式の前にハーブの束をいぶして、あたりの空気を清めた。こうした行為は、遠く離れたヨーロッパ、アジア、アフリカでも行われていた。

中世ヨーロッパでは、豪華な城でも貧しい家でも床にハーブを撒いて、客を心地良い香りで迎え入れた。アリやゴキブリ、シミ、サソリなどの害虫を家に寄せつけないために使われるハーブもあった。ジョージ王朝時代になると、アロマティックハーブで家の中に芳香を漂わせることが流行となり、ビクトリア朝時代にはごく普通に

できたてのジャスミンの花輪を飾るタイの生花店。タイではジャスミンの花輪を、祝祭日の贈り物や宗教的な供え物に使う。人類は数千年にわたって花を摘み、香りの良いハーブから精油を採って、儀式に用い、家の中や身体に芳香を漂わせるために活用してきた。

ポプリやサシェ、香り玉、センテッドピローが部屋に置かれるようになった。

濃厚な香りのハーブ

ファラオの時代から、人々はアロマティックハーブの精油を使って刺激的な芳香を放つ香水を作り、髪や身体、衣服につけてきた。中世ヨーロッパでは、この強い香りを使う習慣が、恋愛においてとても重要な意味を持った。というのも、当時の人々は、水に体を浸すことが病毒の影響を受ける危険につながると考えていたからだ。ルネサンス期には、香水の生産は主な産業にまで発展し、主な香りの4系統――すなわち、生花とスイートスパイスを使う「フローラル」、バニラやオレンジブロッサム、スイートスパイス、アンバーグリスを使う「オリエンタル」、サンダルウッドやベチベルソウ、パチュリを使う「ウッディー」、そしてシトラスや水中植物、緑草、ラベンダーなどのアロマティックハーブを使う「フレッシュ」――もこの時期に確立され、現在にも引き継がれている。

「遠い昔のものが
何もかも
消え去ってしまったとき……
匂いと味だけは
残っている」
―― マルセル・プルースト

アロマテラピー

20世紀後半になると、自然療法に対する人気が高まり、伝統的なハーブ療法家が数千年にわたって培ってきた手法が改めて注目を集めるようになった。この療法は「アロマテラピー」（アロマセラピーとも言う）と呼ばれ、アロマティックハーブやスパイスの精油を吸入したりすることで、身体の不調を整えるとともに、心身をリラックスさせ、活力を回復させる効果を持つ。

ビーバーム

Monarda didyma, M. fistulosa, M. citriodora

memo
ビーバームには複数の品種があり、真夏に咲く色鮮やかな花はミントに似た素朴な香りをあたりに漂わせる。

強い香りを放ち、背の高い観賞植物としても人気のビーバーム(Bee Balm)は、その名が示すミツバチ(bee)をはじめ多くの授粉者を引き寄せる。アメリカ先住民の代表的な薬草としても知られる。シソ科の仲間で原産地は米国東部。現在は、北はカナダのオンタリオ州、西部のブリティッシュコロンビア州、南は米国のジョージア州やメキシコまで広く分布し、欧州やアジアの一部でも見られる。森林の開けた場所、藪に生育する。

ビーバームは「ベルガモット」とも呼ばれるが、これはビーバームの葉の香りが柑橘類の果樹ベルガモットに似ていることから付けられたもの。「ホースミント」の別名もある。草丈は60cm以上になり、シソ科の特徴である四角形で溝のある茎に、表裏ともにざらざらとした手触りの鋸歯状の葉が対生につく。茎の先端に、20～50個の花が輪のように集まった、蜜が豊富で人目を引く筒状の花が咲き、葉の形をした苞葉が支える。根系は、細く短い地下茎から成る。

ビーバームは数種がメディカルハーブとして用いられ、葉を圧搾すると芳香がある精油を抽出できる。精油濃度が一番高いクリムゾンビーバーム(*M. didyma*)は、鮮やかな深紅色の優雅な花を咲かせる。ワイルドベルガモット(またはパープルビーバーム、*M. fistulosa*)は、丈の高い多年草で薄紫色の細長い花をつけ、「オスウェゴティー」とも呼ばれる(オスウェゴとはニューヨーク州西部に住んでいたアメリカ先住民の名)。かつてアメリカに入植した人たちが茶葉に対する英国の課税強化に抗議するため、船に積まれた茶箱をボストン港に投げ捨て、紅茶代わりにワイルドベルガモットの若葉のティーを飲んだというエピソードにちなんだ呼び名だ。レモンベルガモット(*M. citriodora*)は、紫がかったピンク色の花が食用としてデザートやサラダに使われ、レモンの香りがする葉はティーや蒸留酒の風味づけに用いられる。

「スカーレットビーバーム」「スカーレットモナルダ」とも呼ばれ、鮮やかな真紅の花を咲かせるクリムゾンビーバーム(*Monarda didyma*)。

芳香の特徴

ミント、オレガノ、タイムの香りが混じり合ったようなビーバーム独特の複雑な香りは、葉と花にあり、ポプリやサシェで人気がある。開花時期は6～7月。葉

ワイルドベルガモット(*Monarda fistulosa*)は園芸種より花弁が細く、薄紫色の花を咲かせる。

と花は、この時期に摘み取って乾燥させる必要がある。家庭では、紙袋に入れて乾かし、風通しのよい場所に吊るしておくといい。

アロマテラピーでは、精油を鎮静、抗うつ、不安抑制のために用いる。

作用／適応

ヨーロッパの人々が北米に上陸する以前から、アメリカ先住民はビーバームをメディカルハーブとして活用していた。ビーバームには四つの変種があるが、先住民たちはそれぞれの香りの違いまで識別できた。野生のビーバームはスウェットロッジ(儀式用の発汗小屋)で発汗の誘発に使われ、整髪用香油の原料にもなった。ビーバームには抗菌成分「チモール」が豊富に含まれており、皮膚や口腔の感染症の治療にも用いられたようだ。

北米への入植者は、先住民に倣ってビーバームを使った。鼻がつまると、ビーバームを丸ごと蒸してその蒸気を吸い込んで治した。19世紀のシェーカー教徒は、ビーバームが風邪や咽頭痛に効くと信じていた。

代替医療では、ビーバームの葉と花を、腸内ガス排出や発汗促進、利尿剤、刺激剤、抗菌剤として広く活用している。浸出液は風邪や頭痛、胃疾患の治療や、微熱を下げ、月経痛や不眠症を緩和する内服薬として用いられる。また、このハーブの蒸気を吸入すると、咽頭痛や気管支の炎症に効果がある。皮膚の発疹や感染症には外用薬として使われる。

歴史と民間伝承

» ビーバームを、ベルガモットミント(*Mentha citrata*)や、果実が紅茶のアールグレイの香りの原料となる柑橘類の常緑樹ベルガモット(*Citrus bergamia*)と混同しないように注意しよう。

» 財布にビーバームの葉を入れて持ち歩くとお金を引き寄せ、使う前に葉で紙幣をこすると再びその紙幣が戻ってくるという民間伝承がある。

手軽にハーブを

スパークリング・ベリーパンチ

柑橘系のビーバームを加えると爽やかな風味が増し、夏のガーデンパーティーなどにぴったりの飲み物が出来上がる。

材料

- 砂糖またはステビア ……… 1カップ
- レモンジュース ……… 1カップ
- ビーバームの若葉 ……… 1カップ
- ストロベリー／ラズベリーのミックス ……… 1カップ
- クランベリージュース ……… 2カップ
- 刻んだミントの葉 ……… 1/2カップ
- 冷やしたパイナップルジュース ……… 大1缶
- レモンライムソーダ ……… 2000mlビン1本

作り方

砂糖とレモンジュースを鍋に入れて砂糖が解けるまで加熱する。ビーバームの葉とベリーを加えて、かき混ぜながらベリーが柔らかくなるまで15分間ほど煮込む。葉とベリーを濾し、ミントとクランベリージュースの中に入れてかき混ぜ、24時間冷やす。パンチボウルに入れて出す直前に、パイナップルジュースとソーダを加える。生のストロベリーかラズベリー、あるいはベリー類を入れて凍らせたリング型の氷をボウルに浮かべる。■

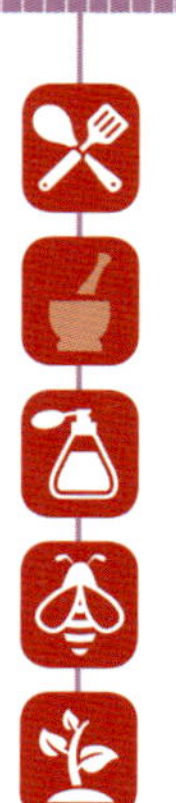

ベルガモット

Citrus bergamia

memo
ベルガモットの葉と果皮から採れる香り高い柑橘系オイルは、香水界での評価が高い。

ベルガモットの果実の香りはかぐわしく、香水やスキンケア製品の原料、食品の香料として用いられる。原産地は東南アジアだが、16世紀にベネチアの貿易商がイタリアに持ち込むと、すぐに地中海地方で生育するようになった。

現在の主要産地は南イタリアのカラブリア地方。フランス南部と西アフリカのコートジボワールでは精油用に、トルコのアンタルヤではマーマレード用に商用栽培されている。

ベルガモットは、ヘンルーダなどが属するミカン科の仲間で、スイートライム（またはスイートレモン、*Citrus limetta*）とビターオレンジ（*C. aurantium*）の交配種と考えられている。低木で、冬に開花する。果実は、色はレモンに近く、大きさはオレンジほどだ。

ベルガモットは果実の外皮だけでなく、葉も強い芳香を放ち、精油が採れる。

芳香の特徴

ベルガモットの果皮は、香水に広く使われている。ほかの香りと混ぜ合わせると、調和がとれた独特の香りを生み出すことから、男性用香水の3分の1、女性用香水の半分にベルガモット精油が入っていると考えられている。しかし、100個のベルガモット果実から採れるオイルはわずか90mlほどと、ごくわずか。過去には、安価に販売されていたベルガモットのオイルに、ローズウッドやベルガモットミントなどのオイルが混入されていると問題になったこともある。現在、イタリアの関係当局はベルガモットの純度を検査して認証を出すなど、ベルガモットオイル製品の品質管理を徹底している。

ベルガモットは菜園のコンパニオンプランツとしても植えられる。というのも、根の香りが強いため、ほかの草木の根から出る匂いを土中で打ち消す作用があるからだ。この香りが、根につく病害虫から草木を守ると考えられている。

料理での使い方

果肉は酸味が強いが、香りの良い果皮から抽出したエッセンスは香料として人気が高い。紅茶のア

ハーブのあれこれ

ケルンの誇り

香料の割合がパルファムやオードトワレよりも低い香水(2〜5%)を、総じて「オーデコロン」と呼ぶが、オーデコロンとは実は「ケルンの水」の意味だ。もともとは、イタリア人調香師ジョヴァンニ・マリーア・ファリーナが考案した香水の名だったが、それが香りの持続時間が短くライトな感覚で使える香水の総称となったのだ。ファリーナの香水は、複数の柑橘系オイルをブレンドしたもので、かなりの量のベルガモットオイルが含まれていた。1714年から保存されているファリーナの記録にも、香水の原料としてベルガモットの名が記されている。ファリーナは兄弟に宛てた手紙でも「イタリアの春の朝や、雨上がりの山のラッパスイセンとオレンジの花を思い出させる香りを見つけた」と述べている。ファリーナは、ドイツ・ケルンに香水の工場をつくり、自らの香水に、新たな故郷となったケルンの名を付けた。この香水はヨーロッパの王室に納められたという。なお、ファリーナはドイツではヨハン・マリア・ファリナと呼ばれた（世界最古の香水工場として1709年創業したファリナハウスは現在もケルンで営業している）。ファリーナのおかげで世界的な香水の街として知られるようになったケルンは、ファリーナの功績をたたえて市庁舎に銅像を立てた。■

ファリーナが創り出したオリジナルのオーデコロンの1858年版ラベル。

ールグレイやレディグレイの特徴的な柑橘系の風味の「秘密」もベルガモットだ。トルコの砂糖菓子ロクム（ターキッシュ・ディライトとも呼ばれる）の材料にも使われる。イタリアでは、マーマレードや「リクオーレ・ディ・ベルガモット」という食後酒に用いられる。スウェーデンとノルウェーでは、ベルガモットを無煙タバコ「スヌース」の風味づけや、嗅ぎタバコのブレンドにも使う。果汁はマーマレードやビネグレットソースに加えられることがある。

『薬用植物』に描かれたベルガモットの挿絵。同書はフランツ・オイゲン・ケーラーによって1887年に出版された。

作用／適応

ベルガモットオイルに含まれる「ソラレン」という成分は、長い間、日焼け止めや日焼けオイルの原料にも使われていた。1959年に、ソラレンに光発がん性（肌につけた状態で太陽に当たるとがんの原因になる性質）があることがわかったが、実際に日焼け止め製品へのソラレンの使用が禁止されたのは1965年になってからだった。現在、ソラレンと長波紫外線（UVA）を併用した「PUVA療法」と呼ばれる療法が、湿疹や乾癬、移植片対宿主疾患、尋常性白斑、菌状息肉腫、皮膚T細胞性リンパ腫といった、重篤な皮膚障害の治療に用いられている。

歴史と民間伝承

» 第二次世界大戦中、連合国は、ファシスト政権下のイタリアからベルガモットオイルを輸入できなかった。そのため、スイートライムなど他の柑橘系果実のオイルを輸入した。

クレタンディタニー

Origanum dictamnus

memo
クレタンディタニーは耐乾性の低木。その香りがミツバチやチョウ、鳥を呼び寄せる。

クレタンディタニーは「ディタニーオブクリート」「ホップマジョラム」とも呼ばれる芳香性の地被植物（地表を低く覆う植物）だ。クレタ島で栄えたミノア文明をはじめ、古代の人々の間では、薬草として知られていた。ギリシャのクレタ島原産で、険しい山腹や岩石の多い渓谷に自生する。温帯地域でもよく見られ、木々に覆われた乾いた斜面の酸性土壌を好み、乾燥地でとりわけよく育つ。

シソ科の多年草で、草丈は高くても30cmほどしかなく、地表を覆うように伸びる。アーチ形の茎と丸い灰緑色の葉が特徴的。葉の表面は白い毛で覆われてビロードのようだ。下垂した房になって咲く小さなバラ色の花を、重なり合った多くの紫がかったピンク色の苞葉が囲む。

乾燥した環境を好むクレタンディタニーは、ゼリスケープ（乾燥に強い植物を用いた節水園芸）にぴったりの植物だ。

クレタンディタニーの花は、セセリチョウなどのチョウ、ミツバチといった昆虫を引き寄せて蜜を与え、斜面にしっかりと伸びる根が土壌を支えて浸食を防ぐ。なお、ディタニー（dittany）の名は、ギリシャ神話の最高神ゼウスの生誕地とされるクレタ島のディクテー山（*Dicte*）に由来するとされる。

芳香の特徴

クレタンディタニーは、その芳香が珍重される。夏の数カ月間の開花時期に摘み取り、薬品や香水、美容製品の原料として、またベルモット酒やアブサンなどの蒸留酒、ベネディクティン酒の風味づけ用に輸出される。現在クレタ島の栽培の中心地は、イラクリオンの南にあるエンバロスとその周辺の村々だ。残念ながら、野生のディタニーオブクリートは「稀少種」に分類され、1997年以降は国際自然保護連合（IUCN）のレッドリストに「絶滅危惧種」として記載されている。

主な芳香成分は、抗菌作用を持つチモール（タイムにも含まれる）、殺菌作用を持つカルバクロール（オレガノにも含まれる）、ミントに似た香りがする柑橘系のフェランドレン（フェンネルにも含まれる）、シメン（クミンやタイムにも含まれる）など。ディタニーの香りは鼻にツンとくる刺激性があり、オレガノ、タイム、マジョラムにも似ている。

作用／適応

ディタニーは、さまざまな消化器系疾患の治療薬として長い歴史を持つ。さしずめ、クレタ島に暮らす地元のおばあちゃんなら、「ディタニーはお腹にいいんだよ」とでも言うところだろう。古代ギリシャの医師ヒポクラテスは、関節炎や消化器系疾患、月経不順の治療など多くの症状にこのハーブを処方し、傷のパップ剤にも使った。アリストテレスは著書『動物誌』で、「クレタ島の野生のヤギは、猟師の矢で傷を負うとディタニーを探しに行った」と記している。ディタニーは、ホメロス、エウリピデス、ウェルギリウス、テオフラストス、プルタルコス、ディオスコリデスおよびガレノスの著作の中でも、言及されている。シャルルマーニュ（フランク王国のカール大帝）も、居城の農園でディタニーを栽培していた。

近年、メディカルハーブとして利用されることは減っているものの、ハーブ療法家は今でも頭痛や消化器の不調、神経痛の治療、月経痛の緩和にはティーとして、傷にはパップ剤としてディタニーの使用を薦めている。

歴史と民間伝承

» ウェルギリウスの『アエネーイス』では、女神ビーナスが負傷したアエネアスを「クレタ島のイディ山から摘んできたディタニー」の茎で治す。絵画では、女神アルテミスがディタニーの冠を着けた姿で描かれることが多い。

ピンク色の薄い苞葉が美しい、香り豊かなクレタンディタニーの花。ドライフラワーにするとすばらしいポプリになる。

» オカルティストは、ディタニー、バニラ、ベンゾイン、サンダルウッドから作られた香（こう）が、幽体離脱――肉体からの意識の分離――を助けると信じている。

» クレタ島の方言で、ディタニーは「*erontas*」（「愛」）と呼ばれ、媚薬とみなされている。このハーブを営利目的に採取する人は「*erondades*」（「愛を探し求める者」）と呼ばれる。伝説によれば、多くの情熱的な若者が、恋人への贈り物として辺鄙な山腹に咲くこの花を摘み取ろうとして命を落としたという。

ここにも注目

ブラヴァツキー夫人の魔法のハーブ

オカルティズムの信奉者は、占い術、ヒーリング（人間が本来もつ生命力を引き出して治癒と回復を促進する）やプロテクション（負の影響から身を守る）にディタニーを使う。19世紀の有名なオカルティストであるヘレナ・ブラヴァツキー夫人は、ディタニーを「魔法の」植物の中で一番強力だと考えていた。ウクライナ生まれのブラヴァツキーは、神智学協会を創設し、神智学（古代の知恵と宗教、古代の国々でかつて知られていた深遠な教義を統合した信念体系）を広めた。ブラヴァツキーの哲学は、のちに仏教の現代主義やヒンドゥー教の改革運動に影響を与えた。ブラヴァツキーは、20世紀の「ニューエイジ運動」の先駆者とも目されている。■

19世紀オカルティズムの第一人者だったヘレナ・ブラヴァツキー。20世紀のニューエイジ運動にも影響を与えた。

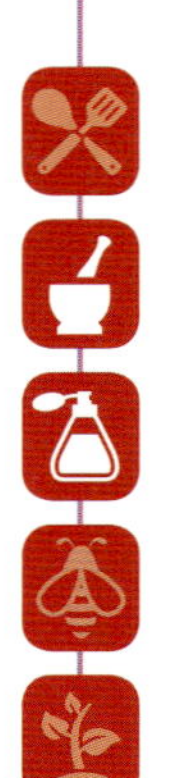

ユーカリ

Eucalyptus globulus

memo
ユーカリの一種であるブルーガムの香り豊かなオイルは、薬効・芳香・風味、どれをとっても評価が高い。

ユーカリはフトモモ科の中の属の一つで、多様な花木と低木が含まれる。オーストラリアとタスマニア原産の種だけでも700を超え、そのうち少なくとも691種が両地域に生育して植物相の中心を占めている。今では亜熱帯地方でもこの木が見られる。

ユーカリの種は多様で、観賞用の低木もあれば、巨木に生長するものもある。薬用とされるのが一般に「ブルーガム」と呼ばれる「*Eucalyptus globulus*」で、70m以上を超えることもある美しい高木だ。その大きな葉は光沢のある濃緑色で、青灰色の樹皮を剥がすとクリーム色の内部樹皮が現れる。ちなみに、オーストラリアの景勝地「ブルー・マウンテンズ」の名は、ユーカリから放出されて気化したオイルが光に反射して一帯が青く見えることに由来する。

ユーカリオイル。アーユルヴェーダでも西洋医学でも、ユーカリの精油は鼻づまりの緩和に用いられる。

芳香の特徴

ユーカリの有効成分はシネオールと呼ばれる抗炎症物質で、これがショウノウに似たかすかに刺激性のあるユーカリの香りの源だ。この香りは脳波を活性化し、肉体と精神の疲労を和らげると言われる。長時間、車で移動する旅行者は、ユーカリを携行するといい。学生なら、勉強がはかどるようにユーカリの香りを吸い込むのもいい。ユーカリの香りを嗅ぐと活力が増すという、米国の大手香料メーカーの調査もある。アロマテラピーでは、ユーカリオイルは空気を浄化し、不和などの負のエネルギーを取り除き、心の乱れを鎮めるとされている。

作用／適応

医薬的な観点から見ると、ユーカリには殺菌、抗ウイルス、防臭、肺から粘液を取り去る去痰などの作用があることがわかっている。リウマチや関節炎、関節痛を和らげる塗布薬としても用いられる。ユーカリのオイルは生の葉と枝先から精製される。葉にはタンニンが含まれ、これが植物ベースの抗酸化物質や揮発油であるフラボノイドと連動して、炎症を抑える役割を果たすのではないか、と研究者たちは考えている。

オーストラリアの先住民アボリジニの伝統療法で

ハーブのあれこれ

マラリアとの闘い

1867年、パリ万国博覧会でヨーロッパにユーカリの木が紹介されたとき、参加したメルボルンの植物園の責任者には秘めた思いがあった。彼は、ユーカリの精油がカユプテの木（*Melaleuca leucadendra*）を蒸留して抽出するカユプテオイル（抗菌作用を持ち、去痰薬になる）の廉価な代替品になると考えていたのだ。一方、ユーカリの存在を知ったフランス政府は、マラリアの蔓延が深刻だったアルジェリアで、生長の早いユーカリの植林を始めた。当時、マラリアの原因と考えられていたのは、沼地からの有害な空気「ミアズマ」（毒気）だった。フランス政府は、ユーカリの香りでこれを中和できると考えたのだ。実際にユーカリはマラリアの感染を減少させたが、それはユーカリの香りのせいではない。ユーカリは生長にたくさんの水を必要とする。それがアルジェリアの沼地から水を吸い、結果として土地を乾燥させたのだ。こうしてマラリアを媒介するカハマダラカ（*Anopheles*）の生息地は減り、結果としてマラリア感染を減らしたと考えられている。■

は、傷を癒やし、真菌感染症を治療するのにユーカリが用いられてきた。また、ユーカリティーは解熱効果があることも知られていた。ユーカリの作用はほかの文化でも認められ、中国、ギリシャ、ヨーロッパの医療やアーユルヴェーダに取り入れられるようになる。19世紀には、尿路カテーテルの消毒に一

ブルーガムは広範囲に植えられているユーカリ樹の一つ。葉を蒸留すれば、香りの良いオイルが採れる。

ユーカリの葉は、オーストラリア固有種のコアラのエサになる。残念ながら、森林破壊が、コアラの個体数に深刻な影響を及ぼしている。

般的に使われた。ユーカリオイルに殺菌作用があることは、のちの研究で確認されている。

今日では、咳、風邪、インフルエンザの症状を緩和する市販の調合薬にもユーカリの精油が使われている。ハーブ療法家は咽頭痛の緩和、気管支炎や副鼻腔炎の治療に、生の葉をティーやうがいで使うことを薦める。ユーカリオイルを含んだ揮発性の軟膏は、鼻風邪などの病気の子どもの胸にすり込むことが多い。またユーカリオイルは背中や筋肉、関節の痛みを和らげるためのクリームや軟膏にも含まれている。

なお、ユーカリオイルには口臭の原因となるバクテリアを殺すシネオールが豊富に含まれているため、多くの口内洗浄液に、ほかのオイルと共に使われる。ユーカリが歯垢や歯肉炎の予防に役立つことを示すデータもある。

歴史と民間伝承

- ユーカリの木は通常、製材や薪材、製紙用パルプ材、柵の材料として使われる。ディジュリドゥというアボリジニの細長く大きな管楽器も、この木から作られることが多い。
- 絹やウールの染色には、ユーカリのすべての部位が使われる。色は黄色、オレンジ、緑色から濃い錆色やチョコレート色まで、幅広い色が出せる。
- ユーカリの林は、二酸化炭素の排出量削減にも役立っている。1本の木が吸収する二酸化炭素の量は年間300kgにもなる。

column

アロマテラピー

植物の精油の「力」を借りれば、心身ともにくつろぎ、健康や若さを取り戻せる

アロマテラピー（アロマセラピーとも呼ばれる）とは、ハーブの香りの良い精油を取り入れた自然療法だ。心身の健康のために、数世紀にわたってハーブ療法家たちに実践されてきたが、近年になって広く一般にも知られるようになった。

香りを愉しむ

歴史家によれば、人類は、はるか昔（紀元前7000年頃）に、ひょんなことから、温めた動物の脂肪が植物の香りを吸い取ることを発見したらしい。その後植物の香りを吸ったオイルを作り、香水や整髪料、化粧水、防虫剤に使った。また、マッサージや儀式、さらには体の不調を治す目的でも活用した。

植物を使った治療は、中国、インド、エジプト、ギリシャ、ローマの文化に取り入れられたが、時を経る間に自然療法家はかぐわしい香りのオイルが、場の雰囲気や人の感情に影響を及ぼすことに気づいた。そもそも人間は約1万もの匂いをかぎ分けられる。鼻は血液脳関門に近いこともあり、匂いの感覚は心身に強い影響をもたらすのだろう。こうして、身体に作用して気分を高める力を持つハーブの精油は、代替医療でも欠かせないものとなっていった。

ところで「アロマテラピー」という言葉を最初に使ったのは、フランスの化学者で調香師でもあったルネ＝モーリス・ガットフォセだ。ガットフォセは1937年に出版した著書『アロマテラピー』の中で、精油を香水や香料に使うことと、治療に用いることを明確に区別した。

心身を癒やす

アロマテラピーの目的はシンプルだ。体を傷つけたり、体に医療器具を挿入したりしない自然な方法で、心身の不調を改善し、精神の状態を良好にすること。それも、特定の兆候や疾患だけでなく、心身全体に影響を与えることで、人間にもともと備わっている回復力や健康を維持する力を活性化させるのだ。アロマテラピーで使われる精油の多くは、合成薬品や化学薬品に比べて安価で、入手もしやすく、副作用などのリスクも小さい。

さまざまなアプローチ

局所的に用いる、内服する、吸入する、など、ハーブには色々な使い方がある。ハーブの精油をマッサージで肌に浸み込ませたり、ティーやうがい薬に取り入れたり、ディフューザーという専用の器具を使って空気中に発散して芳香浴をしたり、蒸気を吸入したりする方法もある。入浴時にバスタブに精油を加えれば、作用がある香りを吸い込みながら皮膚からも吸収できるので一石二鳥だ。

さまざまな香りを知る

生活している空間を快適にしたい、気分を高揚させたい、心身の不調を改善したい。目的は違っても、アロマテラピーは自宅で実践できることがメリット。ブレンドすれば、効果も広がる。たとえば、ペパーミントとローズマリーは「浄化」の組み合わせだ。香りの効果ごとに、人気のハーブとスパイスを紹介しよう。■

ストレスと不安を和らげる

ビーバーム

ラベンダー

バニラ

疲労を緩和し、エネルギーを高める

ユーカリ

ペパーミント

ローズマリー

官能的でロマンティックな雰囲気を盛り上げる

コリアンダー

ジャスミン

パチュリ

記憶力と認知機能を高める

バジル

クラリセージ

ジュニパー

心を落ち着かせて安らいだ気分にする

シナモン

ジンジャー

ナツメグ

気分と雰囲気を高揚させる

ベルガモット

フェンネル

レモンバーム

ヒソップ

Hyssopus officinalis

memo
ヒソップは活用範囲が広いハーブだ。紫色の花を咲かせ、精油はすがすがしい芳香を放つ。花壇でも育てやすい。

ヒソップの歴史は、聖書の時代までさかのぼる。原産地は中央アジアだが、温帯地域のほとんどで野生化している。一般名や属名はギリシャ語の「*azob*」、すなわちヘブライ語の「*ezob*」(「聖なる薬草」の意)に由来。かつて神聖な場所を清めるために、ヒソップが使われたからだ。

ヒソップは常緑の半樹木状の多年生植物で、シソ科の仲間。丈は90cmほどになる。真っすぐに伸びる四角い茎に、細長い楕円形の葉をつける。夏が近づくと、茎の先端に青紫色の花を輪生に咲かせ、まるで森を思わせるような香りに誘われた昆虫たちが群がる。

ヒソップの細い紫色の花穂にとまる、コヒオドシ(*Aglais urticae*)。チョウが集まる庭を作るなら、ヒソップをぜひ植えたい。

芳香の特徴

ヒソップは地上部のすべての部位に強い芳香があり、その甘い香りはショウノウにも似ている。香水界では、ヒソップの精油に対する評価はラベンダーよりも高く、オーデコロンにも使われる。アルコール飲料の香味づけにも利用され、フランスで作られるハーブのリキュール「シャルトリューズ」の隠し味の一つでもある。またヒソップはミツバチを引き寄せ、その花蜜はすばらしい香りのハチミツになる。中世ヨーロッパでは、城や地方の別荘でヒソップを床に撒いて、空気を爽やかにした。

ヒソップの精油は、小さな青い花と葉から作られる。フランスのプロヴァンス地方やドイツで生産が盛んだ。アロマテラピーでは、ホルモンの分泌を促す強壮剤としてマッサージで使う。また、全身の健康を促進するために用いられる。

ヒソップオイルには他者との連帯感を強める作用があるとされ、グループで使えば一体感を高めると言われている。

作用/適応

昔から、自然療法家はヒソップを抗けいれん剤、抗うつ剤、抗菌剤、去痰薬、利尿剤、血行促進薬として高く評価してきた。婦人科系の不調、下痢、

乾燥させるために吊るされたハーブの束。タラゴン、カレンデュラ、タイム、ディルと並んでいるのは、ヒソップの葉と花（一番右）だ。乾燥させた葉は作用のあるティーになる。ヒソップは料理にも用いられ、ブイヨンやサラダに使われる。

風邪、発熱、咽頭痛、インフルエンザの症状の緩和、などの治療にも使われた。ヒソップは収れん作用を持つ成分を含むため、湿疹や皮膚炎など皮膚疾患の治療にも役立つ。

風邪の症状の緩和には、通常、温かな浸出液にして投与し、ホアハウンド（ニガハッカ）と混ぜることが多い。ヒソップティーは弱った胃に効果があり、ハーブの先端部分をスープで煮て喘息の治療に使うこともある。

歴史と民間伝承

» ヒソップをフランキンセンス（カンラン科の乳香樹からとる樹脂、「乳香」）やマスティック（コショウボクからとる樹脂）と混ぜ合わせると、クレタ島で栄えた古代ミノア王国から使われてきた芳香豊かな香料ができる。

» ヒソップは、聖書にも10回以上登場する。清め（浄化）と関連して述べられている場合が多い。ただ、「その中のいくつかは、ヒソップではなくケイパー（*Capparis spinosa*）を指している」と主張する学者もいる。

» ヘブライ人の聖職者は、神殿から悪霊を一掃しようと、ヒソップの茎で箒（ほうき）を作った。初期のキリスト教徒は、洗礼式にヒソップを用いた。のちにヒソップは、許された罪の象徴とみなされた。

» ヒソップは、ミツバチを呼び寄せる。昔の養蜂家はミツバチが留まるように巣箱にヒソップをすり込んだという。

健康のために

水の宮のハーブ

17世紀のイングランドの著名なハーブ療法家であり植物学者だったニコラス・カルペパーによれば、ヒソップは、占星術で「水の宮」とされる蟹座によって支配されているため、液体に関するあらゆる症状に対して効果があるとされた。カルペパーは、カタル性分泌物過多（中世ヨーロッパの療法家が「のどや肺、あるいは関節の周囲に集まる粘液状の液体」と呼んだ症状）を治療するためにヒソップを使う用法を書き残した。たとえば「ヒソップを単シロップ（白糖の水溶液）で摂取すると、痰が切れない咳に効く」、「温熱療法で利用すると、関節の炎症や筋肉痛の治療に効果がある」、「温湿布をする場合は、乾燥させたヒソップ一掴みを約500mlの熱湯の中に入れて混ぜ合わせ、その中にタオルを浸す。取り出したらすぐに創傷や腫れた関節に当てて、患部を15分間包む」、などの方法が記されている。■

ヒソップは歩道沿いの低い生垣や庭の縁取りによく植えられ、周囲に甘い香りを漂わせる。

ジャスミン

Jasminum spp.

memo

ジャスミンとはモクセイ科ソケイ属の植物の総称。アロマティックハーブとして輝かしい歴史を誇り、至福の香りを放つ花を採るために栽培されることが多い。

月明かりに照らされた異国風の庭園で噴水が奏でる音楽――ジャスミンの濃厚な香りをたとえるなら、そんな感じかもしれない。夜に花開くジャスミンの陶然とする香りは、有史と呼べる時代の初めから、ロマンスと欲望の代名詞であり続けてきた。ジャスミンという一般名も、詩的な由来を持つ。語源の「*yasmin*」はペルシャ語で「天国のような幸福」、アラビア語で「香り高い花」という意味だ。

ジャスミンが属するモクセイ科は200種を超え、その中には一年生植物もあれば多年生植物もある。一般にジャスミンと呼ばれるのは、全長が12mを超えることもある木性の蔓植物だ。葉は緑色の羽状。白い星形の花が房状に咲く。原産地はイランかインドという説が有力で、紀元前1000年頃にはエジプトに広がり、その後、トルコとギリシャでも野生化した。今日では多くの熱帯あるいは温帯地域で見られる。米国では、耐寒性のコモンジャスミン（*Jasminum officinale*）がワシントンD.C.を北限に広がっている。

ジャスミンは時に「花の女王」と呼ばれるが、事実、多くの王たちの寵愛を受けてきた。宋王朝（960-1279）の宮殿の庭園や、15世紀にはアフガニスタンやネパール、ペルシャの王たちの住居にも植えられた。17世紀にはムーア人がジャスミンをスペインにもたらし、そこからフランスとイタリアに広がることになった。

アラビアン・ジャスミン（*J.sambac*）の花をチャの葉（一般に緑茶）とブレンドすれば、香り高いジャスミンティーが作られる。

芳香の特徴

ジャスミンの個性的かつ芳醇で、温かく、花のような香りは、甘く異国的で、基調にはフルーツティーを彷彿とさせる芳香がある。中国では、13世紀にはジャスミンを緑茶の香りづけに使っていた。また、ジャスミンは多くの高級な香水にも使われている。フランスで何世紀も昔から栽培されているスパニッシュ・ジャスミン（*J.grandiflorum*）は、フランスに根付いた香水産業の鍵を握る植物ともいえる。

ジャスミンの主な成分はジャスモンで、これが香

ここにも注目

アンフルラージュ(油脂吸着法)で香料をとる

ジャスミンは「夜の女王」「聖なる森の月光」とも呼ばれる。これは、深夜に開花して酔わせるような芳香を放ち、その時期にたくさんのオイルが採れるからだ。言いかえるなら、ジャスミンの花を摘むなら夜中がいい。繊細な花から香料を採るのに昔から使われているのが「アンフルラージュ」(油脂吸着法)という手法。アンフルラージュでは、まず匂いのない牛や豚の脂をガラス板に塗り、その上に花を敷き詰めてガラス板を重ねる。枯れた花を新しい花に差し替えながら時間を置くと、花の匂いの成分が脂肪に吸い取られる。こうしてできたものを「ポマード」といい、このポマードをアルコールに溶かして撹拌すると、アルコールが揮発したあとに香料だけが残る(「アブソリュート」と呼ばれる)。こうして作られるジャスミンの香料は、化学的に合成される香りと違って一つとして同じものはない。■

水や化粧品で重宝される。アロマテラピーでは、精油や、精油の成分を加えたキャンドルやインセンス(香(こう))を、抗うつ作用や緊張の緩和、依存症からの離脱、筋肉のけいれんやこむらがえりの改善に用いる。

作用/適応

昔の中国人、アラブ人、インド人はみな、ジャスミンのメディカルハーブとしての効果を高く評価していた。中国ではその根を頭痛や不眠、脱臼の治療に使った。インドでは疥癬(かいせん)など皮膚疾患の患者が出ると、ジャスミンの葉と花を使ってパテを作り、米と一緒に食べさせた。ボルネオでは若い葉の浸出液を胆石の治療に用いた。

ジャスミンは収れん作用、殺菌や抗ウイルス作用を持つ。ジャスミンオイルは敏感肌の治療に効果を発揮する。インドではジャスミンの花をセサミオイルで浸出したものを膿瘍や腫物にあてる。植物油約30mlにつきジャスミンオイルを2滴垂らせば、これに似た軟膏薬ができる。

日本の東邦大学の研究では、ジャスミンには精神を覚醒させ、脳波を刺激する作用があるらしいことが報告されている。別の研究では、ジャスミンの効果によってコンピューターのオペレーターの操作ミスが減少したというデータもある。

歴史と民間伝承

» 中国では、ジャスミンの花は女性の優しさや優美さ、繊細さを象徴し、富とロマンスを引き寄せるとされる。タイではジャスミンは母性のシンボルであり、インドでは「ジュイ」と呼ばれてヒンドゥー教の儀式で用いられる。

» ハワイでは、アラビアン・ジャスミンを「ピカケ」と呼び、この花で香りのいいレイ(花飾り)を作る。

ジャスミンは灌木で、濃厚な香りを放つ花が滝のように咲きこぼれる。春から秋まで咲き続けるものもある。

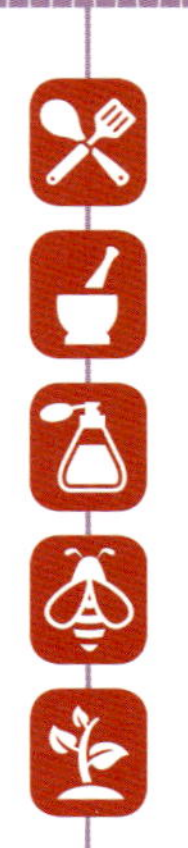

ラベンダー

Lavandula angustifolia

memo

清潔感のある香りで知られるラベンダー。美しい花を咲かせるシソ科の植物で、観賞用や食用に栽培されている。精油の人気も高く、商用栽培も盛んだ。

バジルが「ハーブの王様」なら、ラベンダーは「女王」と呼ぶのにふさわしい。2000年以上もの間、香水や香（こう）、サシェ、切り花、ドライフラワーのブーケ、ポプリ、ルームフレグランス、薬草、害虫駆除、食べ物の香りづけ、観賞用など、さまざまなかたちで利用されてきた。今日では、重要な商用作物として、フランス南部、イングランド、米国などで栽培されている。

古代エジプトでは、香水として利用するほかに、ミイラにする遺体を包む布をラベンダーの精油に浸した。古代ギリシャ人はラベンダーを「ナルダス」「ナルダ」と呼び（シリアの都市ナルダの名に由来）、不眠や背中の痛み、心の健康の問題にも処方した。古代ローマでは価値が高まり、商人は1ポンド（約454g）のナルドの花に、農場で働く労働者の給金1カ月分の価格をつけた。ローマ人はラベンダーを入浴時の湯の香りづけに使ったため、ラベンダーは一般に「*lavare*」（「洗う」の意味）に由来する「*Lavandula*」と呼ばれた。

すがすがしい香りを持つ伝統的なラベンダーオイル。バスオイルやオーデコロン、石鹸など幅広い製品の香りづけに使われている。

中世ヨーロッパでは、害虫を駆除し、不快な匂いを取り除くために、家の中にラベンダーを撒いた。17世紀にロンドンで腺ペストが大流行し、「死に至る病」と恐れられた際には、市民が感染を防ごうと、ラベンダーの枝やオイルで香りづけした手袋を身に着けた。ペスト菌を媒介するのはノミで、ラベンダーにはノミを寄せつけない作用がある。ラベンダーで疫病の感染を免れた人もいただろう。

ラベンダーはシソ科の多年生植物で、広い庭園あるいは帯状に細長いボーダー花壇に群植させるのに向く。地中海沿岸地域、中東、インドが原産地と考えられているが、現在では、ヨーロッパ、オーストラリア、ニュージーランド、南北アメリカの一帯でも普通に見られるようになった。

ラベンダーには39の種があり、丈や葉の形や色が異なる。有名なイングリッシュラベンダー（*L. angustifolia*）は丈が0.9〜1.8mほどになる低木で、葉は灰色がかった青緑色。丈夫な茎の葉のついていない先端に、ピンクがかった紫色の花が咲く。

夏になると、花のついた丈夫な茎を収穫する。生花はブーケやフラワーアレンジメントに、束ごと乾燥させたものは年間を通してポプリやサシェに使われる。

芳香の特徴

フランス・プロヴァンス地方で商用栽培が有名なラベンダー。素朴で、花や果実を思わせる、「すがすがしく、さっぱりとした」と形容される特徴的な香りは、同じプロヴァンスの特産品であるブドウと同様、土壌から生み出されたものだ。その精油はバスオイルやボディローション、石鹸、キャンドル、香水、香(こう)、家庭用・洗濯用洗剤など多様な製品の香りづけに用いられる。

ラベンダーはミツバチなどの授粉者を誘う。その一方で、家の中に入ってくる害虫を寄せつけない効果もあり、乾燥されたラベンダーの花をトレーに入れて窓際に置くといい。実際に、フランス南部では、サソリや昆虫が屋内に入るのを防ぐのにラベンダーが使われている。

アロマテラピーでは、ラベンダーオイルをこめかみに擦り込むと頭痛や偏頭痛、車酔いに効果があるとされる。また、眠れないときや心身をリラックスさせるのにも使われる。

料理での使い方

ラベンダーはほかのシソ科の植物と同様、昔から料理の風味づけに使われてきた。サラダやスープ、そして肉料理やシーフード料理に、花を思わせる優雅な風味を加えられる。ラベンダーはミックスハーブのエルブ・ド・プロヴァンスの材料にもなる。チーズや夏の発泡性飲料、オムレツに加えられたり、ケーキやペストリー、アイスクリームの風味づけにも使われたりする。料理には、乾燥させた花が向く。

作用／適応

自然療法家は、ラベンダーの抗炎症作用と抗菌作用に注目する。ラベンダーの浸出液を、日焼けや小さな傷、虫刺され、噛まれた傷などに使えば、痛みを緩和し改善しうるとされている。

挫創などの炎症にも働き、胸やけや消化不良には内服も可能。

歴史と民間伝承

- クレオパトラはラベンダーを使ってユリウス・カエサルとマルクス・アントニウスを魅惑したと言われる。
- シェーカー教徒（クエーカー教徒の中でも厳格で禁欲主義の一派）はラベンダーを栽培し、北米で初めてラベンダーを使った製品を販売した。

栽培のヒント

芝生の庭からラベンダーの庭へ

最近、ゼリスケープ（乾燥に強い植物を植えて、野生生物の生息地にもなるような庭を作る節水園芸）への関心が高まったこともあり、自宅の庭を、水がたくさん必要な芝生から乾いた土壌でも育つラベンダーに植え替える人が増えている。花が咲けば、緑一色の芝生に負けない、美しい庭となるはずだ。芝生に比べて丈が高いことが大きな違いだが、紫色の花が繊細で心地良いグラデーションを描いてくれるので、窓の外を眺めるたびに鮮やかな景色を満喫できる。独特の芳香を楽しめるのも魅力で、最近は姿を消しつつあるミツバチを呼び戻す。こうしたことを考えれば、広い庭を「小型のプロヴァンス」に変える価値は十分あるだろう。■

パチュリ

Pogostemon cablin

memo

1960年代のヒッピー文化と結び付けられる独特の香りは、パチュリの葉から採れる精油のものだ。

時代を象徴する香りがあるとすれば、パチュリの香りこそが当てはまる。パチュリはまさに「1960年代の香り」だ。1960年代はいわゆる「アクエリアス（水瓶座）の時代」であり、既存の文化に対抗するカウンターカルチャーの時代であり、ヒッピー、ウッドストック、そして「いかした（グルーヴィー）」人生に憧れる、都市近郊で暮らす十代たちの時代だった。そこには刺すような、ジャコウのような、そしてかすかにミントに似たパチュリの香りが漂い、女たちは自らをジプシークイーンのように感じ、男たちはロックスターのように闊歩していた。今でも、パチュリの独特の精油はアーティストやパフォーマーなど、クリエイティブな人々に愛されている。

パチュリは昔から療法家に万能ハーブと評価され、その精油の人気は今なおとても高い。シソ科の多年生植物の低木で、原産地は東南アジア。スマトラ島やジャワ島では標高約900〜1800mという高地でも自生する。60〜90cmほどの直立した茎に、柔らかで毛が生えた卵型の葉がつき、薄青くピンクがかった白い小さな花を咲かせる。パチュリ（patchouli）の名はタミル語の「*patchai*」（「緑色」）と「*ellai*」（「葉」）から来ている。*Pogostemon cablin*のほかに、*P.commosum*、*P.hortensis*、*P.heyneasus*、*P.plectranthoides*などの品種も精油を採るために商用栽培されている。

店頭に並ぶ線香。パチュリの精油を使った線香は、土のような東洋的な香りを放つ。

芳香の特徴

パチュリが放つ樹脂に似た複雑な香りに最初に着目したのは、ヒッピーたちだった。パチュリの強い香りでマリファナの匂いをかき消すためとも言われている。

パチュリのオイルは昔から香水の保留剤（香りを長もちさせるもの）として用いられた。

また、近年は香（こう）や防虫剤にも使われる。パチュリは害虫を寄せつけないばかりか殺虫効果があるため、アジアでは織物をガから守るためにパチュリオイルを利用した（19世紀にインドから輸入した絹製品に独特の香りがしたのはこのため。フランス人は偽造品を作って同じ香りをつけた)。今日ではペーパータオルや洗濯用洗剤、ルームフレグランスに使われる。精油の主成分は、パチュロールとノルパチュレノールだ。

アロマテラピーでは、パチュリは弛緩と緊張のバランスを保つのに役立ち、過労や不安で弱った免疫系を回復させると考えられている。また身体の中の三つの基本的な力──丹田にある創造力、胸の真ん中にある愛の力、頭頂にある卓越した知恵の力──を調和させるという。パチュリオイルには精神活動の緊張を緩和し、知性と官能のバランスを回復させる効果もあるとされる。

パチュリの香りを身につけるときは、香りが強いこと、パチュリの香りは好き嫌いがはっきりと分かれることを心に留めて、つけすぎないように注意したい。なお、パチュリオイルはベルガモット、クラリセージ、ゼラニウム、ラベンダー、ミルラなどの精油とブレンドするのにも向く。

パチュリはシソ科に属する大半の植物と同じく、四角い茎を持つ。香り高い花を咲かせるが、精油は葉から抽出したもの。

作用／適応

マレーシア、中国、日本のハーブ療法家は、パチュリを皮膚炎や湿疹、挫創、フケなど皮膚疾患の治療に用いた。また、パチュリは抗うつ剤としても使われる。パチュリオイルは快楽ホルモンであるセロトニンとドーパミンの分泌を増やして、不安を和らげるのだ。さらに抗炎症剤、抗菌剤、利尿薬、脱臭剤としても用いられる。収れん作用を持つ成分によって、歯茎を引き締め、肌の弛みを防ぐはたらきもある。

免疫系を活性化したり、細胞を回復させたりする作用があるので、怪我をしたときの傷跡を残さずに治すことも期待できる。赤血球の産生を助ける作用があるため、血流を改善するほか、器官や細胞に酸素を送って代謝を早める作用も持つ。

健康のために

愛のハーブ

1960年代のカウンターカルチャーが「愛の世代(ラブジェネレーション)」と呼ばれる理由の一つは、パチュリにあるのかもしれない。当時、パチュリの精油には強い催淫効果があると考えられていたからだ。確かに、古くから、自然療法の専門家たちはパチュリの精油をインポテンスや性欲減退、勃起不全、不感症、性にまつわる不安といった性に関する症状の治療に用いてきた。男性ホルモンのテストステロンと女性ホルモンのエストロゲンの両方を刺激するため、男性でも女性でも効果を期待できるとされる。パチュリには穏やかな鎮静作用もあるため、心安らぐ温かな香りが、寝室での精神的な不安を拭い去り、身体の緊張をほぐして精神を高揚させるのかもしれない。■

歴史と民間伝承

» 19世紀のヨーロッパでは、パチュリは富と贅沢を象徴する香りとされ、ビクトリア女王のリネン類を入れておく棚の香りづけに使われた。

» パチュリは幸運と富をもたらすハーブとされる。富を引き寄せるには、パチュリの葉を財布に入れるか、緑色のキャンドルの周囲に撒くといいとされている。

パチュリオイルは香水に幅広く用いられている。単独の香りとして使われることもあるが、他のオイルとブレンドすれば、ジャコウのような深い香りを加えられる。ベースノートや保留剤としても利用される。

column

花粉を運ぶ益虫と厄介な害虫

益虫を誘い、害虫を寄せつけない庭作りのポイントを紹介しよう

庭に植えた植物が元気に育つか、それともしおれてしまうか。その決め手の一つが、植物やハーブの特性をうまく利用することだ。植物に潜む力によって、花粉を運ぶ有益な虫たちだけを集め、かつ害虫を遠ざけられる。ノミやユスリカ、カなど厄介な虫から人やペットを守ってくれる園芸用ハーブもある。

授粉者となる虫を誘う

花に集まり花粉を運ぶ虫たちにとって魅力的な庭は、私たちにとっても価値がある。庭を飛び回るミツバチの羽音が聞こえ、花にとまるアゲハチョウの姿が目に入れば、心が安らぐに違いない。そのためにも、庭には花粉と花蜜が豊富なハーブを植えて、ミツバチやチョウを迎えよう。虫たちは花蜜からエネルギーとなる糖分を、花粉からタンパク質と脂肪を得るのだ。

病害虫を避けるため、植物の植え方も工夫したい。強い風が吹かない場所を選び、花の色や形、開花時期が春、夏、秋と季節で変わるハーブを植えるといい。

花粉を運ぶ益虫を集める代表的なハーブとしては、ビーバーム、バジル、エキナセア、エルダー、ヒソップ、ラベンダー、マジョラム、ミルクシスル、ローズマリー、セージが挙げられる。

パッションフラワーはチョウの幼虫のエサになる。なお、ヤローは害虫の幼虫を捕食するスズメバチを引き寄せる。

庭の害虫を撃退する

化学殺虫剤の環境や人体への影響を懸念する人が増え、最近は植物の防虫効果が注目されている。幸いなことに、害虫を遠ざける力を持つ園芸用ハーブは多い。たとえばマリーゴールドはタバコガの幼虫、蛆（うじ）、コノジラミ、ジャガイモハムシ、ナメクジなどの害虫を防ぎ、精油を薄めて庭にスプレーするだけでも害虫を遠ざけられる。

世界で一番短い英詩に「ノミ　アダムにもいた（Fleas Adam had' em）」とあるように、人類は当初から、人や家畜に感染症をもたらすノミなどの害虫に苦しめられていたようだ。あるとき、私たちの祖先は、特定のハーブを皮膚に塗れば害虫に噛まれないことに気づいた。シトロネラオイルを塗れば、アリやノミ、ブユ、カが近づかない。また、フィーバーフューには天然の防虫剤であるピレトリンが含まれている。タンジーはハエやノミを寄せつけない。パチュリの精油はトコジラミやアリ、ノミ、シラミなど、家の中に入り込む生物を遠ざける。

害虫のいない庭を作ろう

害虫を寄せつけない庭を作るには、天然の防虫成分を含む植物を上手に組み合わせて植えていくといい。

ネギ属：チャイブはアブラムシを自らに引き寄せることで、ほかの植物にアブラムシがつくのを防ぐ。またマメコガネを遠ざける効果もある。タマネギとガーリックは、アリ、ノミハムシ、マダニ、カを遠ざける。リークはハネオレバエを寄せつけない。

バジル：ハエとカを寄せつけない。

ボリジ：トマトにつく青虫を遠ざけ、イチゴと一緒に植えるとミツバチを誘う。

コリアンダーとフェンネル：アブラムシ、ナメクジ、カタツムリ、ハダニを防ぐ。

ラベンダーの花：多くのミツバチを引きつける。また、精油を他の植物のオイルとブレンドすると効果が強まり、カを遠ざける。

シソ科：キャットニップはアブラムシ、タバコガの幼虫、ヘリカメムシ、ウリハムシ、マメコガネ、ノミハムシを防ぐ。ペパーミントはアリ、アブラムシ、イラクサギンウワバ、地虫、ハエ、ウリハムシ、ノミハムシ、ヘリカメムシ、コナジラミ、ダニを防ぐ。スペアミントはバロアダニを防ぐ。

ナスタチウム：アブラムシ、ノミハムシ、ブユを引き寄せることで、トマトなど目的の植物を守る。ジャガイモハムシとウリハムシを寄せつけない効果もある。

ネトル：ブユを防ぐ。

オレガノ：コナジラミを遠ざける。

セージ：ヨトウガとイラクサギンウワバ、ノミハムシ、ハネオレバエなど多くの有害な昆虫を寄せつけない。

タンジー：キュウリ、カボチャ、あるいはバラや一部のベリーと一緒に植えると、アリや有害なハムシ類、ヘリカメムシを遠ざける。

タイム：イラクサギンウワバ、ノミハムシ、コナジラミを防ぐ。

ヨモギ属：タマネギやニンジンを植えた列の間に大枝を置けば、ハエやコナガ、コドリンガを寄せつけない。精油を使って害虫を遠ざけることもできる。

ペパーミントオイル：アリ、アブラムシ、マメ甲虫、ハエ、シラミ、ガ、ハムシ、クモ、ヘリカメムシを遠ざける。

パチュリの精油：ブユ、カタツムリ、ゾウムシ、ワタアブラムシを寄せつけない。

サンダルウッドオイル：ゾウムシとアブラムシを遠ざけ、カを追い払う。

ローズマリーの精油：ハネオレバエを遠ざける。■

「キャベツチョウ」とも呼ばれるオオモンシロチョウ（*Pieris brassicae*）の幼虫。キャベツの仲間の葉が好物で、葉脈以外の部分をすべて食べ尽くしてしまう。

ヘンルーダ

Ruta graveolens

memo
ミカン科で、全草にある油点に香りの強い揮発油を含む。その香りについては好みが分かれるところだ。

ンルーダは「コモン・ルー（common rue）」、「ハーブ・オブ・グレイス（herb of grace、神の恵みのハーブ）」、「カントリーマンズ・トゥリークル（countryman's treacle、農夫の糖蜜）」とも呼ばれる。葉は青みを帯び、花は明るい黄色。土のような香りがして、乾燥した土壌でもよく育つ。歴史のあるハーブだが、現在はあまり使われていない。古代ローマや中世ヨーロッパでは、シーズニング、アロマティックハーブ、メディカルハーブとして使われ、魔除けのハーブとしても人気が高かった。今日では、主に観賞用の植物として栽培されている。

原産地はバルカン半島や地中海沿岸地方とされるが、今では世界各地で野生化している。木性の茎は丈が90cmほどになり、ベルベットのような葉で、小さな黄色い花がまとまって咲いたあとに実がつく。

エチオピアンコーヒーには、昔からヘンルーダの小枝が添えられる。

ハーブ療法家は葉と茎、乾燥させた実のすべてを利用する。

芳香の特徴

味はやや苦味を帯びるが、香りは刺激的で爽やかだ。中世ヨーロッパの家では床に撒かれ、虫除けに使われたこともある。近年では、香水や化粧品に用いられるようになった。

アロマテラピーでは、筋肉のけいれんや、てんかん、下痢、肝炎、胸膜炎のほか、中枢神経系、血液循環、動脈関連の症状に対して使われる以外に、落ち込んだりしてふさぎこんだときにも用いられる。ただ、ヘンルーダのオイルは皮膚や粘膜を刺激する可能性があるため、使用を控えた方がいい、という専門家の声もある。

それでも、庭に植えれば、たくさんの授粉者を引きつけ、キアゲハ（*Papilio machaon*）やナミアゲハ（*P.xuthus*）などのアゲハチョウの幼虫もつく。ラベンダーやゼラニウムと同様、バラのコンパニオンプランツに最適だが、キャベツのそばに植えてはいけない。

料理での使い方

古代ローマでは、ヘンルーダの種子を挽いてスパイスとして料理に用いた。ヘンルーダの実や種

ハーブのあれこれ

「後悔」を象徴するハーブ

苦い味のするヘンルーダ。文学や詩の中で「後悔」の象徴として登場する。シェイクスピアは、悲劇の女性オフィーリアに「あなたにはヘンルーダを。私にも少しとっておきましょう」と言わせている。また『リチャード二世』では、王が捕えられたことを聞いた王妃が涙をこぼした場所にヘンルーダが植えられ、『冬物語』には主人公パーディタが変装して村を訪れた王にヘンルーダを渡して「この花は一冬中、色も香りも失いません」と告げる場面がある。ジョン・ミルトンの『失楽園』では、天使ミカエルがアダムの眼に光を取り戻すためにヘンルーダを用いた。ジョナサン・スウィフトの『ガリバー旅行記』で、冒険から人間の世界へと戻った主人公が不快な臭いを防ぐために鼻に詰めたのもヘンルーダだ。■

真夏になると、ヘンルーダは葉の間に明るい黄色の花々をまとまって咲かせる。葉をすり潰すと、ツンとした強い香りが漂う。

子は、古代ローマ時代の調理法を集めた書物『アピシウス』のレシピにも登場する。今でもエチオピア料理の一部で使われ、中東や地中海沿岸地方の料理では、風味づけに利用される。北イタリアやクロアチアでは、「グラッパ」や「ラキ」と呼ばれるリキュールに独特の風味を加えるのにヘンルーダが使われる（ヘンルーダの枝が入った酒は「グラッパ・アッラ・ルタ」の名で知られている）。

現代医学では、定量を超えたヘンルーダの摂取は有害とされ、料理ではごく少量に限って使う。ヘンルーダは一般に苦いと言われるが、若葉がおいしい。成熟した葉は、塩漬けにすれば苦味が消える。

ジョン・ウィリアム・ウォーターハウスの『オフィーリア』（1889年）。『ハムレット』の中で、オフィーリアはさまざまな花を集めると、相手にふさわしい花を手渡した。そして自分自身のためにはヘンルーダを取り置き、後悔と悲しみの象徴として身につけた。

作用／適応

かつてヘンルーダは創造力と視力をアップすると信じられ、ミケランジェロとレオナルド・ダ・ヴィンチは、毎日の食事でその葉を食べたと言われている。また、ヘンルーダは月経を促し、子宮の収縮を亢進（こうしん）するとされ、古代ローマでは中絶のために用いられることもあった。実際、ヘンルーダには馬の堕胎に使われるピロカルピンが含まれる。

アロマテラピーでは、ヘンルーダを不眠、頭痛、神経の高ぶりのほか、腹部の疝痛（せんつう）や腎臓の不調に用いる。またヘンルーダには鎮静作用があり、ほかのハーブと組み合わせて使えば、抗ウイルス作用も期待できる。ブラジルでは砂糖やハチミツをカラメルにしたものを、ヘンルーダと混ぜて、咳止めシロップが作られている。

歴史と民間伝承

» 伝説上の生物「バジリスク」が息を吹きかけると石が割れ、植物もしおれる。しかし、ヘンルーダだけは何の影響も受けないと言われた。
» トランプのカードに描かれているクラブのマークは、ヘンルーダの三葉を模したという説がある。
» ヘンルーダが「神の恵みのハーブ」と呼ばれているのは、かつてローマカトリックのミサで聖なる水をかけるのにヘンルーダの枝が使われたからだ。
» ヘンルーダはリトアニアの国花だ。民謡でもしばしば歌われ、若い娘や処女性、純潔と結びつけられる。ウクライナの民俗音楽や詩でも人気が高い。

スパイクナード

Nardostachys jatamansi

memo
「ナルド」の名で聖書にも登場するスパイクナード。ジャコウのような芳醇な香りの精油が昔から高く評価されている。

スパイクナードは「ナルド」「ナルデ」「ムスクルート」の名でも呼ばれ、かつてはアジアとヨーロッパ一帯で、香(こう)や香水を作るのに使われただけでなく、メディカルハーブや料理用ハーブとしても愛用されていた、歴史あるアロマティックハーブだ。エジプトの人々はスパイクナードの塗油を珍重し、まるで金(きん)を扱うように、青色スイレンやフランキンセンス、ミルラとともに宝物庫にしまって保管した。

オミナエシ科の多年草で、原産地はネパールのヒマラヤ地域および中国、インド。一般名のスパイクナード（spikenard）はラテン語の「*spica*」（穀物、種子）と「*nardi*」（軟膏）に由来する。丈は90cmほどで、緑色の披針形の葉をつけ、頑丈な茎の先端にピンク色の鐘形の花々が密集して咲く。地下の根茎を乾燥させてすり潰し、水蒸気蒸留法で抽出すると、香り高い琥珀色の濃密な精油が採れる。

芳香の特徴

スパイクナードの根茎は香水の分類でいうウッディー系でありながら、ジャコウのような甘くスパイシーな香りも持つ。古くから香(こう)や香水に用いられ、古代ローマの香油「*nardinum*」（この言葉はヘブライ語の「*nerd*」から来ている）の主な原料でもあった。エルサレムの第一および第二神殿の特別な祭壇で作られる、ヘブライの聖なる香油「*Ketoret*」の一部としても使われていた。

新約聖書の「ヨハネによる福音書」には、イエスがベタニアに到着したときに、ラザロの妹のマリアが一斤のナルドの香油を持ってきてイエスの足に塗り、のちにユダがなぜその香油を売って貧しい人々に施さなかったのかと非難する話が出てくる。また「マルコによる福音書」にも、一人の女性が石膏の壺を割ってナルドの香油をイエスの頭に注ぐ場面がある。

ホメロスの『イリアス』では、アキレウスが親友パトロクロスの遺体をスパイクナードの香りで包んだ。また大プリニウスは『博物誌』で12種類の「ナルド」を挙げている。これにはラベンダーやバレリアンの一種（*Valeriana tuberosa*）や、スパイクナード（*Nardostachys jatamansi*）も含まれる。

メディカルハーブとしての人気は衰えたスパイクナードだが、アロマテラピーでは深い瞑想状態を作り、官能と覚醒を高めるのに用いられている。オカルティストたちはスパイクナードの香りが非常に高い「波動」を伝え、それによって精神的な自己と深くつながることで、死を迎える人が、恐れることなく死を受け入れられると信じている。

健康のために

胃のむかつきを和らげるには……

スパイクナードには穏やかな鎮静効果があり、キャリアオイル（精油を希釈する植物オイル）に加えて肌に塗り込むと、胃のむかつきや吐き気の症状が楽になる。胸やけやむかつきを感じたら、スパイクナードを腹部に時計回りに塗りこんでみよう。ディフューザーで香りを吸い込んでも、神経性の消化不良の原因となる緊張を和らげてくれる。外用する代わりに、食事の終わりにスパイクナードオイルを1滴摂取してもいい。スパイクナードオイルを使って下腹部を時計回りにマッサージすれば、緩下剤の代わりにもなる。この手法は月経痛にも効く。■

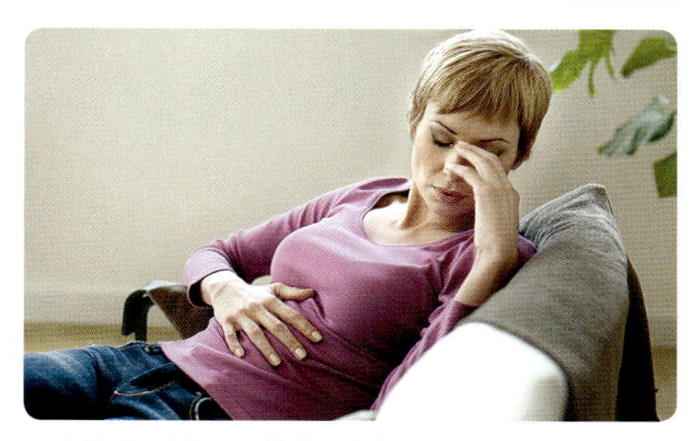

スパイクナードオイルで腹部を時計回りにマッサージすれば、月経痛や吐き気を緩和できる。

スパイクナードは白からバラ色、紫色の花を房状に密集して咲かせる。ただ、強い芳香を放つ琥珀色の精油が採れるのは、花ではなく根茎だ。根を抜くと、あたりに甘い香りがたちこめる。

料理での使い方

古代ローマ人は、スパイクナードの根を挽いてスパイスとして使った。4世紀後半から5世紀初頭に完成したとされる、ローマの調理法を記した書物『アピシウス』のレシピにも、スパイクナードが材料として登場する（料理に使うのはわずかな量）。中世ヨーロッパでは、スパイクナードはヨーロッパとアラブの両文化でシーズニングとして広く利用された。ヨーロッパではほかのハーブと合わせて「イポクラス」と呼ばれるワインを使った甘くてスパイシーな飲み物の風味づけに、また「スティンゴ」というアルコールが強いビールの醸造にも17世紀から使われた。

作用／適応

スパイクナードは古代ギリシャ医学とアーユルヴェーダの一部に組み込まれ、不眠、偏頭痛、緊張性頭痛、皮膚の不調などに用いられてきた。現代では、しわとりクリームとして顔に使えば、若さを取り戻させる力を発揮し、老化した肌を滑らかにして保湿する効果があるとされる。また、アレルギー反応による炎症を緩和する作用もある。

歴史と民間伝承

- アルゼンチン生まれのフランシスコ教皇の紋章には、スパイクナードの花が描かれている。これはユニバーサル教会の守護聖人である聖ヨセフにちなむもので、聖ヨセフの図像はアメリカ大陸のスペイン語圏文化でスパイクナードを持って描かれる。
- 英名で「アメリカン・スパイクナード」と呼ばれる*Aralia racemosa*は根茎を持つ低木の多年草で、ウコギ科の仲間だ。一般にスパイクナードと呼ばれている「インディアン・スパイクナード」の近縁種ではない。

スイートウッドラフ

Galium odoratum

memo
その名のとおり、スイートウッドラフは甘く、心地良い香りのハーブだ。乾燥させた葉は爽やかな香りを放つ。

スイートウッドラフは魅力的な姿と、かぐわしい香りを持つ、匍匐(ほふく)性の植物だ。アカネ科の仲間で、昔からアロマティックハーブとしてだけでなく、メディカルハーブや料理用ハーブとしても利用されてきた。日陰を好み、ハーブガーデンやロックガーデン、自生地、ボーダー花壇（細長い花壇）でも繁茂し、グランドカバー（地表を覆い尽くすために植える植物）や花壇の縁取りにも向く。丈が30cmを超えることはなく、濃い緑色の披針形の葉が輪生につき、4〜5月に小さな白い星形の花が咲く。

一般名の「ウッドラフ（woodruff）」は「wood that unravels（「ほぐす木」）」を意味する古英語に由来する。おそらく根が這うように伸びることから来た名だろう。現在の学名は「*Galium odoratum*」だが、かつては「*Asperula odorata*」だった。これはラテン語の「*asper*（「粗い」）」に由来したもので、葉のざらざらした手触りを指したと考えられる。

中世ヨーロッパでは、その甘い香りを活かして、祝祭日の教会やリネン類の店で使われたり、格式のある家庭では床やベッドのマットレスに利用されたりした。また、葉を屋内に置いてルームフレグランスにしたり、病人のいる部屋や地下貯蔵庫の床に撒いて空気を清めるのに用いたりした。スイートウッドラフの葉は薄茶色の染料に使われ、根もまたアカネに似た赤い染料として重宝された。

スイートウッドラフは、その繊細な白い花から「ワイルド・ベイビーズ・ブレス（「赤ちゃんの息」）」と呼ばれることもある。種小名の「*odoratum*」は「芳香がある」の意味で、良い香りがする葉を表している。

芳香の特徴

スイートウッドラフは古くから、アロマティックハーブとしての品質が高く評価されてきた。生の葉はほとんど香りがしないが、乾燥させてすり潰すと、刈り取ったばかりの干し草や桃の花のような爽やかな香りがする。香りの源は「クマリン」という化合物で、香水界でも愛用されている。またクマリンは脳にも作用することで知られる。

スイートウッドラフはリネン類を置いた棚やベッドに添えるのにも向く。乾燥するほど香りが強まり、香

昔から、夏の到来を祝って飲まれてきたメイワイン。ドイツでは、今でもこの風習が続いている。メイワインは複数の材料を混ぜて作るスパークリングワインで、風味づけの中心となるのがスイートウッドラフだ。この時期に収穫されるイチゴを浮かべることも多い。

りが数年間持続することもある。サシェやポプリを作るなら、花が咲いた直後に収穫するといい。枝を束ねて、暖かい日陰に吊るしておこう。

さらに、このハーブは昔から虫よけや殺虫剤としても利用されてきた。活性成分であるクマリンが、カを遠ざけ、ノミを殺す。防虫剤として使うには、乾燥させたスイートウッドラフをモスリンの袋に入れて引き出しやクローゼット、食糧貯蔵庫、地下の物置に置こう。乾燥させた葉を直接、窓の下枠や扉の敷居に撒いても効果がある。

料理での使い方

「バニラを連想する香り」と評する人もいるスイートウッドラフの葉は、フレーバーティーや冷たいフルーツドリンクの風味づけやメイワインの材料としても使われた。メイワインとは、スイートウッドラフと果物で風味をつけた白ワインで作る、初夏の爽やかな飲み物だ。とはいえ、FDA（米国食品医薬品局）は、アルコール飲料の風味づけ以外のスイートウッドラフの摂取は安全ではないとしている。

作用／適応

自然療法では、スイードウッドラフを、鎮静剤および黄疸など肝臓疾患の治療薬として処方してきた。ティーにして胃の不調にも用いられたほか、すり潰した葉で作るパップ剤は頭痛を緩和し、傷や静脈瘤、痔を早く治すと考えられた。

手軽にハーブを

夏の到来を祝うメイワイン

古代ヨーロッパの農作業の暦では、5月1日（メーデー）から夏が始まると考えられた。生命力と豊穣の季節が再び巡ってきたことを祝って、人々はメイポール（五月柱）を囲んで踊り、オートケーキを食べてメイワインを飲んだ。

材料

- 乾燥させたスイートウッドラフの葉 ……… 1/2カップ
- リースリング種ブドウの白ワイン ……… 1ビン
- ドイツのスパークリングワイン（白）かシャンパン ……… 1ビン
- 切ったイチゴ ……… 3/4カップ
- 生のスイートウッドラフの葉 ……… 1つまみ（飾り用）

作り方

白ワインのボトルに乾燥させたスイートウッドラフの葉を加えて、1時間置いてから漉す。香りづけされたこのワインを大きなピッチャーに注ぎ、スパークリングワインを静かに加える。そこに、スイートウッドラフの生の葉と切ったイチゴを加えて、軽くかき混ぜれば出来上がり。オートケーキとショートブレッド、野菜のキッシュやスモークサーモンと一緒にテーブルへ。■

歴史と民間伝承

» ドイツでは、「ヴァルトマイスター（Waldmeister、「森の巨匠」の意味）」と呼ばれる。

» 「キス・ミー・クイック（kiss-me-quick、早くキスして）」、「アワ・レディーズ・レース（Our lady's lace、貴婦人のレース）」、「スイートセンティド・ベッドストロー（sweet scented bedstraw、甘い香りの床わら）」とも呼ばれる。

» スイートウッドラフのサシェで香りづけした枕で寝れば、悪夢を見ないという言い伝えがある。

» スイードウットラフの葉は香りが持続するため、粉状にして嗅ぎたばこに使われた時代があった。

披針形の葉が優美な輪をなし、その間から伸びた茎に白い花がまとまって咲くスイートウッドラフ。日陰の湿った土壌に植えれば、魅力的なグランドカバーになる。

タンジー

Tanacetum vulgare

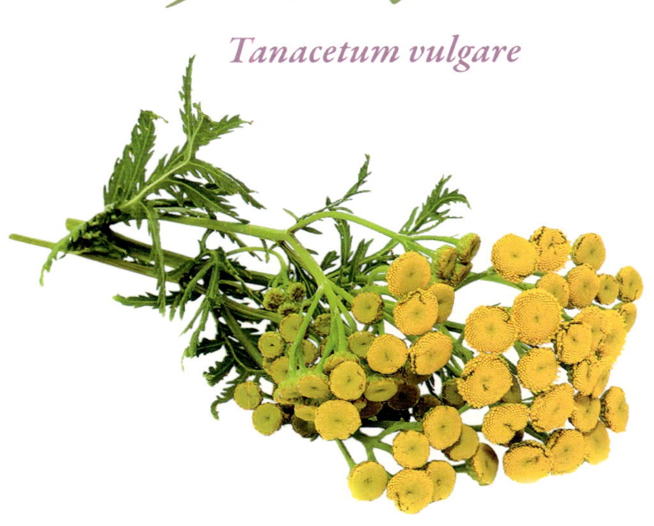

memo
鮮やかなボタンのような花をたくさん咲かせるタンジー。庭を彩るだけでなく、ショウノウのような香りが天然の防虫剤にもなる。

直立した茎のてっぺんに、明るい黄色の花がまとまって咲くタンジー。キク科の仲間で、「ビター・ボタン(bitter buttons、苦いボタン)」、「マグワート(mugwort)」、「ゴールデン・ボタン(golden buttons、黄金のボタン)」とも呼ばれる。草丈は90cmほどで、ギザギザの切れ込みが入ったレースのような槍型の葉が羽状につく。まっすぐ伸びた赤みがかった茎の頂に、ボタンのように丸い小さな花が密集して咲く。

原産地はヨーロッパとアジアで、ギリシャ人が薬草として植えたのが栽培の始まりらしい。8世紀にはシャルルマーニュ(フランク王国のカール大帝)のハーブガーデンや、ユネスコの世界遺産にも登録されているスイスのザンクト・ガレン修道院の庭に植えられた。当時は寄生虫病や消化器系の不調、リウマチ、発熱、傷や腫れ物の治療のほか、はしかによる発疹治療でも使われた。中世ヨーロッパでは、中絶が目的なら高用量で、妊娠が目的なら低用量で用いられた。カトリックの四旬節の時期には、苦菜の代わりに食事に加えられ、16世紀の英国では「庭園に欠かせない植物」とみなされた。

かつてはハーブ療法の薬局方に載っていたタンジー。現在はメディカルハーブとしての利用は人体に安全でないと考えられており、ブーケ、ドライフラワーのアレンジに限るのが一番だ。

芳香の特徴

タンジーは、ローズマリーにも似た、ショウノウのような特徴的な香りを持ち、高級な香水の原料に使われることもある。また、タンジーは昔からエンバーミング(遺体の防腐処理)にも使われてきた。防虫のために棺に詰めたり衣の中に入れたりしたのだ。

現在では、メディカルハーブとしての効果には疑問が持たれているものの、タンジーが今も私たちに大きな恩恵を与えてくれるのが強力な防虫効果だ。かつては農民たちが貴重な作物をアブラムシなどの害虫から守るために、果樹園にタンジーを植えた時代もあった。イングランドではハエを寄せつけないよう窓に吊り下げたり、カやノミを遠ざけたりするために寝具の下に入れられた。

料理での使い方

ヨーロッパでは中世からシーズニングとして使われたが、現在は葉や花を大量に摂取すると有害である可能性が高いことがわかっている。これは、タンジーの精油にツヨンなど有毒な成分が含まれるからだ。タンジーを大量に摂取すると、けいれんや肝臓および脳障害を引き起こす可能性がある。花のエキスは今でも酒造業界で香りづけに使われている。

作用／適応

タンジーは長い間、メディカルハーブとしてハーブ療法で重宝されていた。中世ヨーロッパでは、寄生虫の駆除にタンジーの花で作る苦いティーを用いた。15世紀のキリスト教徒たちは、四旬節の季節になるとタンジーのプディングを定期的に食べた。というのも、この時期は魚を多く摂るため、寄生虫が体内に入る危険性が高くなると考えられていたからだ。タンジーは、偏頭痛や神経痛、リウマチの治療にも使われた。

ただ、最近の研究で、タンジーには多量に摂ると人体に有毒なツヨンが含まれていることがわかっている。タンジーを摂取するにしても、用量は最小限にしなければならない。

一方、タンジーは、昔からハエやユスリカ、カなど人間に有害な虫を遠ざけるために使われてきた。2008年にスウェーデンで行われたマダニに対する防虫効果の調査では、タンジーオイルを使うとマダニが64%減少したと報告されている。

タンジーは、コンパニオンプランツとしてもよく利用され、ジャガイモを食べるコロラドハムシを遠ざける。キュウリやカボチャ、バラや一部のベリー類に対する防虫効果も確認されている。

鮮やかに咲くタンジーの花。見る人の目を楽しませてくれるだけでなく、ハエやアリなどの害虫やネズミなどのげっ歯類を庭に寄せつけない。ただし繁殖力が強いので庭に植えるときは要注意。ただの迷惑な「雑草」になりかねない。

健康のために

ハーブを安全に利用する

自然療法の専門家や支持者が、ある種の自然療法に絶対的な信頼を寄せるのに対して、対症療法が中心の現代医学の医師の多くは自然療法を批判する。批判の根拠とされるのは、高濃度のハーブ成分を実験室の動物に摂取させたところ有害という結果が出た、というものだ。たとえば、セントジョンズワートは、うつ症状に対する治療の臨床試験で高い効果を示すハーブだが、避妊用ピルの効果を減少する可能性があることから、EU（欧州連合）はセントジョンズワートのこの副作用を認めて記録し公表した。医学的な研究が進むセントジョンズワートですらこうである。ハーブ療法を続けるか、それとも時に心配性とも思える忠告を受け入れるべきか、このジレンマを解決するには、まずは自分できちんと調べること。疑問点は専門家に相談することも大事だろう。いずれにしても重要なのは、サプリメントとして摂る場合は、品質が保証されたものを選ぶことだ。どんなハーブでも、推奨されている以上の量を服用してはいけない。特に妊娠している人、妊娠を希望する人は注意が必要だ。■

歴史と民間伝承

- 19世紀のアイルランドでは、タンジーと塩を入れた湯で入浴すると関節痛が和らぐと考えられた。
- 養蜂家の中には、燻煙器の燃料に乾燥させたタンジーを使う人もいる。
- 17世紀、イングランドの王政復古の間、「タンジー」という言葉はタンジーの汁で風味をつけた甘いプディングを指していた。

SPICES
part 2
スパイス

第4章

スイート
スパイス

左：カカオの木

やすらぎの甘い味

おいしいデザートで楽しいひととき

フランスとオーストリアのパティシエ、北欧やドイツのパン職人、感謝祭のごちそうを用意するお母さん、クリスマスディナーの準備に忙しいおばあちゃん──彼らに必要不可欠となるのが、甘い香りを放つ「スイートスパイス」だ。メキシコや地中海、中東やインドやアジアのエスニック料理、そのどれもが格別においしい理由も、スパイスが入っているからだ。

複雑な味と豊かな風味に満ちたスイートスパイスは、今ではデザートやキャンディー、お菓子作りに欠かせないおなじみの材料だ。しかし、聖書の時代からルネッサンス期まで、スイートスパイスは皇帝、王族、貴族だけに許された贅沢品で、庶民の手に届くものではなかった。

チョコレートがない人生なんて

ところで、世界で一番愛されている甘い味と言えば、チョコレートとバニラが双璧であることに異を唱える人はいないだろう。今では想像しがたいことだが、16世紀にヨーロッパ人がアメリカ大陸の料理を知るまで、カカオもバニラも、ヨーロッパではまったく知られていなかった。

シナモンスティックと（左から右へ）バニラビーンズ、クローブ、ナツメグ。

コロンブスはスパイスを求めて航海に出たが、後継者であるスペイン人の征服者たちの「新大陸」での目的は黄金だった。この目的を達成することはできなかったが、代わりに黄金と同等の価値をもつバニラ、カカオ、オールスパイス、辛いカイエンヌなどヨーロッパでは未知のスパイスを知る。このことが、スパイスを中心にした「農業帝国」の発展へとつながり、スパイスの取り合いは戦争まで引き起こした。

アメリカへの海路の開拓と相まって、長いキャラバンや船旅でしか行けなかった極東への行路はより安全なものとなり、「旧世界」であるヨーロッパでは知られていなかった味や香りが、交易商たちによって次々とヨーロッパに伝えられるようになった。あこがれでしかなかったスイートスパイスも次第に手に届くものとなり、慎ましい家庭でもシナモンを手に入れたり、ナツメグを細かく挽いてエッグノッグ（洋風のたまご酒）に振りかけたりできるようになった。

ところで、考古学の調査によると、人類が使った最古のスイートスパイスと考えられるものの一つがアニスで、古代エジプト期以前から調理に、そして薬剤、香料として使われていた。シナモンも最古のスイートスパイスの一つで、古代エジプト人は防腐剤として、モーゼは聖油として使った。

スイートスパイスは、それぞれに長い歴史がある。今日ではその温かな風味を味わうために用いられ、お祝いの席ではスパイスが効いたケーキやクッキーを焼く。ケーキを焼くことも、味わうことも、お祝いの一部だ。

ほかにもある。ゴマは5000年間も調味料として使われている。キャロブは直近の氷河期を生き延び、4000年以上も地中海地方で栽培されている。ファラオたちはカルダモンを使って歯をきれいにしていたし、スターアニス（八角）は3000年以上デザートの演出役を担っている。「神からの贈り物」とされている香り高いジンジャーは調味料や薬として紀元前1000年から使われている。

「愛こそすべて。
でも、たまに
ちょっと
チョコレートを加えても、
害はないはず」

――チャールズ・M・シュルツ
（スヌーピーが登場する
『ピーナッツ』で著名な米国の漫画家）

スイートメディスン

スイートスパイスはデザートをおいしくし、楽しい気分にさせてくれる。でも、それだけではない。エジプト、イスラエル、ギリシャ、ローマ、中国、日本、アステカ、インカ、アメリカ先住民の間では、スパイスは療法家が用いる「薬」として重要な役割も果たしたのだ。

この観点で、貴重なスパイスはシナモン、クローブ、アニス、ジンジャーだろう。シナモンには去痰作用があり、体を温め、うっ血を和らげるために使用された。クローブは抗酸化作用が高く、ガスがたまったり、お腹が張ったりする人に処方された。ローマ人は豪華な食事のあとの胸焼けを和らげるためにアニスを用いた。ジンジャーは吐き気、消化不良、呼吸器系の病気、風邪に効くとされた。

オールスパイス

Pimenta dioica

memo
オールスパイスは常緑樹の木になる、木の実のような形をした果実。何種類ものスパイスをブレンドしたような、複雑で豪華な味がする。

万能スパイスとして知られるこのスパイスを「オールスパイス」と名付けたのは、17世紀初頭のイングランドの料理人だった。名の由来は、その風味が、シナモン、ナツメグ、クローブを合わせたものに、ジュニパーとコショウで香りづけしたようだからだ。オールスパイスは「ジャマイカンペッパー」「マートルペッパー」「ピメンタ」「ニュースパイス」などと呼ばれることもある。

オールスパイスはフトモモ科の植物「*Pimenta dioica*」の実を成熟する前に収穫し乾燥したもの。大アンティル諸島の熱帯雨林やメキシコ南部、ホンデュラスが原産の常緑樹だが、現在は多くの温暖な気候の土地で栽培されるようになった。ジャマイカがオールスパイスの大部分を輸出している。

スパイスの効いたチェリーパイ。オールスパイスやシナモンのように温かいスパイスはフルーツパイの味に深みをそえる。夏に好まれるパイだが秋と冬のデザートにもぴったりだ。

フトモモ科に属し、高さは6〜12mくらいの高さになるが、生長は遅い。見た目は月桂樹に似て、香り高いツヤツヤとした葉は月桂樹と同様、料理に使える。小さな白い花が咲き、そのあと赤茶色の実がなる。実はコショウより少し大きく、中には種子が二つある。実が熟したら、香りを失う前に収穫する。

オールスパイスは今も西半球でだけ栽培されている唯一のスパイスだ。2000年以上昔、マヤの人たちは遺体の防腐のために使い、彼らとほかの中南米の先住民はチョコレートの香りづけにも用いた。ジャマイカでオールスパイスを見つけたのはコロンブスだった。コロンブスは、それまでコショウ(*Piper nigrum*)を見たことがなかったため、「これこそがコショウだ」と思い込んでスペインに持ち帰った。こうした経緯でオールスパイスは、スペイン語でコショウを意味する「*pimienta*」と名付けられた。

カリブの先住民アラワク族はオールスパイスを使って肉を保存した。この肉をアラワク族は「*boucan*(ブーカン)」と呼んだ。同じ方法で肉を保存した欧州からの入植者も「boucaneer」と呼ばれ、これが転じた「buccaneer」は海賊を意味する言葉になった。

料理での使い方

オールスパイスを使うのはカリブ料理の特徴だ。

ジャマイカではジャークスパイス、モーレ、ピクルス、西インド諸島の酒「ピメント・ドラム」に加えられる。中東ではシチューやミートパイに、ポーランドではスープやピクルスにオールスパイスを用いる。

オールスパイスは、市販のソーセージやカレー粉、バーベキューのソースのレシピにも必ず入っている定番の香料だ。また、牛肉、ポーク、ラム、ジビエ、スープやシチューだけでなく、ビーツ、キャベツ、穀類、タマネギ、カボチャ、ほうれん草、ウリ、さつまいも、トマト、カブの料理に、刺激を加えるためにも用いられる。有名なフランスのリキュール「ベネディクティン」や「シャルトリューズ」にもオールスパイスが加えられている。

米国ではオールスパイスはデザートに使われる。パンプキンパイ、フルーツパイ、アップルソース、フルーツコンポート、ケーキやクッキー、そしてマルド・サイダーなどクリスマスの温かなパーティー向けカクテルにも欠かせない。

使うときは、実のまま買って家で挽いてもいいし、粉末状のパウダーを買ってもいい。小さじ1杯程度の少量なら他のスパイスで代用する方法もある。その場合、粉末のシナモンとクローブを小さじ半分ずつ使おう。粉末のシナモンとクローブとナツメグを3分の1ずつ混ぜたものでも代用できる。

手軽にスパイスを

冬のパーティー向けカクテル

寒い冬の晩、オールスパイスで香りづけしたカクテルは、訪問客から喜ばれるはずだ。このレシピで18〜22杯用意できる。

材料

- 赤ワイン ……… 6カップ
- アップルサイダー ……… 8カップ
- 黒砂糖 ……… 半カップ（押さえて量る）
- オールスパイス ……… 小さじ2
- クローブ（丸ごと）……… 小さじ2
- シナモンのスティック ……… 3本（それぞれ9cm程度）
- オレンジのスライス ……… 6枚（クローブを刺したもの）

作り方

大きな鍋にワイン、サイダー、砂糖、スパイスを沸騰させる。火を弱め、蓋をして少なくとも20分コトコト煮る。濾しながらガラスのパンチボウルに移す。オレンジのスライスを浮かべる。好みによりシナモンのスティックで飾る。■

満開のオールスパイス。原産地と異なる環境下では開花しないこともあるが、美しく香り高い葉、薄グレーの幹は鉢植えにも最適だ。

作用／適応

オールスパイスの芳香成分は、穏やかな抗菌作用があるオイゲノールを含んでいて、自然療法家は胃病や体臭防臭剤として用いる。また、オイゲノールを含む精油は歯痛の鎮痛剤としても使われる。

歴史と民間伝承

- *Pimenta dioica*と命名したのはコロンブスの第2回目の航海に同行した医師ディエゴ・アルバレス・チャンカだ。
- シナモン、クローブ、ナツメグを合わせたような香りがするオールスパイスは弱火でとろとろ煮出して作るポプリに最適だ。
- 1812年のナポレオン戦争の際、ロシア軍の兵隊は足が冷えないようブーツにオールスパイスを入れた（防臭効果もあった）。以来、ピメント油は男性用化粧品、特に商品名に「スパイス」とつくものに使われるようになった。
- 19世紀末、オールスパイスの若枝で作ったステッキが流行した。このとき、ジャマイカのオールスパイスは絶滅の危機にさらされた。
- カリブ海諸島と南米では、鳥が落とす糞に混じった種子からオールスパイスが広がった。鳥の胃腸を通過した種子は発芽しやすいからだ。

アニス

Pimpinella anisum

memo
アニスはセリ科に属す植物で、その種はフェンネル、スターアニス（八角）、リコリスを連想させる独特な風味があり珍重されている。

時にはほのかに、そして時には大胆に、甘かったりピリッとしたりと不思議な風味を持つアニス。味はリコリスにも似る。古代エジプト文明以前から、スパイスや香料、メディカルハーブとしても使われてきた。

アニスはパセリと同じセリ科（*Apiaceae*）に属する一年草。キャラウェイ、ディル、クミン、フェンネルも仲間だ。地中海沿岸の東部、エジプト、中東が原産地だが、比較的丈夫で、今は世界中に生息する。

草丈は60cmほど、下部には切れ目が入った葉が、茎には羽状の葉が広がる。白と黄色の小さな花が密集して散形花序をなす。小粒の楕円形の実が生り、収穫期には灰色がかった茶色になる。

イタリアの伝統的ワッフル「ピッツェル」に風味を加えるのもアニスだ。このクリスピーなお菓子はイースターやクリスマス、結婚式のごちそうだ。

料理での使い方

アニスは種子のままか、粉砕して紛状にして使う。甘く、芳ばしく、フルーティーだ。古代エジプト、ギリシャ、ローマ時代から現在まで、パンやクッキー、肉料理、キャンディーに使われてきた。

アニスはブラック・ジェリービーンズだけでなく（最近のキャンディーは、リコリスの代わりにアニスを使うことが増えた）、世界中のお菓子にも使われている。イタリアの焼き菓子「ピッツェル」、オーストリアのキャンディー「ハンバグ」、英国のアニスシード飴、メキシコの「ビスコチト」、オランダの「マウシェス」、ドイツの「プフェッファーヌッセ」「シュプリンゲレ」など、どれもアニスが使われる。

また、リキュールに加えられることも多く、アニス独特の味と香りが気持ちの良い酔いを誘う。フランスの「アブサン」「アニゼット」「パスティス」、ギリシャの「ウーゾ」、イタリアの「サンブッカ」、コロンビアの「アグアルディエンテ」、中東の「アラック」、メキシコの「シタベントゥン」、ドイツの「イエーガーマイスター」がそうだ。フランスの有名なリキュール「シャルトリューズ」の調合は公開されていないが、アニスが入っていてもおかしくない。

インド料理ではスープや魚料理にパンチを加えるために使われる。また、フェンネルと同じように食

ギリシャの「ウーゾ」、イタリアの「サンブッカ」、フランスの「パスティス」——これらリコリスのような味がする地中海のリキュールの秘密はアニスだ。

後、消化促進にアニスの種子を食べることも多い。イタリアやドイツでもアニスの種子をパンやジンジャーブレッドの生地に加え、地中海料理ではケーキ、クッキー、焼き菓子、スイート・ロールに使われる。ソーセージ、トマトソース、ピクルスの風味づけとなり、鶏肉、鴨、子牛料理の味を増す。葉をちぎってサラダに加えたり、野菜料理の上に振りかけたりもする。

アニスの独特な味は精油に含まれる成分「アネトール」に由来する。アネトールは、アニスとは異なる植物であるスターアニス（*Illicum verum*）にも含まれるフィトエストロゲンだ。栄養面ではアニスの種子はビタミンB_1、B_2、B_6、ナイアシンなどビタミンB複合体を多く含む。また、カルシウム、鉄、銅、カリウム、マンガン、亜鉛、マグネシウムなどのミネラルも豊富である。

スパイスのあれこれ

古代ローマの饗宴や結婚式

古代ローマでは、アニスの強力な消化促進効果が知られていて、饗宴では最後に「*mustaceoe*」というアニスのケーキが客に配られた。パーティーの最後にケーキを食べる習慣はこの頃始まったもので、やがてウェディングケーキへと発展したと考えられている。カップルに富と幸運を運ぶために、新婦の頭の上でパンを割る儀式もローマにはあった。これも結婚式でウエディングケーキが振る舞われる遠因かもしれない。■

作用／適応

古代エジプトの医療書にはアニスを利尿剤として、また消化不良や歯痛の治療に使ったと記されている。古代ギリシャでは痛みの緩和剤、呼吸器の治療、口渇を癒やすために用いられた。古代ローマでは、大プリニウスがアニスは不眠や口臭に効くとした。16世紀のイングランドの植物学者ジョン・ジェラードは、「その種は腹のガスを追い払い、痛みを軽減し、肉欲を刺激する」とアニスを評した。

現在、アニスは特に子どもを対象に去痰薬として、腫脹を押さえ、消化管をきれいにするために使われる。自然療法家は、より多量のアニスを抗けいれん剤や抗菌剤として咳、喘息、気管支炎の治療に用いる。アニスの精油は疥癬（かいせん）、シラミ、乾癬（かんせん）に効くとされている。

歴史と民間伝承

- 古代ローマでは、アニスで税を納め、悪い夢を見ないようにアニスの枝を枕の近くに吊るした。
- 13世紀のイングランドでは、アニスにかけられた税金でロンドンブリッジを修繕した。
- アニスの葉には、カバナミシャクやホソチビナミシャクなど鱗翅（りんし）類の幼虫がつく。

アニスにはスイートアリス（Sweet Alice）という呼び名もある。空洞の茎の先に小さな花が集まって咲くのはセリ科の植物の特徴だ。

カカオ

Theobroma cacao

memo
カカオの大きな実には種子がいっぱい詰まっている。この種子がいわゆる「カカオ豆」で、加工されてチョコレートになる。

リッチで複雑な味わい――チョコレートほど世界中で愛されているものはない。生のチョコレートはカカオの木の種子(いわゆる豆)を加工して作られる。カカオの木はデリケートな常緑樹で、「*Malvaceae*」(アオイ科)に属す。

原産地は中南米の熱帯林。4〜8mの高さになる。葉は互生につき、切れ目はない。小さな薄いピンクの花が幹に沿って咲く(ちなみにこのように咲く花を「茎生花」と呼ぶ)。ブユモドキ(ケブカヌカカ)という小さなハエによって授粉され、花はタマゴ型のさやに成長し、中には20〜60個の種子が詰まっている。さやは500g以上の重さになることもある。

チョコレート工場の風景。カカオの豆が滑らかな固体になるまで、加工を繰り返す。ココアバターやほかの脂肪、砂糖を加えるとみんなが好きなチョコレートが出来上がる。

カカオの木の属名である「*Theobroma*」は、ギリシャ語で神を意味する「*theos*」と食べ物を意味する「*broma*」から取ったもので、「神の食べもの」という意味だ。種小名の「*cacao*」はメソアメリカ語の「*kakaw*」、アステカ語で「苦い水」を意味する「*xocoatl*」から来たものと考えられている。カカオの木の栽培が始まったのは紀元前1800年頃とされるが、この推測は、カカオが付着した飲み物用の器が遺跡から発見されたことに基づくものだ。

料理での使い方

カカオ豆はコーヒー豆と同じように、生育した土地で風味が変わる。大きく分けると次の三つの品種になる。「フォラステロ種」は丈夫で生産性が高く、味が濃いのが特徴だ。「クリオロ種」は、複雑でかつデリケートな風味だが、栽培が難しい。そして、この2種を掛け合わせて開発されたのが「トリニタリオ種」だ。トリニタリオ種は、元々クリオロ種が生息していたカリブのトリニダード島にフォラステロ種が持ち込まれた結果として誕生した。

カカオは次のような行程で加工され、チョコレートになる。まずは発酵だ。さやを収穫したら、果肉とカカオ豆を取り出して木箱などに入れる。すると酵母の力で発酵して、1週間ほどで豆の糖分とたんぱ

木になっている未成熟のカカオの実。チョコレートのほとんどはカカオの種。果肉の部分は捨てることが多いが、果肉から飲み物を作る国もある。

く質が分解される。発酵が終わったら豆を乾燥、焙煎し「メランジュール」という大きな磨砕機で豆を砕く。これが、いわゆる「カカオマス」だ。そして、カカオマスは、プレス機でココアバターと固体のココアケーキに分けられる。この後、コンチング(チョコレート職人、ロドルフ・リンツが開発した)という工程でココアバターが均一にされていく。そして最後に、ココアバターの結晶の大きさを安定させる「テンパリング」を経て、口どけが良く滑らかでつややかな、舌触りも見た目も良いチョコレートが出来上がるのだ。

クッキー、プディング、アイスクリーム、キャンディー、ケーキなどのお菓子に使われるイメージが強いココアパウダーだが、昔のメソアメリカの人たちはココアパウダーにトウガラシを加えて泡立たせ、温かい飲み物として楽しんだ。ヨーロッパからアメリカ大陸にやって来た人は、この飲み物に砂糖とミルクを加えることを思いつく。やがて、アンリ・ネスレやミルトン・ハーシーが登場して板チョコを製造するようになり、“お菓子の帝国”が築かれた。

作用／適応

「スーパーフード」とも呼ばれるカカオは植物栄養素(ファイトニュートリエント)やフラボノイド以外にも300以上の栄養素を含んでいる。16世紀に初めてヨーロッパに輸入されてから、発熱、心臓病、肝臓・腎臓病、結核、貧血、通風に処方された。最近の研究では色の濃いチョコレートに含まれる抗酸化作用のあるフラボノイドが心臓病のリスクを抑え、血圧を下げ、炎症を押さえる、と報告されている。

辛い経験をしたり気分が落ち込んだりしたときには、チョコレートを食べると気分が和らぐと言われるが、これには科学的根拠がある。ココアバターにはテオブロミン、カフェインなど、気持ちを高揚させる化合物が含まれていて、脳を活性化し陶酔感をもたらすからだ。

歴史と民間伝承

» コロンブス以前のメソアメリカではカカオの豆で儀式用の飲み物を作り、貨幣の役割も果たした。
» 年間で多いと約5.5kgのチョコレートを消費する米国人だが、スイス人は平均10kg近くも消費する。
» 現在、世界のカカオの大半は西アフリカ諸国が生産しており、最大の輸出国はコートジボワールだ。

春のお祭りの主役の一つイースターバニーのチョコレート。色々な形にして楽しめるのもチョコレートの魅力。

スパイスのあれこれ

チョコレートでお祝い

世界中でチョコレートが人気になると、いろいろなお祝いと関連づけられるようになった。たとえば、日本ではチョコレートが関係するイベントが2回ある。2月14日のバレンタインデーには女性が男性にチョコレートを贈り、3月14日のホワイトデーには男性がそのお返しをする。ユダヤのお祭りハヌカーではアルミホイルで包んだコイン型のチョコレートを交換する。キリスト教の復活祭ではチョコレートでできたウサギや卵で祝う。5日間続くヒンドゥー教のお祭りディーワーリーにはオイルランプの形をしたチョコレート「ディヤ」が登場する。祖先に捧げるメキシコのお祭り「死者の日」では、頭蓋骨の形のチョコレート、チョコレートの飲み物、チョコレートソースを使った料理で祝う。■

カルダモン

Elettaria cardamomum, Amomum spp.

memo
一般にカルダモンと呼ばれるが、これはショウガ科の植物のうち、似た数種のこと。「*Elletaria cardamomum*」は「グリーン・カルダモン」、「*Amomum* spp.」は「ブラック・カルダモン」と呼ばれている。

カルダモンは世界で最も古いスパイスの一つと言える。古代エジプトでは歯を清潔に保つために噛み、古代ギリシャやローマの人は香水として身につけた。コンスタンチノープル（イスタンブール）まで足を運んだバイキングの商人が北ヨーロッパに伝えたとされている。今でもカルダモンが放つ独特な味は多くのスカンディナビア料理の特徴となっている。

カルダモンは大きく分けて2種類、グリーン・カルダモン（写真上）とブラック・カルダモンがある。レシピの材料に「カルダモン」と書いてある場合、ほとんどはグリーンの「*Elettaria cardamomum*」を指す。高価なスパイスだが、しかし幸いなことに少量使うだけで大きな効果を得ることができる。「*Amomum subulatum*」と「*A. costatum*」は、どちらもブラック・カルダモン。種子は大きく硬い。松の香りとショウノウの香りに似た、いぶしたような風味がある。

インドのマサラチャイの味はカルダモンの味が強い。今ではチャイは世界中のコーヒーショップで飲めるようになった。

カルダモンはショウガ科に属し、南インドの西ガーツ山脈の森が原産地だ。3m以上に成長することもある。葉は大きく、ピンク、オレンジ、黄色がかった白い花が咲く。花が成熟したあとのさやには、濃い茶色のベタベタした小さな種子が3列入っている。また、肉付きのよい根茎を広範囲に伸ばす。

料理での使い方

グリーン・カルダモンは爽やかでスパイシーな甘みがあるが、塩味の料理にも合う。スカンディナビアでは、クリスマスに食べるユールカーケやフィンランドのプッラなど甘いケーキやパンに使われる。アラブ諸国では濃く煎れたコーヒーやピラフにも用いる。インドではカレーやデザート、マサラチャイにも使う。魚、貝、チキン、ダック、レンズ豆、肉、エンドウ豆、カボチャなどとも相性がよく、ケーキ、クッキー、シュトーレンなど焼き菓子に深い味わいを加える。ヴァンショーなどスパイスが入った飲み物に加えると風味が増す。

ブラック・カルダモンは、温かいスパイスと言われ

作ってみよう

エキゾチックな東洋風ポプリ

スパイシーな甘さがほんのり漂う豊潤な香りのブレンド。匂い袋、枕、家に飾るポプリなどを作るのに最適だ。

材料

- カルダモンの種子、または花 ……… 1/4カップ
- サフランの種子 ……… 1/4カップ
- 乾燥したサンダルウッドを砕いたもの ……… 1/2カップ
- シナモンスティックを砕いたもの ……… 1/2カップ
- アニスの花 ……… 1/4カップ
- オレンジピール ……… 1/4カップ
- ラベンダーの花と種子と葉 ……… 1/2カップ
- ジャスミンの精油 ……… 20滴

作り方

すべての材料が乾燥していることを確かめる。もし湿っていたら、日の当たる窓際に数日寝かす。ジャスミンの精油（ジャスミン油）以外の材料を大きな鉢に入れ、軽く混ぜる。それからジャスミン油を垂らす。これを袋に入れ、しっかり封をする。暗い、ひんやりした場所に最低2週間置く。ときどき揺すって混ぜる。2週間したら匂い袋、枕、ボウルなどに移す。■

る。インド、中国の四川、ベトナムの風味豊かな料理に使われている。インド料理に欠かせないスパイスのブレンド「ガラムマサラ」には、ブラック・カルダモン、コリアンダーシード、ブラックペッパー、クローブ、シナモンが入っている。ちなみに、ガラムマサラの本来の意味は文字通り「温めるミックス」だ。ブラック・カルダモンは肉をグリルする前にすり込んだり、マリネに使ったりもする。

カルダモンは、さやごと買って家で種子を挽いた方が味を楽しめる。また、調理する前に種子を軽くつぶしてローストしてもいい。種子は、カルシウム、硫黄、リンなどのミネラルを含む。

ブラック・カルダモンは直火で乾燥させる。風味が強く、ゆっくり煮込む料理によく合う。

グリーン・カルダモン畑。インドネシアや中米など熱帯地方で商用栽培が盛んだ。

作用／適応

東洋では何世紀もの間、カルダモンの精油（カルダモンオイル）は消化不良に使われてきた。マウスとウサギに対して行われた実験では、カルダモンオイルに鎮痛作用や抗けいれん作用があることがわかっている。自然療法では口臭、歯痛、歯茎の痛みには局所的あるいは希釈してうがいで用いられ、消化不良や泌尿器系疾患にはティーとして処方される。種子には二つのフィトケミカル（植物化学成分）IC3とDIMを含み、ホルモンに関係するがんを防ぐ可能性が示唆されている。

芳香の特徴

グリーン・カルダモンはユーカリにショウノウを加えたような、またレモンにも似た温かい香りがする。アロマテラピー（アロマセラピー）では、カルダモンオイルを風呂に加えたものを不安やストレスの解消に使う。種子を粉砕して作ったティーも同じ効果があるとされている。

歴史と民間伝承

» ハーブ療法では、大きな責任に押しつぶされそうになったときにカルダモンが薦められる。アイデアが浮かび、周囲に対しては寛大になれる、とされる。

» カルダモンの最大の輸出国はグアテマラ。2番目がインドだ。

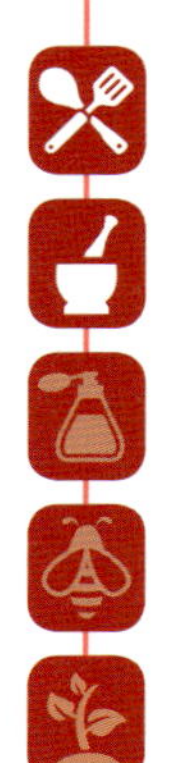

キャロブ

Ceratonia siliqua

memo

キャロブは花をつける常緑樹。さやに入った豆は甘く、乾燥して粉末にするかシロップにして用いる。ケーキなどのデザートでは、チョコレート代わりに使われることも多い。

低脂肪で高繊維、カフェインを含まないキャロブ。お菓子作りが好きな人には「ココアの代用品」としてもおなじみだろう。キャロブはマメ科（*Fabacease*）の常緑樹で、昔から薬用や食用で使われてきた。「聖ヨハネのパン」「イナゴマメ」という呼び名もある。原産地は地中海沿岸、北アフリカ、中東で、厳しい気候、痩せた土地でも育つ。作物として、4000年以上も栽培されてきた歴史があり、現在は、米国のフロリダ州や南西部などで栽培されている。

キャロブの語源は中期フランス語の「*carobe*」で、さらにさかのぼると、アラビア語でイナゴ豆のさやを意味する「*kharrūb*」にまでたどり着く。

キャロブココナッツクッキー。キャロブは乳製品を含まない焼き菓子作りにぴったりで、ベジタリアンのお気に入り。「ローフード」のレシピにも合う。カフェインを含まないのも魅力。

キャロブは雌雄異株で雄と雌の木がある。ただ、中には雄雌両性の花を咲かせる木もある。高さは15mくらいまで伸び、葉は濃い緑色で皮のような光沢がある。花は小さく、オレンジ色か黄色。花は尾状花序のように見えるが、実際は総状花序をなす。8〜15年くらいたつと、長さ30cmくらいの赤茶色をしたさや状の果実をつける（熟すのに1年かかることもある）。この果肉からキャロブパウダーが作られる。

料理での使い方

キャロブは、ほんのりと甘く土のような後味がある。温かい飲み物や、クッキー、ケーキ、ブラウニー、キャンディー、プディングに用いられる。パンケーキやマフィンの生地に混ぜると美味だし、アイスクリーム、ライスプディング、エスプレッソにふりかけてもおいしい。また、ハーブティーや黒ビールに加えれば、風味や香味を増す。

ココアパウダー代わりにキャロブを使うときは、同量のキャロブを使おう。ただし、キャロブには自然の甘みがあるので、加える砂糖の量は控えたほうがいい。風味を豊かにしたいなら、キャロブだけにせずココアも加えよう。キャロブ1に対してココア1の比率にするといいだろう。

キャロブの木は大量の緑色のマメをつける。成熟したあと乾燥し、粉状のスパイスにする。

キャロブは加工段階で、果肉と種に選り分けられる。種子からは「キャロブガム」が作られ、製菓用の安定剤、乳化剤、増粘剤として使われる。

作用／適応

昔の療法家はキャロブの葉と樹皮を煎じ、梅毒などの性病の治療に用いた。近年の研究では、キャロブのタンニンには没食子酸が含まれ、抗アレルギー、鎮痛、抗菌、抗酸化、抗ウイルス、防腐作用があることがわかっている。

キャロブは胃のもたれに効き、嘔吐を和らげ、下痢を止める効果を期待できる。1カップの水などの飲料に、キャロブパウダーを大さじ1溶かして飲むことが推奨されている。

ココアと異なり、キャロブにはカフェインもテオブロミン（コーヒーに含まれる軽い刺激成分）も含まれていない。コレステロールもなく高タンパクで、水溶性植物繊維であるペクチンを多く含む。ビタミンAとE、B群、カルシウム（ココアの3倍）など多種のミネラルも含んでいる。

歴史と民間伝承

» キャロブは直近の氷河期を生き延びた太古から存在する種だ。

» キャロブは英語で「聖ヨハネのパン」や「イナゴマメ」と呼ばれる。洗礼者ヨハネが荒野で食べたとされるイナゴが、キャロブのさやだとする説があるからだ。ただ、聖書を研究する学者の間では、ヨハネはキャロブではなく、イナゴを食べた、という説が有力になっている。

» ムハンマドの軍隊はキャロブを食べていた。また、アラブ人はキャロブを北アフリカで栽培し、ムーア人が柑橘類やオリーブとともにスペインに持ち込んだ。

» 米国にキャロブが入ってきたのは1854年だった。

ここにも注目

重さでは金と同じ価値

キャロブの学名は「*Ceratonia siliqua*」。語源はギリシャ語の「*keration*」の一部であるツノを意味する「*keras*」と、ラテン語でさやを意味する「*siliqua*」だ。キャロブの種子の重さがあまり変わらないことから、中東の商人たちはダイヤモンドなど宝石を量るときキャロブの種子を使って宝石の重さを量った。宝石の塊を表す単位がカラット（キャラット）となり、のちに1カラットは0.2gに固定された。古代ローマ時代、純金のソリドゥス金貨の重さが24カラット（約4.5g）だったことから、金の純度もカラットで表すことになった。純金は24カラットで、金を50％しか含まない合金は12カラットとされた。■

高さはないものの枝ぶりは立派なキャロブ。地中海沿岸の地域では今でも野生の木がある。

シナモン

Cinnamomum spp.

memo

シナモンと呼ばれるのは、ニッケイ属の樹木の内皮を採取したもの。スイートスパイスでは一二を争う人気だ。

世界中の菓子や料理のレシピに取り入れられるシナモン。紀元前2000年頃の古代エジプトでは香辛料や薬用のほか、遺体の防腐処理にも使われる貴重なスパイスだった（近年、シナモンの作用に関する医学的な研究が始まっている）。

シナモンは大きく分けて2種類ある。「真正のシナモン」とされるのがセイロンシナモン（*Cinnamomum verum*）。安価なのが、中国南部原産のカシアやチャイニーズシナモン（*Cinnamomum aromaticum*）だ。シナモンの学名はヘブライ語、アラブ語で「香り高いスパイスの木」を意味する「*amomon*」からきている。

シナモンはクスノキ科の常緑樹で、葉は厚く楕円形。花は黄色か緑の両性花で円錐花序をなす。成熟した木は20m近くに達することもあるが、栽培では2年目を迎えた木を数十cmの高さに刈って、さらに土をかぶせてしまう。こうすることで、木は垂直に伸びずに横に広がって、低木のようになるためだ。ここから生えてくる若枝の内皮をはぎ取り、天日で干して管状に丸まったものがシナモンだ。

シナモンはスニッカードードル（シナモン味のバタークッキー）など特別な朝食やデザートに使われる。スニッカードードルは、風味豊かなクッキーで、クリスマスの季節に人気の菓子だ。

料理での使い方

シナモンの甘く温かい風味は、昔から世界のあちこちで珍重された。シナモンは、バクテリアの増殖を抑制するフェノールを含むので、肉を保存するのにも用いられた。香りが高いことから、古くなった食品の匂い消しにもなった。北米でも18世紀に消化促進剤やホットサイダーの風味づけに用いられるようになった。

現在では、シナモンをパウダー状にしたものを焼き菓子、果物や野菜の煮込み、スパイスティー、ミンスミート、コーヒーに加える。貯蔵食品やピクルスにも使われる。

セイロンシナモンには独特な味がある。カシアほど強い甘さはないが、土っぽい素朴な味で、ほのかに柑橘とバニラの風味もある。セイロンシナモンの味は繊細なので、シナモンアイスクリームやクレーム・ブリュレなどシナモンの味が前面に出る料理で使いたい。

スパイスのあれこれ

支配と戦闘のスパイス

17世紀、オランダの支配下にあったセイロンはシナモンの主要生産地だった。オランダはシナモンの独占を守るため、インドのシナモンの木を全滅させようとしたほどだ。1795年に英国がオランダをセイロンから追い出したが、シナモンの独占は長くは続かず、1833年頃に幕を閉じた。というのも、ほかの国々もジャワ、スマトラ、ボルネオ、モーリシャス、レユニオン、ガイアナなどで、シナモン栽培を始めたためだ。現在、シナモンは、南米、西インド諸島、熱帯の国々で栽培されるようになっている。■

作用／適応

シナモンは古代からアジアや地中海地方で咳、関節炎、のど痛、風邪の治療に使われており、血行や消化を助けるスパイスでもあった。中世ヨーロッパでは、シナモンは万能薬と考えられていた。現在のハーブ療法では、筋肉のけいれん、嘔吐、下痢、食欲不振、細菌や真菌感染症、認知障害、性機能障害の治療に使われている。

近年の研究で、シナモンには評判どおりの効果が期待できることがわかってきた。初期の研究段階ではあるが、1型糖尿病でも2型糖尿病でも血糖値を下げることが示された。

また、テルアビブ大学の研究では、樹皮に含まれる成分CEpptに、アルツハイマー病の発症を防ぐ可能性があることも示唆されている。ほかにも、多発性硬化症の進行を止める可能性（ラッシュ大学医療センター）が報告されている。このほかにも、カシアのエキス（細菌や真菌感染症に抗するのに役立つ桂皮アルデヒドが含まれる）に、抗HIV作用があるとするインドの研究もある。

ほかのクスノキ科の植物と同じように、厚く楕円形をしたシナモンの葉。木の内皮をむき、天日で干して丸くなれば、シナモンスティックが出来上がる。

芳香の特徴

暖かいスパイシーな香りを持つシナモンは何千年もの間、香水や聖油の原料として使われてきた。粉末のシナモンはエジプトの儀式用の香（こう）「キフィ」の材料の一つとして人気が高かった。インドやヨーロッパでは媚薬として長年使われた。

アロマテラピーではシナモンの精油は精神の波動を高めて感覚を刺激し、自信や寛容さを高めるとされる。

歴史と民間伝承

- ローマ皇帝ネロは最愛の妻が死ぬと、1年分のシナモンを焼くことを命じた。
- シナモンは古代ローマ人の間で貴重なものとされ、通貨として用いられた。ガイウス・プリニウス・セクンドゥス（大プリニウス）はシナモンの価値は銀の15倍あると記している。
- イタリアではシナモンを「小さなチューブ」を意味する「*canella*」と呼ぶ。この言葉は大砲を意味する「cannon」と同じ語源。管状に丸まった形から付けられた名前だ。
- 伝説の不死鳥フェニックスはシナモンとカシスで巣を作ったとされている。
- ビクトリア朝のシナモンの花言葉は、「私の富はあなたのもの」というものだった。

column

リキュールで乾杯!

スパイスやハーブ風味のリキュールを味わおう

豪華な食事のあとや、カフェやバーでくつろぐとき、甘いお酒の「コーディアル」を楽しむ風習は世界のあちこちにある。コーディアルは「リキュール」とも言われ(この呼び名の方が日本ではなじみがある)、蒸留酒にハーブなどで風味を加えたものだ。砂糖やコーンシロップを加えビン詰めされる。

リキュールとは?

リキュールは、果物、ハーブ、スパイス、花などを、水やアルコールに煎じて加えたり、芳香成分を加えたりして作る。ほとんどが蒸留酒よりアルコール濃度は低く、15〜30%程度だ(55%と高いものもある)。

ウイスキーのように何年も寝かしたりすることはないものの、お酒とハーブが溶け合って複雑な風味を出すまで時間がかけられる。デザートと一緒に提供されることも多いが、シロップのように甘いものが多いため、リキュール自体もデザートとして楽しめる。

長い歴史

料理の歴史研究家は、リキュールはかつての「ハーバルメディスン」が発展したものだと言う。13世紀までさかのぼれるイタリアの資料によれば、リキュールは修道院で作られていたという。スパイス、ハーブ、砂糖を加えて作るドイツの「Kräuterlikör」(クロイターリコーア)は、中世ヨーロッパで使われた薬用酒で、今も製造されている。当時、交易の発展に伴って、酒造家はチョコレートからジンジャーまで、多種多様なスパイスを入手して使えるようになったため、この時期にはたくさんの種類のリキュールが作られた。

風味豊かな世界のリキュール

世界中で人気があるリキュール。各地で作られるハーブやスパイスを加えた有名なリキュールを挙げてみた。ただし、どのハーブやスパイスを使っているか、風味を出すための工夫や技などの詳細な方法は、すべて明らかにされておらず、酒造家のみが知る秘密のレシピであることは変わりない。

アニゼット(地中海地域)
アニスで味つけされたポピュラーな酒。イタリア、スペイン、ポルトガル、フランス、トルコでいろいろな種類がある。

ベネディクティン(フランス)
ベネディクト派の修道院が作ったと認識されているが、実はアレクサンドル・ル・グランというワインの醸造家が19世紀に発明したもの。レシピの秘密は非公開で、27種の植物とスパイスが含まれているとされる。

カンパリ(イタリア)
イタリアのカフェで大人気の、サクランボのような赤いリキュール。香り高く苦いハーブ、植物、果実で作られている。ソーダを加えたカクテル「カンパリ・ソーダ」は世界中で飲まれている。

シャルトリューズ(フランス)
独特な味がするリキュール。黄緑を指す「色の名前」としても定着した。カルトジオ会の僧侶たちによって1737年から作られていて、調合されているハーブは130種以上にのぼる。

ドランブイ(スコットランド)
ウイスキーがベースのリキュール。スコッチ、ヒースから集めたハチミツ、ハーブ、スパイスがブレンドされている。

ガリアーノ(イタリア)
甘く森のような香りがするリキュール。バニラ、スターアニス、ジンジャー、柑橘、ジュニパー、ムスクヤロー、ラベンダーを含む30種の植物を蒸留して作る。

ゴールドシュレーガー(スイス)
シナモンで風味づけされ、本物の金箔を含む。金粉が入っているリキュールのポーランドのゴールドワッサーは、その先駆的存在だ。

アイリッシュ・ミスト(アイルランド)
アイルランドでリキュール製造業が誕生したのは1940年代のことだが、千年も伝わるヘザーワインのレシピをもとに作られたとされている。古いアイリッシュ・ウイスキー、ヒースとクローバーの花から集めたハチミツ、香り高いハーブ、ほかのスピリッツがブレンドされている。

イエーガーマイスター(ドイツ)
バーでワンショットを飲む人たちのお気に入り。のどを暖めるリキュールはリコリス、アニス、ポピーシード、サフラン、ジンジャー、ジュニパーベリー、ジンセンなど56種のハーブで作る。

キュンメル(ロシア)
16世紀に誕生したロシアのリキュール。キャラウェイ、クミン、フェンネルなどで風味づけされている。

蜂蜜酒(世界中)
ハチミツと水を発酵させ、いろいろな種類のハーブ、スパイス、果実を加えて作る。

メタクサ(ギリシャ)
茶色をした蒸留酒。ワインの蒸留物、マスカットワイン、バラの花びらと地中海ハーブの秘密のコンビネーション。

パスティス・リカール(フランス)
南仏で大人気のパスティスはアニスとリコリスを調合する「マセレーション」という製法で作られる。

ペルノ(フランス)
アブサンが法律で禁じられた後、フランスの蒸留業者ペルノ・リカール社はアニスをベースに「ペルノアニス」を製造した。

サンブッカ(イタリア)
夕食の食後酒としてポピュラー。アニス、スターアニス、リコリスの精油とニワトコの花(ラテン語で*sambucus*)で風味づけされている。白、赤、黒の3種がある。

ソレル(カリブ海地方)
ハイビスカスの花を煎じた真っ赤な色をしている。クローブ、カシア、ジンジャー、ナツメグのスパイスで風味づけされている。

サザンカンフォート(米国)
米国で大人気のリキュール。中性スピリッツにウイスキー、モモ、オレンジ、数種のスパイスを加えた強いリキュール。

ストレガ(イタリア)
イタリア語で「魔女」という名のリキュール。ミント、サフラン、フェンネルなど、70種以上のハーブやスパイスで作る食後酒だ。■

パスティスやサンブッカなどアニスをベースにした、シロップのように濃いリキュールは水で割って飲まれる。リキュールの中には、水を加えると、見た目が半透明に変わるものもある。

クローブ

Syzygium aromaticum

memo

学名*Syzygium aromaticum*の種小名からわかるように、クローブは香り高いスパイスだ。食用、薬用、アロマテラピーと広く用いられる。

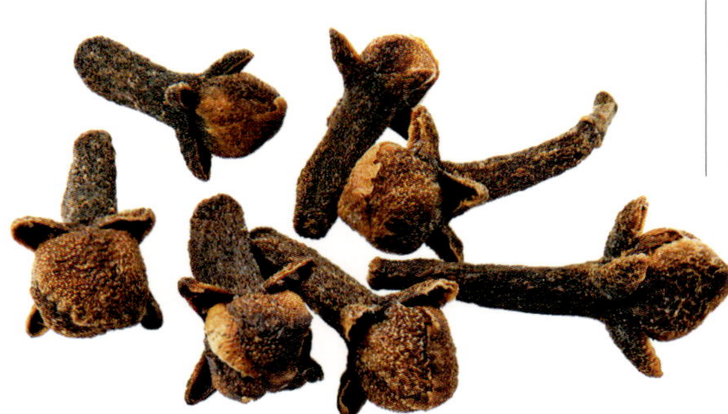

クローブは2000年以上前から矯臭・矯味剤や薬用で高く評価されてきた。4世紀頃、アラブの商人によってヨーロッパに伝えられたが、当時はあまり広まらなかった。しかし中世ヨーロッパでは、クローブの強い風味が古くなった食品の悪い味を消すのに使われるようになって、スパイスとしての価値は不動のものとなった。

スパイスとしてのクローブは、花が咲く前のつぼみを硬く、茶色く、まるで「画びょう」のようになるまで乾燥させたもの。クローブの木はフトモモ科（*Myrtacease*）の常緑樹で樹高は7～12mほど。葉は大きく光沢があり、枝の先にクリーム色の花がまとまって咲く。いったん根付くと、100年はつぼみをつけ続ける。かつてクローブの木は、インドネシアのモルッカ諸島（以前は「香料諸島」という名で知られていた）に生息していたが、現在はザンジバル、スリランカ、マダガスカル、西インド諸島、インド、ペンバ島、ブラジルなど、世界各地で商用栽培されている。

クローブの枝についた熟しかけのつぼみ。つぼみにはマンガン、ビタミンK、植物繊維、鉄、マグネシウム、カルシウムが豊富だ。

料理での使い方

甘く、土の風味があるクローブは、中国の五香粉、インドのガラムマサラ、モロッコのラスエルハヌート、フランスのキャトルエピスなど世界中の古典的なブレンドスパイスに欠かせない。肉料理、カレー、マリネに風味を加え、フルーツ、プディング、クッキー、パイの味を豊かにする。メキシコ料理ではクローブをクミンやシナモンとブレンドする。

味気のない料理をガラッと変えるのがクローブだ。スープにクローブを刺したタマネギを加えればパンチが効いた味になるし、炒め料理に粉砕したクローブとカレーパウダーを加えれば、これだけでインド風に生まれ変わる。アップルソース、サイダー、チャイに温かみを加え、ターキー（七面鳥）のスタッフィング料理の詰め物にクルミやレーズンとともにクローブを加えると味が一段と良くなる。ただ、クローブの味は強いので、量は控え目にした方が無難。また、使うクローブは粉末を買うよりも、ホールのクローブを薦める。ホールの方が味と香りが続くし、使うときはコーヒーミルなどで粉砕すればいいからだ。

なお、ホールのクローブの新鮮さは水につければチェックできる。水を張ったボウルにクローブをつけ、垂直に浮いたら新鮮、水平に浮いたら古いものだ。覚えておこう。

作用／適応

古代ローマ、インド、中国の文明ではクローブを薬として使っていた。現在、クローブは「スーパースパイス」と呼ばれることもあるが、それももっともだ。抗酸化物質に含まれるORAC（活性酸素吸収能力）を示す値は、クローブは「290,000」ある。これは、ハーブオイルの中でかなり高い数字だ。抗ウイルス、抗炎症、抗菌作用も優れており、血糖を安定させ成人発症の糖尿病を予防できる可能性も期待されている。また、クローブの主要成分であるオイゲノールは、ほかの成分と結び付いてマイルドな麻酔効果を発揮するので、歯根管治療、歯痛や歯肉痛など歯の治療に使われている。なお、クローブの精油は肌への刺激が非常に強い。取り扱う際は、注意してほしい。

クローブの実は細長い赤いベリーだ。その葉も、香り高い。

クローブの精油は記憶力を強くすると言われている。歯科では歯肉を麻痺させるためにクローブオイルが使われる。アロマテラピーでは、気分を高めるために使われる。

芳香の特徴

クローブの香りは温かく、フルーティーで、甘くスパイシーだ。かつては、この香りを嗅ぐと「視力が良くなり、疫病を予防できる」と信じられた時代もあった。現在のアロマテラピーでは心を癒やし、知力を刺激し、抑うつ気分を解消するとされている。クローブのつぼみは香の力を増し、香りを強化する。

歴史と民間伝承

- 紀元前200年頃、中国の廷臣は帝王に話すとき口臭による失礼がないよう、口にクローブを含んだそうだ。
- クローブが入った酢は、「4人の泥棒酢」「マルセイユ・ビネガー」と呼ばれる。15世紀に疫病が流行していたとき、疫病で死んだ人の家や墓を荒らす泥棒たちがこれを飲んで身を守ったという。
- インドネシアの「クレテック」というタバコにはクローブが入っている。

作ってみよう

オレンジとクローブのポマンダー（匂い玉）

中世ヨーロッパの大都市に住む人は、中にハーブが入った丸い容器のポマンダー（匂い玉）を持ち歩いたそうだ。街にはゴミの悪臭が漂っていたが、ポマンダーは空気に浮遊する疫病などの元をはねつけるとされていたからだ。また、クローゼットに吊るすと虫食いを防ぐともされていた。

部屋や引き出しを香りづけるポマンダーは簡単に作れる。大きなネーブルオレンジにクローブを差し込み、きれいな模様を作るだけ。指ぬきを使うと痛くない。オレンジは中から乾燥し、クローブとオレンジの皮の香りが1年ほど漂う。■

ジンジャー

Zingiber officinale

memo
スパイスや薬として使われるショウガの根茎がジンジャーだ。幅広く用いられ、メインディッシュやデザートになることもある。

ジンジャーの力は侮れない。古代、ジンジャーは香味料、薬、霊的強壮剤に使われ、「神からの贈り物」とさえ評された。イスラム教の聖典であるコーランにも、ジンジャーを「天から贈られた最も聖なる霊魂（スピリッツ）」としている。

ジンジャーの刺激はアジアの料理に欠かせない。また、ヨーロッパではジンジャーブレッドやジンジャースナップなど、昔からパンや焼き菓子に使われた。紀元前3000年には、すでに薬としての評価も高く、胃の不快感や媚薬として用いられた。

ジンジャーの原産地は東南アジアだ。そこから中国、インド、中東に広がった。作物としても人気があり、ジンジャーを栽培した生産者には富がもたらされた。ヨーロッパへはインド経由で伝わったようで、その時期は紀元1世紀頃という説がある。中世ヨーロッパでは、1ポンド（約454g）のジンジャーに羊1頭の価値があったという。今日、ジンジャーの生産が盛んなのは、ジャマイカ、インド、フィジー、インドネシア、オーストラリアだ。

昔からジンジャーは、消化器系の不調を治すのに生や粉末などさまざまな形で使われてきた。ジンジャー独特のピリッとする味の源は、根茎から出る汁に含まれる強い香りの精油だ。

ジンジャーはアシに似た多年生で、1.2mほどまで伸びる。枝から多くの葉が生え、頂点にはピンクがかったつぼみが房になってついて華麗な黄色の花が咲く。スパイスとなるのは根茎の果肉の部分。なお、属名の「*Zingiber*」はサンスクリット語で「角（つの）」を意味する「*singabera*」に由来し、根茎を指している。

料理での使い方

ジンジャーはターメリックやカルダモンと同じ科ショウガ科（*Zingiberaceae*）に属し、独特の爽やかなコショウのような味がする。アジア料理のイメージが強いが、一時期ヨーロッパでも塩とコショウのように食卓の常備品になったこともある。インドやアラブの料理でも広く用いられる。

ジンジャーは生、乾燥、砕いたもの、粉末などがあるが、味が穏やかなのは生の新鮮なもの。皮をむいてスライスしたり、おろしたりして使う。乾燥さ

手軽にスパイスを

ジンジャーの砂糖漬け

ジンジャーを使ってスパイシーなお菓子を作ってみよう。約500gのジンジャーの皮をむき、八つに切り分ける。これを鍋に入れ、やわらかくなるまで中火で茹でる。煮汁の4分の1は捨てずに取っておこう。この段階でジンジャーを取り出して重さを量り、同量のグラニュー糖を用意する。煮汁にジンジャーと砂糖を加え、砂糖水が結晶し始めるまで煮る。ザルにあらかじめ付着防止のスプレーをかけ、その上でジンジャーを冷まそう。冷めたら密封したビンに入れれば出来上がりだ。2週間ほど保存できる。■

せたジンジャースライスは味が強く、保存に向いており、スープのストックやカレーなどに使う。

砕いたものは新鮮なものと同じような刺激があるが、事前処理の必要がないこともあり、アジア料理では頻繁に使われる。

ピリッとする粉末のジンジャーはジンジャースナップ、ジンジャーブレッド、パイ、マフィンなど焼き菓子にも使われる。ほかにも、インドのスパイスのブレンド、アジアの炒め料理、ピクルス液、フランスのヴァンショー（ホットワイン）、ジンジャーエールなどに使われる。

作用／適応

中国では昔から歯痛、風邪やインフルエンザ、二日酔いの症状の緩和に用いられ、日本では関節痛に効くとされてきた。ヨーロッパではペストの予防薬としても使われた。20世紀初頭、米国の医者は月経痛に処方した。ジンジャーには、消化器系を鎮静し、ガスを追い出し、抗けいれん作用がある。

現代の研究では、ジンジャーにはお腹の調子を整える作用や、抗酸化、抗炎症作用があることがわかっている。抗炎症作用はジンジャーに含まれる「ジンゲロール」という成分の働きで、関節炎やリウマチの治療に効果がある。

現在、進行している研究では、大腸がんにジンゲロールが効く可能性が示唆されている。この先、どのような薬用効果が判明したとしても驚くことはない。ハーブ療法家は昔からジンジャーに優れた働きがあることを知っていた。その証拠に、伝統薬の半分以上にジンジャーが配合されてきた。

赤みを帯びたつぼみが熟すと、派手な黄色い花が咲く。ジンジャーは温暖な気候ならどこでも育つ。種類によっては熱帯風の葉とエキゾチックな花をつけるので、観賞用や境栽にしてもいい。

歴史と民間伝承

» 乾燥したジンジャーをお守りに加えれば、身につけた人の健康を維持し増進するとされている。
» 庭でのジンジャーの育ち方が、庭の主の健康を映すと言われている。
» 5世紀の中国の水夫は壊血病の予防のため、ビタミンCを多く含むジンジャーを航海に持参した。
» 19世紀の英国ではバーの店主が砕いたジンジャーをビールにふりかけて提供した。ジンジャーエールはこうして生まれた。
» ショウノウを思い起こす暖かく土っぽい香りは、アロマテラピーでは消化促進、頭痛や関節痛の緩和、血行の刺激、うっ血の解消に使われる。

[注] 胆石症がある人が、香辛料としての通常の使用量を超えて使う場合、資格のある医療従事者監督下で使用すべきである。

メース/ナツメグ

Myristica fragans

memo
メースもナツメグも、ニクズク科に属す常緑樹「*Myristica fragans*」から採れるスパイスだ。どちらも独特の風味と香りがある。

ナツメグ（*Myristica fragans*）の木からは、二つの個性的なスパイス「メース」と「ナツメグ」が生まれる。クリスマスの季節に活躍するナツメグは種子の中にある「仁」で、メースは種の外皮を覆う蝋質の仮種皮だ。

ナツメグの原産地は、スパイス栽培で知られるインドネシアのバンダ海にあるバンダ諸島。ナツメグの木は12mの高さに達し、葉は大きく深緑色をしている。薄い黄色の花は朝顔に似た形をしていて蝋質だ。雄雌異株でそれぞれ花が咲くが、雌の花だけが厚い果肉を持つ実をつける。果皮が割れると種子を覆う赤い仮種皮が現れる。これが「メース」だ。メースをはがして乾燥させ、色が濃くなりもろくなったら粉末にする。ナツメグは、メースの内側の種子をさらに2カ月ほど乾燥させ、仁を取り出したものだ。

中世、アラブの交易商たちはベネチアの商人を通じてナツメグをヨーロッパに輸出したが、ナツメグがどのように作られたものかまでは決して明かそうとしなかった。1511年にモルッカ諸島を制圧したポルトガル人も、のちに彼らに取って代わったオランダ人も、ナツメグの栽培を二つの島に限定しようとしたほどだ。しかし18世紀末にはアフリカとカリブ海諸島でも、ナツメグが栽培されるようになった。現在は、熱帯地域の多くで商用栽培されている。

料理での使い方

甘く、スパイシーで木の実の風味がする「ナツメグ」はケーキ、プディング、フルーツパイ、エッグノッグ、フレンチトースト、ワインのパンチなどに使われる。また、シチュー、クリームスープ、各種のソース、パスタ、ミートボール、ソーセージなどにもマッチするなど、スパイスとしての用途は広い。事実、ベシャメルソースやギリシャ料理のムサカにもナツメグは欠かせないし、トマト、ホウレンソウ、ブロッコリー、豆料理、タマネギ、ナスによく合い、インド、インドネシア、中東、イタリア、オランダでも料理に用いられている。

「メース」の味はナツメグに似るが、もっとデリケートな風味がある。カスタードクリーム、ジャガイモ料理、クリームソースなど、風味を加えたいときに用いる。丸ごとのメースはスープ、ソース、

スパイスとしてのナツメグ（左）は*Myristica fragans*という木の種子の中にある仁で、メース（上）はそれを覆う赤いレースのような仮種皮を指す。

ナツメグの果実は熟すと黄色になる。外皮が割れると、種子を覆う赤いレースのようなメースが現れる。

ピクルスを漬けるスパイスブレンドに加えられる。ヴァンショーの材料にもメースは不可欠だ。メースの粉末は、甘いパウンドケーキやドーナッツ、さらにはミートボールやバーベキューソースでも使われている。

ナツメグは、加熱すると風味を失ってしまうので、調理の最後に仕上げとして加えるようにしたい。栄養面ではビタミンB群、ビタミンC、ビタミンAが豊富で、カリウム、カルシウム、鉄、マンガンも含む。

作用／適応

ナツメグは昔から健康維持に欠かせないスパイスだった。16世紀のエリザベス朝のイングランドでは、疫病を防げると信じられていた。自然療法家は睡眠補助薬、歯と歯肉を守る抗菌剤（オイゲノール成分が歯痛にも効く）、関節痛、胃の不快感、肝腎臓の機能の強化に使う。ナツメグに含まれる成分「ミリスチシン」は、脳変性疾患の予防で注目されている。ハチミツにナツメグを加えて摂れば血色が良くなり、ニキビを目立たなくするとされている。

芳香の特徴

水蒸気蒸留したナツメグの精油は、焼き菓子、シロップ、飲み物、キャンディーの自然風味だけでなく、歯磨き粉や咳止めシロップに加える。製薬産業や香水産業でも珍重されている。

アロマテラピーでは消化不良を軽減するとされ、スパイシーなオイルはマッサージで用いられる。セルフトリートメントでは、ナツメグの精油を手で時計回りにお腹にすり込む。このオイルマッサージは血行を良くするので、関節炎、リウマチや通風に対する効果も期待できる。また、精神的疲労やストレスを和らげる作用もある。なお、ナツメグの精油は強いので、必ずキャリアオイルに薄めて使うようにしよう。

歴史と民間伝承

» 1760年代にナツメグの値段をつり上げるために、オランダ人は倉庫に火をつけ、在庫を減らした。
» 米コネチカット州のニックネーム「ナツメグの州」は、19世紀の作家のサム・スリックが書いた物語に由来するという説がある。

ここにも注目

スコットランド名物ハギス

スコットランドの郷土料理ハギスは、羊の内臓、タマネギ、オートミール、スエット（羊脂）、メースやナツメグなどのスパイスをソーセージの皮に詰め込んだ素朴な料理だ。ハギスは灰色をしていて、見た目には食欲はそそられない。「風変わり」と評されることもあるスコットランドらしい料理と言えるが、その風味豊かで木の実のような歯ごたえは、料理の評論家からも絶賛されている。ハギスはスコットランドのオリジナルとされるが、ハギスの公式レシピが1430年に初公開されたのは、イングランド北西部のランカシャーだった。■

スコットランドの伝統料理ハギスはメースとナツメグで風味づけされている。ソーセージの皮から出して皿に盛る。カボチャとジャガイモを添え、少量のウイスキーをかけるのが伝統だ。

ケシの実

Papaver somniferum

memo

*Papaver somniferum*は英語で「opium poppy」(アヘンが取れるケシ)と呼ばれるケシの一種。料理で使うケシの実やケシ油、医療用のモルヒネなどの鎮痛剤も、このケシから採れたものだ。

ケシの実はナッツの味がする栄養価の高い油糧種子で、パンや菓子、自然療法で用いられる。ケシのさやを乾燥して種子を取る作業は6000年もの歴史を持つといわれる。ギリシャ人はさやから抽出される樹液を「opion」と呼び、これが現在のオピウム（アヘン）の語源となった。

ケシは中東が原産でケシの実やラテックスを採るために栽培されてきた。ラテックスからは、鎮痛剤や麻酔薬であるモルヒネと、そこから派生する中毒性が強いヘロインが抽出される。ちなみに、ラテン語の学名「*Papaver somniferum*」は「眠気を誘うポピー」という意味。

ケシから採れるアヘンは、戦争の原因にもなった。19世紀半ばに英国と清（中国）の間で起きたアヘン戦争は、西洋諸国が清にアヘンを密輸することを清が禁止したことがきっかけとなった。

ケシ科に属すケシは一年草（または二年草）で草丈は1mほど。茎はしっかりして長く、先に切れ葉をつけ、白、ムラサキ、赤の花びらが4枚ある花が咲く。この花がカップの形をしたさやとなる。さやには、小さな種子がたくさん詰まっている。

種子を採るには、さやはしっかり乾燥させる。種子をつぶせば、調理、工業、医療の分野で使える高価なケシ油も得られる。

ケシは違法な麻薬にもなる。そのため、ケシを栽培するには、多くの国で許可が必要だ。日本でも原則禁止されている。

料理での使い方

ケシの実には麻薬作用がまったく無く、そのままで使うか、ペーストにして使う。米国では黒いケシの実をベーグルにふりかけたり、マフィンの生地に混ぜたりする。東ヨーロッパでは、黒いケシの実も白いケシの実もパンや菓子パンに加える。ドイツではデザートに使われ、ポーランドでは郷土料理の

ケシの実が入ったロールケーキ。シュトレンやシュトルーデルなどのパンやケーキによく使われるので、ケシの実は「ブレッドシードポピー」とも呼ばれる。

特徴となっている。

ケシの実のペーストは、バニラ、ラム酒、レモンの皮、クリーム、シナモン、ナッツ、レーズンで味付けすることもあり、ヨーロッパ独特のシュトルーデルやシュトレンといった菓子に使われる。

ユダヤ教のプリム祭では、ケシの実のペーストが入った三角形のペストリー、ハマンタッシュを食べる。インド、イラン、トルコではケシの実は「*khashkhaash*」や「*haşhaş*」と呼ばれる。

ケシの実はオランダ、オーストラリア、ルーマニア、トルコなど、世界中で生産されている。シェフの意見では、一番おいしいのは灰色がかった青色をしたオランダ産だという。栄養面ではケシの実には、カルシウム、マグネシウム、鉄とビタミンEが豊富に含まれている。

作用／適応

ケシの実は何千年も前から使われ、古代エジプト、シュメール、ミノア文明の医療書に記録が残る。民間療法では喘息、不眠、胃病、視覚障害、生殖力の増進に用いた。「体を透明にする力がある」と信じた人までいたほどだ。

現代では、ケシをベースとする薬用のアヘン剤はオーストラリア(タスマニア)、トルコ、インドで生産されている。強い中毒性があることから、これらの薬は極度の痛みや短期間の鎮静剤としてのみ用いられる。

ケシのさやからにじみ出るラテックス(樹液)。さやは無毛の果実で、中には無数の種が入っている。

ピンクと白のケシが咲く野原。花の色は白から深い赤まであり、亜種や栽培品種もたくさんある。

歴史と民間伝承

» ケシの種子は非常に小さい。3300粒でやっと1gになる。500gで100万～200万粒の種子がある。

» ケシの種子を金(きん)でくるんだお守りを身につけると、富を得られると信じられていたこともある。

» 英国の王立麻酔科医協会の紋章には、麻酔薬であるケシが描かれている。

» ライマン・フランク・ボーム原作の小説『オズの魔法使い』と1939年の映画版では、ドロシーと彼女の仲間がケシ畑を横切る場面がある。そのために、ドロシーも臆病なライオンも深い眠りに落ちてしまうのだ。

[注]ケシ(*Papaver somniferum*、ソムニフェルム種)とアツミゲシ(*Papaver setigerum*、セティゲルム種)は、あへん法により栽培等が禁止されている。またハカマオニゲシ(*Papaver bracteatum*)は、麻薬及び向精神薬取締法により栽培が禁止されている。

ここにも注目

科学的先駆者

1804年、ドイツの薬学者、フリードリヒ・ゼルチュルナーは、初めてアヘンのラテックスからモルヒネを分離抽出した。植物からアルカロイドが分離されたのは、実はこのときが歴史上初めてのことだった。ゼルチュルナーは、ギリシャの夢の神「モルペウス」にちなんで、これをモルヒネと名付けた。この薬物の効果の研究を進め、1815年頃に広く使用されるようになり、1827年にドイツの化学医薬品メーカー「メルク」が販売した。メルクは世界的な大企業だが、当時はダルムシュタットにある小さな薬局だった。■

ゴマ

Sesamum indicum

memo
花を咲かせるゴマは、その種子を採取するために栽培される。木の実のような風味豊かなゴマの種子と油は、多くの国で料理に欠かせない。

ゴマは人類が用いる一番古い香味料の一つで、有史以前から熱帯地方で栽培されていたことがわかっている。初期エジプト文明の墓絵にはパン商人がパン生地に、ゴマの種子を加えている風景が描かれている。また、油を採取するために栽培された作物の中でも一番古い部類に属する。

紀元前3000年頃、中国ではゴマ油を燃やして、できた煤(すす)を版画に使った。木の実のような味とパリッとした歯ごたえが好まれ、多くの料理に使われるが、ゴマは健康に良い作用があることでも知られている。

精油を薄めるために使うオイルは「キャリアオイル」と呼ばれる。ゴマ油はアロマテラピーでよく使われるキャリアオイルだ。

ゴマはゴマ科（*Pedeliacease*）に属す背の高い一年草。葉は細長く対生につき、白からピンク色をしたジキタリスに似た花がたくさん咲く。細長く、ハコのような形をしたさやには、熟すと内側に100以上の種子が列に並ぶ。

ゴマはもともとビルマ、中国、インドなど東インドおよび東南アジアが原産地だが、英語のセサミという言葉はアラビア語の「*simsim*」、コプト語の「*semsem*」、初期エジプト語の「*semsent*」から来たものと考えられている。

ゴマは古くからヨーロッパに知られていたが、北米に渡ったのは、17世紀末、アフリカとの奴隷貿易がきっかけだ。アフリカの人々はゴマを「ベネ」と呼んだ。トマス・ジェファーソンは、モンティチェロで、このベネの種子を実験的に栽培した。

現在、ゴマの主要輸出国はインド、中国、スーダン、エチオピア、メキシコなど。料理にゴマの油をよく使う日本は、最大の輸入国だ。

料理での使い方

ゴマは何千年にもわたって、パンや菓子、肉や野菜料理、各種のソース、ドレッシング、デザートに使われてきた。今ではケーキやマフィンに加えたり、ローストチキンやブロッコリーの上に醤油ソ

ゴマの花は白か薄いピンク。毛の多い茎の上に咲く。花は繊維質の多い房となり、それぞれの中に小さく、平らな、先の尖った種が8列並んでいる。

ースと一緒にふりかけたり、ビネグレットソースに加えたりする料理が人気を呼んでいる。

ゴマは中東料理の主要食料の一つであり、フムスや人気菓子ハルヴァの材料であるタヒニペーストに用いられる。

アジアやインド各地で種子の状態でも、ペースト状でも料理に使う。ゴマ油は長期間保存できることもあり貴重な食材だ。

ゴマの栽培品種は多種あり、種子の色も白、淡黄色、黄色、黒、赤とさまざま。外皮がついたままのもの、取り除いたもののどちらも販売されている。外皮を取り除いたゴマの種子は冷蔵庫か冷凍庫で保存したほうがいい。

また、ゴマの栄養価は、非常に高く、銅、マンガン、カルシウム、マグネシウム、鉄、セレン、リン、亜鉛、ビタミンB_1、ナイアシン、食物繊維などが含まれている。

作用／適応

ゴマは、古来、治療にも予防にも用いられてきた。古代エジプトの医者は、ことあるごとにゴマを処方し、古代バビロンの女性は若さと美しさを保つためにハチミツとゴマを合わせたものを摂ったとされる。

古代ローマの兵士も、同じものを体力維持と活力アップのために食べた。現在も、健康食料品としてのゴマ人気は衰えを知らない。

ゴマには、食物繊維リグナンが含まれていて、これには「セサミン」と「セサモリン」という二つの抗酸化物質が含まれている。セサミンやセサモリンは、コレステロール値を下げる働きをし、高血圧の予防が期待できる。またセサミンは活性酸素などのフリーラジカルによる肝障害から守る効果が期待されている。

歴史と民間伝承

» 『アリババと40人の盗賊』に登場する「開けゴマ！」という魔法の言葉は、成熟したゴマのさやが開くことに関連するという説がある。

» ゴマは干ばつでも、高温地帯でも、モンスーンの雨期でも生き延びることができる、とても丈夫な植物だ。砂漠との境界の痩せた土地でも栽培できる数少ない作物だ。

手軽にスパイスを

ハチミツ・ゴマ・ピーナツクッキー

簡単に作れるカリカリしたスナック。ナッツの風味とハチミツの甘さが絶妙にマッチする。

材料

- ゴマ ……… 1/4カップ
- ハチミツ ……… 1/2カップ
- ピーナツ ……… 2カップ
- 黒砂糖 ……… 大さじ2杯

作り方

オーブンを175度に熱しておく。天板の上にクッキングシートを敷き、この上にピーナツを乗せて5分間ローストする。揺すってさらに5分ローストする。

ピーナツをローストしている間、ハチミツと黒砂糖を小さな鍋に入れ、中火で砂糖を溶かす。ピーナツの上に溶けたハチミツを流し、材料が行き渡るようもう一度天板を揺する。ピーナツを覆うようにゴマをふりかける。5～10分オーブンで焼き、取り出し冷ます。完全に冷めたら密封容器で保存する。■

スターアニス
(八角)

Illicium verum

memo
アジアでは、昔から香味料や薬に使われてきたスターアニス。現在、欧米で人気が高まっているスパイスだ。アニスに似た風味があり、菓子や料理に取り入れられている。

雪の結晶のような形をしたスターアニスは、マホガニーのような色をして、その外観の装飾性が特徴的なスパイスだ。香味料や薬としては、3000年以上も使われてきた。

スターアニスはマグノリアの仲間で、マツブサ科の常緑樹の実のことだ。原産地はベトナムや中国で、樹高は8m近くなる。小さなクリーム色の花が咲くまでには5年ほどかかり、その1年後から果実をつけるようになる。スパイスとして用いるのは、この実だ。完全に熟す前に種子のさやを収穫して天日で乾燥させたら、さやと豆を粉砕してスパイスとして用いる。

属名の「*Illicium*」はラテン語で「魅惑」を意味する「*illicio*」を語源としており、この木が魅力的な香りを発すことを物語る。現在、スターアニスの木はラオス、フィリピン、インドネシア、ジャマイカで商用栽培が盛んだ。

スターアニスは星形の果実をつける。これを熟す直前に収穫し、乾燥させるとスターアニスのスパイスが出来上がる。

料理での使い方

17世紀にスターアニスがヨーロッパに伝わると、すぐにパンやフルーツ、リキュールの風味づけに使われるようになった。スペインのアニスと同様、リコリスと味がよく似ているが同種ではない。リコリスやスターアニスには、「アネトール」が含まれていて、これがリコリスと味が似る理由だ。ただ、スターアニスのほうが味は濃厚で、ビリヤニ、ガラムマサラ、マサラチャイなどインドを代表する料理や調味料、出汁に用いられる。また、中国の五香粉の材料としても有名だ。東南アジア、特にマレーとインドネシアの料理では重要なスパイスで、特にベトナムのフォーには欠かせない。

米国ではアニスの廉価な代用品として使われることがある。パンや菓子、バーベキューソース、肉にすり込む調味料、豚・鶏・ダックの料理、ライスプディングに、また星形をしていることから工作やクラフトにまで用いられる。スターアニスをスパイスとして使うときは、細かく砕いて使うのが一般的だ。そのまま調理で使ってもいいが、このときは、

1887年に出版されたケーラーの『薬用植物』に載っているスターアニスのイラスト。この絵のように、3〜6枚の光沢のある葉がまとまって生える。

食べる前に料理から取り除こう。

作用／適応

伝統的な中医学では、スターアニスは刺激剤や去痰薬として処方された。乳幼児の腹痛や大人の消化不良にも用いられた。ヨーロッパの民間療法ではリウマチの痛みを和らげるためにティーにして飲むことが勧められた。また、種子を噛むと消化を助けるとされた。ほかにも、お産の苦痛を取り除く、性欲を増す、月経痛を和らげるためにも用いられた。

現代の医学は、ようやくスターアニスの可能性を見いだし始めたところだ。スターアニスには、インフルエンザや鳥インフルエンザの治療薬（抗ウイルス剤）「タミフル」の主要構成要素・シキミ酸（他にはケルセチン）が多く含まれている。スターアニスの抽出成分は抗真菌剤として、特に口、のど、腸管、性器を感染するカンジダ・アルビカンスという酵母様真菌への効果も期待されている。

台湾の研究で、スターアニスから抽出した4種類の抗菌性化合物が、67の薬物耐性菌に効果があることが判明した。抗酸化作用もあり、動物実験ではあるが、がん腫瘍の発生が低下することもわかっている。

芳香の特徴

リコリス、フェンネル、アニスを連想させる香りを持つスターアニスは、ガリアーノ、サンブッカ、パスティスなどのリキュールの風味づけにも用いられている。アロマテラピーでは、精油をディフューザーで吸い込むことで、気管支炎、風邪、インフルエンザなどの症状を緩和するとされている。

ほかにも、ヤマトシロアリやチャバネゴキブリなどの害虫除去にも効果があるとの研究報告もある。

歴史と民間伝承

- 中国語では、その形から「八角茴香」と呼ばれている。中国の民間伝承では悪意から守るものだとされており、特に放射状にのびた角が八つ以上あるスターアニスは幸運のしるしとされた。
- 仏事に用いるお香の材料にもなるシキミ（*Illicium anisatum*）は見た目はスターアニスによく似ているが、種子には毒性がある。

スパイスのあれこれ

中国の五香粉

フランス料理でハーブをいろいろ調合するのと同様、中国にも五香粉という有名なスパイスミックスがある。肉料理に刺激的な風味を加えるとともに、甘さと好対照をなす。中国料理が世界中の都市に広まった結果、各国の料理にも五香粉が使われるようになった。伝統的な五香粉にはスターアニス、クローブ、カシア、ブラックペッパー、フェンネルシードが入っている。アニス、ジンジャー、ナツメグ、ターメリック、カルダモン、リコリス、マンダリンオレンジの皮などを加えることもある。五香粉は鶏肉、ダック、豚肉、魚介類にすり込んで使ったり、マリネに用いたり、中国風の煮込み料理やシチューにも用いる。ただ現在の中国では家庭よりレストランで使われることのほうが多いかもしれない。■

バニラ

Vanilla spp.

memo
ラン科の植物で唯一果実をつけるのがバニラだ。ここから世界中で親しまれている香味料が採れる。

高価なスパイスと言えばサフランが有名だが、これを追うのがバニラだろう。純粋なバニラ・エキストラクトは誰もがうっとりする独特な味と香りをしている。

バニラビーンズは、中米を原産とするラン科に属する蔓性植物の種子さやだ。バニラは白い花を咲かせ、花は雌雄両性だがハチドリやオオハリナシバチに授粉してもらわなければ、緑色の長いさやに成長しない。熟したさやを収穫したら、それ以上熟さないように、茹でたり、冷凍にしたり、傷をつけたり、天日で乾燥したりする。バニラの生育には、気候、地形、土壌の質、支え木や支柱などすべての環境――「テロワール」が重要だ。

バニラはアメリカ大陸特有のスパイスだ。16世紀にヨーロッパからの征服者エルナン・コルテスがメキシコからスペインに持ち帰るまで、バニラはアメリカ大陸以外の世界でまったく知られていなかった。19世紀中頃までは、メキシコがバニラ貿易を独占していたが、オオハリナシバチがいなくても人の手で授粉できることがわかり、今ではほかの国でも商用栽培されている。なお「バニラ」という言葉は、スペイン語の「小さなさや」から来たものだ。

ラン科の植物で、バニラは果実をつける唯一の種だ。

料理での使い方

バニラの主要な栽培地は現在五つあり、風味も違う。主要な輸出国であるマダガスカルでは、ブルボン種と呼ばれる最高品質の「*Vanilla planifolia*」が生産されている。ブルボン種は、甘く、クリーミーでまろやかな風味があり、料理に加えても存在感がある。インドとインドネシアもブルボン種を生産する。メキシコのバニラはニシインドバニラ（*Vanilla pompona*）と呼ばれ、色が濃く、滑らかで、スパイシーだ。こちらは、チョコレートやシナモンと相性がいい。タヒチバニラ（*Vanilla Tahitensis*）は華やかでフルーティー。少しアニスのような味がする。パティシエ（菓子職人）に人気がある。

チョコレートの風味づけをはじめ、バニラは多くの国でデザートに欠かせないスパイスとなった。さやのまま、粉末、ペースト、エキストラクト（種子さやを水

バニラはアイスクリームのなかでも一番の売上を誇るフレーバー。もちろん、アイスクリーム以外でも使われる、人気の高いスパイスだ。

とアルコールに漬けたもの）などの形で販売されている。ところで、バニラアイスでよく見る黒い点は種子で、これ自体に風味はない。また、「バニラ風味」をうたう製品の9割以上は、リグナンから抽出した合成香料「バニリン」で人工的に風味づけされたものだ。

作用／適応

バニラには抗酸化作用、抗発がん作用、抗うつ作用、解熱作用、鎮静作用があるとされる。中米の先住民トトナカ人はバニラを自分たちで栽培して、毒消し、肺病や梅毒の治療に使っていた。メキシコのアステカ文明ではヒステリーやうつ病に処方した。18世紀のヨーロッパでは神経の刺激剤に用いた。また、19世紀の医者たちは、「脳を刺激し筋力を増加させる」とバニラを称賛した。

バニラに含まれるバニロイドは、コショウのカプサイシン、クローブのオイゲノールに似た作用を持つ。バニラはニキビ、インフルエンザの初期症状、つわりなどに効く。また、やけどや歯痛には精油を局所的に塗布すると症状が和らぐ。

芳香の特徴

独特な甘い、クリーミーな香りがあり、多くの香水や化粧品に使われる。アロマテラピーでは弛緩作用も刺激作用のどちらもあるとされ、ある研究では香りを嗅ぐだけで、重病患者が抱える病気のストレスが軽減したという報告もある。

バニラはほかの香りのベースにもなり、オレンジ、レモン、ホホバ、カモミール、ラベンダー、サンダルウッドなどの精油とブレンドできる。

スパイスのあれこれ

トトナカ人の宝

今のメキシコ・ベラクルスの近くに暮らしていた先住民トトナカ人は、バニラの喜びを世界で初めて知った人たちと考えられている。神話によると、女王であり女神であるモーニングスターは、人間と結婚するのを禁じられていたにもかかわらず、恋人と森へ逃げてしまった。しかし、すぐに見つかり父親の命令で首をはねられてしまう。そこに流れた血の跡からバニラの蔓が伸びたのだという。15世紀にトトナカ人を征服したアステカ人は、もろこしや金（きん）ではなく、バニラのさやを貢納品とした。さらに、アステカを征服したヨーロッパ人コルテスがバニラをスペインに持ち帰ると、すぐにヨーロッパの貴族の人気を得て、カカオと混ぜたおいしい飲み物も生まれた。1602年にエリザベス女王の薬剤師ヒュー・モーガンがバニラを香料として使うことを思いつく。それ以来、バニラは世界を席巻していく。■

歴史と民間伝承

- トマス・ジェファーソンは駐仏公使時代にバニラを知り、米国にバニラを伝えた。
- 19世紀中頃、レユニオン島の12歳の少年エドモン・アルビウスがバニラを手で授粉する方法を発見。以来、原産地以外でバニラの栽培が可能になった。
- バニラは、赤道を挟んで緯度で南北に10〜20度に入る地域でしか栽培できない。

緑色をしたバニラのさや。*Vanilla planifolia*は蔓植物で、長い茎を木に巻き付けて生長する。

第5章

セイボリー スパイス

左：カイエンヌ（上）、ターメリック（右）、サフラン（下）、コリアンダー（左）

刺激の世界へようこそ

ピリっとホットなスパイスがお好き

シェフたちが言う「料理のコク」(異なる風味を絶妙に重ねたものや、酸味、甘味、苦味、塩味、うま味から好みの味を複数混ぜ合わせた深い味わい)を出すのに欠かせないのが、ピリッと辛く食欲をそそるスパイスだ。この章で紹介する「セイボリースパイス」は、ほんの少し料理に加えるだけだが、おいしい料理をしっかりと支えてくれる。

古代から、エジプト、ペルシャ、アラブ、ギリシャ、ローマ、中国、インドの地で、刺激のあるセイボリースパイスは人気が高く、料理のみならず、治療薬や防腐剤として、また時には香料や染料としても使われた。原産地が極東や「香料諸島」(モルッカ諸島)、アフリカなど遠いところであっても、魅力的な香味料は中東の市場(バザール)や地中海沿岸の大都市へと渡っていったのだ。

古代の香辛料

セロリシードは、初期の鍋料理に使われたスパイスとして知られ、古代エジプトや古代ギリシャの人々に珍重された。

コリアンダーは、古代ローマの人々が食べ物やワインの風味づけに用いた。ペッパーに似た辛味のある「黄金のスパイス」＝ターメリックは、アレクサンドロス大王によってアジアからヨーロッパに持ち込まれた。

ブラックペッパーは、4000年以上前の書物にも登場するほど、長い歴史をもつ。スパイスの中には、サフランをはじめ、文明の黎明期には既に使われていたことがわかっているものもある。イランの5万年前の洞窟壁画からはサフランの色素が発見されているし、スイスの新石器時代の住居からはキャラウェイが採取されている(考古学的な観点からは、キャラウェイはヨーロッパで極めて初期に使われたスパイスと考えられる)。

紀元1世紀には香辛料貿易は活況で、この時期ブラックペッパーをはじめとするスパイスの需要が急増した。記録によれば、アジアや東アフリカから地中海沿岸地域への輸入品80品目のうち、スパイスが44品目を占めたという。極東との貿易で最も利益を得たのは、戦略的に拠点を構えたアラブ商人だ。彼らの栄華はローマ帝国が紅海から遠くインドまで航海できる船を建造するまで続いた。ほどなくインドのスパイス市場は品薄になったため、商人は東南アジアからスパイスを輸入する必要に迫られる。そこで、中国の人々は、ローマに絹やスパイスを運び、

サフランは花の柱頭からだけ採れる。高価なスパイスの代表だ。

インドのケララ州チェンガナでは、毎年恒例の祭りの期間中、ヒンドゥーの女神アンマンを祀る寺院でターメリックを浴びる儀式が執り行われる。この地域で、ターメリックは香辛料としてだけでなく、体を清めるためにも使われる。

西方からはガラス製品、陶磁器、サンゴ珠、貴石、銀、ワインを得ることを考えた。こうしてできた隊商路が、いわゆる「シルクロード」だ。

中世ヨーロッパでは、ベネチアやコンスタンティノープルなどの港から異国のスパイスが入ってくるようになり、宮廷へと運ばれた。スパイスは、肉を保存したり、金持ちが珍しい風味を楽しんだり、傷んだ食べ物の臭いを隠したりするのに使われた。中でも、西アフリカ原産のグレインズ・オブ・パラダイスと、アメリカ大陸から持ちこまれたカイエンヌはどちらも、キッチンで重宝された。特にグレインズ・オブ・パラダイスは、ブラックペッパーより安価だったため、代用品として使われた。

> 「スパイスは
> とてもホットで、
> とてもヒップだ。
> 私はスパイスが
> 大好きだ」
> ──トッド・イングリッシュ
> (シェフ、料理番組司会者)

古くから薬としても使われてきた

セイボリースパイスの中には、消化器や呼吸器の疾患治療、あるいは傷を治したり、痛みを緩和したりするのに古くから用いられてきたものもある。たとえば、キャラウェイは、腹の張りや消化不良を治すのに使われた。ターメリックは、炎症を抑える作用や抗菌作用で知られた。スマックは解熱に用いられ、パプリカは心臓や循環器の健康によいとされた。カイエンヌはカプサイシンを含むので、関節の腫れや筋肉痛を和らげるのに使われてきた。

ブラックペッパー

Piper nigrum

memo
長い間「スパイスの王様」と言われてきたブラックペッパー。食用としても、薬用としても用途の広いスパイスだ。

マスター・オブ・スパイスあるいは「スパイスの王様」と呼ばれるブラックペッパー（コショウの実）には、長い歴史がある。通貨の代わりにもなるほどで、中世ヨーロッパでは、1ポンド（約454g）のブラックペッパーに、金（きん）1ポンドと同じ価値があった。

コショウの原産地は、インド南西部のケララ州。地中海沿岸やヨーロッパ全域で需要が急増したため、ヨーロッパからの遠征隊ははるか東のアジアの地までコショウを求めた。こうして、コショウの実の交易ルートができ、そのルート沿いには商業都市が興った。

*Piper nigrum*からは、グリーン、ブラック、ホワイトの実が採れる。ピンクペッパーは、別の種類（*Schinus molle*、和名コショウボク）で、ウルシの近縁種。

コショウは、蔓（つる）性のなめらかな木本で、9mほどの高さにもなる。3〜4年で小さな房状の白い花が咲き、やがて「ペッパーコーン」と呼ばれる赤い実をつける。雌雄異花もしくは両性花で、雨で受粉する。現在、インドやインドネシアで商用栽培が盛んだ。

ペッパーコーンには、「グリーン」「ブラック」「ホワイト」があるが、すべて同じ木から採れたものだ。色が違うのは、収穫時期と加工法が異なるため。グリーンは未熟果、ブラックは半熟果を採取して乾燥させたもの、ホワイトは成熟果を塩水に浸けて黒い皮を取り除いたものだ。ブラックは、粒のままでも、砕いても、挽いても、ほかのものより強い風味がある。

料理での使い方

ブラックペッパーは、4000年以上、料理の風味づけに使われてきた。最初にインドと交易を始めたのは、アラブやフェニキアの商人で、紀元前5世紀頃にはコショウは地中海沿岸地域に伝わっていたと考えられている。ブラックペッパーはヨーロッパが初めて知ったアジア産のスパイスの一つだろう。

肉や野菜料理、シチュー、スープ、キャセロール、さらに魚料理やオムレツまで、風味を加えるために幅広く使われるブラックペッパー。ほかにも、オリーブオイルとレモン汁に粗挽きのブラックペッパーを

健康のために

ペッパーで作るスクラブ洗顔料

抗炎症作用、殺菌作用のあるブラックペッパーで、スクラブ洗顔料ができる。古い皮膚を取り除き、血行を促進して栄養や酸素を運び、肌のつやをよくしてくれる。にきびなど、吹き出ものの予防にもなる。挽いたブラックペッパー小さじ1/2杯、プレーンヨーグルト小さじ1杯をボウルに入れて混ぜ、肌につけて円を描くように優しくなでるだけ。保湿したければ、ヨーグルトの代わりに、オリーブオイルやアーモンドオイルを使うといい。肌に負担をかけないよう、1〜2分で洗い流す。[注] ■

[注]洗い流すときは殻の粒が眼に入らないように目を閉じる

加えるだけで、おいしいサラダドレッシングができるし、食材にすり込んでグリルするだけで、独特の風味と食感を楽しめる。

栄養面でも優れており、マンガンとビタミンKが多く、ほかにも銅、鉄、クロム、カルシウム、ビタミンC、ビタミンA、フラボノイド、カロテン、食物繊維も含む。挽いた実の鮮度は3ヵ月ほどだが、粒のまま保管すれば使うまで鮮度が保たれる。

作用／適応

古代ギリシャでは、ブラックペッパーは調味料というよりも薬として珍重された。ヨーロッパやアジアの伝統療法や、アーユルヴェーダでは、ブラックペッパーを、水分代謝、鼓腸の緩和、耳痛や視覚異常の矯正、発汗促進などに使った。また、ハーブ療法家は、呼吸器感染症、喘息、便秘、貧血、にきび、勃起不全、肉離れ、歯の疾患、下痢、心臓疾患

コショウの実は加熱すると風味が飛んでしまう。そのため、調理の最後で加えるか、料理を食卓に出すときに加えるようにしよう。

コショウは、最初、緑色の小さな実を房状につける。ブラックペッパーは、赤くなり始めたばかりの完熟前のものを採取して乾燥させたものだ。

にブラックペッパーを用いてきた。

医学的な研究では、ブラックペッパーには、抗酸化作用、殺菌作用、抗炎症作用があることがわかっている。また、消化を助け、実の外殻に含まれる成分に脂肪細胞を減らす作用があるため、無理なく体重を減らせる。さらにブラックペッパーの主要成分ピペリンには、がん予防効果が期待されており、各方面で研究が進む。ほかにも、記憶障害や認知障害をピペリンが緩和するとの報告もあり、アルツハイマー病治療でも期待されている。

注目したいのは、ブラックペッパーのバイオアベイラビリティ(生物学的利用率)を高める作用だろう。一緒に摂取したハーブやスパイスの有益な成分を体の各部位へと運ぶ助けとなる。料理に加えれば、風味も増して一石二鳥だ。

歴史と民間伝承

- 408年、古代ローマに侵入した西ゴート族の王は、撤退の条件に、代償としてコショウの実3000ポンド(約1.36t)を要求した。
- 19世紀の米国ニューイングランド地方では、毛皮やフランネル類を夏の間しまっておく前に、ブラックペッパーを散らして虫食いを防止した。

キャラウェイ

Carum carvi

memo
キャラウェイの種子は、学名を*Carum carvi*という植物の三日月形の実（種子）のこと。種子は食用やメディカルハーブに、葉と根も食用になる。

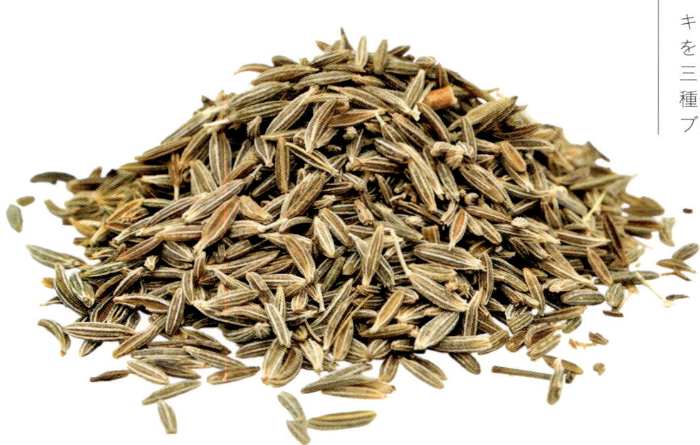

爽やかな風味と食感を演出するために、ライ麦パンに用いられるキャラウェイの種子。香味料、メディカルハーブ、アロマ用品など、その用途は実に多様だ。

独特の風味があるキャラウェイは二年生植物で、パセリ、ディル、アニス、フェンネル、クミンと同じセリ科の仲間だ。草丈は60cmほどになり、葉は緑色の羽状、小さく乳白色の花が集まって散形花序をなす。小花は成熟すると三日月形の実（種子）になり、種皮には灰白色の筋が縦に5本入る。

キャラウェイの原産地は小アジア（現在のトルコ）だが、現在はヨーロッパ北部から中部、アジア全域に分布する。商用栽培は、英国、オランダ、ドイツ、フィンランド、ロシア、ノルウェー、モロッコで盛ん。北米でも自生し、カナダの一部では輸出目的で栽培されている。スパイスとして最初に用いられたのは、ヨーロッパと考えられ、スイスでは約5000年前の新石器時代の湖上住居跡でキャラウェイの種子が発見されている。

キャラウェイの種子の精油は、石鹸や化粧水、香水の香りづけに用いられる。

料理での使い方

甘く刺激のある香りをもち、コショウに似たほろ苦さのあるキャラウェイの種子は、古代ギリシャの時代から香味料として使われ、その後、「農民のスパイス」として広く浸透した。ドイツ、オーストリア、ハンガリーでは、ソーセージやチーズ、豚肉や牛の胸肉、キャベツを使った料理、ザワークラウトやサラダ、スープの風味づけに、キャラウェイの種子を使う。イングリッシュシードケーキやアイリッシュソーダブレッド、東欧では、料理に添えるパンやロールパンにも使われる。中東では、キャラウェイの種子をカレーの香辛料に、北アフリカではスープやクスクス、煮込み料理に加える「ハリッサ」という唐辛子ペーストに加えられる。スカンディナビアのアクアビット（ジャガイモの蒸留酒）やロシアやドイツのキュンメルなど、リキュールの風味づけにも加えられる。

また、キャラウェイの種子は、ピクルス液やコンビーフ作りのスパイスとして用いられる。なお、葉はさ

ザワークラウトは、キャラウェイで風味をつける。香りの強いキャラウェイは、ドイツ、オーストリアなど、北ヨーロッパ料理を特徴づける風味である。キャラウェイは、たいてい種子を粒ごと使い、アニスに似た苦味と、挽いたコショウに似た香りがある。

まざまな料理でパセリのように使われ、根はパースニップと似ており食用にもなる。

キャラウェイの種子には、鉄、銅、カルシウム、カリウム、マンガン、セレン、亜鉛、マグネシウム、食物繊維のほか、ビタミンB_1、B_2、B_6、ナイアシンなどのビタミンB群、ビタミンA、C、Eなどの栄養素が含まれる。種子は、うがい薬やマウスウォッシュの香りづけでも用いられる。

作用／適応

古代ギリシャの自然療法家は、鼓腸や消化不良、乳児のコリック（疝痛）を治すのにキャラウェイを用いた。現在では、筋肉痛の緩和、風邪や気管支炎の改善、過敏性腸症候群の治療で用いる伝統薬に、キャラウェイの精油が加えられることがある。

キャラウェイの種子からは、抗酸化作用、消化作用、駆風、整腸作用が知られる揮発性化合物が含まれた有益な精油が採れる。また、種子には、フリーラジカル（がん、加齢、感染症、神経変性疾患の一因）を除去する作用が期待できるフラボノイドや抗酸化成分も含まれている。

歴史と民間伝承

» キャラウェイは、ヒメウイキョウやペルシャクミンの名でも知られる。

» 古代ローマの医師ディオスコリデスは、「顔色の悪い少女たち」にキャラウェイのオイルを摂るよう指示した。

» キャラウェイには恋人を繋ぎ止める力があると考えられ、惚れ薬の効き目を高めるのに種子が使われた。これが転じて、ハトの飼い主は、餌にキャラウェイを加えた。

» 「盗まれたくない大事な物には、キャラウェイの種子を入れておけ」という、言い伝えがある。泥棒を家にとどまらせることができるからだ。

» スコットランドでは、バターを塗ったパンにキャラウェイシードをまぶしたものを「ソルトウォーターゼリー」と呼ぶ。

ここにも注目

キャラウェイを使った料理

焼きリンゴにキャラウェイの種子を添えるのは、古くからの伝統だ。たとえば、シェイクスピアの『ヘンリー4世』では、地方判事シャローがフォルスタッフに「リンゴのキャラウェイ添え」を食べるようせきたてる場面がある。英国ケンブリッジ大学の学寮「トリニティ・カレッジ」では、今でも焼きリンゴに小皿入りのキャラウェイがついてくる。■

キャラウェイはセリ科の仲間。白い可憐な花が散形花序をなすのは、セリ科の特徴だ。

カイエンヌ

Capsicum annuum

memo
世界中で料理に欠かせないスパイス「カイエンヌ」。パウダーにして使われるイメージがあるが、生や乾燥させたさやも使われる。

トウガラシとも呼ばれる「カイエンヌ」は、草本のトウガラシ属の栽培品種（*Capsicum annuum*）の実のことだ。原産地は中央アメリカで、メソアメリカやメキシコの料理に辛味や風味を加えるのに欠かせない。メキシコの遺跡の調査で、既に約9000年前にカイエンヌが日常的に食べられていたことがわかっている。17世紀にスペインやポルトガルの探検家たちがカイエンヌをヨーロッパへ持ち帰るようになると、まず地中海料理に取り入れられ、やがてアジアの大半の地域、とくにインドで使われるようになった。インドではそれ以降、栽培されるようになり、現在ではパキスタン、中国、アルゼンチン、米国で商用栽培が盛んだ。

スペイン発祥の冷製スープ「ガスパチョ」は、カイエンヌのほか、ポブラノやタバスコなどのトウガラシで辛味をつける。

カイエンヌは、トマト、ナス、ジャガイモと同じく、ナス科に属する。多年生で、草丈は1m前後だが、それ以上になることもある。葉は深緑色で、クリーム色の小花をつける。この小花がさやになる。さやは、初めは緑色だが、熟すと鮮やかな赤になる。

料理での使い方

カイエンヌは生鮮野菜や、さやごと乾燥させたもの、フレーク状やパウダーにしたものが簡単に入手できる。アジアやインドの料理では、生のカイエンヌが、カレーや炒め物、スープ、ソース、チャツネ、清涼飲料、ピクルスの漬け汁に使われる。パウダーは、メキシコや地中海、米国の料理で好まれ、サルサソース、タコパウダー、チリパウダー、ケイジャン料理の混合香辛料、バッファローウィングのソース、トマトソースなど、焼き料理の下味やマリネ作りに欠かせない。

カイエンヌのヒリヒリするような辛味の成分は、カプサイシン、カプサンチン、カプソルビンを含む活性アルカロイドと呼ばれる化合物だ。ピリッとした辛さの度合いは、スコヴィル値（SHU）と呼ばれる単位で表され、カイエンヌは30,000〜50,000SHUという高い値を示す（ちなみにピーマンが0SHU）。

栽培のヒント

カイエンヌの人工授粉

カイエンヌは自家受粉するが、人の手で授粉すると、より実の成りはよくなる。人工授粉は異なる種の交配にも使われるものだ。ガーデニングも料理も楽しみが増すだろう。

1. カイエンヌの株の根元を持ち、そっと揺らして花粉を振り落とす。そうすると、花粉管が伸びずに実を結ばないような花粉を取り除ける。この作業は、暖かく穏やかで、湿度の高くない日中に行う。
2. 清潔な綿棒を花の中に入れる。綿棒を回転させ、黄色い花粉のついた雄しべから花粉を集める。
3. そっと綿棒を抜き、近くの別の花に差し込み、中心にある雌しべにこすりつける。

授粉後は、霧を吹いて花に潤いを与え、花粉を定着させる。■

生のカイエンヌを切ったり、刻んだりするときは、手袋をはめて目に触らないようにしたい。

カイエンヌは栄養が豊富で、ビタミンAやC、さらにビタミンB_1、B_2、B_6、ナイアシンなどのビタミンB群を含む。さらに鉄、銅、亜鉛、カリウム、マンガン、マグネシウム、セレン、抗酸化作用のあるフラボノイドも含んでいる。

作用／適応

自然療法家は、カイエンヌには抗刺激、抗真菌、抗アレルギー、殺菌などの作用があるとしている。鼻炎を伴う風邪や、胃の不調、潰瘍、咽喉炎、咳、下痢、せん妄、痛風、麻痺、震え、発熱、消化不良、鼓腸、痔、吐き気、扁桃腺炎、猩紅熱（しょうこうねつ）、ジフテリアの治療にも使われてきた。

カイエンヌは、消化管全般の筋肉運動を促し、消化液の分泌量を増やし、栄養の吸収を助ける。血行を良くし、特に手足の血行を促す。この特性を利用して、薬が全身に行き渡って作用が高まるよう、薬にカイエンヌを加えることもある。なお、代謝が高まることから、減量のサポートにも用いられる。

喫煙者の肺がん予防にカイエンヌが期待できるとする、ロマリンダ大学（米国カリフォルニア州）の報告もある。この研究では、カイエンヌに多く含まれるカプサイシンが、腫瘍を発生しにくくすると考えられる、とされる。カイエンヌのカプサイシンには鎮痛作用があり、関節痛のマッサージ剤や塗布剤に使われる。また、カイエンヌには血圧を正常値に保ち、いわゆる悪玉コレステロールである低比重リポタンパク（LDL）の値やトリグリセリドを抑える働きがあり、心機能の強化にもなると期待されている。

歴史と民間伝承

» カイエンヌは、ギニアスパイス、カウホーンペッパー、アレバ、バードペッパーとしても知られる。
» 中央アフリカでは、心を落ち着かせ、ストレスを緩和する強壮剤を作るために、カイエンヌが使われている。
» 米国ルイジアナ大学ラフィエット校のアメフトやバスケットなどのスポーツチーム「レイジン・ケイジャンズ」のマスコット「カイエン」はカイエンヌを元にしたもの。

熟したカイエンヌ。カイエンヌは、*Capsicum annuum*の栽培品種で辛味の強いナガミトウガラシに分類される。栽培品種はほかに、ハラペーニョやセラーノ、ポブラノなどがある。

column

健康にも役立つスパイス「カイエンヌ」

トウガラシは関節痛や筋肉痛の天然の緩和剤

中米文化が、痛みの緩和にカイエンヌを使うようになったのは今から6000年以上前のこと。西洋社会で同じ目的で使われるようになったのはずっと後であることを考えると、実に驚くべきことだ。口の中や皮膚を刺激し痛みを引き起こすものが「痛みを和らげる」というのは奇妙だが、カイエンヌがもつこの作用は立証されている。

鎮痛作用はカプサイシンと呼ばれる、カイエンヌやコショウなどに含まれる舌を刺すように辛い「フェノール化合物」のおかげだ。カプサイシンは、神経終末を刺激し、サブスタンスPという神経伝達物質を放出させる。サブスタンスPは脳に痛みを伝え、焼けつくような感覚を引き起こす。だが、サブスタンスPが使い尽くされると、その部位は痛みが和らぐ。そのため、カプサイシンは天然の鎮痛薬として、骨関節炎や関節リウマチ、滑液包炎、糖尿病性神経障害などの慢性症状のほか、短期的な筋肉痛や関節痛、神経痛の治療にも用いられている。このほかにも、痛みを伴う乾癬(かんせん)や帯状疱疹、神経障害性疼痛(とうつう)の緩和にも使われる。

現在、カプサイシンが、がん腫瘍の増殖を抑制するかを確かめる研究が進んでいる。カイエンヌの成分には、がんの原因にもなる体内のフリーラジカルを取り除くカロテノイドとフラボノイドも含まれていることもあり、研究の行方に注目したいところだ。

トウガラシ属(*Capsicum*)の主な種は次の五つだ。カイエンヌやハラペーニョ、ピーマンを含むトウガラシ種(*C. annuum*)、タバスコやマラゲータ、タイのプリッキーヌなどのキダチトウガラシ種(*C.*

frutescens)、アヒ・アマリージョやクリオージャ・セッジャなどの黄色トウガラシ種（*C. baccatum*）、ロコトを含むロコト種（*C. pubescens*）、ハバネロ、ナーガ・モリッチ、スコッチ・ボンネットなどのシネンセ種（*C. chinense*）だ。

自然の防御策

トウガラシ属の多くがカプサイシンを含むのは、動物や有害菌などの捕食者から身を守るためだったのかもしれない。1816年、ドイツの薬剤師、クリスティアン・フリードリヒ・ブッフホルツはカプサイシンを初めて抽出すると、トウガラシ属を表す*Capsicum*（ギリシャ語で「噛む」という意味の「*kapto*」に由来）に因んで「カプサイシン」と名付けた。カプサイシンは、実の果肉部分よりも白いワタに多く含まれている。また種子には含まれていないので、鳥がついばんだ種子がほかの地域に運ばれ、生育域を広げる。そこで発芽する。

カプサイシンは、警察の催涙スプレーや動物や昆虫の撃退にも用いられる。高純度のカプサイシンのエキス剤は、スコヴィル（SHU）値（トウガラシの辛さを測る単位）が1500万以上になる。絶対に直接肌につけたり口に入れたりしてはいけない。

激辛の度合い

刺すように辛いペッパーソースや、辛いトウガラシが、米国でブームになっている。「ホットになるか、イヤなら帰れ！」と謳ったホームパーティを開き、客はどんどん辛くなるビン入りスパイスを楽しむ。激辛マニアによれば、20分は辛さにのたうち回るが、その後の40分はエンドルフィンが放出されて高揚するのが辛さの魅力だという。トウガラシを生のまま食べるのが好きな激辛マニアには、「スーパーホット」や「ニュークリア」など、スコヴィル辛味単位（SHU）が100万以上の栽培品種が人気だ。ほかにも、2014年版ギネスブックで世界一辛いと認定された「カロライナ・リーパー」や、2012年に認定された「トリニダード・モルガ・スコーピオン」「セブン・ポット・ブレイン・ストレイン」「セブン・ポット・プリモ」「ナーガ・ヴァイパー」、初めてスコヴィル値が100万を超えた「ゴースト・ペッパー」がある（のたうち回るほど辛いトウガラシにも、痛みを緩和し、抗酸化作用がある）。以下に、人気のあるトウガラシの栽培品種と、その辛さを示しておこう。

ピーマン 0 SHU
バナナ・ペッパー 0～500 SHU
ペペロンチーノ 0～500 SHU
ポブラノ 1,000～1,500 SHU
ハラペーニョ 2,500～10,000 SHU
チポトレ 3,000～10,000 SHU
セラーノ 10,000～25,000 SHU
カイエンヌ 30,000～50,000 SHU
ピリピリ 50,000～175,000 SHU
バーズアイ・チリ 100,000～225,000 SHU
ハバネロ 100,000～350,000 SHU
ゴースト・ペッパー 1,041,427 SHU

セロリシード

Apium graveolens

memo
葉や茎が食用となることで知られるが、その種子「セロリシード」も調味料や香味料に用いられる。種子のままかパウダーにしたものを塩と混ぜて使う。

セロリシードは香りの強い香辛料だ。米国ではまだ人気がないが、少しずつ広まりつつある。薬用にした場合も、さまざまな疾患を防ぐ可能性のあることが明らかになりつつある。

セロリは多肉質だが、セリ科の仲間だ。原産地はヨーロッパ南部で、野生のセロリの近縁種は、アフリカや南北アメリカで見られる。人との関わりについても古代エジプト時代までさかのぼれ、墓から野生のセロリで編んだ輪が見つかっている。17世紀には、イタリアで野菜として試験的に栽培され、太く丈夫な茎をもち苦味のないセロリの栽培に成功した。今日、セロリには2種類ある。セルフブランチングなどの黄色種と、パスカルセロリなどの緑色種だ。

セロリは家庭菜園にはもってこい。おいしい野菜と、スパイスになる種子を収穫できる。

セロリは、草丈が平均90㎝ほどになり、羽状複葉をもつ。散形花序の可憐な白花をつけた後、卵形の種子ができる。名前は、イタリア語のセレーリ(*seleri*)から転じたフランス語のセルリ(*celeri*)から派生している。イタリア語のセレーリは、ギリシャ語で「パセリ」を意味するセリノン(*selinon*)をラテン語化した後期ラテン語のセリノン(*selinon*)に由来する。

料理での使い方

セロリシードは、茎を濃縮したような味で、ドイツやイタリア、ロシア、アジアの料理、現代のユダヤ料理に見られる。ピクルスやマスタード、チャツネの材料として、また濃厚なスープやチャウダーの味つけ、鮭などのコクのある魚料理の味を引き立たせるのにも使う。

生の牛や豚の肉約500gに対して、小さじ半分をすり込むことで、肉に下味がつく。セロリシードは、サラダやサンドイッチの肉、食パンやロールパンに、ピリッと辛い風味をつける。

栄養面で、セロリシードには、ビタミンA、C、葉酸、食物繊維、鉄、マンガン、カルシウム、リン、銅、亜

セロリシードは、コールスローサラダでよく使われる。このサラダは、米国の食堂やデリカテッセンで出される伝統的な副菜である。

鉛が豊富に含まれる。なお、園芸用に販売されている種子は、化学処理されているので食用してはいけない。

作用／適応

古代ギリシャや古代ローマでは、セロリシードは万能薬として知られていた。ヒポクラテスやアウルス・コルネリウス・ケルススらによって処方され、中国や日本の自然療法家にも重用されていた。インドの伝統医学アーユルヴェーダでは、セロリシードが肝臓の疾患、風邪やインフルエンザ、消化不良、水分貯留、関節炎の治療に用いられた。中世ヨーロッパでは、歯痛や腰痛、リウマチの一般的な治療薬だった。

セロリシードには、駆風、殺菌、抗リウマチ、抗菌、催淫、降圧、鎮静、利尿の作用があると考えられている。最近の研究では、抗酸化作用のある植物栄養素（ファイトニュートリエント）や、セロリシードの味や香りの元となる有益な化合物「クマリン」を豊富に含むことも確認されている。高血圧や神経症、さらにはがんに対する作用も研究が進んでいる。

なお、セロリシードに含まれるフラボノイドのルテオリンには、抗がん作用、特にがん細胞の“生存経路”を抑制する可能性がある、と研究者は考えている。

健康のために

画期的な「降圧剤」

米国で処方される薬で「一二を争う」と言えば、血圧を下げて正常化する降圧剤だ。セロリシードのエキス剤には、降圧剤と同じような作用があり、副作用も少ないと考えられる。シカゴ大学医療センターでの研究では、セロリシードに含まれる化合物「3-n-ブチルフタリド」(3nb) に降圧作用があることが確認されている。ベータ遮断薬などの従来の降圧剤は、脳への血流量を減らせる一方で、副作用もあり、倦怠感、物忘れ、うつ、めまいなどの症状が現れることがある。同大医療センターの研究では、天然のものを摂って血圧を下げるなら「セロリシードがベスト」としている。■

芳香の特徴

ハーブ療法家は、肝臓の強壮剤や、痛風、関節炎、消化不良、疼痛（とうつう）の治療に、セロリシードの精油を薦める。精油は、市販の石鹸や化粧品、香水の芳香成分として用いられている。

歴史と民間伝承

» 古代ギリシャでは、セロリは神聖な植物とされ、ネメア競技会の勝者は、現在のオリンピックの月桂樹の葉のように身につけた。
» セロリの属名「*Apium*」、科名の「Apiaceae」、養蜂場を意味する「apiary」は、いずれも「ミツバチの」を意味するラテン語「*apis*」から来たもので、ミツバチを引き寄せる花を表している。

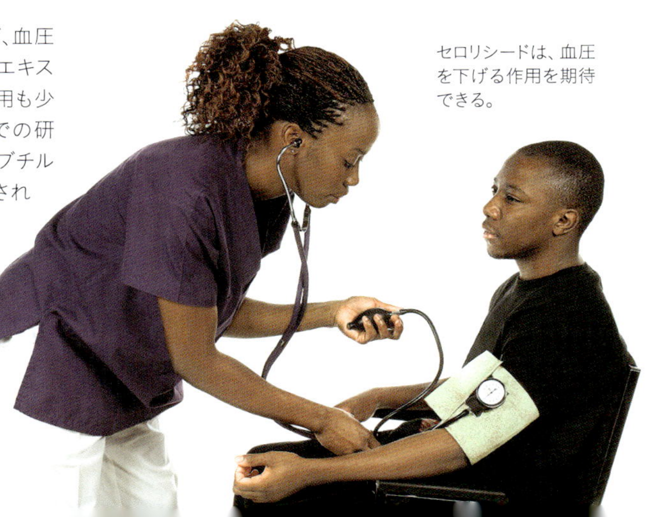

セロリシードは、血圧を下げる作用を期待できる。

コリアンダー

Coriandrum Sativum

memo
柑橘系の香りをもつスパイスのコリアンダーは、*Coriandrum sativum*の種子のこと。薬味などに用いられる葉は「シラントロ」と、別の名で呼ばれる。

ハーブのシラントロと同じ植物から採れるものだが、スパイスのコリアンダー（果実、もしくは種子）には、柑橘類とセージを合わせたような独特の香りがある。料理だけでなく、治療薬あるいは媚薬としても用いられた。

コリアンダーは、セリ科の仲間で、草丈は30〜60cmほどになり、白やピンク、淡いラベンダー色の小花を散形につける。やがて熟れて緑色になり、次いで茶色の香りの良い実になる。地中海沿岸から小アジアにかけての地域が原産地だ。サンスクリット語の書物に記載があり、古代エジプトの墓にも収められていた。中世に入り、東洋からヨーロッパにエキゾチックなスパイスが伝わると、コリアンダーの人気は下火になった。17世紀初頭、アメリカ大陸に来たヨーロッパの人々はコリアンダーを好んで栽培した。同時代のフランスでは、コリアンダーの蒸留酒も作られている。今では、熱帯や亜熱帯のほとんどの地域で栽培されている。

コリアンダーは、昔ながらのチキンティッカマサラ（左）やキーママタル（ラムの挽肉と豆の料理）など、さまざまなインド料理のスパイスとして使われている。インド北部では、生のシラントロが好まれる。

料理での使い方

コリアンダーを料理に使ったのは、古代の地中海沿岸地域だけではなかった。青銅器時代には、侵攻者によってグレートブリテン島にも伝えられ、粥の風味づけや、クミンや酢と混ぜて肉の保存に使われたことがわかっている。中南米にはスペインの征服者によってコリアンダーが伝わり、中南米の料理でも使われるようになった。

石鹸のような香りがするシラントロとは違い、コリアンダーは爽やかな柑橘系の風味。アジア、インド、メキシコの料理、テキサス流メキシコ料理、中国、アフリカ、南米、スカンディナビアなど、さまざまな地域の料理に用いられる。また、カレー粉、チリパウダー、ガラムマサラ、ベルベルなどの、ブレンドスパイスにも使われている。レンズマメ、マメ、タマネギ、ジャガイモ、ソーセージ、豚肉、シーフード、仔羊の

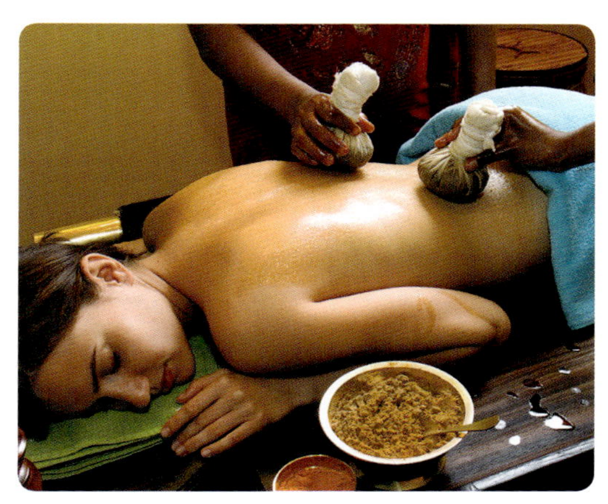
暖かみのあるナッツを思わせ、ほのかにオレンジ様の香りをもつコリアンダーは、アロマママッサージに使い、不安を取り除いたりするのにも用いられる。

シチュー、ペストリーに特によく合う。種子は、ベルギーの小麦ビールの醸造や、中東のファラフェル(ひよこ豆コロッケ)に使われる。米国では、コリアンダーが使われる機会はまだ少ないが、シラントロと同じように家庭で利用されるようになるだろう。

コリアンダーはビタミンA、C、K、食物繊維などの栄養素のほか、相当量のカルシウムとカリウムを含んでいる。

作用／適応

古代の伝統療法家は、シラントロのように臭いが強いものには作用があると考えていたようだ。古代ローマの医師、ディオスコリデスはコリアンダーが男性の性能力を高めるようだと記している。中国の伝統療法家は、ヘルニア、赤痢、はしか、吐き気の治療にコリアンダーを処方した。インドでは、強壮剤や咳止め薬の材料として今も広く用いられている。古くから、鼓腸、関節炎、リウマチの治療に用いられてきた歴史もある。

コリアンダーには、有益な植物栄養素(ファイトニュートリエント)や抗酸化作用のある成分が含まれ、体から有害な重金属や有毒な物質を排出するのに役立つと考えられている。カイロ大学で行われた糖尿病の研究では、コリアンダーの精油が血糖やインスリンの値を正常化し、膵臓の働きを助ける可能性があることが示された。コリアンダーがもつ作用についての医学的研究が本格化するのはこれからだろう。

ここにも注目

愛の絆

はるか昔から、人間は心でも体でも「愛の絆」を求め、シャーマニズムの儀式であろうと魔法の呪文であろうと、手に入れようとしてきた。ハーブやスパイスの中には、性的興奮を誘う「ホット」なものも多く、相手を振り向かせ、さらには性欲や精力、生殖能力を高める手段として用いられたものもある。このように愛と植物が結び付けられるのは、ミツバチが花から蜜を集める様子が、まるでその植物に陶酔しているように見えるからかもしれない。コリアンダーのほかにも、中世ヨーロッパで愛用された「媚薬」には、ジンジャー(カーマスートラに言及がある)、チョコレート、ブラックペッパー、カイエンヌ、ケッパー、ジンセン、ナツメグ、バニラ、シナモン、バジル、ディル、カルダモン、アニス、リコリス、フェンネル、オールスパイス、ガーリック(お相手と一緒に摂ればの話だが)、クローブがある。■

歴史と民間伝承

- » 昔から中国では、コリアンダーの種子を食べると不老不死の力を授かると考えられた。
- » 紀元前1550年以降の文献には、コリアンダーの香りをたどればバビロンの空中庭園(古代ギリシャの数学者フィロンが選んだ「世界の七不思議」の一つ)にたどり着けると書かれていた。
- » コリアンダーの種子を大量に摂ると、強い眠気をもよおすことがある。このことから、コリアンダーは「めまいの実(dizzycorn)」とも呼ばれる。

茎の上部の葉は、隙間の広い羽状複葉なのに対し、下部の葉の切れ込みは浅く、縮れ葉のパセリに少し似る。

クミン

Cuminum cyminum

memo
インド料理やメキシコ料理に欠かせないクミン。木の実を思わせ、コショウに似た風味を加えるだけでなく、体にも良い。

クミンは一年生で、ブラックペッパーに次いで世界で広く使われているスパイスだ。原産地は地中海沿岸。5000年以上前、古代エジプトで栽培が始まり、香味料やミイラの防腐剤として使われていた。昔のギリシャでは、現在の塩とコショウのように、食卓にクミンが置かれていた（今も、モロッコではよく見かける風景だ）。薬としてのクミンの価値が高かった時代もあり、聖書にも「通貨として使われるほどだった」と書かれている。

中世ヨーロッパでは、クミンは簡単に入手でき、修道院の庭で栽培されることもあった。ケルト人は魚料理の風味づけにクミンを用いた。スペインとポルトガルからの入植者が南北アメリカ大陸にクミンを伝えると、またたく間に普及したという。現在も、食料品店で粒や粉末状になったクミンを購入できる。

クミンで風味づけしたほんのり甘いコーンブレッドマフィン。チリコンカーンとの相性は抜群だ。

クミンはセリ科の仲間で、草丈は50cmほど。葉は糸状に裂け、濃緑の複数の柄はどれも同じくらいの長さに伸び、白かピンクの傘形の小花をつける。スパイスの材料となる卵形の果実（種子）は、黄色がかった茶色で灰白色の縦筋がある。

料理での使い方

木の実を思わせ、コショウに似た刺激があり、ほろ苦い――クミンの強い風味は、世界中で人気がある。特にインド料理では、カレー粉、コルマ（スパイスで味つけした肉や野菜を炒め、ヨーグルトやスープで煮込んだもの）、マサラ（粉末の香辛料を混ぜ合わせたもの）、スープなどに欠かせないスパイスだ。ネパールや中国西部、北アフリカ、中東地域、ブラジル、メキシコでも、何百年にもわたり使われてきた。クミンは、グリル料理のラブ（食材に揉み込む調味料）、煮込み料理、卵料理、野菜、チーズ、パンなどの風味づけにも用いられる。

栄養面では、ビタミンC、Eや、ヘモグロビンの合成を促して血液の流れを良くする鉄を豊富に含み、貧血症、注意力や認知に関する障害を改善すると

クミンは、草丈が短く、茎の細いパセリの仲間で、茎の間を埋めるように、葉先が広く裂けた糸状の葉が中空の茎に互生する。花は、白やピンクの小花を傘形につける。

期待されている。

作用／適応

ハーブ療法家は、消化不良、皮膚発疹、免疫機能の改善、痔疾の治療にクミンを使う。食物繊維を多く含み、抗真菌性、抗微生物性にも優れているため、天然の便秘薬としての作用も期待できる。カフェインを含んでいるので、呼吸器疾患のうっ血緩和剤としても理想的だ。

クミンは抗酸化作用が高く、健康増進に役立つことから、がん治療に有効であることも証明されるかもしれない。ある研究では、クミンは化学予防性があり、解毒作用や抗発がん作用がある酵素の分泌を促進することがわかっている。また、糖尿病の治療でも期待されている。初期の研究だが、クミンには低血糖の進行を抑える可能性があるという結果が出ている。

芳香の特徴

クミンの精油には、強い香りがある。ムスク様で暖かみがあり、男性的で、アニスのスパイシーで甘いノート（香りの持続性）をもつ。アロマテラピーでは、一般に強壮剤、抗菌剤として使われるほか、高血圧、けいれん、疲労の改善のために用いる。心のリラックス効果と活性効果の両方がある。

歴史と民間伝承

» かつてヨーロッパでは、クミンは貞節の象徴で、ニワトリや恋人が離れていかないようにする力があるとされた。結婚式にクミンシードを忍ばせておくと、その夫婦は必ず幸せになると信じられた。

» アラブでは、クミンをハチミツとブラックペッパーと混ぜると媚薬になると考えていた。

手軽にスパイスを

伝統的なガラムマサラ

ガラムマサラは「熱い」「スパイスを混ぜたもの」という意味のヒンディー語に由来する。調理法はさまざまだが、いつも挽きたてを使うようにすると、風味が際立つ。ただし、高品質であれば、粉末の商品でも挽きたてに近い風味がある。

材料

- クミンパウダー ……… 大さじ1
- コリアンダーパウダー ……… 小さじ1と1/2
- カルダモンパウダー ……… 小さじ1と1/2
- ブラックペッパー（パウダー） ……… 小さじ1と1/2
- シナモンパウダー ……… 小さじ1
- クローブパウダー ……… 小さじ1/2
- ナツメグパウダー ……… 小さじ1/2

作り方

材料のスパイスすべてをよく混ぜ合わせ、密閉容器に入れる。涼しく、乾燥した場所に保管する。■

インド北部と南アジアでは、カレーやビリヤニ、鶏やラム、魚の料理、ライスピラフや焼きものにガラムマサラが欠かせない。

column

ラブとマリネでバーベキューをおいしく

スパイスをブレンドして、ひと味違うバーベキューに

直火焼きでも燻製でも、バーベキューをもっと楽しみたい！――それなら、スパイスを効かせた調味料「ラブ」や「マリネ」を使おう。肉のおいしさを最大限に引き出せる。マリネは肉に下味をつけて硬い肉を柔らかくし、ラブを使えば肉の旨味がグンと増す。

ハーブやスパイスを加えれば、手軽に自分好みのラブやマリネにできる。マリネやラブで、肉（だけでなく、野菜）のグリル料理に地域色を添えてもいい。

ケイジャン風、テキサス流メキシコ風、カンザスシティーやメンフィス風から、アジアやモロッコ式のバーベキューまで。ラブの中には、ブリスケット（牛の胸肉）やベビーバックリブなど、特定の部位の肉に合うものもある。グリル料理は、甘さと辛さを組み合わせることで、食材の味を最大限に引き出せる。

1年中いつでもバーベキュー

プロパンガス式のバーベキューコンロなどを使えば、今では簡単に屋外でバーベキューを楽しめる。グリル料理好きには、燻製器も人気だ。燻製器に牛肉、豚肉、鶏肉を密閉してゆっくり時間をかけていぶせば、骨まで柔らかくなる。

夏を味わうグリル料理

夏風味の下味をつければ、1年中いつでも夏気分を楽しめる。以下で紹介するのは、手軽に食材の風味を引き出せるラブとマリネだ。

グリルラブ

ラブは、肉に手で揉み込むか、プラスチック容器に肉とラブを入れて振るとよい。

• メンフィスリブ・ラブ

パプリカ1/4カップ、塩、オニオンパウダー、ブラックペッパー、カイエンヌ各大さじ1とマスタード、ガーリックパウダー、セロリソルト各小さじ1を混ぜ合わせる。ポークリブによく合う。

• 万能ラブ

砂糖、塩各大さじ4、マスタードパウダー大さじ2、パプリカ大さじ1、ブラックペッパー（パウダー）小さじ1/2、ドライオレガノ、ドライタイム各ひとつまみを混ぜ合わせる。鶏肉、牛肉と相性抜群。

• ブラウンシュガー・ブリスケット・ラブ

ブラウンシュガー、粗塩、パプリカ、チリパウダー、ブラックペッパー（パウダー）各1/3カップと、ドライマスタード小さじ1と1/2を混ぜ合わせる。砂糖が焦げるので、ブリスケットは弱火でグリルする。プルドポークにもよく合う。

• ケージャン・ブラック・ラブ

パプリカ大さじ1/2、ガーリックパウダー、オニオンパウダー、ドライタイム（パウダー）各大さじ1、ブラックペッパー（パウダー）、カイエンヌ、ドライバジル、ドライオレガノ各小さじ1を混ぜ合わせる。塩不使用。牛肉、豚肉、ラム、鶏肉、魚介類にも使える。

• ピリ辛アジアンポーク・ラブ

クミンパウダー大さじ6、ホットチリパウダー大さじ4、コシャーソルト、コリアンダーパウダー各大さじ2、パプリカ大さじ1、オールスパイス、ブラックペッパー（パウダー）各小さじ1と1/2を混ぜる。ラブは一皿当たり大さじ1杯が目安。

• カンザスシティーリブ・スイートラブ

ブラウンシュガー1/2カップ、パプリカ1/4カップ、チリパウダー、ガーリックパウダー、オニオンパウダー、ブラックペッパー、塩、カイエンヌ各大さじ1を混ぜ合わせる。砂糖が焦げるので、弱火でグリルする。定番のポークリブはもちろん、ブリスケットとも相性がよい。食べるときに、トマト・モラセスバーベキューソースを添える。

マリネ

食材の旨味を引き出すため、マリネには、ハーブ、スパイス、オイルだけでなく、肉の繊維質を壊して柔らかくする酸を含んだ材料を1種類以上使うとよい。

• 四つ星ステーキ・マリネ（2カップ分）

植物油1カップ、醤油1/2カップ、レッドワインビネガー1/3カップ、レモン汁1/4カップ、ウスターソース大さじ3、ディジョンマスタード大さじ2、挽きたてのブラックペッパー（パウダー）大さじ1、タマネギ1個（薄切り）、ガーリック2片（みじん切り）を混ぜ合わせる。マリネを肉に塗り、冷蔵庫で8時間漬け込む。

• 絶品照り焼きマリネ（1カップ分）

水、ブラウンシュガー、醤油各1/3カップ、つぶしたガーリック小さじ1、シナモンパウダー小さじ1/2を混ぜる。あらゆる肉に合う。串刺しにするのがお薦め。冷蔵庫で2時間漬け込む。

• 韓国風BBQチキンマリネ（3カップ分）

小鍋に砂糖、醤油、水各1カップ、オニオンパウダー、ジンジャーパウダー各小さじ1を入れて混ぜる。強火にかけてかき混ぜ、沸騰させる。火からおろして冷まし、レモン汁大さじ1とお好みでホットチリペーストを加える。鶏肉に塗り、冷蔵庫で4時間漬け込む。グリル料理のソースにもなる。■

グレインズ・オブ・パラダイス

Aframomum melegueta

memo
グレインズ・オブ・パラダイス（*Aframomum melegueta*）はブラックペッパーに似た強い辛味があり、ジャスミンやヘーゼルナッツ、柑橘系の風味がある。

エキゾチックな名をもつ、このアフリカ産のスパイスは、ごく最近まで、米国ではなじみがなかった。今では、その豊かな深い風味が、家庭料理に浸透しつつある（「メレゲッタ・ペッパー」「ギニア・グレインズ」「アリゲーター・ペッパー」とも呼ばれる）。

肉や野菜の風味づけや、さまざまなブレンドスパイスの材料になり、ビールや蒸留酒の風味づけに用いることも多い。また、自然療法でも長く用いられてきた。

ショウガ科（*Zingiberaceae*）の仲間で、茎は短く、湿地を好む。ヤシの葉に似た細長い葉を持ち、香りの良い、ピンクがかったオレンジ色のラッパ形の花をつける。果実であるさやの中には、たくさんの茶色の種子があり、それを乾燥させてスパイスにする。

原産地は西アフリカの「穀物海岸」。ブラックペッパーの代用品として、9世紀にはヨーロッパへの輸出が始まった。グレインズ・オブ・パラダイスという夢のある名が付いたのは14世紀のこと。おそらく売るための戦略として、貿易商が名付けたのだろう。ただ、ヨーロッパでブラックペッパーが入手しやすくなると、人気も薄れ、料理で使われることも減っていった。

ギニア湾のサントメ島の市場に並ぶ、グレインズ・オブ・パラダイス（*Aframomum melegueta*）の入ったさや。果実は、オサミと呼ばれ、地元では生で食べる。

料理での使い方

このスパイスは昔から、ジンジャーとカルダモン、ブラックペッパーに、花とナッツを思わせる柑橘系の風味を加え、アクセントにジャスミンを足した森のような味わいと表現されてきた。西アフリカ料理や、北アフリカや中東のカレー料理、モロッコのラスエルハヌート（「最高の店」の意）というスパイスミックス、ヨーロッパのパエリアやカスレ（白いんげん豆の煮込み料理）に用いられ、ビール、アクアビット、ジンなどのアルコールの風味づけにも使われる。また、ビネグレットソースによく合い、魚や野菜のマリネ、

スパイスのあれこれ

穀物海岸

ヨーロッパの商人は何世紀にもわたって、アフリカ大陸を「珍しくて変わったスパイスの宝庫で、それが簡単に手に入るところ」とみなしていた。アフリカから、ヨーロッパや中東、アジアの市場へ向けて、北や東に運ばれたスパイス。その中で、西アフリカ沿岸地域の呼び名のもとになったのが、グレインズ・オブ・パラダイスだ。メスラド岬からパルマス岬（現在のリベリア）までのギニア湾の西海岸では、アフリカとポルトガルの商人によるグレインズ・オブ・パラダイスの交易が盛んだった。こうしたことから、この地域の海岸は「穀物海岸」（グレイン・コースト）として知られていた。■

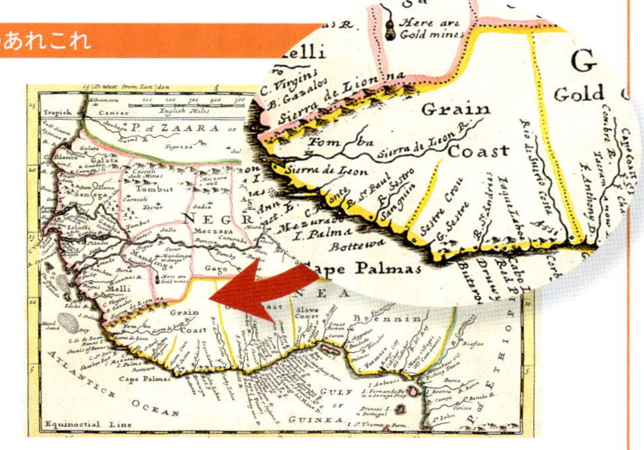

1727年にロンドンで出版された、ギニア湾の地図。西アフリカ沿岸に「穀物海岸」と書かれていることがわかる。

ポテトサラダに入れてもいいし、ソーセージ、ラム肉、ステーキ、シシケバブの香辛料にもよい。甘いものにちょっとスパイスを利かせたければ、フルーツパイ、パンプディング、スパイスクッキー、アップルパイなどのデザートに加えてもおいしい。グレインズ・オブ・パラダイスは、エスニック食材店やインターネットなどで購入できる。

ブラックペッパーの代わりにするなら、直前に挽いて使うといい。マイルドな味つけにしたいときは、スープに種子のまま入れることもある。

1813年出版のオランダの植物画集に描かれたグレインズ・オブ・パラダイスの各部位。原産地は、西アフリカ沿岸の湿地である。

作用／適応

西アフリカのハーブ療法家は、利尿剤や媚薬（最近の研究で、実験用ラットに与えたところ、性的衝動が高まった）、ハンセン病やはしかの治療薬として用いてきた。

16世紀には、イングランドの植物学者、ジョン・ジェラードが胃の不調に使うことを推奨している。寄生虫感染症の治療、血液浄化、便秘解消にも使われてきた。

米ラトガース大学の研究では、成分に強力な抗炎症物質が含まれていることがわかっている。熱帯では、高価で手に入りにくい医薬に代わって、費用がかからない植物薬として使われている地域もある。

歴史と民間伝承

» エリザベス1世のお気に入りのスパイスの一つで、ルネサンス期を通じて人気があった。
» 野生のローランドゴリラは、グレインズ・オブ・パラダイスを食べる。それが心臓の健康に役立っていると考えられている。というのも、グレインズ・オブ・パラダイスを食べない動物園のゴリラは、心臓血管系の病気になることがよくあるからだ。

ジュニパー

Juniperus communis

memo
低木の針葉樹ジュニパーの漿果（しょうか）「ジュニパーベリー」。その精油は、料理の風味づけにも使われる。

ジュニパーベリーの使い道でいちばん知られているのは、ジンの香りづけだろう。だが、ジュニパー（*Juniperus communis*）の枝と漿果（しょうか）は、何千年も前から、自然療法やスピリチュアル・ヒーリングで利用されてきた。古代のギリシャやローマ、アラブでは、ジュニパーは調味料ではなく、薬として使うことが一般的だった。ルネサンス期には、ヘビの咬み傷、伝染病、疫病に効くと考えられた。

ジュニパーは、低灌木にも、直立性の木本になるにもなる。ヒノキ科（*Cupressaceae*）の仲間で、原産地は、アジア、カナダ、ヨーロッパ北部、北欧、シベリアだ。おそらく有史以前、ジュニパーの森の近くに住む人々は、この常緑樹を食料、燃料、住居の建材として利用していたであろう。中には、樹高が9m、樹齢が2000年以上になるものもある。ジュニパーは青緑色の固い針状の葉を持ち、黄色い小花をつける。「ベリー」と呼ばれる漿果は、実は雌株の球果で、はじめはワックス質の外皮に覆われている。白粉を被った濃い藍色に熟すのに1年かかる。

ジュニパーの木があれば、キタリス（*Sciurus vulgaris*）などの野生動物が、裏庭にやって来る。多くの小型の哺乳類や鳥にとって、針状の葉は安全な隠れ家で、緑から青や黒に熟す実はごちそうである。

料理での使い方

ジュニパーベリーは、煮込み料理、ソース、具だくさんスープ、肉料理にぴったりだ。鹿肉や野鳥肉のクセの強い味や、豚肉や鴨肉の脂っぽさを和らげてくれる。北欧、ドイツ、オーストリア、チェコ、北イタリアの料理（特にジュニパーが多い山岳地方の料理）に、好んで使われる。ザワークラウト、詰め物料理、野菜のパテ、ティーに深いコクを出す。ワインとジュニパーベリーで、肉のおいしい漬け汁になり、コリアンダーと合わせれば、ピリっと辛く、スモーキーな下味用のスパイスミックスになる。フルーツタルトやコンポートにも合う。

栄養面では、ビタミンC、銅、クロム（クロミウム）、カルシウム、鉄、リモネン、リン、マグネシウム、カリウムが含まれる。

ジュニパーは、常緑低木でゆっくり育つ。広々とした樹木の茂る山腹や、海沿いの斜面、乾燥していて岩石の多い、吹きさらしの斜面や台地にも生育する。

作用／適応

ジュニパーが薬として使われたのはかなり古い。紀元前1550年の古代エジプトのパピルスにもサナダムシの治療にジュニパーを用いると記載されている。伝統療法家は、ジュニパーの抗菌、収れん、抗けいれん作用を、尿路感染症、前立腺肥大、腎結石、消化不良、肝障害、呼吸器感染症、関節炎、リウマチ性疾患の治療で使った。また、不安や神経の緊張、精神疲労を緩和するためにも利用してきた。

ヨーロッパやアジアでは、コレラや腸チフス、ペストなどの伝染病の対処に、ジュニパーを用いた。太平洋岸北西部の先住民は、枝から強壮剤を作り、風邪、インフルエンザ、関節炎、肝障害の治療に用いた。オイルは、にきび、湿潤性の湿疹、乾癬(かんせん)、フケなどの皮膚疾患に有用だ。

芳香の特徴

その精油は独特の香りを持ち、松を思わせ、爽やかですがすがしい。北米の先住民は、ジュニパーでお香を作ったり、客を迎えるときや、馬を洗う際に使ったりしていた。祈りや瞑想のための空間を浄化し、霧吹きで噴霧すると、空気中の細菌を殺菌できるとされた。アロマテラピーでは、精油を依存症、二日酔い、消化不良に使い、神経系の刺激、気力の向上にも用いている。マッサージオイルにブレンドするか、お風呂に入れると、大人の疝痛（コリック)、関節炎、セルライト、膀胱炎、関節腫脹、肝障害、筋肉疲労にも有用とされる。ジュニパーは、オーストリア、カナダ、チェコ、スロベニア、フランス、ハンガリー、インド、イタリアで栽培されている。精油は実、針状の葉、木部から抽出する。

歴史と民間伝承

» 古代シュメールやバビロニアでは、ジュニパーの枝と実のジュニパーベリーは、奉納のため燃やされた。シュメールの女神イナンナと、その後継のセム語系諸族の女神イシュタルへの供物とされていた。

» 中世ヨーロッパでは、泥棒よけのまじない、守護の儀式、恋愛の香り袋に使われていた。ジュニパーは、「健全なエネルギー」と「前向きな気持ち」を引き寄せると言われている。

スパイスのあれこれ

ジェネバからジンへ

ジュニパーベリーは、数世紀にわってジンの香りづけに使われてきた。現在、酒として愛飲されているジンだが、もともとはハーブ療法の薬として、中世ヨーロッパで生まれた。ジンは、穀物酒を粗く蒸留しただけの初期の飲料がもとになっている。あまりおいしくなかったため、風味を良くするために、薬用ハーブやジュニパーベリーが加えられた。この薬用酒は、やがてオランダ語で「ジュニパー」を意味する「ジェネバ」と呼ばれるようになった。今日では、ジンにはいくつかのバリエーションがある。伝統的なジンは、穀物を原料とした中性スピリッツに天然香料を加えたもの（砂糖を加えることもある)。そしてもう一つは蒸留されたジンで、蒸留酒をジュニパーやほかの香料と再蒸留したものだ。「ロンドン・ジン」つまりドライ・ジンは、砂糖は添加せず、アルコール度数も高い。柑橘類の果皮で香りづけされたものもある。■

パプリカ

Capsicum annuum

memo
ハンガリー料理と切っても切れないパプリカ。赤い甘トウガラシを挽いて乾燥させたスパイスで、赤みがかったオレンジ色をしている。

パプリカは、猛烈に辛いカイエンヌやハラペーニョと同じトウガラシ属トウガラシの仲間だが、パウダー状のパプリカの大半は、苦みの少ない赤い甘トウガラシ（いわゆる野菜のパプリカ）だ。このスパイスは、さまざまな料理に使われてコクを出し、使う量を加減できる。薬としては、関節痛の緩和、消化の促進、心血管系の健康維持に利用された。

ナス科（*Solanaceae*）の仲間であるパプリカは、原産地がおそらくは南アメリカで、最初の栽培地はメキシコであろう。コロンブスがスペインにパプリカを持ち帰り、その後、スペイン人とポルトガル人の貿易商がパプリカをヨーロッパ全土に、さらにアジアとアフリカに持ち込んだ。1560年代には、バルカン半島にも伝わり、「パパルカ」と呼ばれていた。中央ヨーロッパのパプリカは、1920年代まではピリッとした辛味があったが、ハンガリーの栽培農家が甘味種を発見し、それを親株に甘いパプリカが広まっていった。今日、パプリカの主な産地は、スペイン、オランダ、中欧、そして米国である。

具だくさんの田舎風スープだったハンガリアングラーシュは、今や世界中で知られるようになった。このスープのレシピはたくさんあるが、どれも必ずパプリカを使う。

料理での使い方

スパイスのパプリカは、そのほとんどが赤い甘トウガラシを乾燥させて、挽いてパウダー状にしたものだが、パプリカはトウガラシ属のどの品種からも作れる。パプリカは、料理を鮮やかな赤い色に染め、パウダーを油で軽く炒めると、コクを出せる。ハンガリー料理に使われるほか、スペイン、トルコ、バルカン諸国、南アフリカ、モロッコでも使われている。パプリカの品種はいくつかあり、それぞれ味と香りが異なるが、どれもスパイスになる。大別すると、甘いパプリカは種子を半分以上取り除いて挽いたもので、辛いパプリカには、種子だけでなく萼（がく）や茎も加える。スモークパプリカは、赤い甘トウガラシを2週間ほどかけて、薪の火でじっくりいぶす。

甘味のあるハンガリアンパプリカは、爽やかな香味があり、グラーシュ、チキンのパプリカ煮、肉詰めピーマン、デビルドエッグ、ポテトサラダ、魚料理、マリネ、サラダドレッシングに最適。辛味のないスモークパプリカは、地中海風グラタン、魚料理や豆料理、葉物野菜やカリカリに揚げたポテトに使われる。スモークパプリカには、まろやかな苦味があり、甘トウガラシの種類によって風味が異なる。ソーセージ、パエリア、肉のグリル、シチューなど、スペインやハンガリーの料理には欠かせない。辛味のあるスモークパプリカは、中程度の辛さで、豆料理やスープに加えたり、豚肉や鶏肉、エビに揉み込んだりする。ガーリックマヨネーズやデビルドエッグに加えると、風味にパンチが出る。

スパニッシュパプリカ、別名ピメントンは、マイルド・中辛・激辛の3段階を選べる。ハンガリーでは、深い赤色のまろやかなものから、薄茶色の辛いものまでパプリカは8段階に分かれている。

グリル用ラブやマリネ、スパイスソルトなど、さまざまなスパイスミックスに、鮮やかな色と豊かな風味を加えるのがパプリカである。栄養面では、作用のある成分を豊富に含む。パプリカの色素であるカロテノイドを含むビタミンA、抗酸化作用のあるビタミンC、ビタミンB_1、B_2、B_6、E、鉄が含まれている。

作用／適応

パプリカは、トウガラシに含まれる病気と闘う物質「カプサイシン」の含有量が低く、カイエンヌやハラペーニョほど健康への効果は期待できない。それでも、含まれている成分には、抗菌、抗炎症、抗酸化、アンチエイジングの作用を期待でき、血圧を正常にし、血行を改善し、唾液や胃酸の分泌を増やして消化を促す。スペインの自然療法家は、アルコールとキュウリの搾り汁にパプリカを混ぜたものを、胃もたれやけいれんに用い、ハンガリー人はフルーツブランデーに入れて風邪や発熱の治療に用いる。

トウガラシ属（*Capsicum annuum*）の甘トウガラシの多くが「パプリカ」として店先に並ぶが、伝統的には辛味のない赤い甘トウガラシを指す。

ここにも注目

フラミンゴをピンク色に保つには

多くの動物園では、フラミンゴのえさにパプリカを加えることで、飼育中に失われやすいピーチピンクの羽色を保つ。こうした渡り鳥の鮮やかな色は、自然界では流れのある浅瀬でカロテノイドを豊富に含む貝や甲殻類を食べることで現れるものだ。実際の餌となる貝類や甲殻類は青や緑色をしているが、消化される際にカロテノイドの色素が脂肪に溶けて新しい羽に付着して鮮やかなピンクへと変わる。これは、緑がかったエビを茹でると赤く変わることでもわかるだろう。■

カロテノイドを豊富に含む餌を食べなければ、フラミンゴの羽の色は褪せ、白くなってしまう。動物園では、餌にパプリカを加えて鮮やかな色彩を維持することも多い。

歴史と民間伝承

» ビタミンCは、ハンガリーの生理学者アルベルト・セント＝ジェルジが最初にパプリカから発見した物質。抗壊血病（アスコルブチック）作用があることからLアスコルビン酸と呼ばれる。セント＝ジェルジはこの発見で、1937年にノーベル生理学・医学賞を受賞した。

» パプリカパウダーは、ヘナと一緒に毛髪の染料として使うと赤味がかった色が出る。

» 赤、オレンジ、赤茶色などの色の食材のラベルに「自然色素」とあれば、その色はパプリカ由来である可能性がある。

column

グローバルな味の世界へ

エキゾチックなハーブやスパイスの新たな世界を楽しもう

火つけ役は、ジュリア・チャイルドだった。料理番組「フレンチ・シェフ」で、ホストのチャイルドがコッコーヴァン（雄鶏の赤ワイン煮）やブフブルギニョン（牛肉の赤ワイン煮）といった手の込んだ料理を紹介すると、米国中の多くの家庭が、鶏肉のキャセロールやミートローフでは満足できず、新しい料理に挑戦するようになったのだ。

家庭料理の革命

多くの家庭が、ブレーゼ（蒸し煮）やフィレ（切り身）などという用語を使い、ブラックペッパーやシナモンだけでなく、星の数ほどあるスパイスに挑戦し始めた。こうした「家庭料理の革命」に応えるかのように、都市部にスパイスを幅広く取りそろえたグルメショップや専門の食材店ができ、さまざまな民族の暮らす郊外に中南米系やアジア系、イタリア系の食材店ができていった。今日でもこの「革命」は続いており、インターネットで世界のスパイスが簡単に手に入るようになった。

珍しいスパイスあれこれ

クミンやジンジャーといったエスニック料理の基本的なスパイスを使いこなすようになると、家庭料理にさらに「国際色」を取り入れたくなる。料理の世界を広げるために、珍しいスパイスをあれこれ取り揃えたくなるはずだ。

料理の国境を広げよう

料理の国境を広げたいなら、スパイス棚に加えるべきものを紹介しよう。地元のスパイス店で見つからなければ、たいていオンラインで注文可能だ。

アジョワンシード:コリアンダーとクミンの仲間で、最初は辛いが、調理後はタイムやキャラウェイのような風味になる。アジア、アラブ、エチオピア、インド、パキスタン料理には、苦味が出ないよう少量を加える。腸のガス抜きにも使われる。

アムチュールパウダー:未熟のマンゴーをスライスして天日で干し、すり潰したもの。北インド料理で、酸味をつけるために用いる。

アナルダナ:ザクロ(*Punica granatum*)の種子を乾燥させたもので、ペルシャやインド料理の酸味成分として用いられ、チャツネ(ペースト状の調味料)にも入っている。酸っぱくてフルーティーな風味は、魚や鶏肉用の香味料に混ぜても、舌にピリッとくるマリネにしてもよい。

アサフェティダ:オオウイキョウ(*Ferula assa-foetida*)の根から採ったゴム樹脂を乾燥させたもので、タマネギやガーリックのような香りがある。インドやアフガン、パキスタンの料理に使われ、消化を助けるのに使われる。西洋の自然療法では、インフルエンザ治療の抗ウイルス剤や抗微生物剤としても重宝されていた。

エパソーテ:リコリスに似た薬草で、学名を*Dysphania ambrosioides*と言い、中米の豆料理や卵料理、サラダ、スープ、肉料理、お茶に何千年も使われてきた。豆で腸にガスが溜まるのを防ぐ。

フィレパウダー:原料はサッサフラスの葉で、風味が良く、とろみをつけるフィレパウダーは、クレオール料理に欠かせない。チャウダーやガンボなどのクレオール料理に使われる。

コチュカル:韓国の赤唐辛子は辛さ、甘さ、ややスモーキーな風味が知られている。

カフィアライムリーフ(コブミカンの葉):カフィアライム(*Citrus hystrix*)の葉は、生か乾燥させて使用し、再現するのが難しい柑橘類の独特の風味がある。東南アジア原産で、タイ料理の特徴となる風味を作り出し、バリの料理にも使われる。

カラジーラ:ブラック・クミンやニゲラとしても知られている。この小さな三日月形の種はセリ科の仲間で、木の実のような草のような風味がある。米やミートカレー、北インドのタンドリー料理、パキスタンのナンに風味をつけるのに使われる。

キユズ(黄柚子):酸っぱくて、香りの良いこの日本の香味料は、中国由来の柑橘類の皮でできている。醤油やビネガー、味噌に風味をつけるほか、煮物、寿司、刺身に添え、魚料理に使う。さまざまな甘味の風味づけにもなる。

ラスカリーフ:砕いたラスカリーフは、ベトナム料理のラスカスープに振りかけられる。ミントやコリアンダーを彷彿とさせるようなピリッとした風味があり、その代わりにもなる。

ルーミ(ドライレモン):ブラックライムとも呼ばれるこの酸味のあるスパイスは、乾燥したライムをすり潰したもので、多くの中近東の料理に使われる。

マーラブ:セント・ルイス・チェリー(*Cerasus Mahaleb*)の種の核から作られるこのスパイスはアーモンドの風味があり、わずかにバラやサクラも思わせる。マーラブは、パンなどを焼くときに使われ、ギリシャや中近東、地中海の料理では一般的なものだ。■

インドの昔ながらのスパイス市場には、スパイスを量り売りする店が並ぶ。

サフラン

Crocus sativus

memo
繊細な紫色のクロッカスはサフランの原料で、最も高価なスパイスである。1本1本が、手摘みされた花の雌しべだ。

収穫したサフランは、細心の注意を払って丁寧に扱われる。なにしろ、とても高価なスパイスだからだ。ルネサンス期には、同じ重さの金(きん)と同じ価値があった。

サフランは、秋に咲くクロッカスの仲間。3分裂した糸状の赤い雌しべの先端、柱頭がスパイスのもとだ。伝統的に手で摘み取るため、1ポンド（約454g）のサフランを作るのに、花の数は約7万5000個、時間にして20時間かかる。幸い、料理に風味をつけるのは少量でいい。インド風ピラフ、コーニッシュサフランブレッドなど、さまざまな料理に、蜜のように甘くほろ苦い風味をつけ、黄金色に染める。

スペイン、バレンシア地方の混ぜご飯、パエリアは、肉、野菜、魚介類など多品種を混ぜるが、本物のパエリアの黄色はサフランが使われる。

西アジア原産のサフランは4000年以上前に薬用目的で栽培されたと考えられている。紀元前2600年頃の中国の薬について書かれた本にもサフランに関する記述が残る。エジプトでは、薬、香水、染料として用いられ、ペルシャではサフランティーがうつ病を治すと信じられていた。香りが良いことから、古代ギリシャでは中庭や風呂に撒かれ、古代ローマではネロ皇帝が街に入る際、通りに撒いたという。

18世紀、征服者のムスリムによってサフラン（*az-zafaran*）がスペインに紹介されると、香辛料をふんだんに使った料理に使われ、それが現在に受け継がれている。

サフランはアヤメ科の仲間で、球根性の多年生植物。草丈は20cmほど、独特の3分裂した赤い柱頭をもつ垂直な青紫色の花をつける。現在、サフランはスペイン（世界の生産量の4分の3）、イタリア、フランス、ギリシャ、トルコ、イラン、インドで栽培されている。

料理での使い方

一番知られているサフラン料理は、際立つ風味と色で知られるスペインのパエリアだろう。サフランはフランスのブイヤベースや、インドの米料理、甘味、アイスクリームにも風味を添えるのに使われる。ミラ

雌しべの長い遅咲きのクロッカス「サフラン」は、長い年月をかけて改良された栽培品種だ。

ノ風リゾット、聖ルチアの日に食べるスウェーデンのパン（ルッセカット）、サウジアラビアのコーヒーなどでも用いられる。このほかにも、スープやシチュー、肉や魚、卵料理、野菜の味を高めるのに使う地域もある。サフランをレシピに加えるときは、2日目に風味が強まることを覚えておきたい。

栄養面では、ビタミンA、葉酸、ビタミンB_2、ナイアシン、ビタミンC、そして、銅、カリウム、カルシウム、マンガン、鉄、セレン、マグネシウムなどのミネラルを含む。

なお、最高級とされるのが、スパニッシュ・クーペ・グレード・サフラン（Spanish Coupe Grade Saffron）で、柱頭の深紅の色が際立つ。

作用／適応

東洋でも西洋でも、鎮静剤、去痰剤、媚薬として用いられ、歯茎の痛み、消化不良、心臓や肺の疾患、天然痘、風邪、腎結石、アルコール依存症、けいれん、不眠症、糖尿病、喘息、うつ病などに処方された。また、アンチエイジング効果を期待して、美容を目的に摂取されることもあったようだ。

現在、サフランには疼痛（とうつう）や炎症を緩和する強力な抗酸化作用があることがわかっている。ただ、150以上の揮発性の芳香族化合物を含むため、すべての作用の解明には至っていない。初期段階の研究だが、サフランが血圧を下げ、心臓を強くし、月経の痛みやうつ症状を和らげ、アルツハイマー症やがんの進行を遅らせる可能性も示唆されている。

芳香の特徴

サフランには森林や干し草のような香りがあり、ハチミツを思わせる香りもする。アロマテラピーでは、精油を関節痛のマッサージや、血圧降下、偏頭痛の緩和、食欲増進に用いる。一嗅ぎするだけで、若い女性のホルモンレベルを変え、エストロゲンを増やし、コルチゾールを減らし、不安を減らした、という研究報告もある。

歴史と民間伝承

- サフランは、クレタ島で太陽を表す隠れた象徴とされ、食べ物を黄色に染めて太陽を崇める儀式の一部に使われていた。
- イングランド王ヘンリー8世は、サフランを別の安価なスパイスと混ぜて品質を落とす者は死刑にするとした。
- 仏僧は、伝統的にサフラン色（橙黄色）の僧衣を着て神聖さを示した（今日では、ターメリックで染める）。

サフランを集めるのは手間暇がかかる。手作業で、一つ一つの花から細長い雌しべを摘み取る。

スパイスのあれこれ

スパイスの歴史は人の歴史と同じ

サフランは人類の歴史とともにあったと言える。北西イランでは、5万年前の絵画からサフランの顔料が見つかっているし、エーゲ海に浮かぶギリシャのテラ島に残る3500年前のフレスコ画には、ミノス文明の神々がクロッカスの花からできた薬の製造を監督する姿が描かれている。紀元前1500年頃のエジプトの文書にも、ルクソールの宮庭にクロッカスが植えられていると書き残されている。サフランの名は、シュメール語、つまり5000年前のメソポタミア文明の言語に由来するようだ。■

スマック

Rhus coriaria

memo
落葉性の低木のスマックは薬用の歴史も長い。乾燥させた果実を潰して作るスパイスは中東で高い人気を誇る。

レモンに似た強い風味のスマックは中東料理には欠かせない。この深紅のスパイスは、スマックの低木につく紫色の果実（ベリー、核果ともいう）を、乾燥させて粉末にしたものだ。スマックは、シチリアウルシ、エルム・リーブド・スマック（ニレの葉のウルシ）、タナーズ・スマックとも呼ばれる。

スマックは、有毒なツタウルシの近縁種だが、スマックは食べても触れても安全だ。古代ローマ人の料理レシピで使われ、ローマ人たちは熱を下げるために薬としても用いた。ローマ人がアラビアにレモンの木を持ち込む以前、アラビア料理に酸味を加えたのはスマックだ。中世ヨーロッパでは染料、スパイス、薬として用いられた。

スマックの縁が尖った楕円形の葉がニレ（エルム）の木の葉に似ているため、「エルム・リーブド・スマック」という呼び名もある。

ウルシ科のスマック（*R. coriaria*）は、地中海原産。6mほどに生長し、葉は羽状、緑や白や赤の小さな花が30cm近い花穂を形成する。アフリカ、南欧、アフガニスタン、イランなど、亜熱帯や温帯に生育する。

一般的な名称は、「赤」を意味する古フランス語の「*sumac*」に由来する。

料理での使い方

スマックは、レモン汁や酢と比べて、まろやかで果物に似た複雑な風味がある。料理の味を壊すことなく味を引き立て、酸っぱ過ぎてしまうようなことはない。酸味があり、すっきりした味のスマックは、魚料理、鶏肉料理、チーズやヨーグルト、サラダドレッシング、ライスピラフに合う。スマックはトルコ、中東、シリア、レバノンで広く使われ、ケバブ、ホムス、タブーラに風味を加える。ザーターを作る場合は、タイムとセサミシードを加える。ザーターは中東の卓上にみられる薬味で、ファトーシュサラダにふりかけて使う。グリル用ラブ、温野菜料理、豆またはビートの冷製サラダなど、レモン果汁の代わりにス

スマックの酸味のある果実は先の尖った房になる。果実を乾燥させて潰し、粉末にした乾燥オレガノ、タイム（またはマジョラム）、炒ったセサミシードと混ぜると、中東で人気のスパイスミックス「ザーター」ができる。

マックを使ってみよう。

ビタミンCが豊富で、タンパク質、食物繊維、カリウム、カルシウム、マグネシウム、リンも含む。スマックは中東の市場、高級食品店、インターネットなどで入手できる。

作用／適応

スマックには、抗微生物作用や抗真菌作用、抗酸化作用があることがわかっており、消化も助けるとされる。自然療法家は、スマックを利尿薬、腸の治療、皮膚の炎症や呼吸器症状の軽減に用いてきた。健康への作用は医学的研究を待たねばならないが、スマックを水と混ぜると、新鮮な果実や野菜から有害なサルモネラ菌を除去できたとする研究報告もある。

歴史と民間伝承

» エーゲ海南部にあるロードス島の沖合で発見された11世紀の難破船で、スマックの果実が見つかり、食糧または薬として用いられていたと考えられている。

» 特定の種類のスマックからはタンニンが採れる。タンニンは、革をなめして柔らかく軽くするのに使われる。

» 北米では、「*Rhus glabra*」（スムーズ・スマック）と「*R. typhina*」（スタッグホーン・スマック）という二つの近縁種を用いて、スマックエード、インディアンレモネード、ラウスジュースなどとして知られる、ピリッとした冷たい飲料を作る。

手軽にスパイスを

中東風スマックサラダ

中東料理に欠かせないスマックの粉末を使ったサラダを紹介しよう。新鮮なキュウリ、トマト、赤タマネギを、レモンの代わりのスマック粉末とコリアンダーと組み合わせる。爽やかな夏の食事や、季節を問わず副菜になる。

材料

- キュウリ（大）……… 2本
- 熟したトマト（大）……… 1個
- 赤タマネギ ……… 1/2個
- スマック ……… 大さじ1
- 刻んだコリアンダー ……… 大さじ4
- ヴァージンオリーブオイル ……… 大さじ1
- 塩 ……… 適宜

作り方

キュウリは皮を剥いてぶつ切りにし、トマトは一口サイズに切る。赤タマネギは薄切りにする。野菜をすべてボウルに入れ、刻んだコリアンダーを加え、オリーブオイルを振りかける。スマックを散らして、最後に塩で味を整える。■

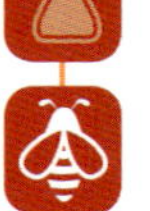

ターメリック

Curcuma longa

memo

強い抗酸化作用で知られるターメリックは、*Curcuma longa*の根茎をつぶして粉末にしたものだ。万能スパイスで、インド料理には必須。染物にも使われる。

ターメリックは近年、強壮作用や予防効果が注目され、メディアで取り上げられる機会が増えた。しかし、自然療法家が4000年間、さまざまな病気にターメリックを処方していたことを考えれば、当然のことだろう。ヒンドゥー教の教えでは繁栄の象徴であるターメリックは「黄金のスパイス」という名にふさわしい。食品、薬、布の染料、化粧品など、用途も多岐にわたる。

ターメリックはショウガ科の熱帯性の多年草。南アジアが原産と考えられている。ターメリックは、アレクサンドロス大王が中央アジアを征服した後の紀元前330年頃には、すでに中東や地中海地方に広がっていた。紀元700年頃には中国、800年には東アフリカ、1200年には西アフリカまで広がっていたと推測される。

インドの農場で栽培されているターメリック。インドは世界のターメリックの85％近くを生産し、80％を消費する。

この植物は約90cmに生長し、長い楕円形の葉と、黄色い花が集まって咲き、先端にピンクか白の総苞（そうほう）（花の基部にある、つぼみを包んでいた多数の葉）をつける。丸々とした塊状の根茎を乾燥させて、橙黄色の粉末にしたものがターメリックだ。この呼び名はラテン語で「賞賛される大地」を意味する「*terra merita*」から来ている。これは粉末のターメリックが橙黄色であることによる。

料理での使い方

適度な辛味とコショウに似た風味のあるターメリックは、サフランほど高価でないことから、サフランの代わりに用いられることもある。しかし、ターメリック自体にも食卓では十分な存在感がある。カレー粉の基本を成すのはターメリックで、中東や北アフリカでは、ソースやシロップ、米料理、肉や野菜の風味づけや色づけで使われる。アラブのラスエルハヌートというスパイスミックスやインドのマサラに、ターメリックは欠かせない。

また、缶入り飲料、乳製品、マスタード、シリアル、ポテトチップス、チーズ、バター、焼き製品、アイスクリーム、黄色いケーキ、オレンジジュース、ポップ

タイのエビ入りグリーンカレー。タイには多くのカレー料理があることで知られている。 イエローカレーやグリーンカレーには新鮮なターメリックの根茎が使われる。

健康のために

痛みを和らげるパップ剤

ターメリックがあれば、炎症を抑えるパップ剤がすぐに作れる。ハーブやスパイスを使った治療では精油が必要なことが多いが、このパップ剤はターメリックの粉末小さじ2、大きなガーゼ、圧迫包帯があればすぐ作れる。まず、ガーゼに水をたっぷり含ませる。次にターメリックをふりかけてペーストになるようにする。ターメリックをつけたペーストになったガーゼの面を痛みのある部分に押し当て、圧迫包帯で患部をしっかり巻く(衣類を汚さないためにもしっかり巻こう)。痛みがおさまるまで1〜2時間待つ。■

コーン、ケーキのアイシング、ソース、ゼラチンなど、世界中の市販の食品の染料としてもターメリックが使われている。ターメリックの根は、生でも調理をしても食べられ、甘く、木の実のような風味とかすかな苦味がある。

栄養的には、ビタミンB_6、C、E、K、葉酸、ナイアシン、カリウム、カルシウム、銅、鉄、マグネシウム、マンガン、リン、亜鉛を豊富に含む。

作用／適応

ターメリックには、強力な抗酸化作用、抗炎症作用、殺菌作用、抗菌作用、鎮痛作用を期待できる。インドや中国の伝統療法家は古くから用いており、特に関節リウマチ、目の疾患、結膜炎、皮膚がん、天然痘、水疱瘡、消化器疾患、食欲不振、創傷、尿路感染、肝疾患の治療に用いた。南アジア諸国では、切り傷、やけど、打撲傷のときにターメリックを抗菌剤として用いることも多い。古代ギリシャ人はターメリックの存在を知っていたが、ジンジャーとは違って、西洋文化でスパイスや薬として関心がもたれることはまったくなかった。そのため、ターメリックが西洋のハーブ療法家の目に留まるようになったのは20世紀以降のことだった。

現在、ターメリックの慢性疾患に対する可能性が科学的に明らかにされつつあり、耳目を集めている。有効成分であるクルクミンは、がん、糖尿病、アレルギー、関節炎、腸疾患、アルツハイマー病の治療に役立つ可能性がある(ターメリックの消費量世界一のインドは、アルツハイマー病の罹患率がとても低い)。ターメリックは、コレステロールを低下させ、潰瘍を治し、抑うつを軽減し、脂質代謝を助け、化学療法の副作用を軽減するとも考えられている。

芳香の特徴

ターメリックは強くないものの良い香りを放ち、どことなくオレンジやジンジャーを思わせる。スパイス自体と同様、精油には抗炎症作用や抗酸化作用を期待できる。

歴史と民間伝承

» 南インドのタミル・ナードゥ州は、このスパイスの最大の産地であるとともに主要交易地であり、「黄色の町」「ターメリックの町」「織物の町」とも呼ばれている。
» ハワイでは、ターメリックはオレナ(*olena*)と呼ばれ、魔術で使われる。

仏教僧が身につける、「サフラン・ローブ」として知られる橙黄色の僧衣。貧の誓いを守るため、値が張るサフランではなく、安価なターメリックで染めた僧衣を着る。

第6章

シーズニング

左：マスタード

最後の仕上げ

料理に加えて味の奥行きを生み出そう

火を通しただけで料理が完成するとは限らない。そのままでは何かが足りないこともある。たとえば、酢の酸味、ガーリックの強い香味、マスタードの辛味、タマネギのサクッとした食感、心を満たす砂糖の甘さ――これらシーズニングを加えるだけで、味がグンと引き立つ食材は多い。

シーズニングは、調理の過程で使っても、塩のように食卓で加えてもよい。いつ、どう使おうと、風味や香味の幅を広げる。香りづけや外国風の刺激的な味をもたらすシーズニングは、世界中の食卓を豊かに彩る。

フランス料理の伝説的なシェフ、オーギュスト・エスコフィエは、古くから伝わるフランス料理の手法を世に広めた。そのエスコフィエは、1903年に著した『エスコフィエ フランス料理(*Le guide culinaire*)』の中で、シーズニングと薬味・調味料を分類している。エスコフィエは、シーズニングを、塩やスパイスソルトなどの塩味、レモン果汁や酢などの酸味、ブラックペッパーやパプリカ(本書では、第5章「セイボリースパイス」に掲載)などの辛味、砂糖やハチミツなどの甘味の四つに大別した。また、薬味と調味料については、ネギやホースラディッシュなどの刺激物、マスタードやケイパー、ガーキンやタバスコなどの辛味、ラードやバター、食用油やマーガリンなどの油脂を挙げている。

タマネギとガーリックはどちらも、とびきりヘルシーなネギ属の代表格だ。

過去へ……

薬味と調味料は文明の黎明期から使われてきた。近年、デンマークとドイツにまたがる地域で発掘された6000年前の土器の破片からは、「アリアリア」(別名、ガーリックマスタード)の種子が見つかった。ガーリックとタマネギも、少なくとも同じ頃に、特に中国で使われていた。

塩にも長い歴史がある。紀元前4000年頃、ルーマニアと中国で塩水から取り出されて用いられるようになった。サトウキビは数千年にわたり、インドで「聖なるアシ」とみなされていたが、西洋に普及したのは比較的遅い。ヨーロッパに広く出回るようになったのは、1200年頃だった。西洋ではまだなじみが薄い、実質的にノンカロリーの甘味料ステビアだが、パラグアイでは先住民が昔から食用や薬用にしてきた。

料理のトレンドや健康意識の変化に応じて、シーズニングにも「はやりす

塩やコショウ、砂糖、マスタードは、いつも食卓に置かれ、料理に最後の仕上げをしてくれる。

たり」がある。砂糖や塩は、摂り過ぎると健康にマイナスの作用もあることから、いつの時代も砂糖や塩の代わりになるものを見つけてはブームとなる。ガーリックの歴史も面白い。古代ローマ時代には、刺激が強過ぎると貴族階級から相手にされず、長いこと市民しか口にしなかった。現代になって、イタリア料理や韓国料理のようなエスニック料理が注目され、ガーリックが受け入れられているのは言わずもがなだ。特に近年では、ガーリックを使う地中海料理が、心臓病の予防に健康食として人気が出ている。

「タマネギがない生活なんて、想像もできません」

——ジュリア・チャイルド
料理研究家

驚きの作用

シーズニングの多くには、病気に対する作用があり、ハーブやスパイスの人気が陰った時代にも、健康を増進する目的で使われ続けてきた。ネギの仲間には「スーパーフード」が多く、2種類以上の抗酸化物質が含まれている。たとえば、前述のガーリックは、トリグリセリドとコレステロールの値を下げることから、血栓の予防を期待できる。タマネギは、特定のがんの罹患リスクを下げることが期待されている。ほかにも、生長するとセレンの含有量が増すランプスは、喘息治療に役立つ可能性がある。マスタードとホースラディッシュはともに、抗がん作用のあるグルコシノレートを含んでいる。特に後者には、ブロッコリーの10倍のグルコシノレートが含まれていることから注目されている。

ガーリック

Allium sativum

memo

ガーリックはシーズニングとしてだけでなく、医薬分野での作用も期待され、その活用は始まったばかりだ。

アジア文化圏では6000年前から知られていたガーリックは、長い歴史をもつハーブだが、はっきりした起源は時の砂に埋もれたままだ。確かなことは、古代エジプトで珍重されたこと、古代ギリシャや古代ローマでスタミナや勇気が得られると運動選手や兵士に与えられたこと（貴族は「臭いバラ」と呼んで口にしない、労働者の食べ物だった）。20世紀になると、あまり注目されなくなったが、20世紀の後半にガーリックは人気を取り戻す。今では、米国での年間消費量は11万tを超える。

ガーリック（garlic）という名は、古英語で「槍状のリーキ」を意味する「garleac」に由来する。ユリ科（*Amaryllidaceae*）に属し、近縁種にタマネギ（オニオン）やリーキ（ポロネギ）、ネギがある。草丈は60cmほどになり、球形のピンクがかった白い花をつける。地中で大きくなる鱗茎（球根）を、夏の終わりに収穫し、束ねて吊るし、乾燥させる。

春が訪れると、ガーリックは白や薄紅の球形の可憐な花を咲かせる。ただ、食用目的では、大きな鱗茎（球根）が収穫できるよう、つけた花はすぐに落とされる。

料理での使い方

ガーリックは、料理を引き立たせるだけではない。瞬間的に強い香りが立ち、その後もなかなか消えない。地中海からインド、中国や東南アジアまで、世界各地のスパイシーな料理に不可欠である。少量加えるだけで料理は「おいしく」なるが、加え過ぎると他の風味を損ねかねない。もっとも、フランスやスペインの「アイオリ（ガーリック風味のマヨネーズ）」やギリシャの「スコルダリア（ガーリック風味のマッシュポテト）」のように、ガーリックをたっぷり使う料理もある。牛肉や豚肉、鹿肉や鶏肉、魚介と相性は抜群で、スープやサラダ、ドレッシング、グリル料理のラブやマリネ、ソーセージ、パスタソースの味に深みを出す。

栄養面では、ビタミンB_6やマグネシウムを豊富に含む。セレンやビタミンCも多い。

作用／適応

古来、ガーリックは、心臓疾患や感染症、消化不

収穫したガーリックを腕いっぱいに抱えるベトナムの農家の女性。その鱗茎から作るスパイスは、アジア料理で引っ張りだこだ。

良や精力減退など、「さまざまな病気を治す」ともてはやされてきた。中世ヨーロッパでは、ペストやハンセン病に効くとまで考えられたほどだ。

この「ガーリック信仰」は、あながち的外れではなかった。ガーリックに豊富に含まれる強力なイオウ化合物（臭いのもとにもなる）は、血圧を正常にし、イオウの体内濃度を保つ働きがある。栄養満点で健康に役立つ他のネギ属の仲間と同じように、ガーリックもトリグリセリドやコレステロール値を下げる作用がある。また、血管を損傷させて炎症を起こす酸化ストレスを抑え、さらに血栓の形成を防げる──まさに健康増進の源だ。

ある研究では、ガーリックを相当量摂取すると、がんの発症リスクが減る可能性が示唆された（ただし、前立腺がんと乳がんは除く。また「相当量」とは、毎日かなりの量を摂ることを意味する）。

ガーリックは、抗菌・抗ウイルス作用があることでも知られる。細菌とウイルスのほか、真菌や酵母菌、寄生虫による感染を抑える作用もある。現在、胃潰瘍の主原因と言われるヘリコバクター・ピロリの異常増殖を抑える可能性について研究が進んでいる。

ガーリックがもつ「病気と闘う力」を十分に引き出したいなら、刻んだ後しばらくそのままにしておくといい。こうすると、酵素の働きが高まるからだ。すぐに調理に使ってしまうと、本来の作用が発揮されないこともわかっている。

芳香の特徴

アロマテラピーでは、ガーリックのシロップは咳止めに、軟膏は関節炎の緩和に、ビネガーは肌荒れの治療に、ローションは毛髪や頭皮を元気にするのに用いられている。

歴史と民間伝承

» アラブの伝説によると、エデンの園から逃げた悪魔の足跡からガーリックが生えた。
» ガーリックは、子どもや家畜を魔術から守り、船旅の安全を保ち、妊婦や婚約した処女を脅かす嫉妬深いニンフ（精霊）を寄せ付けないと信じられていた。
» 第一次世界大戦下で、ロシア軍はガーリックを用いて戦傷や感染を治療しようとした。

スパイスのあれこれ

吸血鬼の弱点

ガーリックは木の実を思わせる豊かな風味で有名だが、多くの文化で魔除けの力があると考えられてきた。アイルランドの作家、ブラム・ストーカーは、この昔からのテーマを小説『ドラキュラ』に取り入れた。物語に登場するカリスマ的な吸血鬼は、人間の生き血を吸い、コウモリの姿を変える「亡者」の1人だ。ストーカーの作品では、ガーリックが、聖水やキリストの十字架とともに、血に飢えた魔物を遠ざけるとされた。スラブ諸国では、1970年代になっても、悪魔を寄せ付けないために、死者の鼻や口、耳にガーリックを詰めていた。■

ヨーロッパの民間信仰では、ガーリックは悪魔、狼人間、吸血鬼を退けるために使われた。また、戸口に吊り下げておくと、嫉妬深い人が寄りつかなくなるとも言われている。

ホースラディッシュ
(西洋ワサビ)

Armoracia rusticana

memo
ホースラディッシュ(*Armoracia rusticana*)は、ピリッと辛い香辛料で、食用にも薬用にもなる。キャベツと同じ科に属し、根が使われる。

料理にパンチを効かせる辛味の強いホースラディッシュ(西洋ワサビ)は、「スーパーフード」としても注目されている。昔からシーズニングとして、また薬草として広く使われてきたことを考えれば、今またホースラディッシュが脚光を浴びていることも驚くにはあたらない。

ホースラディッシュの原産地はハンガリーか、フィンランドから遠くカスピ海に及ぶ広い地域と見られている。ヨーロッパでは、庭に植えたものが野生化して広がった。アメリカ大陸にはヨーロッパの入植者が持ち込み、ジョージ・ワシントンもトマス・ジェファーソンも、自分の庭を語る中でホースラディッシュに言及している。

ホースラディッシュは、アブラナ科(*Brassicaceae*)の仲間で草丈が1mほどになる。根元から大きくザラザラした緑色の葉を出し、白い花を散房状につける。細く大きな白い根茎からはあまり香りが感じられないが、すりおろすと、マスタードのように涙が出るほど強い香りがする。

夏になると、ホースラディッシュは、細長い茎の先に、花弁が4枚ある白い花を散房状につける。

通称の「ホース」には、「強い」「粗野な」などの意味があり、元々は食用のラディッシュである「*Raphanus sativus*」と区別するために付けられたもの。皮肉なことに、馬(ホース)には有毒だ。

料理での使い方

16世紀のヨーロッパでは、ホースラディッシュを薬草として用いたが、ドイツとデンマークで例外的に香辛料としても使われた。17世紀半ばには、イングランドでも食用になる。フランスで食べられるようになると、「ドイツのカラシ」という意味の「ムタルド・デ・アルマン」(*moutarde des Allemands*)と呼ばれた。

ホースラディッシュは、ポーランドと英国で人気が高く、ローストビーフに添えられる。マスタードとホースラディッシュを混ぜた「テュークスベリー・マスタード」は、中世からイングランドで親しまれている。米国では、伝統的にシチューに入れたり、「ホースラディッシュ・ソース」をマヨネーズと混ぜてサンドイッチの肉につけたり、サワークリームと混ぜた「ホースラディッシュ・クリーム」をプライムリブに添えたりする。また、すりおろして、「ブラッディ・マリー」(ウォッカベースのトマトジュースを用いたカクテル)や、カクテルソースの隠し味にすることもある。

作ってみよう

頭皮ケアマッサージ

アロマテラピーでは、ホースラディッシュを頭皮ケアで用いることもある。毛穴を刺激し、薄毛の進行を遅らせることも期待できる。大豆油大さじ2杯、グレープシード油大さじ1杯、小麦胚芽油2滴、ホースラディッシュの浸出油10滴（刺激が強いときは減らす）を混ぜよう。それを頭皮に付け、指先ですり込むようにマッサージ。1時間以上置き、刺激の少ないシャンプーで洗い流す。■

日当たりの良い場所に植えるだけで、世話をしなくても生い茂るホースラディッシュ。植えて1年過ぎれば収穫できるようになる。

酢にすりおろして混ぜるとクリーム状の白いソースになる。これが、スラブ語派の言葉で「クレン」（*kren*）と呼ばれるソースだ。ポーランドの鮮やかな赤紫色のソース「チェヴィクワ」（*ćwikła*）は、クレンソースにビーツを加えたものだ。トランシルバニア地方ではイースターのラム料理に、ヨーロッパ系ユダヤ人はゲフィルテフィッシュ（魚肉のミートボール）にチェヴィクワを添える。

ホースラディッシュは、ビタミンC、葉酸、ビタミンB_2、B_6、ナイアシン、食物繊維を多く含み、ナトリウム、カリウム、マンガン、鉄、銅、亜鉛、マグネシウムといったミネラルも豊富だ。自家製のホースラディッシュは、冷蔵庫に保管すれば、数カ月はもつ。

作用／適応

伝統療法家は、殺菌・抗真菌作用のあるホースラディッシュのほぼ全部位を使う。根は、去痰作用のあるティーや、副鼻腔炎の症状を緩和するエキス剤、関節炎用のパップ剤に使われた。花は「風邪を撃退するティー」に用いられ、生の葉は額に押し当てると頭痛の不快な症状を和らげるとされている。

最新の研究でも、ホースラディッシュのさまざまな作用は評価されている。ブロッコリーやキャベツなど、アブラナ科の食用野菜の多くは、抗がん作用をもつグルコシノレートを含むが、ホースラディッシュの含有量はブロッコリーの10倍ある。ちなみに、グルコシノレートは、ホースラディッシュやマスタード、ワサビの辛味のもとでもある。ほかにも、発がん物質を解毒する肝臓の力を高めたり、腫瘍の増殖を抑えたりする効果が期待されている。

歴史と民間伝承

» ホースラディッシュの別名は「マウンテンラディッシュ」「グレートレフォール」「レッドコール」。イタリアの北部では、「こわごわしたひげ」という意味のバルバフォルテ（*barbaforte*）と呼ばれる。

» 生まれてくる子の性別がホースラディッシュでわかるという民間伝承がある。ホースラディッシュの薄切りを夫婦それぞれの枕の下に入れ、妻より夫の小片が早く黒くなれば男の子、反対なら女の子が生まれるという。

» ホースラディッシュは、ユダヤ人の過越祭（すぎこしのまつり）の聖餐の苦菜「マーロール」として供される。これは古代のユダヤ人が古代エジプトの地で奴隷とされたことを忘れないためだ。

ユダヤ教三大祭りの一つ、春の過越祭では、聖餐の一皿に古くから伝わる六つの象徴的な食べ物が並ぶ。その一つがホースラディッシュ（中央上）だ。

マスタード

Brassica spp., *Sinapis* spp.

memo
人気で一二を争う香辛料・調味料と言えばマスタードだろう。アブラナ科の植物のうち二つの属から採れる。

マスタードは、その起源をファラオの墓にまでさかのぼり、米国では今やブラックペッパーにつぎ、2番目の人気を誇る調味料だ。調味料になる種子はアブラナ科の二つの属から採れる。ホワイトマスタード（*Sinapsis alba*）は、ヨーロッパの原産で古代より栽培されてきた。北アフリカ、中東、地中海沿岸で自生している。もう一つの属が「*Brassica*」だ。ブラックマスタード（*Brassica nigra*）は、中東が原産で、今ではアルゼンチン、チリ、米国、ヨーロッパで見られる。ブラウンマスタード（*B. Juncea*、インディアンマスタードともいう）は、ヒマラヤ山脈の丘陵地帯が原産。インド、カナダ、英国、デンマーク、米国で商用栽培が盛んだ。

マスタードは、キャベツ、ブロッコリー、ホースラディッシュと同じアブラナ科の仲間だ。ブラックマスタードは草丈が最も高く、60cm～2.4mにまで生長する。一方、ホワイトマスタードはせいぜい30cm程度までしか伸びない。どちらも4弁の黄色い花を直立した茎に散房状につける。花は成熟すると、ベージュから焦げ茶色の種子の入った細長いさやになる。

雑草とみなされることも多いブラックマスタード（*Brassica nigra*）。気候の温暖な地域の冬型一年草だ。

マスタードという名は、この植物の種子を発酵前のブドウの果汁「マスト」に浸し、それによってできた混合物を「マストラム」と呼んだ古代ローマの習慣に由来している。

料理での使い方

マスタードの種子は、家庭料理のほか、市販の肉料理やソーセージ、野菜料理やピクルスに使われる。粒のまま、もしくは加工し、粗挽きマスタード、乾燥粉末マスタード、調合マスタード、マスタードペーストにする。風味のバランスをとるために、三色すべてを混ぜることもある。

ホワイトマスタードの種子は、ブラックマスタードに比べて揮発性の油分が少なく、風味もまろやかだ。そのため、香味料として風味の弱いイエローマスタードに加えられる。ブラックマスタードは辛味が強く、香りはほとんどない。インドでは、マスタードの種子をカレーに使ったり、調理用オイルの原料にしたりする。種子を炒めると、はじけてナッツのような香ばしい風味が出

ここにも注目

土壌汚染の解決に一役

マスタードには興味深い特性がある。危険物廃棄場の土壌から、鉛やクロムなどの重金属を吸収して取り除くのだ。マスタードは、重金属などの有害物質に耐性があり、根から吸収した有害物質は細胞に蓄える。マスタードは刈り取られて、安全に処分される。このような、植物を利用して有毒廃棄物を土壌から取り除く方法は、ギリシャ語の「植物」と「調和の修復」を意味する「ファイトレメディエーション」と呼ばれる。安価で、しかも除去土壌によるほかの地域への二次汚染や土壌の侵食も防げるなど、メリットも大きい。■

る。エチオピアでは種子、芽、葉のすべてを食用にする。ブラウンマスタードの種子は、ピリッとする風味から、辛味の強いディジョンマスタードの原料とされる。葉は日本や中国、アフリカの料理に使い、葉や種子、茎はインドやネパールの料理に欠かせない。米国のソウルフード、グリーンズは、マスタードの葉をじっくり煮込み、風味はスモークポークで付ける。

ビタミンA、B_1、K、オメガ3脂肪酸、セレン、マグネシウム、リン、銅の含有量も多い。

種類豊富なマスタード。上段左より：粉末、粒マスタード、ブラックマスタードの種子、ディジョンマスタード。下段：イングリッシュマスタード、ホワイトマスタードの種子、アメリカンイエローマスタード、ブラウンマスタードの種子。

作用／適応

古代ギリシャやローマでは、マスタードを炎症の治療に用いた。東欧では、すりつぶした種子にハチミツを加え、咳止めとして処方した。すりつぶしたマスタード、小麦粉、亜麻の種子、水を混ぜたパップ剤は、今でも民間療法として、胸に貼り、呼吸器感染の治療によく使われている。

米カリフォルニア州ナパバレーの休眠中のブドウの木の間で色鮮やかに咲く黄金色のマスタードの花。2月と3月の開花時期には、地元のブドウ園によって毎年恒例のナパバレー・マスタード・フェスティバルが開かれる。

現代の研究で、マスタードの種子には、抗がん作用のあるイソチオシアネートに分解される、グルコシノレートと呼ばれる有益な植物性栄養素が含まれることが明らかになっている。イソチオシアネートは、現存するがん細胞の増殖を抑制し、新たながん細胞の形成を妨げる働きをする。さらにマスタードの種子は、喘息や関節リウマチの症状を和らげ、血圧を下げ、偏頭痛の頻度を減らすのにも役立つ。

芳香の特徴

マスタードの精油は非常に刺激が強いが、外用としてリウマチや座骨神経痛、腰痛の治療に用いることができる。理屈としては、マスタードオイルは皮膚を刺激することで、血液を皮膚の表面に集め、それによって深部組織の腫れを鎮める。

歴史と民間伝承

» ギリシャ神話によると、人間は医神アスクレピオスと農耕の女神セレスからマスタードを与えられた。
» 英国、フランスはともに特産のマスタードで有名だ。
» 油分を多く含むマスタードの種子は、ディーゼル燃料に似た再生可能燃料であるバイオディーゼルの生産にも利用できる。

タマネギ

Allium cepa

memo
野菜でもありシーズニングでもあるタマネギ。生だと辛味があるが、鍋で飴色になるまで炒めれば、甘くまろやかな風味に変わる。

タマネギ（オニオン）は、人類最古の食物の一つだ。青銅器時代から食べられ、中国では5000年以上前から栽培されていた。古代の伝統療法家は、タマネギを気管支疾患や関節炎の治療に用いたようだ。

大昔からヨーロッパやアジアで栽培されたことがわかっていて、原産地を特定するのは難しい。タマネギは古代文明では珍重され、高価であったため、中世ヨーロッパでは結婚祝いにも贈られた。アメリカ大陸にやって来た入植者も栽培するためにヨーロッパからタマネギを持ち込んだが、既にアメリカ先住民が野生のタマネギを、食用、薬用、染料に幅広く使っていた。

タマネギは、ユリ科（新エングラー分類体系）、またはネギ科（APG体系）と分類されている。高さは20cmほどになり、生長する鱗茎から直接伸びる扇状の青緑色の葉が特徴だ。鱗茎は、秋になり葉が枯れると収穫できる。収穫しなければ、翌春に中が空洞の長い茎を出し、球形の白い小花の散形花序をつける。なお、英語の通称「オニオン」は、ラテン語の「*unio*」（一粒の大きな真珠）に由来するもので、タマネギの花の形と色にちなんだものだ。

ほかのネギ属と同様、タマネギも茎に球状の花（ネギ坊主）をつける。

料理での使い方

中世ヨーロッパで、比較的簡単に入手できる野菜と言えば、豆、キャベツ、そしてタマネギだった。今も、世界中の料理で使われ続けているように、料理にタマネギを加えれば、風味の良い栄養たっぷりの一皿になる。生だと強い辛味は、加熱するとまろやかになり、完全に飴色になるまで炒めたタマネギは、まさに「絶品の味」。シチューやスープ、キャセロールやグレイビーソース、パスタソースに加えることで、旨味が増す。サラダやハンバーガー、マリネ、フランスパン（バゲット）に挟むヒーロー・サンドイッチに、生のタマネギを加えれば歯ごたえが出る。

1000を超える品種があるタマネギで、キッチンで使われるのは一部だ。ホワイトオニオンは辛味が少なく甘い。メキシコ料理の主役である。キッチンでおなじみの黄色いタマネギは万能で、コクがあって甘く、フレンチオニオンスープや、レバーの臭みを

ここにも注目

もう涙は流さない

タマネギを切るときは、涙がどうしても止まらなくなっていやだ感じている人は多いだろう。タマネギを切ったり刻んだりすると、「syn-プロパンチアール-S-オキシド」という化学物質が放出される。これは催涙性物質で、まばたきや涙などの強い反射を引き起こすのだ。涙を流さず、タマネギを切ったり刻んだりする方法もいくつかある。一つは、小さなボウルに水を張り、その中でタマネギを切ること。また、水泳やスキーのゴーグルをつけて、目に催涙性物質が入らなくする方法もある。切る前に、タマネギを数分間、冷凍庫で冷やすのも効果がある。パン切れを口にくわえて切るのもいい。奇抜に思えるが、催涙性物質をパンが目に届く前に吸収してくれる。■

タマネギを切ると涙が出るのは、タマネギの揮発成分が目を刺激するためだ。涙が出ないで済むように、料理人たちはもっと楽で効果的な対処法がないか探している。

消すのにも用いられる。辛味が少なく生で食べられるのが、レッドオニオンだ。大きくて黄色く、辛味が少ないのが用途も広いスパニッシュオニオン。ビディリアオニオンやスイートオニオンはタマネギが苦手な人にも食べやすい。

栄養面から見ると、タマネギはビタミンC、B_6、葉酸、食物繊維を豊富に含み、カルシウム、マグネシウム、リン、カリウム、マンガンも含んでいる。

作用／適応

タマネギは自然療法家に数千年にわたって用いられ、タマネギを食べると体力が向上すると考えられていた。中世ヨーロッパでは、頭痛やヘビに噛まれた傷、抜け毛の治療に使われた。中国では咽頭炎、咳、細菌感染症に処方された。

研究では、タマネギは強力な抗酸化物質であるポリフェノールが豊富なことがわかっている。ただ、ポリフェノールのほとんどは鱗茎の外皮に含まれているので、食べるときは一番外側の薄皮だけを剥がすようにしたい。また、タマネギは、細胞の酸化による損傷を遅らせる作用をもつ「ケルセチン」と呼ばれるフラボノイドを含んでいる。

タマネギを週に4、5回食べれば、結腸直腸がん、咽頭がん、卵巣がんほか特定のがんの発症リスクを減らすとする研究報告もある。理想的には、ネギ属の野菜を1日に1種類、食事で摂るとよい。

料理に風味を添えるだけでなく、時には主役にもなるタマネギ。フランス、アルザス地方の伝統料理オニオンタルトは飴色に炒めたタマネギが主役。風味豊かなカスタード、クリーミーなグリュイエールチーズが花を添える。

歴史と民間伝承

» 古代エジプト人にとって、タマネギの同心円状の輪は「永遠の生命」の象徴だった。埋葬時に、たくさんタマネギを包帯にくるみ、「小さなミイラ」のようにして一緒に墓に入れたのは、そのためだと考えられている。

» 古代ギリシャ人はタマネギが血液のバランスを整えると信じていた。そのため、オリンピック競技の選手はタマネギをたくさん食べ、タマネギのジュースを飲み、タマネギを体に塗りつける者もいた。

» 「耳痛の緩和に加熱したタマネギを耳にかぶせて留める」「不眠症の治療に枕の下に置く」「風邪の予防に生のタマネギを噛む」など、タマネギは多くの民間療法を生み出してきた。

ランプス

Allium tricoccum

memo
豊かで湿った落葉樹の森に育ち、同じ科に属すアマリリスを小型にしたようなランプス。春に収穫され、ガーリックとタマネギを合わせたような風味が魅力だ。

ランプスは、ワイルドリーク、スプリングオニオン、ラムソン、ウッドリーク、ワイルドガーリックとも呼ばれる。タマネギの近縁種で、寒冷で日蔭の多い、肥沃な湿地を好み、エンレイソウ、ブラックコホッシュ、アカネグサ、キバナカタクリ、ミスミソウ、メイアップルなど、初春に花をつける植物が生息する場所でよく見かける。

ランプスは多年生植物で、原産地は米国東部のアパラチア山脈。現在では、米国サウスカロライナ州からカナダまで広く分布する。ランプスの小さな球根は、ネギの根にも似ているが、緑色の葉は平らで幅も広く（基部は赤味がかっている）、これにより近縁種と見分けられる。3月下旬か4月上旬の初春になると、多年生の球根から葉が出て、5月下旬に根を残して枯れる。開花期は6月で、葉のない茎に小さな白い花がドーム形の総状につく。

「ランプス」という呼び名は、ワイルドガーリックを意味するエリザベス王朝時代の方言──「ラムズ」「ラムソン」に由来する。イングランドに広く分布し野菜としてよく使われており、イングランドからアメリカ大陸への入植者にとって、アメリカ固有種の近縁に当たるヨーロッパランプスやベアガーリック（*Allium ursinum*）はなじみがあったと思われる。

ノースカロライナの森では、毎年春が訪れると、ランプスの花が咲き、緑と白の絨毯で覆われる。

料理での使い方

ランプスの甘い芳醇な香りは、キッシュやフリッタータ等の卵料理、ピザ、ペーストによく合う。ジャガイモやほかの野菜とブレンダーで混ぜてスープにしてもよいし、グリーンサラダ、チキンサラダ、ツナサラダの風味付けに使ったり、ハンバーグやコーンブレッドの生地、米、唐辛子に混ぜたりしてもよい。また、バターやベーコン脂でカラメルにしてマス料理の付け合わせにしてもおいしい。

ランプスを料理やサラダに使うときは、根を切り落とし、きれいに洗って水気を切る。ただし、新鮮なランプスが手に入る期間は短い。年中使いたい

春になると、人々はランプスを求めて東海岸の森を歩き回る。

なら、多めに買って湯通しし、冷凍保存しておくといいだろう。ランプスには、微量元素のセレンや必須ミネラルのクロム、さらにはビタミンA、ビタミンC、コリンが豊富だ。

作用／適応

植民地時代のアメリカでは、3月に採れるランプスは、春の葉野菜の代表的な存在だった。当時は、冬に新鮮な野菜を食べることは難しかったので、ランプスはビタミンやミネラルを摂取できる健康のための貴重な強壮剤と考えられていた。アメリカ先住民のチェロキー族は、ランプスの球根を咳止めや風邪やインフルエンザの治療に用いており、こうした彼らの知恵が入植者にも伝わったのだろう。自然療法家は、ランプスの球根の殺菌剤のような特性を、風邪やインフルエンザの治療に加えて、血圧を下げるために利用する。

ほかのネギ属と同じように、ランプスには、抗酸化物質が豊富に含まれ、血糖値を整えたり、がん発症のリスクを抑えたりする作用が期待されている。また、ランプスに含まれるセレンが、前立腺がんのリスクを下げるとする臨床研究もある。セレンの抗酸化作用は、喘息や高血圧とそれらに伴う諸症状の緩和でも期待されている。

なお、水耕栽培でも、ミネラル含有率が高く、栄養価の高いランプスを栽培できると考えられている。

ハーブのあれこれ

ランプス人気も善し悪し

米国の東海岸にある諸州では、春の訪れとともにやってくるランプスを心待ちにしており、ノースカロライナ州、ウェストバージニア州、テネシー州では、ランプスを称える祭りが毎年催されている。この祭りは観光客にも人気で、年々規模が拡大し、今では地元の消防署や市民組織の収入源の一つにまでなっている。また、有名シェフがテレビ番組でランプスを紹介すると、一躍流行の食材になった。しかし、残念なことに、自然のランプスの数が減ってきている。これは、祭りやレストランで、ランプスがたくさん消費されるようになったこととは無関係ではないだろう。さらに最近では、研究者がランプスのがんへの作用を研究するため、採取し始めている。ランプスはいったん収穫されると、もとの数に回復するまでに数年かかるため､今のままではランプスの減少に歯止めがかからなくなることも懸念されている。事実カナダでは、消費量の急増を受けて、ランプスを絶滅の危険性が高い「危急種」に指定し、市場での取引を禁止した。今後、米国もこうした措置をとる必要が生じるかもしれない。■

歴史と民間伝承

» 17世紀、ランプスを意味するアメリカ先住民の言葉で、「臭いタマネギ」を意味する「シカークワ（*shikaakwa*）」という町がミシガン湖近くに誕生した。これが、今のシカゴ（Chicago）だ。

» フードライターのジェーン・スノーは、ランプスの香りを「ネギ炒めに足の臭いが少し混ざったような香りだ」と書いた。

ざく切りにしたランプスは、香りづけでサンドイッチに使われる。ガーリックとタマネギを混ぜたような香りは強く、臭いは数日残るので、量は控えめにしたい。

column

ビネガー（酢）は万能

サラダから殺菌剤まで幅広く使ってみよう

今では、当たり前の調味料として食卓に置かれるビネガー（酢）。そのビネガーから人類が受けた恩恵は計り知れないものだ。ビネガーが登場したのは、紀元前8500年～紀元前4000年、いわゆる新石器時代だと考えられている。現在のエジプトや中東地域の人々が農耕を始め、ワインなどの酒を醸造するようになって発見したと考えられている。

研究は始まったばかり

ビネガーの主成分の一つが酢酸（CH_3COOH）だ。酵母菌の働きを利用して、糖（果物、ハチミツ、穀物、サトウキビ、セルロース）を発酵させ、アルコールを生成し、さらに酢酸菌（アセトバクター）の作用でアルコールが発酵する。ひびが入るなどして酸素と触れやすくなった土器でワインを醸造すると、酢酸発酵のプロセスは自然に起こったと考えられる。当時の甘いワインは、時間が経つと酸味のある酢、フランス語で酸っぱいワインを意味する「ヴァン・エーグル（*vin aigre*）」に変わったはずだからだ。

バビロニアをはじめ古代の文明人が、ビネガーをこうして発見したのは疑いようがなく、古代の人々は「失敗作」を上手に利用して、健康強壮剤、殺菌剤、食物保存料、調味料などを作り出した。酢の生産は、人類史上、最も初期の産業の一つと言ってもいいだろう。古代ローマ時代には「ポスカ」と呼ばれる水と酢を混ぜた清涼飲料が毎食飲まれるようになった。今日、酢は、マスタード、マヨネーズ、ケチャップなど、ほかの調味料にも使われている。

ハーブ療法家は長年、酢の効能を断言している。しかし、科学的に証明されている酢の作用は、今のところカルシウムを含むミネラルの吸収と、2型糖尿病患者の血糖値の調節くらいだ。さらなる研究が待たれるところだ。

安全な殺菌剤

酢、特にホワイトビネガーや蒸留酢には抗菌・殺菌作用があるため、安価な洗浄剤として使える。酢で磨くと、酢に含まれる酸が油脂や菌を取り除くため、ピカピカになり、表面も殺菌される。酢と水を同じ割合で混ぜ合わせたらスポンジに含んで、流し台、蛇口、調理台、化粧台、窓、鏡、電気器具、ペット用マット、バスタブ、トイレ、シャワー室を洗い流す。直後は鼻にツンとくる香りがするが、しばらくすると臭いもしない。何よりも、市場に出回っている多くの洗浄剤とは違い、ペットや子どもがいる場所でも安心して使えるのが嬉しい。

ビネガーいろいろ

通常、ビネガーはリンゴやブドウから作られることが多いが、糖分を含む果物や穀物なら、どんなものからも作れる。たとえば、ビール、サトウキビ、ココナッツ、ヤシ、茶、シェリー酒などからもビネガーができる。酢は、ハーブや花、スパイスの香りを素早く取り込むため、バジル、ローズマリー、ラズベリー、ガーリックといった植物の香りがついたものなど、豊かな香りも楽しめる。ここでは、キッチンを彩るビネガーを紹介する。

アップルサイダービネガー

アップルマスト（リンゴを絞った果汁）から作られる。赤茶色で、濾過と低温殺菌処理が施されていないものほど強い香りがする。フルーツジュースで薄めたり、ハチミツを加えたものをサラダにかけたりするとおいしい。健康ドリンクとしても飲むことができる。

ワインビネガー

ほかのビネガーと比べると酸味が弱い。赤ブドウや白ブドウから作られ、中央ヨーロッパや地中海地方でサラダのドレッシング、マリネード、ソース等として人気がある。オーク材の樽に2年以上寝かした高級品もある。

バルサミコ酢

香り豊かな熟成ビネガーは、イタリアのモデナとレッジョエミリアが原産。高級なものは、トレッビアーノ種の白ブドウの果汁から作られ、オークや桑の木、クルミ、サクラ、ネズ、アッシュ、アカシアの木で作られた樽の中で寝かせると、豊潤で、深い色になり、甘く複雑な香りを醸し出す。

ホワイトビネガー、蒸留酢

ホワイトビネガーは、それ自体を蒸留するのではなく、蒸留酒から作られたものだ。ピクルスや、料理、お菓子だけでなく、肉の保存、さらには掃除にも使われる。米国ではトウモロコシを原材料にすることも多い。

米酢

軽いテイストで、さまざまな魚介類、米、野菜料理に使うと、それだけでアジアの雰囲気を味に加えられる。日本では赤と白が、中国ではより濃い色が好まれる。

モルトビネガー

麦芽を使った醸造酒を発酵させてできる淡褐色の酢。英国とカナダで人気があり、フィッシュアンドチップスにかける。■

樽からバルサミコ酢のサンプルを採取。樽の木材の種類によって色や風味が変わる。中には15〜30年寝かすものもある。

塩

Sodium chloride

memo
塩は世界最古のシーズニング。食品の味つけだけでなく、保存料としても使われてきた。

塩ほど身近な調味料はないが、かつてはイスラエル、エジプト、ギリシャ、ローマ、ビザンチウムの富をもつ権力者でないと入手できない貴重なシーズニングだった。塩を運ぶ隊商や商船は、遠くに住むこうした人々に無事に塩を届けることができれば、財を成せた。

インカ人たちは、アンデス山脈に製塩所を作って塩を得ていた。塩は食物の味を引き立てるためだけに用いられたわけではない。冷蔵庫がない頃は、石造りの食糧貯蔵庫やスプリングハウス（泉や小川にまたがって建てる肉やチーズの貯蔵小屋）に食物を貯蔵したが、塩は肉を腐らせないための防腐剤として使われた。

カナリア諸島の製塩所で塩を集める人。

塩は、ナトリウムの塩化物で、その結晶は「岩塩」としても知られる。塩は、海水の主成分であり、ナトリウムは動物が生きていく上で不可欠だ。そして人間の五味覚──甘味、酸味、苦味、旨味そして塩味──の一つだ。歴史家によれば、塩が初めて精製されたのは紀元前4000年頃で、当時の古代ローマと中国では海水から塩を取り出していた。

現在では、塩は岩塩鉱床から掘り出されたり、海水や塩湖の水を蒸発させて取り出したりして作られる。世界の塩の消費量に占める食塩の割合は6%でしかなく、大部分はプラスチックやその他製品の製造、水質調整、高速道路の除氷、農業などの産業で使われる。

料理での使い方

塩味がしない料理など考えられない。塩は世界のほとんどの国で料理に使われる。パン、シリアル、チーズなどの食品は、塩分が含まれている。東アジアには直接、塩を使う料理が少ないと思われるが、これは醤油や魚醤、オイスターソースなど、塩を含んだ調味料がよく使われるからだ。

米国で食卓塩といえば、1924年に発売されて以来、ヨウ素化塩を使う家庭も多い。この食卓塩は、

死海では、写真のような自然にできた塩の結晶をよく見かける。塩濃度が極度に高い湖の利点を生かして、沿岸には塩による癒やしのリゾートも誕生している。死海の塩とミネラルは、化粧品やハーブのサシェにも使われている。

貴重な微量栄養素であるヨウ素を摂取する目的で作られたものだ（ヨウ素が欠乏すると、甲状腺の腫れや、甲状腺腫の原因になると言われている）。結晶が大きいことで知られるコーシャーソルトも、食塩としてお薦めだ。

ここにも注目

デザイナー・ソルト

つねに新しい味、新しい食感を求めている米国料理では、最近、世界中からのさまざまなグルメソルトが注目を集めている、たとえば、セルグリ（グレーソルト）は、結晶が大きく、水分が多いため、肉や根菜ローストによく合う。フレール・ド・セルは、海水から作られており、その土地の風味が現れる。ハワイアンシーソルト（海塩）には赤、グレー、黒があり微量ミネラルを多量に含み、豚肉や魚介類によく合う。韓国のバンブーソルトは、竹製ケースの中で焼いて作られたもの。マリーリバーソルトはマイルドな味わいで、フレーク状をしており、オーストラリアのアプリコット色をしている。パキスタンの古代の岩塩鉱床から取り出されるヒマラヤ岩塩は、白、ピンク、赤があり、最も純度が高い塩であると考えられ、料理だけでなくスパでも人気がある。■

作用／適応

長い間、人類は、塩と健康を関連づけて考えてきた。病人は、海風にあたってその恩恵を得ようとし、特に伝統療法家は、塩は殺菌作用が高いことから、抵抗性がある呼吸器疾患に効果が期待できると考えた。また、自然療法家は、塩の抗菌作用を信頼して、のどが痛いときのうがい薬や、皮膚病の薬として処方した。

現在では、塩分の摂り過ぎは、脳出血や心臓血管疾患に罹るリスクを高めるとされている。米国人の77％のナトリウム摂取源と言われる加工食品は、ナトリウム含有率が高く、この状況を悪化させている。ナトリウムは、神経系と筋肉を正常に機能させ、体の水分バランスを調節する働きがあるなど必須だが、摂り過ぎるとさまざまな病気の原因になる。世界保健機関（WHO）は、成人のナトリウムの1日の摂取量は2000㎎未満、食塩で5g未満を推奨している。

歴史と民間伝承

- 第三次ポエニ戦争で、カルタゴに勝利したローマ軍の将軍スキピオ・アフリカヌスは、カルタゴを破壊し塩をまいた。
- salary（給料）という言葉は、ラテン語の「*salarium*」（ローマ軍兵士に塩を買うために支払われていた金銭）に由来する。また「*salad*」というラテン語は、葉野菜に塩をかけていたローマの習慣に基づいて「塩をかける」ことを意味する。

さまざまな塩が市場に次々と出回る。（左上から反時計回りに）レッドハワイアン、マリーリバー、ピンクヒマラヤン、ブラックハワイアンソルト。

ネギ

Allium fistulosum

memo
甘く、ほのかにタマネギのような匂いがするネギ。鱗茎が完全に形になる前に収穫する。

ウエルシュオニオンとしても知られるネギは、成熟前のタマネギに似た苗を刈り取ったもので、鱗茎、茎、そして葉からなる。株同士を近づけて植えることで鱗茎の生育を阻止し、小ぶりなまま甘味を保つようにしている。

ユリ科（新エングラー体系による。APG植物分類体系ではネギ科）の仲間であるこの多年生植物の原産は中央アジアだが、今ではアジア、ヨーロッパ、米国の全域で栽培されている。昔から食用や薬用で親しまれており、最近の研究でも、ガーリックやタマネギと同様に健康を保つ作用を多くもつ可能性が指摘されている。

ネギは、真夏に白くて小さな花を球状（ネギ坊主）につける。するとこの花に、授粉者の虫たちが引き寄せられていく。花は食用可能で、生のままサラダに入れられる。ネギの花の茎は、切り花としても魅力的だが、タマネギ臭を放つことは肝に銘じておこう。

ネギは、小さく細長い鱗茎から生長した、まっすぐひょろりと伸びた葉鞘と、中空で筒状の葉身が特徴的だ。葉の断面は円筒状で、ほかのネギ属の植物が半円筒状であるのとは対照的である。2年目には、白、ピンク、薄紫色の散形花序をなす。中には、鱗茎を再生しない品種もある。そのため、次の季節に向けて数種の花を育て、できた種子から増やすのが一番よい。

なお、ネギの英名「Scallion」は、イスラエルの町、アシュケロンに由来する。はるか昔に、ある利口な農民が、アジア生まれの外来のネギ属植物を育て始めた場所だ。

料理での使い方

甘味とまろやかな風味をもつネギは、生で楽しまれることも多く、これは健康を増進するにはうってつけだ。まるごと野菜として出される一方で、薄切りにしたり細かく刻んだり、オムレツ、スープ、サルサ、蒸し料理、多くのアジア料理の薬味として使われることもある。

栄養面では、ネギは低カロリーで、タマネギやエシャロットより食物繊維を多く含む。ビタミンAおよ

ネギを収穫するベトナムの農家。テト(ベトナムの旧正月)に出されるネギの漬け物「ズアハイン」に欠かせない材料だ。

びB群、さらに銅、鉄、マンガン、カルシウムなどのミネラルも豊富だ。葉酸、ナイアシン、ビタミンB_1、B_2、B_6、ビタミンCが含まれ、ビタミンKの宝庫だ。

作用／適応

長い間、伝統療法では、ネギは呼吸器疾患の治療で使われてきた。ティーに煎じて風邪の症状を和らげたり、カイエンヌやガーリックと一緒にスープに入れて鼻の通りをよくしたりした。パップ剤にして、皮膚の外傷や膿傷にも用いられた。

他のネギ属植物と同様に、ネギには抗酸化フラボノイドが含まれている。特に、カロテノイドは肺がんや口腔がんの発症リスクを下げる可能性があると考えられている。また、ネギを刻むと、ネギの酵素が強力な有機イオウ化合物「アリシン」を生成する。アリシンには、抗ウイルス、殺菌、抗菌、抗原虫の作用があるだけでなく、血管を軟化させて血圧を下げ、血栓ができるのを防ぐことから脳卒中のリスクが減ると考えられている。

手軽にスパイスを

手軽でおいしい葱油餅(ツォンユービン)

朝食、昼食、軽めの夕食にもなる風味豊かな葱油餅やチヂミ。ここでは、4人分の葱油餅のレシピを紹介しよう。

材料

- 中力粉 ……… 2カップ
- 熱いお湯 ……… 1カップ
- 薄切りにしたネギ ……… 1/2カップ
- ゴマ油 ……… 大さじ1
- キャノーラ油 ……… 1/2カップ
- 塩、ブラックペッパーで味付け

作り方

ボウルに中力粉をふるい、熱いお湯をゆっくりと注ぎ入れながら木べらで混ぜ、団子を作る。団子に湿った布をかぶせて30分間寝かせる。中力粉を表面に振った台に生地をのせ、転がして薄い長方形に伸ばす。生地にゴマ油を塗り、ネギをかぶせ、塩、ブラックペッパーで味付けする。生地を巻いてロールカステラのような渦巻き状にし、四つに切り分ける。各々を何度かこね、団子にして再び転がし、平たく伸ばして12〜15cmのパンケーキ状にする。焦げ付かないフライパンにキャノーラ油を引いて熱し、両面がキツネ色になるまで焼く。生姜醤油と薄切りのネギを添えて食卓へ。■

歴史と民間伝承

» ネギは、グリーンオニオン、スプリングオニオン(英国)、サラダオニオン、テーブルオニオン、グリーンシャロット、オニオンスティック、ロングオニオン、ベビーオニオン、プレシャスオニオン、ヤードオニオン、ギボン、サイボウ、スカリーオニオンなど、数多くの名前で知られる。

» メキシコで、セボリタスとはライムの絞り汁と塩を振りかけた焼きネギのこと。肉の丸焼きの付け合わせとして人気がある。

» ユダヤ教の過越祭(すぎこしのまつり)の祝宴で、食事中、「ダエヌ」が唱和されると、イラン系ユダヤ人はネギで軽くたたき合う。古代エジプト人がユダヤ人奴隷を鞭でたたいたことを象徴している。

中華料理店の葱油餅や、韓国料理店のチヂミは、どちらも定番料理。中国、台湾、韓国の屋台でもよく見かける。

column

糖分や塩分を摂り過ぎないために

ダイエットやベジタリアン料理にハーブとスパイスを

ダイエットの一環で糖分を減らすにしろ、健康上の理由で減塩するにしろ、肉を断つ決意をしてベジタリアン（菜食主義）の生活習慣にならうにしろ、ハーブやスパイスで風味を補えば、あまり経験のない新たな食事にもすんなりと対応できるようになる。

低カロリーの甘味料

砂糖の代わりとして最初に市販された人工甘味料がサッカリンだ。ただ、サッカリンに発がん作用が疑われて以来、化学者たちは、砂糖に代わる安全な甘味料を、アーサー王物語の「聖杯」よろしく、探し求めてきた。砂糖には、必須栄養素がゼロ、虫歯になりやすい、肝臓に負担をかける、肥満につながる果糖に変化する、中毒を起こしやすい、インスリン抵抗性が生じる、がんを引き起こす可能性もあるなどの短所がある。これらは、ダイエットの必要性に迫られていない人にとっても悩みのたねだろう。ニュートラスイート（アスパルテーム）や、スプレンダ（スクラロース）など、次世代の人工甘味料は、味覚面では高得点を上げているが、安全性に関して疑問を呈する人は今もいる。

カイエンヌ

野菜料理に風味と栄養素をプラス

ベジタリアンの食事に肉がないからといって、味気ないと決めつけてはいけない。料理を際立たせる、さまざまなハーブやスパイスを加えるだけで、十分においしい料理になる。肉を食べないベジタリアンが困るのは、風味よりも、ある種の栄養素が不足してしまうことのほうだ。そこで、あらためて強調したい。ハーブやスパイスを料理に加えることで、抗酸化物質やビタミン、ミネラルは十分補える。ここで、そのアイデアをいくつか紹介しておこう。

バジル: ビタミンAとCが豊富で、免疫力を高める役目を担う。サラダに入れたり、パスタ料理のソースに加えたりしてみよう。

カイエンヌ: カイエンヌはビタミンAの宝庫。また、新陳代謝を促し、抗炎症薬としても作用する。ピリッとしたこのスパイスは、ベジタリアン向けのチリソースや豆腐料理にうってつけだ。

オレガノ: 香りの良いこのハーブには、抗酸化物質のフェノールが豊富。体に侵入した細菌とも闘うばかりか、なんといってもイタリア料理らしい豊かな風味が加わる!

チアシード

チアシード:「チア」として知られる「*Salvia hispanica*」の種子は、茶、灰、黒、白の斑色で、料理に栄養と歯ごたえを与え、すりつぶせばスムージーやシリアル、焼き物に混ぜることもできる。卵代わりにもなる。

ターメリック: 栄養価の高い、この黄金のスパイスは、ビタミンB_6や食物繊維が豊富に含まれており、料理に土のような香りと色を添える。カレーに加えたり、揚げ物やスープに混ぜたりして使う。■

この点、ステビア(詳しくはp.288)はどうだろう。ステビアの葉から抽出するこの天然甘味料は、実質的にノンカロリーで、副作用もまずない。甘味を凝縮したパウダー状のものか、口当たりの良い液状のものが手に入る。唯一の短所があるとすれば、焼き菓子に向かない点だろう。

このほかに、比較的安全な選択肢となるのが、キシリトール、ソルビトール、エリスリトールのような、糖アルコール甘味料で、これらはトウモロコシやサトウキビを発酵してできる。有機農法による天然のハチミツやミネラルを豊富に含んだ糖蜜も、優れた砂糖の代替品だ。

減塩

加工食品や缶詰には、多量の塩やナトリウムが使われていることは、あまり意識されていない。塩は保存料としても優れているからだ。減塩食にしても、缶入りのスープ、醤油、チリソースの栄養表示を見れば、その量の多さに驚くはずだ。

ただ心臓の健康を考えれば、食生活で減塩は欠かせない。効果的に減塩したいなら、ハーブやスパイスを活用したい。塩の代用にもなるし、まずまず満足できる風味になる。

塩ほどの旨味はないが、ブラックペッパー、シナモン(血糖値を整える作用がある)、カルダモンとクミンもしくはコリアンダーの組み合わせ、刺激的なバジル、ヒマワリの種子、特に肉や魚にかけるガーリックパウダーなどは、塩の代わりに使えば、風味を豊かにできる。

味蕾(みらい)を刺激する

カイエンヌ、新鮮なガーリック、ジンジャー、オニオンパウダー、ローリエなど、辛味があり栄養価の高い香味料は、味気ない料理をご馳走に変える。また、減塩醤油を使うのもアイデアだ。多少の塩は含まれているものの、栄養価は高い。

ステビア

Stevia rebaudiana

memo
ステビア（*rebaudiana*）は、キク科の野生の小低木。その葉の強い甘味を利用するため、広く栽培されている。

ステビアは、小型の多年生植物で、メキシコから南アメリカの熱帯地域が原産地だ。現地の先住民は何世紀にもわたって利用してきたが、人工甘味料の代わりになる安全な天然甘味料として、食の世界で注目を浴びるようになったのは近年のことだ。

植物としてのステビアは、1887年にスイスのイタリア語圏出身の植物学者モイセス・ベルトーニによって西洋に紹介された。ベルトーニの研究をきっかけに、パラグアイではハーブ療法家がステビアに注目した。第二次世界大戦中、英国は砂糖の代用品と見込んでステビアについて研究したが、終戦とともに研究は終了。ステビアが本格的に使われたのは日本だ。1950年代に、日本でステビアの温室栽培が開始され、1970年代には砂糖の代わりに使われるようになった。現在、日本は最大のステビア消費国である。

キク科（*Asteraceae*）に属し、スイートリーフ、シュガーリーフ、ハニーリーフとも呼ばれる。草丈は1.2mほどになり、分枝する細い茎、繊維質で鋸歯のある葉をもつ。秋には、小さな白い花が咲く。どの部位も甘いが、葉に、甘味成分のステビオシドが最も多く含まれている。特に際立った香りはない。

ステビアは、今でもパラグアイとブラジルに自生している。現在、日本、タイ、パラグアイ、ブラジル、中国で商用栽培されており、有数の輸出国にもなっている。

ステビアは、パウダー、液体、錠剤の形で入手可能。コーヒーのほか、砂糖で甘味をつける食品のほとんどで使える。ベルギーではチョコレートなどの加工食品にも使用されている。

料理での使い方

ステビアの風味は、スイカズラの蜜になぞらえられてきた。かすかに甘草のような味や、あと味に苦味を感じる。ステビアの葉は、砂糖の300倍もの甘さがあり、日本では、ガム、醤油、清涼飲料、お茶の甘味料として用いられている。ステビアは、インド、東アジア、南米の料理でもよく使われる。

ステビアは、砂糖にはない、多くの栄養素を含ん

ここにも注目

蜜の味

ミツバチの巣を集める養蜂家。

ステビアは、天然の安全な砂糖の代替品と謳われている。だが、はるか前から砂糖に代わる天然甘味料はあった。それがハチミツだ。ハチミツの生成過程は次のようなものだ。まず、ミツバチが長い舌を使って、花の蜜を吸う。これがミツバチの蜜胃に貯蔵されると、蜜が酵素と混ざってハチミツへと変わる（群れの非常食として巣に長期貯蔵できる）。さらに、ミツバチは、蜜がとろりとして金色になるまで、水分を蒸発させるために、羽ばたきして風を送り続ける。完成すると、腹部から分泌される「蜜ろう」で蓋をする。ハチミツの味と色は、蜜源（主に花や木、ハーブ）によって決まる。黒くて濃厚なソバのハチミツと、淡い色の甘いクローバーのハチミツでは、味わいもまったく異なる。■

でいる。ビタミンAとC、ルチン、食物繊維、さらにカルシウム、リン、ナトリウム、マグネシウム、亜鉛などのミネラルも含まれている。実質的にノンカロリーで、長期保存でき、熱に強く、非発酵性である。

作用／適応

ステビアは、南米では、「甘い薬草」を意味する「カーへーエー（caa-he-éé、またはkaa jheéé）」と呼ばれる。パラグアイのグアラニー族は何世紀にもわたって、減量の促進、創傷の治療、炎症の抑制、足のむくみの軽減のために用い、抑うつに対する強壮剤としても使用してきた。自然療法家はステビアを、肌の不調や、フケなど頭皮のトラブルに対して処方し、リンクルクリームとしても用いている。

タンニンやフラボノイドなど、多くの抗酸化物質を含んでいる。フラボノイドの中では、フィトケミカル（植物化学成分）のケンフェロールが含まれており、米国の疫学雑誌に、その働きが膵臓がんの発症リスクを23％下げる可能性を示唆する研究結果が報告されている。ステビアは、グリコーゲンのグルコースへの変換を抑え、腸での吸収を減らすことによって、血糖値を下げるのを助ける。また、ステビアの甘味成分は糖質ではないので、虫歯の原因となる口内のミュータンス菌の増殖を防ぎ、虫歯になるリスクを下げる。

天然甘味料への関心が高まっていたのにもかかわらず、ステビアは、1990年代、米国食品医薬局（FDA）によってその使用が禁止されていた。しかし、2009年に葉の抽出成分レビアナが、「一般的に安全と認められる」というGRAS認証を取得した。現在、食品添加物として、「Truvia」（トゥルビア）という商品名で販売されている。

歴史と民間伝承

» パラグアイでは、イエルバ・ドゥルセ（甘いハーブ）という名で知られている。先住民の女性はステビアで避妊のためのティーを作っていた。生殖能力に影響を与える可能性が示唆された臨床試験結果もある。

細長い姿のステビアは、夏の終わりに、小さな白い花を咲かせる。一年分の乾燥葉は、3～5苗あればまかなえるだろう。

サトウキビ

Saccharum officinarum

memo
サトウキビの茎にたっぷり含まれる樹液から抽出される砂糖。世界中で、甘味づけ、日持ちさせたい料理に使われるだけでなく、石鹸の材料や脱毛剤など美容でも利用されている。

今や砂糖を珍しがる人はあまりいない。だが、サトウキビの甘味を享受できるのはポリネシアとインドだけだった時代が何千年も続いていた。世界に広まるきっかけを作ったのはアレクサンドロス大王(紀元前356年～紀元前323年)。この「聖なるアシ」をインドから地中海に持ち帰ると、古代ギリシャ人と古代ローマ人は薬として使い始めた。一方、アラブ人がエジプト、モロッコ、チュニジアに広め、やがてスペイン南部にも伝わった。

十字軍の兵士も、聖地エルサレムで砂糖を口にした可能性はあるが、ヨーロッパで砂糖が使われ始めるのは13世紀後半のことだ。しかも、口にできるのは富裕層だけだった。

サトウキビはイネ科の植物で、背の高い茎の先の柔らかい花序に、小さな花を穂のようにつける。花が咲くと糖を作らなくなるため、開花前に収穫しよう。

船乗りたちは、サトウキビ栽培の新天地を探す。1493年、コロンブスが、サントドミンゴへのサトウキビの移植に成功した。こうしてアメリカで砂糖産業が産声をあげた。生産者が各国から到来し、ブラジル、キューバ、メキシコ、西インド諸島にプランテーションができると、砂糖は大衆にも入手可能なシーズニングとなった。

砂糖の需要が高まり、それに応じてサトウキビ畑での労働力が必要となり、アフリカからアメリカ大陸に奴隷が連れてこられるようになった。サトウキビは富をもたらす作物となったことから、砂糖は「白い金」と呼ばれた。

1655年、イングランドは、西インド諸島の領土をスペインから奪うことで、砂糖の富を得た。しかし、ナポレオン戦争中、ヨーロッパ諸国は、英国からの輸入を拒否し、砂糖の原料をテンサイに切り替えた。1880年までに、ヨーロッパの大半では、テンサイ糖のみを利用するようになった。また、米国と日本では、加工食品の多くに、砂糖の代わりにデンプン由来の異性化糖が使われる。

サトウキビは、アシのように細長い、多年生の熱帯植物である。トウモロコシ、小麦、イネと同じく、イネ科(*Poaceae*)に属し、高さ2～6mにもなる。主生成物のショ糖は管状の茎にある。糖蜜たっぷりの原糖を、精製して白砂糖にするか、または発酵させて、蒸留酒のもととなる酒精にする。

料理での使い方

砂糖（グラニュー糖、ブラウンシュガー、粉砂糖）を焼き菓子に使うのは、単に甘味を加えるだけではない。ケーキ生地に砂糖を加えると、砂糖の分子が水の分子と強く結合して、デンプンとタンパク質が凝固するときに、固くなりすぎるのを防ぐのだ。しっとりとした柔らかい生地になるのは、このおかげだ。また、メレンゲを安定させ、ケーキやクイックブレッドの発酵も促進する。さらに加熱すると、こんがりとした焼き色が付いたカラメルとなり、香ばしさが増す。クッキー生地をオーブンで焼くと、サクサクとした食感になるが、これは生地の表面の水分が蒸発して砂糖が再結晶化するからだ。

タイのサトウキビ農場。サトウキビはもうかる作物だ。約90カ国で栽培され、年間収穫量は約20億tにもなる。主要生産地は、ブラジル、インド、EU、中国、タイ。

作用／適応

古代ギリシャや古代ローマでは、砂糖は薬として使われていた。医者のディオスコリデスは、消化器系や、膀胱、腎臓の不調に砂糖を処方していた。中世ヨーロッパでは、調味料としても、薬としても利用されていた。

砂糖は害になることさえある。医学上、米国における肥満と糖尿病の憂慮すべき増加は、砂糖の摂り過ぎが原因と言われている。さらに、砂糖には中毒性もある。脳内でドーパミン（快感と活力を高める神経伝達物質）を大量に分泌させるのだ。米国心臓協会は、この点をふまえ、砂糖の1日の最大摂取量を、男性は小さじ9杯（37.5g、150カロリー、炭酸飲料350ml缶1缶）、女性は小さじ6杯（25g、100カロリー）までとしている。

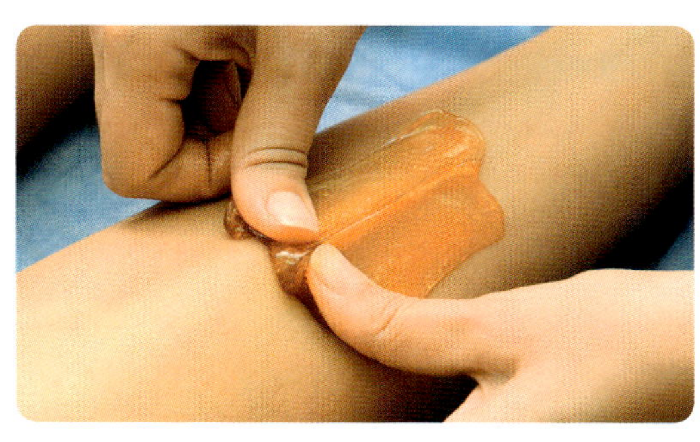

砂糖を水、レモン汁と混ぜれば、美容サロンの脱毛ワックスにも引けをとらない、廉価な代替品になる。

歴史と民間伝承

» 古代ペルシャで、サトウキビは「ミツバチいらずの蜜のなるアシ」と呼ばれていた。
» 19世紀後半まで、砂糖は、円すい形に固めた「シュガーローフ」にされ、鍵つきの棚に保管されるのが一般的だった。

作ってみよう

砂糖で作る脱毛ワックス

食べ物としては健康的とは言えないかもしれないが、砂糖には便利な活用方法がある。古代から、中東やエジプトでは、砂糖を脱毛に使ってきた。シュガーリング、シュガーワックス、ペルシャワックスと呼ばれ、ワックス脱毛やシェービングに代わる、安上がりな方法である。シュガーリングでは、ワックス脱毛と同じように、毛を根元から抜くので、カミソリで剃るよりも、毛がまた生えてきたときには、細く柔らかく、薄くなると言われている。最近では、シュガーリングを行うサロンもあるが、自分でも簡単にできる。ほとんどの場合、作り方はシンプルで、砂糖、水、レモン汁を混ぜて火にかけるだけ。そうすると、ハチミツのような見た目の砂糖のペーストができる。それを貼りつけて剥がして、何度も繰り返し利用できる。■

タマリンド

Tamarindus indica

memo
枝を大きく伸ばし、さやのような実をつける熱帯産の木。料理や香水でよく使われる。

タマリンドの風味は、ウスターソースの辛味のアクセントになっていることで知られる。香辛料として世界各国で使われ、薬用としてもその価値は高い。食用の果肉はタマリンドの果実と、さやに由来する。

タマリンドはアフリカの熱帯地域の原産で、今もスーダンで野性種が見られる。インド原産だと思われることが多いが、大昔にインドに伝わったと考えられている。16世紀、ヨーロッパからの入植者がアメリカ大陸にタマリンドを持ち込み、以降はメキシコや西インド諸島で栽培されるようになった。今では世界の熱帯地方でタマリンドが栽培されている。

タマリンドの赤や黄色の長細い花は小さくて目立たないが、5弁の形はとてもかわいらしい。

アジアでは日よけの木として重宝されている、この丈夫な常緑樹はマメ科（*Fabaceae*）の仲間である。樹齢は80年以上で、樹高は20～30m、幅は10m強になる。葉は明るい緑色で柔らかく、総状花序をなす小さな花は白く、赤やオレンジ色の斑が入る。長細い茶色のさやには、酸味と甘味のある果肉が入っている。実が熟すと皮はもろくなり、果実、つまり香味料のもととなる部分に粘りが出て、甘くなる。

属名は、ペルシャ語の「*tamar-l-lind*」が語源で「インドのデーツ（ナツメヤシ）」という意味だ。

料理での使い方

タマリンドの甘酸っぱい風味、そして酢やレモンとも異なる独特の酸味は、インド料理やアジア料理のカレー、炒め物、チャツネ、酸辣湯、麺料理にぴったりだ。

西洋では、肉、鶏肉、海鮮、野菜料理にタマリンドが使われ、ウスターソースやHPソース（ブラウンソース）、メキシコ料理、西インドの果実ジュースに使われる。デザートやお菓子の香りづけにも使われる。ペクチンが含まれているので、家庭でジャムやゼリーにしやすい。

タマリンドの果肉は通常、圧縮したブロックの

手軽にスパイスを

お手製ステーキソース

出来合いのステーキソースを買ってもいいのだが、自分好みのステーキソースを作ってみよう。隠し味にタマリンドを入れて酸味を効かせれば、おいしさはワンランクアップする。Tボーンステーキにも合うはずだ。

材料

- タマリンドの実かペースト ……… 1/8から1/4カップ
- 黒糖 ……… 小さじ2
- ガーリック ……… 2片みじん切り
- ケチャップ ……… 1/2カップ
- 水 ……… 1/4カップ
- ホワイトビネガー ……… 1/4カップ
- 塩 ……… 適量

作り方

上記の材料を混ぜてソースパンに入れ、お好みの辛味の香味料を加える。たとえば、スライスしたタマネギ、ネギ、ワケギ、コショウ、カイエンヌペッパー（トウガラシ）、ドライマスタード、チリパウダー、クミン、レモン汁などがよい。沸騰させ、30分ほど煮込む。蓋付きのビンに濾して入れ、冷蔵庫に保存する。ソースは2～4週間ほどもつ。グリルしたステーキにかけたり、マリネに使ったりできる。■

形で売られている。調理するときは、細かく刻み、少量のお湯に5分ほどつけ、濾して種子を取り除く。濾し取ったものは柔らかいペーストになる。果肉だけでなく、ペーストやパウダーも、アジア系の食料品店で取り扱っている。

栄養面では、タマリンドはビタミンA、ビタミンB_1、ビタミンC、そして食物繊維が豊富だ。また、カルシウム、銅、鉄、マグネシウム、カリウム、そしてリンを含んでいる。

堂々としたタマリンドの木。大きく広がる枝についた葉は柔らかい。細長く曲がったさやのような実をつける。

ガラムマサラなどのスパイスをブレンドするインドのじゃがいも料理「イムリアル（*imli aloo*）」を味わい深いものにするのもタマリンドだ。

作用／適応

古代文化で知られていた多数のスパイスや香味料と同じく、タマリンドにも薬用の歴史がある。下剤や消化補助として、また発熱やのどの痛み、リウマチ、興奮、日射病に対する治療で用いられた。乾燥させたり茹でたりした葉と花は、腫れた関節、痔、やけど、結膜炎に使うパップ剤として使われた。

タマリンドは料理にシーズニングとして使って風味を加えるだけではない。タマリンドには酒石酸が含まれており、その強力な抗酸化作用が活性酸素などのフリーラジカルを取り除く。またシロップ剤や煎じ薬の乳化剤としても使われている。

芳香の特徴

タマリンドの香りはレーズンやデーツ、グアバ、アプリコットになぞらえられる。タマリンドの刺激の効いた香りを含む香水も多い。

歴史と民間伝承

» ヒンドゥーの神話によると、タマリンドはクリシュナ神の結婚と関係があり、また11月の祝日のお祝いの料理に加えられる。

» 壊血病の予防のため、船乗りたちはタマリンドをビタミンCの摂取源の一つとして航海に携行した。

» アジアの国々では、酸性のタマリンドの果肉をつや出しに使っていた。

ワサビ

Wasabia japonica

memo
ワサビは、キャベツの仲間がもつ特徴的な太い茎から採れる。日本料理に欠かせず、強烈な辛味と風味を食物に加える。スパイスとしてもハーブとしても用いられる。

欧米の日本料理店で刺身を注文すると、必ず皿の脇に緑色の付け合わせが小さく盛られている。ただ、あれは本物のワサビではなく、実はマスタードとホースラディッシュ、着色料を混ぜ合わせたものであることは多い。というのも、ワサビは日本以外の地域では、めったにお目にかかれない植物だからだ。しかも、ワサビは栽培が難しいこともあって、かなり高価だ。それでも本物のワサビを探す価値はある。“混ぜ合わせたワサビ”とは、味がまったく違うからだ。

ワサビの原産地は日本の山が多い地域だ。現在は、静岡県の伊豆半島、長野県、島根県などで商用栽培が行われている。最も人気のある二つの栽培品種は、深緑色の「だるま」と淡い色で辛味の効いた「真妻（まづま）」である。世界的な需要の高まりで、今はニュージーランドとカリフォルニアでも栽培されるようになった。野生のワサビは、高地の冷たい川床を好むが、湿った土で育つ品種もある。

ワサビは、キャベツやホースラディッシュ、マスタードなど、アブラナ科の仲間。常緑の多年草で、丈は45cmほどになり、大きな葉が根元から出て、細い茎が高く伸び、小さな白い花をつける。ワサビは茎を落としながら生長する。このとき、茎が落ちた跡が根茎の表面に残る。この根茎をすりおろしたものがワサビだ。

ワサビは、鮨の天然の付け合わせだが、出されたものが本物であることを確かめたほうがよい。多くの最高級レストランでは、テーブルのところで新鮮な茎をすりおろしてくれる。

料理での使い方

ハーブの本では、よく「ホースラディッシュに似た風味」と説明されるワサビ。ワサビは、鮨や刺身にぴったり合うだけでなく、牛肉やシーフードのたたき、照り焼きチキン、ケバブ、そば、アボカドにも同じくらい合う。また、おろしたてのワサビの風味はすぐに薄れていくので、手早く食卓に出すようにしよう。

ワサビは、専門店やオンラインで購入できる。すりおろして使う根茎、乾燥させた粉ワサビ、ペースト状になったものがある。粉ワサビを用いる場合は、

長野(日本)のワサビ農場。ワサビの栽培には細心の注意を要する。この写真では、ワサビの列の縁に小さな流れが網目のようにあり、大きく育つのに必要な新鮮な水を常に供給している。

粉ワサビと同量の湯、または醤油を加え、明るい緑色になるまで混ぜてから、15分置く。 これをマッシュポテトやマヨネーズ、ディップ、ビネグレットソースに混ぜて使ってみよう。また、ディジョンマスタードを使うほとんどの料理で、ワサビが代替品になる。

意外なアイデアもある。粉ワサビに砂糖、塩、オリーブオイルを加えて、炒ったピーナッツや大豆、または豆類にまぶす。これで、ピリッとしておいしいおやつが出来上がる。

ここにも注目

ワサビの匂いを使った火災警報装置

火災警報は音が大きく、警報が鳴れば誰もがすぐ反応できると考えがちだ。しかし、聴覚障害者には、音の警報は役に立たない。点滅する光を警報に使う方法もあるが、夜、ぐっすりと眠ってしまった人に対しては目的を果たせない。この問題に取り組んだ日本の研究者グループが注目したのがワサビだ。ワサビを食べると鼻にツンとくることから、眠っている聴覚障害者を目覚めさせて火災を知らせられるよう、ワサビの匂いを噴霧することを思いついた。被験者の1人はスプレー噴霧後、10秒で目を覚ました。日本人研究者ら7人は、眠っている人を起こすのに必要な空中のワサビの最適濃度を調べ、2011年のイグ・ノーベル化学賞を受賞した。■

ワサビはビタミンCが豊富で、ほかにもビタミンB_6、タンパク質、食物繊維、カリウム、カルシウム、マグネシウムを含む。

作用/適応

何百年も前から、日本人はワサビの抗微生物作用があることを知っており、生魚と一緒に食べていたようだ。日本の民間療法では、ワサビは鎮痛薬や抗ヒスタミン成分が入ったパップ剤として、リウマチや神経痛、気管支炎の治療に使われていた。

ワサビには、アブラナ科の仲間であるキャベツ、ブロッコリー、ケールと同じく、抗がん作用が期待されているフィトケミカル「イソチオシアネート」が含まれている。イソチオシアネートはワサビの味と匂いのもとで、体の健康にとって重要な抗酸化システムや解毒システムを活性化させる。ワサビが血栓、肥満、喘息、さらには虫歯の予防に役立つことも複数の研究で示唆されている。プラークや虫歯の原因となる連鎖球菌「ミュータンス菌」(*Streptococcus mutans*)を殺す可能性がある。また、ワサビは微生物の増殖を抑えるので、防腐剤などへの商用利用も考えられている。

芳香の特徴

ホースラディッシュと同様、ワサビ独特の香気と辛味はすりおろすことで生まれる。ワサビの組織が破壊されると、複雑な化学変化が起きて豊かな香りを放つのだ。

歴史と民間伝承

» ワサビの強烈な辛味は、カプサイシン(コショウの辛さ)が油溶性なのとは違って、食べ物や飲み物をその後に口にすることですぐ消える。
» ワサビは伝統的に、乾燥させたサメの皮でできた器具を使ってすりおろす。片側が細かい目、反対側が粗い目のおろし面がワサビの茎の密な組織を破壊して、豊かな香りを生み出す。

ガーデニングで楽しめる植物の一覧と栽培の手引き

ハーブやスパイスを育てるために

アルファルファ
Alfalfa
Medicago sativa

アルファルファは温室でも、ベランダでも、庭でも栽培できる。軽い土、たっぷりの水、少し日に当てることが必要。春に、地面か鉢に種子をまく。6日もすれば発芽し、必要な草丈になったら収穫する。もやし状のスプラウトにするなら、種まき用のプラスチックのポットで栽培できる。いったん根付くと、長い根が植物にも土にも栄養を与える。

アロエベラ
Aloe
Aloe vera

園芸用品店で苗を購入するのがベスト。温暖な気候なら屋外で栽培できる。冬が厳しい地域では気温の下がる前に室内へ。室内では日の当たる場所に置く。屋外では日当たりの良い場所か、半日陰に。肥料は年に一度、バランスのよい液状のものを与える。植木鉢は、根鉢の生長を妨げない十分な大きさのものを。冬は水やりを必要最低限に抑え、夏は頻繁に行う。

アンジェリカ
Angelica
Angelica archangelica, A. sinensis

明るい緑色の葉が庭で歓迎されるアンジェリカは、晩秋か早春に種子から育てる。種子は地面に軽く押さえるようにまき、その上に軽く土をかぶせる。凍結は避けたいが、気温の変化で発芽しやすくなる。苗木は、やや日陰があり、水に近い場所に、少なくとも30cm程度の間隔をあけて植えること。自然播種(はしゅ)でも増え、有益な授粉者を引きつける。

アニス
Aniseed
Pimpinella anisum

アニスは、半日なたの軽くて肥沃な、水はけの良い土壌を好む。8月に収穫するために5月に種子をまこう。種子に3〜5mm程度の土をかぶせると、4〜6日で発芽する。アニスには主根があるので、根付いてからの植え替えはうまくいかない。最終的に根付かせたい場所に種子をまくか、まだ小さいうちに植え替える。

アルニカ
Arnica
Arnica montana

黄色の花をつけるアルニカは苗から育てるか、根挿しで育てる。砂が多くアルカリ性の、水はけの良い腐植土が必要。日なたでも半日陰でもよい。土の水分と水はけは保っておかなければならないが、肥料は不要。花は真夏に摘み、装飾用に乾燥させる。
注意:傷口が開いた部分や、口や目の近くには使用しない。また内服もしない。

バジル
Basil
Ocimum basilicum

一年生のバジルは、栄養豊富な湿気のある土壌を好む。1日6時間は日に当てたいが、半日陰でも生長する。育てやすいが、最初は種子を屋内の薄い平箱に15〜25cm間隔でまく。霜が降らなくなったら、15〜25cm間隔で苗を屋外に植え替える。丈夫にするために肥料をやり、十分に生長するよう茎の先端部や花を摘み取る。収穫は開花前。ヘンルーダの隣では育ててはいけない。

ローレル
Bay Leaf
Laurus nobilis

屋外のコンテナで栽培すれば、この背の高い円錐形の常緑樹を管理でき、日なたか半日陰でよく育つ。冬に寒い地域では屋内で育てる。サボテン用の土と培養土を半分ずつ混ぜた土、あるいは砂が3分の1、残りが培養土の土など、水はけの良い土が必要。土が乾いたら水をやる。ローレルの木は生長が遅く、10年以上経ってから花をつける。

ビーバーム
Bee Balm
Monarda spp.

ビーバームは、湿気のある軽い土壌、朝日のみが当たる場所を好む(一日中、日が当たる場所に植えた場合より、たくさんの花をつける。日当たりが良いと伸びすぎることがある)。ビーバームは、地面を這う根、接ぎ穂、または挿し木によって簡単に増やせる。挿し木の場合、5月に日陰に植えれば他のシソ科と同様、根を張る。チョウやミツバチなど、蜜を吸う生きものはビーバームの花が大好きだ。

ベルガモット
Bergamot Orange
Citrus bergamia

ベルガモットは、氷点下にならない土地であれば栽培できる。一日中、日当たりが良い、酸性から中性の土壌を好む。丈夫な植物だが、条件によってはストレスを受ける。霜には弱く、すぐに傷んでしまう。なお、ベルガモットの木は、夏の間は絶え間なく水をやる必要がある。また、強風に当たらないようにする。

ボリジ
Borage
Borago officinalis

ボリジは丈夫で、普通の土壌で日なたでも日陰でも、適度な水があれば増える。秋か早春にまいた種子から育つ。冬の終わりか早春に屋内で育ててもよい。種子は1.5cmほどの深さに、10cm間隔で植える。苗がしっかりしてきたら、間引きをして40cmほどの間隔をあける。5月に開花させるには秋に種子をまく。春まきでも6月に花が咲く。ボリジは自然播種で増える。

バードック
Burdock
Arctium spp.

バードックは、半日陰にも日なたにも適応する。日光と砂質土を好み、これにより深く張った根を簡単に収穫できる。秋に種をまくか、春(終霜の降りる4週間前)に屋内で栽培を開始する。土を軽くかけて覆い、湿度を保つこと。葉が出始めれば鉢に植え替え、終霜の後に地植えする。根は、8〜12週間後に収穫する。

カレンデュラ
Calendula
Calendula officinalis

カレンデュラは、土壌の種類はさほど問わないが、肥沃で水はけの良い土地を好み、日当たりの良い場所でよく育つ。4月に種子をまくと、ぐんぐん生長する。雑草のない状態を維持し、20〜25cm離して間引きする。花は、6月に咲き始めると、霜が降りて枯れるまで咲き続ける。8〜9月に種子ができて増える。いくつかのトマトの伝染病にも効く。

ケイパー
Capers
Capparis spinosa

ケイパーがよく育つには、乾燥した暑さと強い日差しが必要。水はけの良い種まき用混合土に植えれば、熟した実から採取した種子から簡単に育つが、苗が生長するには3カ月ほどかかることがある。最初の1、2年は日照りでダメージを受ける可能性が高いが、挿し木で増やすこともできる。

キャラウェイ
Caraway Seed
Carum carvi

キャラウェイは、冷涼な気候を好む。秋に種子ができてすぐ、あるいは3月に、1.2cmほどの深さに種をまく。筋まきし、半日陰や日なたの、水はけの良い砂壌土に30cm前後で間引きする。挿し芽から育てることも可能だ。主根を下ろすので、いったん根付いたら植え替えはしないこと。また1年目は十分に水をやること。

カルダモン
Cardamom
Elettaria cardamomum, Amomum spp.

カルダモンは熱帯地域が原産なので、通年20℃以上をキープするのが理想。ローム質のやや酸性の肥沃な土壌を好む。うまく育てるには、リンとカリウムを土壌に加える。10℃を下回る寒いときには、温室で栽培したり、深いコンテナに植えておき、屋内に移動させて越冬させるのがよい。

キャットニップ
Catnip
Nepeta cataria

多くのシソ科と同様、庭で簡単に栽培できる。種子からの発芽は遅いので、苗から育てるといい。日当たりの良い軽い砂壌土に植え、たっぷりと水をやり、キャットニップが成熟して茂みになるよう先端を摘み取る。ネコを飼っているなら、ネコが入り込めるよう周囲に空間を残しておこう。窓台でも簡単に育てられる。

カイエンヌ
Cayenne
Capsicum annuum

カイエンヌは、水はけの良い酸性の砂地と、温暖な気候を好む。一晩、種子を水につけておき、外気温が24℃を下回る場合は、屋内で種まきポットにまく。種子をいくつかポットに入れ、上から5mmほど土をかける。土壌の湿度は一定に保つこと。霜の張る恐れがなくなったら、堆肥を施した苗床に苗を植え替え、1日8時間は日を当てる。苗の間隔は45〜60cmあけ、畝は60〜90cm離して根覆いをする。

セロリシード
Celery Seed
Apium graveolens

セロリは、肥料も水もたくさん欲しがる「大食家」で、水をやらないと茎が小さくなり乾燥してしまう。種子を一晩水につけておき、終霜の前の8〜10週間は屋内に置く。水やりを減らし毎日2、3時間ずつ屋外に出して、苗を寒さに慣れさせてから植え替えをする。植え替えは25〜30cmほど間隔をあけ、根覆いと水やりをする。伸びた茎があちこちに広がらないように、茎は束ねて縛る。

カモミール
Chamomile
M. recutita, C. nobile

ジャーマンカモミールは、終霜の6週間前に屋内で、または秋か早春に屋外の半日なたで、さほど肥沃でない土壌に種子をまく。秋にはこぼれ種から育つ。花ははかなげで、ほかの背の高い植物の下に植えるのに向いている。多年生のローマンカモミールは、種子からも、根挿し、株分けでも育てられる。日当たりの良い場所で約15〜30cmの間隔をあけること。石や敷石の間の被覆にも向く。

チャービル
Chervil
Allium schoenoprasum

チャービルは涼しく湿気のある隔離された場所に種子をまく必要がある。というのも、一度根付くとその長い主根ゆえに植え替えが難しいからだ。寒冷な気候で育つハーブは、早春または晩秋に植えること。簡単に種子、つまり「早熟の種」ができ、暑い真夏には新しい葉が出なくなる。真夏の日差しからは保護すること。アブラナ科の良きコンパニオンプランツだ。

チャイブ
Chives
Allium schoenoprasum

チャイブは寒さに強い丈夫な多年生のハーブで、日当たりの良い場所、湿気のある水はけの良い肥沃な土壌でよく育つ。チャイブは、早春に植えること。植える前には土に古い堆肥を加える。種子は終霜の8〜10週前に室内でまくことが可能。花が成熟して種子が落ちると、湿気のある場所で発芽する。間の雑草を取り除くこと。

シラントロ/コリアンダー
Cilantro/Coriander
Coriandrum sativum

*Coriandrum Sativum*は、日当たりを好み、フリル状の葉をした、香りの強い一年生植物。ハーブの「シアントロ」とスパイスの「コリアンダー」として知られる。春や秋の涼しい時期に、肥沃で水はけの良い土壌では生長が早い。開花後は、種子(コリアンダー)を採取し、乾燥させる。庭に専用の場所があれば再び種子をまいてもよい。葉(シアントロ)は軽い霜には耐えられる。

クラリセージ
Clary Sage
Salvia sclarea

育てやすい二年生のクラリセージは、大ぶりの花をつける。寒さには強い。種子、挿し木、取り木から育てる。日当たりの良い早春に、水はけの良い土壌に植えよう。植え替えるときは、ほかの植物が植えられていない場所に、四方を30cmほどあけるようにする。ロゼットは最初の年に現れ、翌年、成熟する。クラリセージは2年目の夏の終わりには枯れ、自然播種がある。

コンフリー
Comfrey
Symphytum spp.

苗床には準備が必要だ。雑草はすべて抜きとって、肥料を施しておく。コンフリーは根を深く張るので、種子まきや挿し木は、植え替える必要のない場所を選ぶ。日なたか半日陰の、肥沃で弱アルカリ性の柔らかい土壌に植え、定期的に水をやること。根付かせるために、1年目には葉を収穫してはならない。花をつけると、葉に含まれる有効な成分が減るので摘み取るようにする。

クレタンディタニー
Cretan Dittany
Origanum dictamnus

クレタンディタニーは、日なたの水はけの良い弱アルカリ性の土壌を好む。コンテナでもよく育つ。種子、春または秋の株分け、茎挿しで増やせる。発芽には、終霜前にまいた場合、屋内で2週間ほどかかる。根付くまでは庭でやや日陰にすること。ハンギングバスケットやロックガーデンなどで、植込みや花壇の縁取りとしてよく使われる。

クミン
Cumin
Cuminum cyminum

クミンの生育期間は長い。最後の霜が降りる4週間前に屋内で種子をまく。土の表面から6～7mm程度の深さに種子をまいたら、発芽まで土が乾かないように水を与える。最低気温が15～16℃になったら、日当たりの良い屋外の、水はけが良く、肥沃な土に植え付ける。苗は10～15cmの間隔で植える。種子の殻が茶色くなり、乾燥したら収穫する。2年間は収穫を楽しめる。

ダンデライオン
Dandelion
Taraxacum officinale

芝生や草緑でよく見かけるダンデライオンだが、栽培するほうがいい。そうすれば、柔らかく毒性のない若葉を摘む正確なタイミングがわかるからだ。早春に種子を、6mmほどの深さに約20cmの間隔をあけて、庭に直まきする。ダンデライオンは寒い土地でもよく育つ。生長する間はいつでも葉を収穫できる。2年目には食用の根を収穫する。綿毛が飛ばないよう綿毛が出る前に花を摘む。

ディル
Dill
Anethum graveolens

ディルは、ローム質土壌で、日当たりが良い場所で元気に育つ。6mmほどの深さに約45cm間隔で種子をまき、やさしく土の中に種を混ぜる。植え替えを好まないので、初夏に種子をまく。また土の温度は15～22℃にすること。10～14日で発芽する。さらに10～14日後に、間引いて約30～45cm間隔にする。フェンネルの近くに植えないこと。この2種は他家受粉するため、味がひどくなってしまうからだ。

エキナセア
Echinacea
Echinacea spp.

秋に種子をまくか（交配種は種子をつけないので注意）、春に苗から育て始める。寒暖差があるほうが繁茂するので、春から夏になりきる前に地中に植える。日当たりの良い（1日に5時間以上は日が当たる）、肥沃な土壌を選ぶ。定期的に水をやり、肥料を少し与える(やりすぎると、伸びすぎる可能性がある)。冬の間、種子の先端は小鳥のエサになる。交配種は、より丁寧に生育を管理したい。

エルダー
Elder
Sambucus nigra

耐寒性があり、育てやすい低木。土質は選ばず育つが、乾燥には弱い。日当たりの良い、湿ったローム質の土壌が最適。根がむき出しか、鉢植えの苗を、約35ℓほどの大きさの穴に置き、堆肥を加えて埋め戻す。異花受粉のために2種以上の品種を、できれば1.5m間隔で植えたい。1年目から果実をつけるが、2年目のほうが収穫を見込める。刈り込みは3年目までは控えよう。

イブニングプリムローズ
Evening Primrose
Oenothera biennis

イブニングプリムローズは寒さに強い二年生植物。乾燥した石質土や、水はけの良い砂質土で簡単に栽培できる。晩春に種子をまき、根が張るまで水を十分に与える。鮮やかな黄色い花を咲かせ、黒褐色の小さな種子をつける。自生を防ぐなら、種子ができないよう、開花最盛期を過ぎたら花を摘み取る。繁茂するので、常に手入れが必要だ。

フェンネル
Fennel
Foeniculum vulgare

フェンネルは、たっぷり日の当たる温暖な気候でよく育つ多年生のハーブで、何年も収穫できる。種子は通常の土壌に、約40cm間隔で筋まきし、土を軽くかぶせる。次に、苗木を等間隔で離す。4月に種子をまくと、7月には満開になる。なお、ディルの近くには植えないこと。この2種は他家受粉するので、ひどい味のハーブになってしまうからだ。

フェヌグリーク
Fenugreek
Trigonella foenum-graecum

地中海地方原産の一年生植物で、日当たりが良く、中性からやや酸性の水はけの良い土壌で育つ。終霜後にまず種子から育て、6mmほどの深さに植える。苗は植え替えを好まないので、12～15cm程度離して植える。土壌を栄養豊富な状態に保つため、堆肥を加える。秋の初めから半ばにさやを収穫する。1年を通して種子を楽しむため、さやを乾燥させ、気密性のコンテナに入れて冷暗所で保存する。

フィーバーフュー
Feverfew
Tanacetum parthenium

多年生のフィーバーフューは種子、株分け、挿し芽で増やす。3月に屋内で種子まきするのがよく、春の終わりに左右の間隔を30cm以上、列の間隔を60cmほどあけて植え替える。日当たりと水はけの良い土を好む。秋に株元から収穫する。栽培品種は八重咲き、ポンポン咲き、黄花のものがある。

ガーリック
Garlic
Allium sativum

肥沃で、日当たりの良い土壌が必要。植え付け期は秋。冷涼な気候のうちによく葉を伸ばし、温暖な気候になると球根ができる（米国では、10月の第2月曜日までに植えることが推奨される）。食品店で購入せず、栽培用の球根を使うこと。球根の先を上にして、深さ5cmに10cm間隔で植え、畝は35〜60cm離す。根覆いは厚くするが、青葉の茂る春には薄くする。花茎の先端にできるむかごも食用になる。

ジンジャー
Ginger
Zingiber officinale

ジンジャーは、温かい気候と半日陰、肥沃な土壌を好む。食料品店で手に入る「芽」のついた根茎から育てる。芽を切って、芽が上を向くようにして2.5〜5cmほどの深さに植える。庭地でも、30cmほどのプラスチック製の鉢でもよい。ジンジャーは生長が遅いが、草丈は60cmになることもある。根を収穫するまで待つ時間が長いほど、大きくなる。冬は屋内の植木鉢で越冬させるといい。

イチョウ
Ginkgo
Ginkgo biloba

中国原産で、平均気温で0〜20°Cまでが生育に適している。日当たりの良い場所か半日陰の水はけの良い湿った土壌を好む。生長はゆっくりで、最初は細く枝もまばらだが、成木は高さ約30m、幅約18m、ピラミッド型の変わった樹冠となる。8cmほどの扇形をした緑の葉は、秋には明るい黄色になる。3〜4月に、雄株には尾状花序、雌株には胚珠がつき、秋には臭気のある銀杏が採れる。

ジンセン（オタネニンジン、アメリカニンジン）
Ginseng
Panax ginseng, P. quinquefolius

原産地に似た環境──涼しく、日中の75％が日陰、年間降水量が500〜1000mmという気候でしか育たない。種子、株分け、もしくは挿し根で育てられるが、種子が発芽するには一定の条件が必要で、18カ月ほどかかることもある。オンラインで細根を買うのが最良で、肥えた、ローム質の土壌に植える。根は5〜10年かけて生長させるのがよい。

ゴールデンシール
Goldenseal
Hydrastis canadensis

ゴールデンシールは森林地帯に生育し、種子からの育成や株分け、挿し木から増やすことができる。株分けは、親株を掘り上げ、根を水ですすぎ、花芽と根系をつけて2〜3cmで切る。ローム質土、ピート、砂質土の順に比率を減らして混ぜておいた用土に切り取った根を置き、根を広げ、5〜8cmの厚さの土をかぶせる。3年目の秋からは、掘り起こした根を乾燥させ利用する。

ハーツイーズ（三色スミレ）
Heartsease
Viola tricolor

ハーツイーズ（三色スミレ）は、薬用としても、愛らしいスミレの観賞用としても栽培できる。半日陰を好んで群生し、小さな花を咲かせる。湿った土で簡単に生育するので、ガーデニング初心者に向いている。種子まきは、屋内では3月、屋外では秋か4月がよい。植え替えは、苗を12〜13cmの間隔で植える。雌雄同株で自家受粉して増えるが、ハチによって受粉することもある。

ハイビスカス
Hibiscus
Hibiscus sabdariffa

ハイビスカスは熱帯地域か温暖な地域の、日なたか半日なたに植える。確実に花を咲かせるには定期的に水やりをし、土壌を乾燥させないこと。コンテナで栽培可能だ。苗用の鉢よりも幅が広く、さほど深くない鉢を使うようにする。フィッシュエマルジョンと海藻を組み合わせた肥料を定期的に与えるとよい。冬、寒さが厳しい地域では、屋内で冬を越させる。

ホップ
Hops
Humulus lupulus

ジャガイモと同じく、湿気がある穏やかな気候、日光を好む。寒冷気候では、最初に屋内で根茎を鉢に植えて、霜が降りなくなってから植え替える。根茎は芽を上向きにして、地表から約5cmの深さに、1.5m以上離して植える。蔓はフェンス、または壁に這わせて上に伸ばす。最初のシーズンは水やりを控え目に。ちなみに、ビール作りでは、一般に2年目の9〜10月の球果を収穫する。

ホースラディッシュ（西洋ワサビ）
Horseradish
Armoracia rusticana

ホースラディッシュ（西洋ワサビ）は、耐寒性の多年生植物で、日なたや半日陰で簡単に育つ。春、終霜の数週間前に、湿気のある豊かな土壌を選び、間隔をあけて根を植える。土は、肥料を施した埴壌土（粘土が半分近く混ざった土）か砂壌土で、pHは中性に近くてよい。収穫は晩秋。霜で葉が枯れる頃に、根の周りの土をほぐす。根が張ると、繰り返し繁茂するため、庭の隅の決まった場所で育てよう。

ヒソップ
Hyssop
Hyssopus officinalis

多年生のヒソップは日なたから半日陰、乾燥した軽い土壌を好む。終霜の8〜10週間前に屋内で、地表近くに種子をまく。ヒソップの種子は通常、発芽までに14〜21日かかる。霜が降りなくなったら、堆肥を入れた苗床に約30〜60cm間隔で植え替える。秋に根分けして増やすこともできる。翌年、きれいに花を咲かせるためには、開花後、最初の葉を切り取る。

ジャスミン
Jasmine
Jasminum spp.

ある程度の寒さには耐えるが、日照レベル、土壌の種類など、育てる品種の必要条件を確認しておこう。また、蔓性で登っていくのか、地面に不規則に広がるのかも品種で異なるので、生育に必要なものも変わってくる。越冬は、屋内か、室内用の鉢植えにしてしまうのが無難だ。健康な花が咲くように土に堆肥を与え、コンテナから根鉢の大きさの穴に移し、ジャスミンがまっすぐに立つまで土を押さえる。

ジュニパー
Juniper Berry
Juniperus communis

信頼できる園芸店から、苗木を入手しよう。植樹する前に十分に水をやる。大きめの穴を掘り、砂利か砂と有機物を加え、元の土と混ぜて、水はけは良くしておく。鉢から根鉢を取り出し、大きめの根をほぐして掘った穴に入れて、根鉢の高さが周りの地面の高さと合うようにする。土を有機物と一緒に埋め戻し、叩いて固める。1年目は水をたっぷりやる。ジュニパーは鉢植えでもよく育つ。

ラベンダー
Lavender
Lavandula angustifolia

ラベンダーは乾いた砂質土と直射日光を好む。種子まきは屋内で、終霜の8〜10週間前の早い時期に行う。小さな種子は発芽に光が必要なので、上にかぶせる土はごく軽めに。生長に合わせて大きなサイズの植木鉢に植え替える。霜の季節が完全に終わったら、30cm間隔で庭に植える。根が表面近くにくるように浅く植えて、土は少々かぶせる程度に。枝の剪定はせず、花茎を切ること。

レモンバーム
Lemon Balm
Melissa officinalis

発芽には明るさと、最低でも21°Cほどの暖かさが必要なので、種子まきは屋内でする。その後、終霜の後に屋外に植え替える。50〜60cmの間隔をあけよう。育つと群生し、種子でも、挿し芽や株分けでも増える。こんもりと茂らせたい場合は切り戻しするといい。温帯の地域では冬に茎が枯れるが、春には再び新芽を出す。仕切りがないと、どこまでも勢いよく生長して増える。

レモンバーベナ
Lemon Verbena
Aloysia citrodora

緩いローム質の土壌でよく育つ。水はけが良く気候が温暖であることが重要。日当たりの良い場所か、日陰でも明るいところに植える。鉢植えでも、根が張れるように少なくとも直径30cmほどの鉢であればよく育つ。整った樹形を維持するため葉を刈るようにする。涼しい地域では反射光が得られるように、白や淡い色の壁の近くに植える。冬越しの際は屋内に入れるが、葉はほとんど落ちてしまう。

レモングラス
Lemongrass
Cymbopogon citratus, C. flexuosus

寒冷地では一年草として屋外で栽培し、越冬させるなら屋内へ入れる。種子まきは1〜3月の間に屋内で。肥えた土の表面にまき、バーミキュライト（園芸用の土）か堆肥を上から薄くかぶせる。20〜40日で発芽。外径7〜8cmの植木鉢に分けて植える。霜の季節の終わった春から戸外の気候に慣らす。日当たりの良い場所に植えて、ときどき液状肥料を与える。

リコリス
Licorice
Glycyrrhiza glabra

専門的には雑草だが、リコリスは家庭菜園に欠かせない植物だ。マメ科に属し、湿った豊かな土壌、日当たりの良い場所で育つ。強風にも耐えるが、海岸や沿岸地域には適さない。種子まきの前には種皮処理をすること。苗を植える場合は60cmから1mほど間隔をあける。観葉植物としては、8〜9月に開花する。

ラベージ
Lovage
Levisticum officinale

種子か苗から育てることが可能。日当たりの良い場所か、半日陰が好ましいが、寿命の長い多年草なので場所の選択には注意を。苗は最低でも60cmは間隔をあける。種子の収穫は8月に。枝を平らに広げて乾燥させてから、大きな袋に入れて揺り動かし、小堅果を落とす。なお、茎を切ると樹液が出るが、これが皮膚につくとヒリつくことがある。

マジョラム
Marjoram
Origanum majorana

室内の窓辺に置いて育てるか、鉢植えで育てた後、直射日光が当たる庭に植え替える。種子はパウダー状なので、取り扱いに注意。土の上にまいたら、そっと水をかける。苗は25cm間隔になるように間引きする。開花直前に葉を収穫。その後、茎や枝を刈り込んで余計に伸びないようにする。茎挿しは夏に行い、越冬するには春まで根付け肥を用い、活着させる。

ミルクシスル
Milk Thistle
Silybum marianum

日当たりの良い場所か半日陰を好む。終霜の後に種子まきする。30〜40cm間隔で、深さ3cm弱の穴に3〜5粒ずつ種を植える。3週間ほどで発芽する。5cmくらいの高さに育ったら、生長の悪い苗を引き抜く。種子は秋に収穫するか、小鳥のエサに残しておく。根茎からも出芽し、そこから新しい株が育つ。

マグワート
Mugwort
Artemisia vulgaris

一般的な庭の土壌でも簡単に栽培できる。春に挿し木するか、秋か春の間に株分けで増やす。葉や花が咲く先端部分はメディカルハーブとして利用される。葉は開花前に採集して乾燥させ、花はつぼみのうちに摘み取ろう。繁殖力が強いので、十分な管理が必要になる。

マレイン
Mullein
Verbascum thapsus

マレインは、水はけの良い砂地と良好な日当たりでよく育つ。種子は秋に直まきが可能で、薄く土をかけてからマルチングしておく。あるいは低温処理後（種子と軽めの培養土をビニール袋に入れたものを30日冷蔵庫で保存）、春に室内で種子から育てる。その後、地表近くに種子を平らになるように置いて水分を与え続ける。葉が育ったら、屋外で乾いた土壌に40cm間隔で植え替える。

マスタード
Mustard
Brassica spp., *Sinapis* spp.

育てやすく、香辛料用の種子のほか、葉もおいしく栄養が豊富だ。終霜の3週間前に2.5cmほどの間隔で植え付ける。苗になったら15cm間隔で間引き、バランスのよい肥料を与える。涼しい気候を好み、温暖な気候では開花が早い。種子さやが茶色に色づいたら種子を収穫できる。さやは袋に入れて、さやから種が飛びだすのを待とう。

ナスタチウム
Nasturtium
Tropaeolum majus, T. minus

種子は大粒で、扱いやすい。種子まきは屋外で、終霜の1週間前に、25〜30cmの間隔をあけて行う。苗を屋内で育ててもよいが、植え替えしづらいので、庭にそのまま地植え可能なピートポットを使うといいだろう。日当たりの良い場所を好むが、半日陰でもよく育つ。涼しく湿った、水はけの良い土を好む。夏の暑い時期に切り戻しをすると、涼しくなる頃にまた花を咲かせる。

ネトル
Nettle
Urtica dioica

川の近くの湿潤で肥沃な土壌でよく育ち、日なたか半日陰を好む。小さな種子を、冬の終わりに木箱などにまき、屋内に置くか、終霜の後なら屋外に置く。種子を上から軽く押さえ、土を薄くかぶせる（種子を湿潤低温処理しておくと、発芽を促すことができる）。苗は20cm間隔になるように間引く。ネトルは単植を好むため、ほかのハーブとは少し離して植える。

タマネギ
Onion
Allium cepa

二年生で、肥沃で水はけが良い土壌と日当たりを好む。種子から屋内で育てて植え替えるか、球根セットから育てる。春に土の温度が10℃に達したら種子まきをする。5mmほどの深さで、1.3cmほど間隔をあけ、列と列の間隔を45cmほどあけるようにする。苗になったら10cm間隔になるように間引く。種子まきは終霜の8〜10週間前に屋内で行い、寒さに慣れさせてから、終霜の2週間前に外に植え替える。

オレガノ
Oregano
Origanum vulgare

水はけの良い土と日光を好む。種子をまくか、よく茂っているものから株分けして増やす。苗は25cmほどの間隔で植え、上部を切り戻しするとよく育つ。少々乾燥しても大丈夫。自然播種で隙間が埋まっていくので、3年経ったら古い株は間引きする。必要に応じて葉を収穫する。変異しやすいので、多くの亜種や栽培品種があり、観賞、料理、医療目的で広く栽培される。

パプリカ
Paprika
Capsicum annuum

水はけの良い土と直射日光を好む。終霜の8週間前に室内で種子をまき始める。培養土に深さ5mmの穴をあけて種をまく。発熱マットと人工灯で保温。最後の霜から2〜3週間後、夜の気温が暖かく16℃以上になったら屋外に置く。苗は30〜60cm離して植え、列と列の間は1m程度の距離を置くようにする。過去にトマト、ジャガイモ、ネギ類を植えていない場所を選ぶこと。

パセリ
Parsley
Petroselinum spp.

水はけの良い土と、直射日光の当たる場所か半日陰を好む。最後の霜が降りる10〜12週間前、一晩水につけておいた種子を室内置きの小さな植木鉢にまくか、最後の霜が降りる3週間前に地植えする。苗は15〜20cm間隔で、アスパラガス、トウモロコシ、トマトの近くに植える。水気を切らさないように注意。葉茎が三つに分かれたら収穫時期。外側の葉から切り取ること。冬越しは室内で。

パッションフラワー
Passionflower
Passiflora incarnata

耐寒性はあるが、品種により異なる。半日陰、日なたでよく育ち、水はけの良い土壌が適している。厳しい寒さになる可能性がある場合は、防寒できる場所に移し、紙やフィルムで覆って厚くマルチングする。早春に植え付け、その際、穴に元肥を施す。春先にNPK10-5-20の肥料を与え、6週間後に追肥する。よく生育させ、美しく咲かせるために、均等に湿った状態に保つ。

パチュリ
Patchouli
Pogostemon cablin

熱帯性のパチュリは温帯でよく育つ一年草。種子、または切り枝をまずは水挿しで根を出す。よく肥えた湿気の多い土と日陰を好む。萎れてもたいてい生気を取り戻すが、乾燥する時期は頻繁に水やりを欠かさないようにしよう。晩秋には香り高い花を咲かせる。鉢植えの越冬は室内で。生長時は、風通しをよくするために何回か刈り込む。

ペパーミント
Peppermint
Mentha x piperita

手入れは最低限でよい。種子は初霜前の晩秋か霜が終わった春、湿気を含む肥えた土にまく。苗は45〜60cm間隔をあける。ペパーミントは直射日光か半日陰を好む。地表にも地下にも匍匐茎を伸ばすので、小さい庭では植木鉢に入れたままにしておくのがベスト。ペパーミントはトマトやキャベツと相性がいいので一緒に育てたい。

ヤロー
Yarrow
Achillea millefolium

ヤローは育てやすく、印象的なロックガーデンを演出し、切り花にもドライフラワーにも、もってこいだ。日当たりを好み、耐寒性もある。種子まきは、春、水はけの良い、並以下の痩せた土壌に、堆肥を薄く施して行う。苗は、60cm間隔に間引きをする。ヤローは生え広がる可能性があるので注意が必要だ。3〜5年ごとの初春か初秋に、株分けをする。

ランプス
Ramps
Allium tricoccum

現在も多くの国の森林で自生し、庭や畑での栽培は難しい。球根や幼苗から増やすとよい。球根を10〜15cm間隔で、7〜8cmの深さに置き、球根の先端が見えるように土をかぶせる。苗は植え替える前と同程度の深さに、15cm間隔で植え替える。マツの樹皮ではなく、広葉樹の葉の腐葉土でマルチングする。収穫は春。

ローズヒップ
Rose Hips
Rosa spp.

バラ栽培は難しいと思われがちだが、丈夫で、害虫や病気に強い新種がたくさんある。裸苗は早春に植える。鉢入り苗なら早春から初秋までいつ植えてもいい。ローズヒップの収穫が目的であれば、最適な品種は、ドッグローズ（*Rosa canina*）やハマナス（*Rosa rugosa*）などの野生種だ。ほとんどのバラは、最低5時間の日照時間が必要。赤玉土を使い、開花期には頻繁に肥料をやること。

ローズマリー
Rosemary
Rosmarinus officinalis

苗から育てて（ローズマリーは挿し木で増える）、日がよく当たり、水はけ、風通しが良い場所に植える。春に魚粉や海藻の肥料を与える。越冬には日当たりの良い室内の窓辺に置くか、電灯の下に置く。こんもりと茂った上部の若枝を収穫する。収穫後、乾燥するときは、棚を使うか、小束に分けて逆さに吊るす。

ヘンルーダ
Rue
Ruta graveolens

人気の景観植物で、水はけの良い土壌を好む。日当たりさえ良ければ、ほかの植物があまり育たない、石が多い乾燥した土地でも育つ。好光性種子のため、種子まきの後、覆土しない。1〜4週間で苗になるので、暖かくて日当たりの良い場所に植え替える。冬に土が凍ってしまうような地域の冬越しには、厚くマルチングする。切り戻しはしないこと。

サフラワー（ベニバナ）
Safflower
Carthamus tinctorius

鳴禽（めいきん）類は、サフラワー（ベニバナ）の種子を食べる。年間降水量が380mm以下の場所でよく育つ。終霜の後、4月か5月に、深さ2.5〜3cm、15〜25cm間隔に種子をまく。生長したベニバナには棘があるので、植え替えはしないこと。開花期が終わってから1カ月間、頭花を成熟させてから、種子を収穫する。手袋をして頭花を採り、押しつぶして種子を取り出す。

サフラン
Saffron
Crocus sativus

エキゾチックなサフランの栽培は比較的やさしい。栽培キットが園芸センターなどで売られている。夏に、球根または塊茎を、よく肥えた水はけの良い土壌に、15cm間隔で、深さ5cmほどの位置に植える。秋に開花し、柱頭を摘み取れる。最初は花つきが悪いが、その後も開花を続ける。毎年夏に追肥すること。4年ごとに株分けしよう。

セージ
Sage
Salvia officinalis

銀色がかったセージの葉は、庭の縁を飾ったり、ハーブ畑に植えられたりして、園芸家に愛されてきた。温暖で、やや乾燥した場所がベストだが、この丈夫な多年草は、弱アルカリ性の土壌であれば、どこでも根付く。種子よりも、挿し木で増やすほうがよい。鉢植えにも向いている。日なたよりも、半日陰でよく育つ。花が咲くまで、いつでも葉を収穫できる。

サラダバーネット
Salad Burnet
Sanguisorba minor

乾燥した土壌（石灰質であってもいい）でよく育つ。適した気候であれば、一年中育つ。初春に芽を出し、暑さにもよく耐える。多年生で、根茎で増えるが、こぼれ種で増える可能性もある。日当たりの良い場所か半日陰に植える。群生し、小さな葉がびっしり並んだ茎は、間隔をあけて放射状に広がる。10cmの高さになったら、葉を収穫する。葉の生長を促すため、摘心する。

ネギ
Scallion
Allium fistulosum

肥沃で水はけの良い土壌、日当たりの良い場所を好む。種子からの栽培、根元を使った屋内での再生栽培、苗（前シーズンに収穫した小さな鱗茎）を使った栽培が可能。地温10°Cになったら、深さ6mm、粒間隔1cmで種をまき、畝の間隔は30cmほど離し、苗は10cm間隔に間引く。終霜の8〜10週間前に屋内で種子から育てて寒さに慣らし、6〜8週間後に屋外へ植え替えてもよい。乾燥を防ぐこと。

ゴマ
Sesame Seed
Sesamum indicum

ゴマは一年草で、日当たり、水はけの良い場所を好む。終霜の最低4週間前には種子をまいて、屋内に置く。軽い培養土を使い、種子が地面の6mmほど下になるようにまき、常に湿らせておく。温度が15〜20°Cくらいになり、霜の心配がなくなったら、苗を屋外に植え替える。苗は25〜30cmほど離して植えよう。約3カ月で収穫できる。

ソレル（スイバ）
Sorrel
Rumex acetosa, R. scutatus

ガーデンソレル（*Rumex acetosa*）は、日なたか、半日陰の湿った土壌を好む。一方、フレンチソレル（*Rumex scutatus*）は、日当たりが良く、風通しの良い場所の、乾いた土壌を好む。3月に、15cm間隔で種子をまき、高さが5cmになったら、45cm間隔に間引く。7月に、柔らかい新葉を育てるために、茎を切り戻す。両種とも料理用になり、株分けで増やす。

スペアミント
Spearmint
Mentha spicata

スペアミントは、半日陰の、湿った肥沃な土壌で育ちやすい。苗は60cm間隔で植える。ただ地下茎がよく伸びるので、「スペアミントはプランターでしか育てない」という園芸家もいる。屋内でも育ち、窓際菜園に加えるのにもよい。開花後は、その強い香りが失われてしまうため、ドライミントを作るなら開花直前に収穫するようにしたい。

スパイクナード
Spikenard
Nardostachys jatamansi

多年生のスパイクナードは、日なた、または半日陰の、湿潤で肥沃な土壌を好む。種子は小さく、育ちにくいので、真冬から晩冬の間に、表皮に傷をつけ、湿潤低温処理しておく（1〜2カ月間、砂質土に埋めるか、冷蔵庫で貯蔵する）。その後、種子をまき、屋内か、暖かい場所に置く。種子を上から押さえ、土を薄くかぶせる。苗は、4週間で発芽する。完全に葉が出たら、10cm間隔で植え替える。

セントジョンズワート
St. John's Wort
Hypericum perforatum

セントジョンズワートは多年生で、15〜20°Cくらいでよく育つ。種子だけでなく、地下茎でも増える。種子が発芽するには短い降霜期間が必要なので、種子まきは晩秋が最適だ。春には冷凍庫に短時間入れておく。日当たりの良い、または半日陰の、乾燥したややアルカリ性の土壌を好む。しかし、順応力は高い。満開時に収穫する。

スターアニス（八角）
Star Anise
Illicium verum

零下5°C以下では生育できないので、屋内か温室で育てる。水はけの良い土を入れたプランターに植え、半日陰に置くとよい。春に種子をまくか、夏に若い枝を挿し木して増やせる。生育は遅く、実がなるまで15年かかる場合もある。一度、実をつけると数十年にわたって実をつけ続けることもある。

ステビア
Stevia
Stevia rebaudiana

ステビアは肥沃で水はけの良い土壌、日当たりが良く、温暖な環境を好む。終霜の8週間前に、ピート板に種をまき、室内に置く。種子の上に3mmほど覆土し、水で湿らせる。ビニールマルチで覆い、3週間は1日24時間、その後は1日15時間、蛍光灯で照らす。発芽したら、マルチを外す。分枝を促すために摘心する。1株ずつ4号鉢に移し、庭に植える前に屋外で寒さに慣れさせる。越冬は屋内で。

サマーセイボリー
Summer Savory
Satureja hortensis

サマーセイボリーは日当たりの良い肥えた土を好む。終霜が降りる6週間前に室内で種子まきするか、終霜の頃に屋外にまく。太陽が当たるように少しだけ土をかぶせる。土の水分は絶やさないように。曇りの日に、6cmほどの深さに約15cm間隔で植え替える。15cmほど育った後は柔らかい新芽が継続して収穫できる。採れた種は次のシーズンまでに使わないと、発芽しなくなる。

スイートウッドラフ
Sweet Woodruff
Galium odoratum

スイートウッドラフは日当たりの良い場所か、半日陰の、水分が比較的多い場所から多湿の間の土で簡単に育てられる。横走根や株分けによって増え、魅力的なグランドカバーとなる。縁取りとしても最適な植物だ。あまりに繁殖するようであれば、ロータリー芝刈り機で伸びたところを刈ればよい。古い株は春に刈り取り、健康な状態を保つようにする。

タンジー
Tansy
Tanacetum vulgare

多年生のタンジーは、日当たりが良く、適度に肥沃で、水はけの良い土でよく育つ。耐寒性もあり、挿し芽、株分け、種子で増殖する。種子の発芽には1週間を要する。室内で、鉢に浅めに種子をまくのは冬か春。土を乾燥させないようにする。また、しっかり育ってから屋外に植え替えること。茎は長くなる。摘み取らなければ、自然に種子が落ちて増える。

タラゴン
Tarragon
Artemisia dracunculus

タラゴンは実がならず、種子からは育たない。早春に挿し芽か株分けで増やす。暖かく、日当たりが良く、少し乾燥した場所でよく育つ。生長したら、魚の乳剤肥料を与える。民間伝承では、夏至の前日(6月下旬)とミカエル祭(9月の終わり)の間の新鮮な葉を採るとよいとされている。乾燥させて使う場合は、8月の、育った茎がよい。定期的に間引かないと、生長しなくなる。

タイム
Thyme
Thymus vulgaris

常緑のタイムは、ミツバチやチョウといった授粉者を庭に引き寄せ、野生生物も魅了する。日当たりの良い土地を好む。室内で種子をまき、終霜の後、屋外の水はけの良い、少しアルカリ性の土に植える。必要なら少しライムを加える。植えるときには徐放性の肥料を使い、毎春与える。1年目以降に刈り取る。料理用に根元を切るのは、何カ月か生長してからにする。

ターメリック
Turmeric
Curcuma longa

ターメリックは、日あたりの良い場所か半日陰で、種子ではなく、根挿し、または根茎挿しで生長する。寒いときには屋内に持ち込める大きくて深いコンテナでよく育つ。水はけの良い土に、5cmほどの深さで根茎を挿すと、1〜2カ月で新芽が出てくる。土を乾燥させないようにし、2週間に一度、液体肥料を与える。新しい根から生長するには8〜10カ月ほどかかる。

バレリアン
Valerian
Valeriana officinalis

バレリアンは種子からでも増やせるが、なかなか難しい。株分けにするか、自生している匍匐茎を根付かせよう。新たに植える場合は、四方に1mずつあけること。耐寒性があるが、日に最低6時間は、しっかり日光を浴びる必要がある。春と秋には、さらに根覆いを施す。いったん庭に根付けば、毎年、姿を見せてくれるだろう。

クレソン
Watercress
Nasturtium officinale

クレソンは多年生の半水生の植物で、澄んだ、流れのある水か、沼地の湿地帯を好む。湿り気が多いだけの土で育つと、香りがなくなり、栄養分も減ってしまう。種子か挿し根で育ち、庭の池や、沼の庭に植えると発芽するだろう。発芽後、30〜40日で葉が最盛期となる。種は、夏至から秋にかけて収穫できる。

ウィンターセイボリー
Winter Savory
Satureja montana

ウィンターセイボリーは丈夫な多年生の植物。種子(23cmほど間隔をあけ、4月にまく)、挿し芽、株分けで増やす。痩せて石の多い土でよく育つ。そうでないと、水分を吸収しすぎて冬に傷むことになる。料理に使うなら、花をつける前に葉を摘んでしまわないと苦みがでる。山のような形に育つので、魅力的な周縁植物となる。

ワームウッド(ニガヨモギ)
Wormwood
Artemisia absinthium

ワームウッド(ニガヨモギ)は魅力的な多年生の景観植物で、銀色がかった灰色の香り高い葉を生やし、乾いた土壌でも育つ。肥沃で、重くも軽くもなく、窒素を多く含む土壌を好み、日陰や半日陰で育つ。増やすには、春か秋に根を切って株分けをするか、秋に種から育てる。苗は、60cm間隔で植える。また、花を摘み取らなければ、自然に種子が落ちて増える。

用語集

Glossary

アーユルヴェーダ
自然との調和に基づき健康を維持し、疾病を治療する古代インドの医療体系。アーユルヴェーダは、数多くのハーブを用いる。

亜種
生物界の分類階級の一つで、種の下。同じ種として違いがわかりにくい種の違いを示す。種の名の後ろに、省略系の亜種名を表記する。

アミノ酸
生体のタンパク質は､20種類のアミノ酸の組み合わせで構成されている。タンパク質のアミノ酸配列、すなわち､タンパク質の機能は、遺伝情報で決まる。

アルカロイド
無色で､アルカリ性の有機化合物であることがほとんど。多くの場合、神経系や循環系に対して生理的効果を及ぼす。また、さまざまな薬理学的効果が認められ、例えば、鎮痛、局所麻酔、精神安定、血管収縮、抗けいれん、催幻覚の作用がある。

一年生（草）
1季のみ生長し、種子を生成すると冬には枯れる植物。

インスリン
摂取したグルコースを体内で用いるために必要なホルモン。血糖値を下げる働きをするため､働きが悪いか少ないと糖尿病を発症する恐れがある。

羽状（複葉）
葉柄の左右につく小葉の配列で、通常左右向かい合って組になっている。

うっ血除去剤
鼻の中の腫れた膜を収縮して、呼吸を楽にさせる薬、または物質。

エキス剤
エタノールや水などの溶剤を用いて植物から有効成分を抽出した液。またはそれを製剤化したもの。

エストロゲン
主にほ乳類卵巣で生成されるホルモン群。女性の性的発達と生殖機能に不可欠。

炎症もしくは炎症反応
物理的物質や化学物質によって引き起こされる組織損傷や有害な刺激への免疫系への反応。炎症性化学物質の放出や患部への血流増加によって、腫脹や発赤、痛みが生じる。

雄しべ
花粉を生成する植物の器官で、花糸と葯から成る。

科
生物界の分類階級の一つ。属や種の上にあり、植物界の科の学名の語尾にはたいてい、「-aceae」という接尾辞がつく。

萼片
独立した緑色の部位の一つで、花のつぼみを包み込んで守り、開花後は花の付け根から伸びる。萼片の数はたいてい花弁と同じで、花弁同士の間の中央部にある。

化合物
2種類以上の元素の化学結合によってできる物質。

花序
茎や枝での、花の配列状態のこと。特に、花が集団でついているものをいう。

カロテノイド
特定の植物に見られる脂溶性の天然色素。多くの果物や野菜が、鮮やかな赤やオレンジ、黄色になる。

帰化（植物）
植物学では、どのような過程であれ、外来種が野外に漏れて定着したものをいう。多くの場合､外来植物のもとになっているのは栽培種だ。

揮発性油
精油の項を参照。

去痰剤
気管および気管支からの粘液除去を促す物質。

駆風剤
消化器系からガスを排出させる薬剤。

グルコシド
糖由来の配糖体の一つ。植物には一般的に見られるが、動物にはまれ。

抗アレルギー
アレルギー症状の悪化を抑えること、または作用。

抗ウイルス
ウイルスの増殖を抑えること、または作用。

抗炎症
炎症による発熱、発赤、腫脹を軽減すること、または作用。

抗壊血病薬
壊血病に対して予防効果のある薬、または物質。

抗菌
微生物の増殖を抑えること、または作用。

抗酸化（物質）
疾病や加齢の主な原因である酵素フリーラジカルによる細胞損傷から保護することや作用、または保護する物質。

抗真菌
真菌の増殖を抑えること、または作用。

酵素
触媒作用により、化学反応を促す、有機物質の中のタンパク質。

高比重リポタンパク（HDL）
リポタンパクは、少量のコレステロールを含み、体細胞や体組織から肝臓にコレステロールを運び、体外に排出させる。HDL値が低いと、心疾患のリスクが高まるため、血流中のHDL値を上げたほうがよい。HDL化合物には通常、総コレステロール値の20〜30%が含まれる。

抗ヒスタミン剤
ヒスタミンをブロックする薬剤。一般に、アレルギー反応の治療に用いられる。

根茎
やや細長く、一般に水平方向に、地下で伸びる植物の茎。栄養分を蓄えるために、多くの場合、太くなり、地上部は芽に、地中部は根になる。本来の根とは異なり、塊や節があり、鱗片状の葉がつくものも多い。

栽培変種
選抜育種による栽培で作られる植物の変種。

殺菌
微生物を殺すこと、または作用。

サポニン
植物にみられる配糖体の一種。水に溶けると、石鹸のように泡立つ。

散形花序
一つの主軸から広がるように生える複数の短い花柄や小花柄で形成される花序。傘の骨組に似た形をしている。

自然療法
薬品や手術を避け、自然を重視する治療体系。

種
生物界の分類階級の一つ。属の下位で、生物分類の基本単位。ラテン語の二名法の学名で、属名と種小名により種が決定される。

収れん（剤）
組織を縮めたり引き締めたりすること、または薬剤。分泌物を減らしたり出血をコントロールしたりするために用いる。

常緑樹
1年を通じて常に緑葉を保っている植物。

植物栄養素（ファイトニュートリエント）
多くの植物にある物質で、人の健康に役立ち、ある種の病気の予防を促進すると考えられている。

浸出液
植物を湯または水で抽出したもの。浸剤。内服すると茶剤という。

浸出油（インフューズドオイル）
植物を油に浸し、熱することで有効成分を抽出したもの。その後、浸出油は濾過する。

精油
植物に含まれる疎水性で芳香性の揮発性油。精油成分を含む植物の多くには芳香があり、多くが食品や香水産業向けに栽培されている。シソ科はその代表的な植物。

セスキテルペン
植物由来のテルペン系化合物。肝臓の腺分泌を促進する作用がある。セスキテルペンには、抗アレルギー、抗けいれん、抗炎症の効果も期待できる。

セスキテルペンラクトン
多くの植物にみられる化合物の一種。特に放牧家畜は、過剰摂取すると、毒性やアレルギー反応を引き起こす恐れがある。適量であれば、この化合物には、抗炎症、抗菌、抗寄生虫、抗がん、抗けいれん作用がある。

煎剤
植物の固い部分を煮出して作る調合薬。

草本
木質組織をまったく、もしくはわずかしかもたない植物の種類。多くの場合、一年生。

属
生物界の分類階級の一つで、科の下に当たる。二名法によるラテン語学名は、最初の単語を大文字にするのが通例。

多年草
2年以上にわたって生存する草本。

タンニン
フェノール類、ポリフェノール、フラボノイドなどに分類される化合物群で、デンプンなどと結合する。収れん作用や渋味のほか、小さな創傷からの止血や、子宮出血の緩和、炎症や腫脹の軽減、じくじくした粘膜の乾燥、下痢の緩和の作用がある。

柱頭
花の雌性生殖器官の一部。一つ、あるいは複数の心皮の先端にある、花粉を受容する器官。

チンキ剤
水やエタノール（イソプロピル・アルコールではない）に薬草を浸して作る植物薬。伝統的なハーブ薬剤は、アルコールベースの液剤として処方される。

鎮けい
不随意な筋肉のけいれんを緩和すること、または作用。

鎮痛（剤）
痛みを軽減すること。またそのために用いる薬剤。

低比重リポタンパク（LDL）
血中のコレステロールを主に運搬する。コレステロールを肝臓や腸からさまざまな細胞へと運ぶ。LDLは、この値が高いと冠動脈疾患を引き起こすため、悪玉コレステロールとして知られている。

塗布剤
皮膚に薄く塗って痛みを和らげる液状の薬剤。

二重盲検（法）
患者に投与するのがプラセボ（偽薬）か試験薬か、医師も患者も知らない臨床試験。

二年生（草）
1回の生活環が2年におよぶ植物。

粘液
緩和剤として用いられることの多い、一部の植物が分泌するゼラチン様の物質。

配糖体
植物の二次代謝の産物。グリコンもしくは糖部と、アグリコンもしくは非糖部との2つの部分に分かれる。治療に有効な成分はアグリコンで、体内の特定器官に選択的に作用する。配糖体には、きわめて有効性の高い薬用ハーブもあるが、一部にはきわめて毒性の強いハーブもある。

パップ剤
新鮮なハーブ、スパイスや、濡らしたもの、あるいは乾燥させたものをすり潰した調合剤。病気の治療に、外用として塗布する。

フィトケミカル
植物中にある天然の化学物質。代謝に大きく作用する。

フィトメディカル
ハーブをベースとした有効成分に基づく薬に関すること。植物をベースとした薬全般に使われることもある。

フェノール（ポリフェノール）（類）
多くの植物に色や味、香りや薬効をもたらすフェノール（ベンゼン環にヒドロキシル基がついたもの）に由来する化合物の大きなグループ。ワイン用ブドウのフェノールは、皮や茎、種子に広く含まれている。

プラセボ（偽薬）
薬効のない錠剤や液剤、粉剤。薬効成分はないが、薬品の効果が本当にあるかどうか確かめるために試験に用いたり、患者の望む治療効果をもたらしたりする。

フラボノイド（類）
すべての維管束植物に分布する化合物（低分子化合物）群。飲食物の中では、果物、野菜、茶、ワイン、ナッツ、種子、根の多くに含まれる。植物、果汁、ハーブの薬効の多くは、フラボノイド成分に直接関係している。抗酸化作用をはじめとする効果がある。アントシアンやタンニンは、フラボノイドの一種。

フリーラジカル
きわめて反応性が高く、他の分子を酸化させる化学物質。細胞内で生成されたフリーラジカルは細胞膜や遺伝物質に反応を起こし、細胞や組織を損傷したり破壊したりする。

ペクチン
植物の細胞壁から抽出される多糖。ジャムやゼリーを作るのに用いる。

変種
植物学上、人為的に育てられた栽培種とは対照的に、野性から育った植物の一種。

苞（ほう）
花や花序の基部にあって、葉や鱗片の変形したもの。ポインセチアのように、苞は花より大きく色鮮やかなこともある。

匍匐茎（ほふくけい）
地表やそのすぐ下の地中に育つ茎で、茎の節目から不定根を形成して増えていく。ランナー（走出枝）とも呼ばれる。

ホメオパシー
通常の量では体に害を与える物質を無限小に含む製剤を用いて治療する代替療法の一つ。

麻酔薬
知覚を麻痺させたり、感覚を可逆的に失わせたりする薬。

薬局方
医薬品の一覧表および、その調合法を収載した書籍。多くの場合、行政当局が作成する。または薬の貯蔵のこと。

落葉性
毎年葉を落とすこと。

利尿剤
尿量を増加させる作用をもつもの。

執筆者の紹介
Contributors

ナンシー・J・ハジェスキー（著者）

大人向けから子ども向けまで、多くのノンフィクションを執筆。意欲的な園芸家でハーブも育てている。最近の著作に『Ali: The Official Portrait of the Greatest of All Time』（未邦訳）、『The Beatles: Here, There and Everywhere』（未邦訳）がある。ナンシー・バトラーのペンネームで、ロマンス小説を書いており、シグネット社リージェンシー・シリーズで12冊刊行、うち2作で米国ロマンス作家協会からリタ賞を受賞した。マーヴェル・エンターテイメント社でも、ジェーン・オースティンの作品から4作を翻案した小説を書き、『高慢と偏見』はニューヨーク・タイムズ紙のベストセラーに13週連続でリストアップ。現在、マスの生息で世界的に有名な川の近隣、米キャットスキル・マウンテン在住。

ケリー・エドキンス（英語版監修）

環境にやさしいオーガニック志向の造園会社ガーデンズ・バイ・ケリー社のオーナー。米ニューヨーク州サリバン郡にある初のDEC堆肥化施設のファシリテーター兼オペレーターとして、ビー・グリーン・コミュニティー・ガーデンと呼ばれる静的パイルミミズ堆肥を作る。20年にわたり、メディカルハーブや米大陸の在来植物、絶滅危惧種を栽培。有機農場ハニー・ビー・ハーブではミツバチを呼ぶ植物の栽培に力を入れており、青空市場や祭りでハーブやミツバチの製品を販売している。

グードルン・ファイグル（英語版監修）

自家栽培のハーブを使った植物性石鹸、ハーブティー、軟膏などを小規模製造・販売するマウント・プレザント・ハーバリー社の設立者。2009年の起業以来、薬草学を学んでいる。地元市場で自身の製品を売るかたわら、ハーブのワークショップで講師も務める。スイスとの国境に近いドイツの生まれ。現在、夫と娘と米ペンシルベニア州北東に在住。

写真と図のクレジット

略語の説明　*l*＝左　*r*＝右　*t*＝上　*b*＝下　*c*＝中央　*s*＝囲み　SS＝Shutterstock.com　DT＝Dreamstime.com

表紙: Top (left to right), Diana Taliun/Shutterstock; Sebastian Duda/Shutterstock;stockcreations/Shutterstock; bottom (left to right), Dream79/Shutterstock; (above), Dream79/Shutterstock; (below), SOPA/eStock Photo; Roberto A Sanchez/iStockphoto. **裏表紙:** Top (left to right), Andris Tkacenko/Shutterstock; Jiri Vaclavek/Shutterstock; bottom (left to right), freya-photographer/Shutterstock; Elena Elisseeva/age fotostock； science photo/Shutterstock.

アイコン: Culinary—puruan/SS; Medicinal—Kapreski/SS; Aromatic—Visual Idiot/SS; Pollinator—tereez/SS; Grower's Guide— justone/SS

I～IIページ: 1 Andrii Gorulko/SS; 2-3 Krzysztof Slusarczyk/SS; 4 Elena Schweitzer/SS; 6 "Physician Preparing an Elixir" *De Materia Medica* by Dioscorides/Rogers Fund, 1913; 7*b*Vilor/SS; 7*t* racorn/SS; 8*t* Sadik Gulec/SS; 8*b* Only Fabrizio/SS; 9 Robert Crow/SS

第1章: 12*t1* bepsy/SS; 12*t2* Blend Images/SS; 12*c1* michaeljung/SS; 12*c2* miropink/SS; 12*b1* blueeyes/SS; 12*b2* Dani Vincek/SS; 13*t1* angelakatharina/SS; 13*t2* Sunny studio/SS; 13*c1* sarsmis/SS; 13*c2* Goodluz/SS; 13*c3* Natalia Klenova/SS; 13*b1* Katie Smith Photography/SS; 13*b2* Natalia Klenova/SS; 15 Dream79/SS; 16 Beata Becla/DT; 17 Andris Tkacenko/SS; 18*b*govindji/SS; 18*t* Dionisvera/SS; 19*s* Patricia Hofmeester/SS; 19*l* Magdalena Kucova/SS; 20*b* ksena2you/SS; 20*t* Karl Allgaeuer/SS; 21*s* *Pallas and the Centaur* by Botticelli (c. 1482); 21*l* Gabriela Insuratelu/SS; 22*b* Barbro Rutgersson/DT; 22*t* Catherine311/SS; 23*r* Bochkarev Photography/SS; 24*b* Africa Studio/SS; 24*t* Tim UR/SS; 25*s* David Woolfenden/SS; 26*b* Alexander Kuguchin/SS; 26*t* eye-blink/SS; 27*l* Dream79/SS; 27*r* Marilyn Barbone/DT; 28*b* Piotr Marcinski/SS; 28*t* Jiang Hongyan/SS; 29*s* racorn/SS; 29*l* Kati Molin/DT; 30*b* picturepartners/SS; 30*t* Odua Images/SS; 31*s1* marylooo/SS; 31*s2* ksena2you/SS; 31*s3* David Iushewitz/DT; 31*s4* Fablok/SS; 31*s5* Elena Schweitzer/SS; 31*s6* BW Folsom/SS; 31*s7* Elena Schweitzer/SS; 31*s*8 Maks M/SS; 31*s9* NinaM/SS; 31*s10* HandmadePictures/SS; 31*s11* HandmadePictures/SS; 31*s12* Linda Vostrovska/SS; 32*b* Swapan Photography/SS; 32*t* Swapan Photography/SS; 33*l* Olga Nayashkova/SS; 33*r* Swapan Photography/SS; 34*b* Lcswart/DT; 34*t* LalithHerath/SS; 35*s* Duskbabe/DT; 35*l* Mokkie/Wikipedia 36*b* KPG_Payless/SS; 36*t* Scisetti Alfio/SS; 37*s* Ian 2010/SS; 37*r* sonsam/SS; 38*b* Andrey Starostin/SS; 38*t* Dionisvera/SS; 39*s* vanillaechoes/SS; 39*r* alexsol/SS; 40*b* ra3rn/SS; 40*t* Kelvin Wong/SS; 41*l* Vladf/SS; 41*r* Andrii Gorulko/SS; 41*t* Heike Rau/SS; 42*b* Monkey Business Images/SS; 42*t* bonchan/SS; 43*s* iko/SS; 43*l* TAGSTOCK1/SS; 43*r* picturepartners/SS; 44*b* wasanajai/SS; 44*t* noppharat/SS; 45*s* wonderisland/SS; 45*r* stoonn/SS; 46*b* Paul J Martin/SS; 46*t* Africa Studio/SS; 47*s* indigolotos/SS; 47*l* Vaclav Mach/SS; 48*b* LittleStocker/SS; 48*t* nednapa/SS; 49*s* ImagePost/SS; 49*l* Banprik/SS; 50*b* dabjola/SS; 50*t* enzo4/SS; 51*s* Image Point Fr/SS; 51*r* SS; 52*t* Elena Schweitzer/SS; 52*b* Krzycho/SS; 53*s* Irina Bg/SS; 53*l* Mersant/DT; 54*b* Tamara Souchko/DT; 54*t* Jamie Hooper/SS; 55 Tuan Nguyen/DT; 56*b* Galina Ermolaeva/DT; 56*t* Madlen/SS; 57*s* AndiPu/SS; 57*l* BestPhotoPlus/SS; 57*r* Madlen/SS; 58*b* Stargazer/SS; 58*t* Alexander Raths/SS; 59*s* Mona Makela/SS; 59*l* MarkMirror/SS; 59*r* KPG Payless2/SS; 60*b* Oliver Hoffmann/SS; 60*t* Maks Narodenko/SS; 61*s* Brent Hofacker/SS; 61*l* Lithiumphoto/SS; 62*b* Swetlana Wall/SS; 62*t* Alfio Scisetti/DT; 63*s* Patricia Hofmeester/SS; 63*l* Startdesign/DT; 64*b* eAlisa/SS; 64*t* Givaga/SS; 65*s* Heike Rau/SS; 65*r* Goodluz/SS; 66*b* Voraorn Ratanakorn/SS; 66*t* Tamara Kulikova/SS; 67*s* Goodluz/SS; 67*l* schankz/SS; 68*b* Irina Fischer/SS; 68*t* Robyn Mackenzie/SS; 69*l* mirabile/SS; 69*r* Jorge Salcedo/SS; 70 Teresa Kasprzycka/SS; 71 teleginatania/SS; 72 picturepartners/SS; 73*l* Roger Meerts/SS; 73*r* Bildagentur Zoonar GmbH/SS; 74*b* ksena2you/SS; 74*t* Imageman/SS; 75*s* Serg Zastavkin/SS; 75*l* Heike Rau/SS; 76*b* Hurst Photo/SS; 76*t* Melinda Fawver/SS; 77*s* Ppy2010ha/DT; 77*b* Wollertz/SS; 77*t* Lidara/SS; 78*b* Zerbor/SS; 78*t* Teresa Azevedo/SS; 79*s* U.S. Dept. of Agriculture; 79*r* Studio 37/SS; 90*b* artcasta/SS; 80*t* Volosina/SS; 81*s* picturepartners/SS; 81*l* kostrez/SS; 81*r* Tobias Arhelge/SS; 82*b* KPG_Payless/SS; 82*t* Scisetti Alfio/SS; 83t1 Madlen/SS; 83t2 Nataliia Pyzhova/SS; 83t3 Nataliia Pyzhova/SS; 83t4 eAlisa/SS; 83*r* SurangaSL/SS; 84*b* Vladimira/SS; 84*t* haraldmuc/SS; 85*l* auremar/SS; 85*r* Tadas_Jucys/SS; 86*b* allou/SS; 86*t* cynoclub/SS; 87*s* Heike Rau/DT; 87*r* Heathse/DT; 88*t* Irina Fischer/SS; 89*b* Alexander Mychko/DT; 89*l* HandmadePictures/SS; 89*r* fotolinchen/Getty Images

第2章: 90 Laura Bartlett/SS; 92 Lopatin Anton/SS; 93 Svetlana Lukienko/SS; 94*b* wjarek/SS; 94*t* Kazakov Maksim/SS; 95*l* Tim Belyk/SS; 95*r* Pictureguy/SS; 96*b* Piotr Marcinski/SS; 96*t* kedrov/SS; 97*l* science photo/SS; 97*r* successo images/SS; 98*b* KENNY TONG/SS; 98*t* marilyn barbone/SS; 99*s* Library of Congress; 99*l* magnetix/SS; 100*b* Dr. Morley Read/SS; 100*t* wasanajai/SS; 101*s* rsfatt/SS; 101*b* hjschneider/SS; 101*t* Christian Vinces/SS; 102 Scisetti Alfio/SS; 103*s* Szasz-Fabian Ilka Erika/SS; 103*l* indykb/SS; 104*b* valzan/SS; 104*t* honobono/SS; 105*s* Stocksnapper/SS; 105*l* zprecech/SS; 106*t* Lianem/DT;107*l* Heike Rau/SS; 107*r* *Köhler's Medicinal Plants* (1887); 108*b* Vic and Julie Pigula/SS; 108*t* bonchan/SS; 109*s* Lubava/SS; 109*b* Oksana Kuzmina/SS; 109*l* Feldarbeit/DT; 109*r* SS; 110 Chamille White/SS; 111*s1* Marilyn Barbone/DT;111*s2* BW Folsom 111*s3* NinaM/SS; 111*s4* Marilyn Barbone/DT; 111*s5* Elena Schweitzer/SS; 111*s6* matka_Wariatka/SS; 111*s7* matka_Wariatka/SS; 111*s8* ribeiroantonio/SS; 111*s9* matka_Wariatka/SS; 111*s10* Discovod/SS; 111*s11* Fablok/SS; 111*s12* Elena Schweitzer/SS; 112*b* Robert Biedermann/SS; 112*t* oksana2010/SS; 113*s* daffodilred/SS; 113*l* Botamochy/SS; 114*b* picturepartners/SS; 114*t* picturepartners/SS; 115*s* Image Point Fr/SS; 115*r* Wil Tilroe-Otte/SS; 116*b* marilyn barbone/SS; 116*t* marilyn barbone/SS; 117*l* Kelly Marken/SS; 117*r* Ruud Morijn Photographer/SS; 118*b* PathDoc/SS; 118*t* oksana2010/SS; 119*l* LorraineHudgins/SS; 119*r* Elena Elisseeva/SS; 120*b* Kletr/SS; 120*t* Bildagentur Zoonar GmbH/SS; 121*s* photo-oasis/SS; 121*l* Christa Eder/DT; 122*b* D. Kucharski K. Kucharska/SS; 122*t* Emberiza/DT; 123*l* Stocksnapper/DT; 123*r* Hiroshi Ichikawa/SS; 124 Gita Kulinica/DT;125 Pixelrobot/DT;126*b* Vic and Julie Pigula/SS; 126y Sandra Caldwell/SS; 127*l* Blend Images/SS; 127*r* BONNIE WATTON/SS; 128*b* sima/SS; 128*t* Scisetti Alfio/SS; 129*b* cowardlion/SS; 129*r* JPRichard/SS; 130*b* Valeriy Kirsanov/DT; 130*t* sunsetman/SS; 131*l* Lcc54613/DT;1 31*r* Chinaview/SS; 132*t* StevenRussellSmithPhotos/SS; 132*b* Steven Foster, Steven Foster Group, Inc.; 133 *Curtis's Botanical Magazine* (1833); 134*b* MarkMirror/SS; 134*t*

Sandra Caldwell/SS; 135*s* *Fleurs animées* (1846); 135*l* zi3000/SS; 136*b* Galene/SS; 136*t* Scisetti Alfio/SS; 137*l* Barbara Neveu/SS; 137*r* Simone Andress/SS; 138*b* Abel Tumik/SS; 138*t* Vladimira/SS; 139*l* Es75/SS; 139*r* Mauro Rodrigues/SS; 140*b* Scisetti Alfio/SS; 140*t* Sikth/DT; 141*s* Alliance/SS; 141*r* Artefficient/SS; 142*b* picturepartners/SS; 142*t* Photographieundmehr/DT; 143*l* Bildagentur Zoonar GmbH/SS; 143*r* wizdata/SS; 144 Monkey Business Images/SS; 145*s1* Samuel Cohen/SS; 145*s2* SS;145*s3* Bildagentur Zoonar GmbH/SS; 145*s4* Tei Sinthipsomboon/SS; 145*s5* Matthew Cole/SS; 145*s6* marilyn barbone/SS; 145*s7* kai keisuke/SS; 145*s8* panda3800/SS; 146*b* Andrea Cerveny/SS; 146*t* picturepartners/SS; 147*s* focal point/SS; 147*l* Rob Huntley/SS; 148*b* rawcaptured/SS; 148*t* Snowbelle/SS; 149*s* Mariyana M/SS; 149*r* LDprod/SS; 150*t* Dionisvera/SS; 150*b* zoryanchik/SS; 151*s* Chrislofotos/SS; 151*l* Kekyalyaynen/SS; 152*b* Ailisa/SS; 152*t* JPC-PROD/SS; 153*s* Renata Sedmakova/SS; 153*l* Valentino2/DT;154*b* life_in_a_pixel/SS; 154*t* Anitasstudio/DT; 155*r* Prof. Dr. Otto Wilhelm Thomé, *Flora von Deutschland* (1885); 156 gresei/SS; 157*s1* roundstripe/SS; 157*s2* nanD_Phanuwat/SS; 157*s3* Elena Schweitzer/SS; 157*s4* Michael Richardson/SS; 157*s5* Crepesoles/SS; 157*s6* Kalcutta/SS; 157*s7* Elena Schweitzer/SS; 157*s8* ruzanna/SS; 157*s9* Flegere/SS; 157*s10* Elena Schweitzer/SS; 157*s11* Nielskliim/SS; 157*s12* Elena Schweitzer/SS; 157*s13* Olaf Speier/SS; 157*s14* Matthew Cole/SS; 157*s15* Istochnik/SS; 157*s16* HandmadePictures/SS; 157*s17* kappatta/SS; 157*s18* Fablok/SS; 158*b* Ronald Leykum/SS; 158*t* Scisetti Alfio/SS; 159*l* Elena Rostunova/SS; 159*r* Simone Voigt/SS; 160*b* unpict/SS; 160*t* Snowbelle/SS; 161*r* photoiconix/SS; 161*l* EMJAY SMITH/SS; 162*b* schmaelterphoto/SS; 162*t* Imageman/SS; 163*r* Sever180/SS; 163*l* Library of Congress; 164*b* -Vladimir-/SS; 164*t* Emberiza/DT;165*s* Library of Congress; 165*r* Pisotckii/DT

第3章: 166 Gordon Bell/SS; 168 Subbotina Anna/SS; 169 Visun Khankasem/SS; 170*b* Mike Truchon/SS; 170*t* Sergii Koval/DT; 171*s* Es75/SS; 171*l* Chris Hill/DT; 172*b* Showcake/SS; 172*t* picturepartners/SS; 173*s* Farina Archiv; 173*l* *Köhler's Medicinal Plants* (1887); 174*b* Ghislain118 http://www.fleurs-des-montagnes.net; 174*t* Foodcollection RF/Getty Images; 175*s* Print Collector/Getty Images; 175*r* HelenaH/Wikipedia; 176*b* Picstudio/DT; 176*t* Scisetti Alfio/SS; 177*l* Fedorov Oleksiy/SS; 177*r* Bildagentur Zoonar GmbH/SS; 178 Olga Miltsova/SS; 179*s1* Maslov Dmitry/SS; 179*s2* AndrisA/SS; 179*s3* bjul/SS; 179*s4* suradach/SS; 179*s5* Startdesign/DT; 179*s6* Goodluz/SS; 179*s7* Swapan Photography/SS; 179*s8* Miramiska/SS; 179*s9* wasanajai/SS; 179*s10* Diana Taliun/SS; 179*s11* windu/SS; 179*s12* audaxl/SS; 179*s13* Crepesoles/SS; 179*s14* Matthew Cole/SS; 179*s15* FomaA/SS; 179*s16* Zombieontheroad/Wikipedia; 179*s17* Vladf/SS; 179*s18* roundstripe/SS; 180*b* HartmutMorgenthal/SS; 180*t* jopelka/SS; 181*l* Yala/SS; 181*r* freya-photographer/SS; 182 Dionisvera/SS; 183*b* eAlisa/SS; 183*s* Chutima Chaochaiya/SS; 183*r* Zanna Holstova/SS; 184*t* nito/SS; 184*b* beboy/SS; 185*s* Nadia Borisevich/SS; 185*l* Lithiumphoto/SS; 186*b* Sergio Foto/SS; 186*t* Wasana Jaigunta/DT; 187*s* bioraven/SS; 187*r* wasanajai/SS; 188 SS; 189 Arto Hakola/SS; 190*b* Dereje/SS; 190*t* Scisetti Alfio/SS; 191*r* *Ophelia* by John William Waterhouse (1889); 191*l* wjarek/SS; 192 ZIGROUP-CREATIONS/SS; 193*l* KPG Payless2/SS; 193*r* Image Point Fr/SS; 194*b* Christian Jung/DT; 194*t* Oliver Hoffmann/SS; 195*l* Simone Voigt/SS; 195*r* Bildagentur Zoonar GmbH/SS; 196*b* Feliks Gurevich/SS; 196*t* Imageman/SS; 197 Iakov Filimonov/SS

第4章: 198*t1* wavebreakmedia/SS; 198*t2* Symbiot/SS; 198*t3* troyka/SS; 198*c1* Norman Chan/SS; 198*c2* Sebastian Duda/SS; 198*b1* Smandy/DT; 198*b2* Jiri Vaclavek/SS; 199*t1* Brent Hofacker/SS; 199*t2* SharichStudios/SS; 199*c1* Dream79/SS; 199*c2* B. and E. Dudzinscy/SS; 199*c3* Diane N. Ennis/SS; 199*b1* photogerson/SS; 199*b2* marco mayer/SS; 200 Ammit Jack/SS; 202 Diana Taliun/SS; 203 Sean Locke Photography/SS; 204*b* Maria Komar/SS; 204*t* ksena2you/SS; 205 Forest & Kim Starr (fstarr@hawaii.rr.com) 206*b* alisafarov/SS; 206*t* Mny-Jhee/SS; 207*l* Netfalls-Remy Musser/SS; 207*r* Alexandr Kanõkin/SS; 208*b* Luigi Masella/SS; 208*t* Valentyn Volkov/SS; 209*s* VikaRayu/SS; 209*l* Naaman Abreu/SS; 210*b* Jorg Hackemann/SS; 210*t* ultimathule/SS; 211*l* JIANG HONGYAN/SS; 211*r* Doron Rosendorff/DT; 212*b* MShev/SS; 212*t* vvoe/SS; 213*l* mirabile/SS; 213*r* pepmibastock/SS; 214*b* KIM NGUYEN/SS; 214*t* Serhiy Shullye/SS; 215*l* Michael Poe/DT; 215*r* daffodilred/SS; 216 rainbow33/SS; 217 rolleiflex/SS; 218*b* chinahbzyg/SS; 218*t* bergamont/SS; 219*s* marilyn barbone/SS; 219*l* Forest & Kim Starr (fstarr@hawaii.rr.com) 210*r* mama_mia/SS; 220*b* nooook/SS; 220*t* Amero/SS; 221*s* Dream79/SS; 221*l* enciktat/SS; 222*b* Diana Taliun/SS; 222*t* ultimathule/SS; 223*s* Norman Pogson/SS; 223*l* Rangzen/SS; 224*b* Tobik/SS; 224*t* Dionisvera/SS; 225*l* Martin Nemec/SS; 225*r* Pics-xl/SS; 226*b* Olyina/SS; 226*t* Elena Schweitzer/SS; 227*s* Africa Studio/SS; 227*l* Chuyu/DT; 228*b* Wangyun/DT; 228*t* JIANG HONGYAN/SS; 229*s* Olyina/SS; 229*l* Pierre Jean François Turpin in *Flore Medicale* (1833) 230*t* Kellis/SS; 230*b* Madlen/SS; 231*l* pavla/SS; 231*r* Bjulien03/DT

第5章: 232 Dream79/SS; 234 Africa Studio/SS; 235 AJP/SS; 236*b* Dream79/SS; 236*t* nanka/SS; 237*l* Kzenon/SS; 237*r* hvoya/SS; 238*t* Imageman/SS; 238*b* truembie/SS; 239*l* Dani Vincek/SS; 239*r* SASIMOTO/SS; 240*b* Piliphoto/DT; 240*t* Romaset/DT; 241 Denis and Yulia Pogostins/SS; 242 Goran Bogicevic/SS; 243*s1* Scruggelgreen/SS; 243*s2* J. K. York/SS; 243*s3* BW Folsom/SS; 243*s4* David Reilly/SS; 243*s5* FeyginFoto/SS; 243*s6* David Reilly/SS; 243*s7* Brent Hofacker/SS; 243*s8* mmkarabella/SS; 243*s9* Luis Santos/SS; 243*s10* EW CHEE GUAN/SS; 243*s11* Dallas Events Inc/SS; 243*s12* Julie Clopper/SS; 244*b* Joloei/DT; 244*t* travis manley/SS; 245*s* Real Deal Photo/SS; 245*l* Lilyana Vynogradova/SS; 246*b* travellight/SS; 246*t* Andrey Starostin/SS; 247*l* Valery Kraynov/SS; 247*r* Acambium64/SS; 248*b* minadezhda/SS; 248*t* Dionisvera/SS; 249*s* Ben Renard-wiart/DT; 249*l* Tukaram Karve/SS; 250 Dasha Petrenko/SS; 251 stockcreations/SS; 252*b* Inna Moody/Flickr/Wikipedia 252*t* Foodpictures/SS; 253*s* Herman Moll (1729) 253*l* Adolphus Ypey, *Vervolg op de Afbeeldingen der artseny-gewassen met dervelver Nederduitsche en Latynsche beschryvingen, Eerte deel* (1813) 254*b* Stefan Holm/SS; 254*t* spline_x/SS; 255*s* Luis Carlos Jimenez del rio/SS; 255*l* Martin Fowler/SS; 256*b* stockcreations/SS; 256*t* vladis.studio/SS; 257*s* TOMO/SS; 247*r* Denis and Yulia Pogostins/SS; 258 Flavijus/DT; 259 Curioso/SS; 260*b* marco mayer/SS; 260*t* Marco Speranza/SS; 261*l* Gts/SS; 261*r* David Blazquez Cea/SS; 262*b* Ihervas/DT; 262*t* vvoe/SS; 263*s* Eva Gruendemann/SS; 263*l* Krivinis/DT; 264*b* Shibu Bhaskar/DT; 264*t* panda3800/SS; 265*l* Visionsi/SS; 265*r* Viet Images/SS

第6章: 266 KSK Imaging/SS; 268 Seregam/SS; 269 cdrin/SS; 270*b* Khomiak/SS; 270*t* SOMMAI/SS; 271*s* Vivite/SS; 271*l* utcon/SS; 272*b* dabjola/SS; 272*t* Viktor Gedai/DT; 273*b* diligent/SS; 273*r* Volodymyr Baleha/SS; 274*b* Madlen/SS; 274*t* Elena Schweitzer/SS; 275*l* marilyn barbone/SS; 275*r* Gary Saxe/SS; 276*b* Stephen B. Goodwin/SS; 275*t* Anna Kucherova/SS; 277*s* Air Images/SS; 277*l* Marina Saprunova/DT; 278*b* BMJ/SS; 278*t* Elena Schweitzer/SS; 279*l* Sonya Farrell/Getty Images 279*r* Bildagentur Zoonar GmbH/SS; 280 daffodilred/SS; 281 Gua/SS; 282*b* Ekkachai/SS; 282*t* Jiri Hera/SS; 283*l* Noam Armonn/SS; 283*r* Anna Hoychuk/SS; 284*b* akiyoko/SS; 284*t* SS; 285*l* xuanhuongho/SS; 285*r* tab62/SS; 286*b* nelik/SS; 286*t* Anneka/SS; 287*s* Madlen/SS; 288*b* Anneka/SS; 288*t* Scisetti Alfio/SS; 289*s* GIRODJL/SS; 289*r* Gilles Paire/SS; 290*b* electra/SS; 290*t* ArtThailand/SS; 291*r* Eric Isselee/SS; 291*l* Olinchuk/SS; 292*b* Swapan Photography/SS; 292*t* Thanatip S./SS; 293*l* sarayuth3390/SS; 293*r* Marysckin/SS; 294*b* Gayvoronskaya_Yan/SS; 294*t* matin/SS; 295*l* Ryusuke Komori/SS; 295*r* matin/SS

総合索引
Index

ハーブのイラストや写真とともに、詳しく紹介したページは**太字**で示した。

【A〜Z】

【ア】

【カ】

【サ】

【ナ】

【ハ】

【マ】

【ヤ】

【ラ】

【ワ】

National Geographic Complete Guide to Herbs & Spices

日本語版監修
NPO法人日本メディカルハーブ協会(JAMHA)・学術委員会所属の委員が監修にあたった(50音順)。

小野 薫(おの かおる)
メディカルハーブ・アロマテラピー講師。JAMHA認定ハーバルプラクティショナー、AEAJアロマテラピーインストラクター。江戸時代の本草書などを通じ日本人と植物の関わりを研究。1967年生まれ。

金田俊介(かなだ しゅんすけ)
医学博士、薬剤師。ノラ・コーポレーション取締役。順天堂大学大学院修了。米国立衛生研究所補完代替医療センター(サウスカロライナ大学医学部)研究員を経て現職。1978年生まれ。

末木一夫(すえき かずお)
薬剤師、サプリメントアドバイザー。一般社団法人国際栄養食品協会専務理事、富山大学大学院薬学研究科修了、日本ビタミン学会代議員、DHA/EPA協議会副会長、日本臨床栄養協会理事、日本メディカルハーブ協会顧問など。日本ロシュ、健康日本21推進フォーラム事務局長を経て現職。

野口和子(のぐち かずこ)
管理栄養士。東京農業大学農学研究科食品栄養学科博士前期課程修了。中級食品表示診断士。内閣府食品安全委員会消費者モニター等。日本メディカルハーブ協会理事。1950年生まれ。

野田信三(のだ しんぞう)
工学博士。日本アロマ環境協会学術委員及びアロマテラピー学雑誌編集委員長。東洋大学食環境科学部非常勤講師、東洋大学理工学部非常勤講師。専門領域はサプリメント機能学・かおり学。健康に寄与する美味しさ(かおりと味)に関する研究を続けている。1950年生まれ。

林 真一郎(はやし しんいちろう)
薬剤師、グリーンフラスコ代表。日本メディカルハーブ協会副理事長、東邦大学薬学部客員講師。東邦大学薬学部卒業後、調剤薬局勤務を経て1985年ハーブショップ「グリーンフラスコ」を開設。1959年生まれ。

降矢英成(ふるや えいせい)
医師、赤坂溜池クリニック院長。日本メディカルハーブ協会副理事長、日本ホリスティック医学協会会長、日本森林療法協会理事。東京医科大学卒業。LCCストレス医学研究所、帯津三敬病院などを経て、現職。日本心身医学会専門医。

村上志緒(むらかみ しお)
薬学博士、トトラボ植物療法の学校代表。早稲田大学卒業、早稲田大学大学院、東邦大学大学院修了。理学修士。日本、南太平洋地域のハーブを民俗植物学の観点から研究。東京都市大学などで非常勤講師。

ナショナル ジオグラフィック協会は、米国ワシントンD.C.に本部を置く、世界有数の非営利の科学・教育団体です。

1888年に「地理知識の普及と振興」をめざして設立されて以来、1万件以上の研究調査・探検プロジェクトを支援し、「地球」の姿を世界の人々に紹介しています。

ナショナル ジオグラフィック協会は、これまでに世界41のローカル版が発行されてきた月刊誌「ナショナル ジオグラフィック」のほか、雑誌や書籍、テレビ番組、インターネット、地図、さらにさまざまな教育・研究調査・探検プロジェクトを通じて、世界の人々の相互理解や地球環境の保全に取り組んでいます。日本では、日経ナショナル ジオグラフィック社を設立し、1995年4月に創刊した「ナショナル ジオグラフィック日本版」をはじめ、DVD、書籍などを発行しています。

ナショナル ジオグラフィック日本版のホームページ
nationalgeographic.jp
日経ナショナル ジオグラフィック社のホームページでは、
音声、画像、映像など多彩なコンテンツによって、
「地球の今」を皆様にお届けしています。

ハーブ&スパイス大事典

2016年7月4日　第1版1刷

日本語版監修　日本メディカルハーブ協会
著者　ナンシー・J・ハジェスキー
訳者　関 利枝子　倉田真木　岡崎 秀
編集　尾崎憲和　田村規雄
編集協力　武内太一
デザイン・制作　日経BPコンサルティング
発行者　中村尚哉
発行　日経ナショナル ジオグラフィック社
〒108-8646　東京都港区白金1-17-3
発売　日経BPマーケティング
印刷・製本　凸版印刷

ISBN 978-4-86313-351-8
Printed in Japan

読者の皆さまへ(必ずお読みください)

本書はハーブやスパイスについての理解を深め、食や健康のためにハーブやスパイス、またそれらを原料にしたサプリメント等を使用する際、知っておきたい情報を紹介することを目的としています。掲載している情報は、研究の進展等により今後変わる可能性があります。本書は医療用マニュアルではなく、筆者および出版者が個々の読者に対して医学的、専門的な助言を行うことを意図したものでもありません。また、本書に掲載されている情報は、医学的な有資格者の助言に代わるものではないことを、あらかじめご承知ください。体質や症状は各人で異なるため、それぞれの症状に対してハーブやスパイス、サプリメント等を使用する場合には、資格を持った医療専門家の診断を受け、その監督下で行うようにしてください。[注]

また、本書に出てくる植物の図や外見の特徴の説明は、一般的な情報です。野生の植物を識別したり、収集したりする際に、参照されることを意図したものではありません。

いかなるハーブやスパイスも、過剰摂取は危険を伴います。十分にご注意ください。本書の使用により、直接的あるいは間接的にいかなる損失や事故、損害が生じても、筆者および出版者は一切責任を負うものではありません。

[注]本書は欧米で認められたハーブ療法に基づいて薬用ハーブ等を解説したもので、紹介するハーブの中には、日本では2016年5月現在、医薬品以外での利用が認められていないものがあります。該当するハーブについては注記で明示しました。